内衣设计与产品开发

杨雪梅 陆璐

著

·北京·

本书从款式图、着装配色、纸样设计图、放码图、生产工艺流程图5个方面，详细说明家居服、文胸、泳装和塑身衣4种内衣品类在产品开发设计过程中的成衣设计方法、面料缝制特性、工序流程等相关知识与实操技能。全书以内衣基础理论知识的汇总分析说明为基础，结合近几年内衣款式的流行特点、内衣品类结构特点、工艺难点等因素分析了200多款产品设计、开发、加工的流程。本书结合增强现实技术（AR, Augmented Reality），将多媒体、三维建模、实时视频显示及控制、多传感器融合、实时跟踪及注册、场景等新技术与新手段融合，把虚拟信息仿真后再叠加，应用到真实世界，给读者带来超越现实的感官体验，也便于读者更好地学习书中各个知识点。相关详细内容可在“服装三维数字智能技术开发中心”平台网站查询。

本书注重理论与实际结合，系统全面论述内衣产品开发的过程，既可以作为高等院校内衣专业的教学用书，又可以作为服装企业从业人员的培训教材或工具书。

图书在版编目（CIP）数据

内衣设计与产品开发/杨雪梅，陆璐著. 一北京：化学工业出版社，2019.6
ISBN 978-7-122-34229-4

Ⅰ.①内… Ⅱ.①杨…②陆… Ⅲ.①内衣-服装设计 Ⅳ.①TS941.713

中国版本图书馆CIP数据核字（2019）第059728号

责任编辑：李彦芳 装帧设计：史利平
责任校对：宋　夏

出版发行：化学工业出版社（北京市东城区青年湖南街13号　邮政编码100011）
印　　装：北京东方宝隆印刷有限公司
889mm×1194mm　1/16　印张16　字数461千字　2019年11月北京第1版第1次印刷

购书咨询：010-64518888 售后服务：010-64518899
网　　址：http://www.cip.com.cn
凡购买本书，如有缺损质量问题，本社销售中心负责调换。

定　　价：98.00元

Preface

前言

内衣是隐藏在外衣里面，紧贴皮肤的服装。随着经济水平的提高，消费观念的改变，中国女性已经把追求个体美从外部的服装及配件转向内在的文胸及其他品类的内衣上，内衣产品的消费也逐渐个性化、时尚化、多元化。消费观念的变化，极大地推动了内衣市场的发展。

本书以家居服、文胸、泳装和塑身衣4种内衣品类为例，从产品特点、结构设计、成品开发和工艺设计等方面详细介绍各个品类在产品开发设计过程中应用的成衣设计方法、面料缝制特性等相关知识。第一章是基础知识。针对设计内衣产品所必需的基础知识，4大品类每个以一款为例，详细讲述产品的基本构成、不同产品的材料特性、加工过程所需的各种缝制设备、成衣产品开发的具体操作等基础知识，为后面各个款式的版型开发提供参考指导说明。第二至第五章主要讲述不同内衣产品的设计开发过程。从着装配色、款式图、纸样设计图、放码图、生产工艺流程图5个方面以图示的形式分别对家居服、文胸、泳装和塑身衣的产品开发设计进行详细说明，并结合近几年内衣款式流行特点、内衣品类结构特点、工艺难点等因素，设计了47款主产品及其200多款系列装。

为配合本书更好的实操和应用，我们将书本的平面实体信息知识结合增强现实技术（AR，Augmented Reality），将多媒体、三维建模、实时视频显示及控制、多传感器融合、实时跟踪及注册、场景等新技术与新手段融合，把虚拟信息仿真后再叠加，应用到真实世界，给读者带来超越现实的感官体验，也便于读者更好地学习书中各个知识点。本书第一章中的四个款式，用安卓手机下载书本配套APP（请咨询本书作者获取网址，作者邮箱：645563151@qq.com），然后安装扫描本章节中的图片，即可看到虚拟的动漫风格图、产品配色及款式描述、产品系列开发、纸样开发、工业纸样设计、缝制工艺设计和产品橱窗展示等虚拟效果。第二章至第五章的各图片虚拟效果视图，可以在“服装三维数字智能技术开发中心”平台网站查询下载相关虚拟视频资料。

本书是“广东省高教厅重点平台——服装三维数字智能技术开发中心”的教学研究成果，得到惠州学院出版基金资助，通过三维虚拟技术的全流程应用，可以让学生尽可能地参与到内衣设计过程中来，更便捷地实现定制产品研发的全方位互动。本书由杨雪梅和陆璐著，杨雪梅负责纸样及放码的具体设计；洪勤真为各个款式的配色提供了帮助；缝制加工工艺及特种设备部分由陆璐负责；孙山山为配色设计说明提供了帮助。杨雪梅负责本书的虚拟网络手机版和PC版系统开发，曹迪辉提供了帮助；冯巍为虚拟动漫风格图提供了帮助；产品配色设计及款式描述和虚拟走秀由杨雪梅负责设计；王芳为产品系列效果设计提供了帮助；刘海全为纸样和工业纸样设计的录屏提供了帮助；缝制工艺动画设计由陆璐负责；贾雯为产品橱窗虚拟展示提供了帮助。感谢服装三维数字智能技术开发中心平台的合作公司，深圳格林兄弟科技有限公司给予的大力支持。

杨雪梅

2019年3月

Contents

第一章
内衣基础知识

内衣是隐藏在外衣里面，紧贴皮肤的服装。穿在外衣里面的贴身服装，都可称为内衣，包括文胸、内裤、塑身衣、泳装和家居服等。环境不同，内衣款式各不相同。大部分文胸产品是合体并具有调整功能性的；内裤有调整型的，也有日常穿着的；塑身衣是很合体且可调整塑造体形或约束脂肪走势，满足调整塑型的；泳装以弹性面料满足体形需求，但不需要塑身，可设计抽褶等效果遮挡腹部赘肉；家居服大部分是宽松造型，适于家居生活。

随着消费观念的改变，中国女性已经把追求个体美从外部的服装及配件转向内在的文胸及其他品类的内衣上。内衣产品的消费者，从最初的羞于谈论到在公开场合分享购买经历，从羞羞答答地购买到大大方方地试穿，从满足个人生理需求到展现个体审美和个性需要，其心理发生了很大变化。虽然内衣不像外衣那样频繁地出现在人们的视线里，但作为服装的一个特殊分支，它的使用价值等越来越受到重视，内衣产品的消费也逐渐趋向个性化、时尚化、多元化。消费观念的变化，极大地推动了内衣市场的发展。

第一节

家居服

一、家居服的产品特点

居家服与家有关，是能体现家文化的一切服饰产品。《世界服饰词典》对家居服的解释是在日常家庭生活中穿着的一切衣服，包括在家休憩时所穿的睡衣，聚会逛街也能时尚十足的时尚家居服，进行简易运动时穿着的运动家居服，以及为全家准备的温馨亲子装和专为厨房、浴室设计的功能性家居服。

根据近两年市场上家居服品牌调查发现，各类品牌服务的人群年龄范围较广，从3岁至70岁都有相应的品牌产品。家居服的风格越来越多，趋向于简单和舒适；面料以棉、丝绸、珊瑚绒、天鹅绒为主。现代高科技合成一些更舒适、更便宜的面料，也逐渐进入家居服市场。

女装家居服的款式结构可划分为上衣、下装、连体裤和裙装（图1-1）；男装家居服的款式结构可划分为上衣和下装。家居服款式造型宽松、随意，穿着轻松、舒适。常见家居服有裙装和裤装，裙装多为吊带裙，有连身和分身的；裤装的上身多为短袖或长袖套头衫，下身配以短裤、九分裤、宽脚裤等款式。家居服在设计上，采用蕾丝、打褶、镶嵌小蝴蝶结等装饰手段，给人一种悠闲、随意、温馨的感觉。

二、家居服的结构设计

下面以性感舒适款为例（图1-1中左边短款）介绍家居服产品的开发过程。

1. 款式分析

上衣为简单三角罩杯款，衣身长度到腰线，宽松舒适护腹部。下装为松紧腰、短裤结构，方便、悠闲、性感、舒适，款式图如图1-2所示。上身三角罩杯露背款，肩带使用成品松紧包边条，贴体舒适。后中作缩褶处理，满足舒适要求。衣身下摆贴边略外翘，显得活泼俏皮。下装短裤松紧腰，插袋设计，裤脚贴边设计，休闲时尚。

2. 裁片构成

以160/84A体型数据的第三代女装原型为基础纸样设计该款纸样，罩杯号型为75A，在75A钢圈形状的基础上，心位下移3cm，然后调整钢圈形状即可。罩杯为双层设计，外层缝边为0.6cm，内层缝边为0.3cm，衣身与罩杯缝合处缝边为0.6cm，其他部位缝边均为1cm。前后片短裤纸样在围度上增加3cm，以增加舒适宽松度，短裤缝份为1cm（图1-3）。

三、家居服的成品开发

1. 尺寸号型设置

家居服款式宽松，号型设置可按照我国服装5·4号型外衣系列进行，女子中间标准体号型是160/84A。不同体型、同身高状态下，臀围变动范围约10cm，腰围约25cm，胸围约4cm。这说明在款式设计中，腰围需要采用松紧带设计，以满足体型范围的需求，同时，上身的放适量不少于10cm，增加衣摆量，满足穿着舒适感（图1-4）。采用号和型同步增加配置形式，比如160/84、165/88、

170/92、175/96、180/100。在选择购买时，只要符合围度尺寸即可。

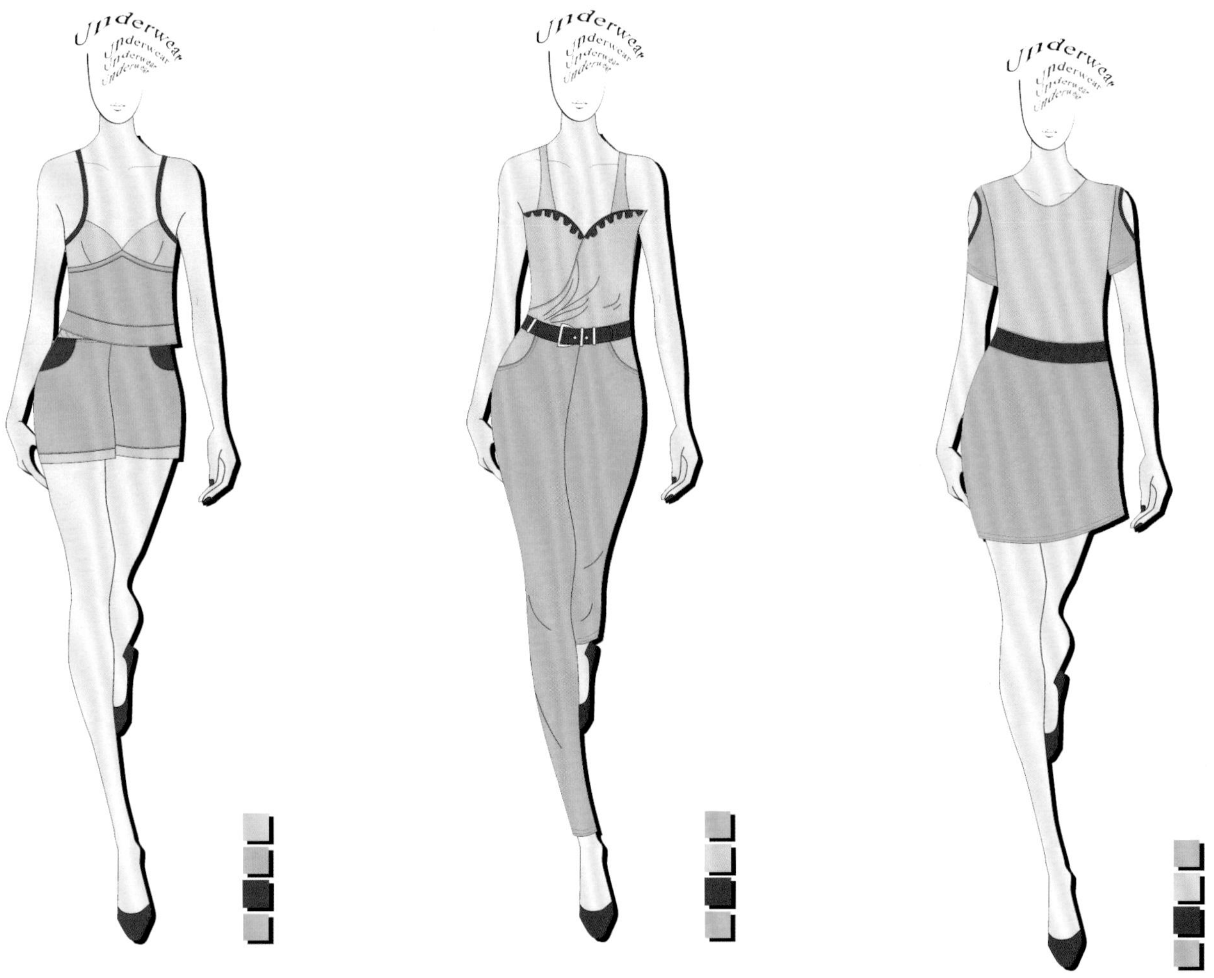

图1-1 家居服基本款式图示

图1-2 三角罩杯家居服款式

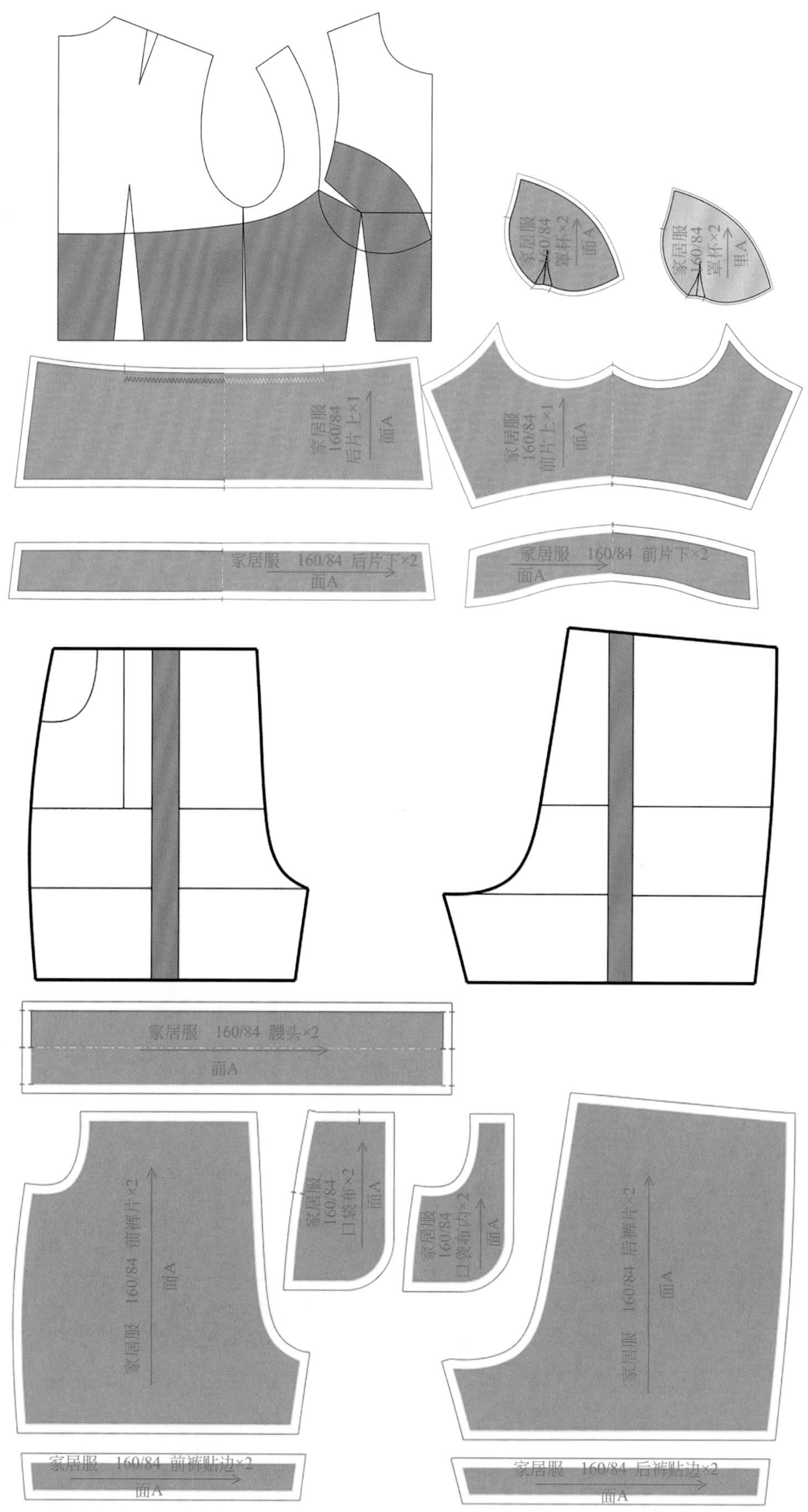

1-3 三角罩杯款纸样设计图示

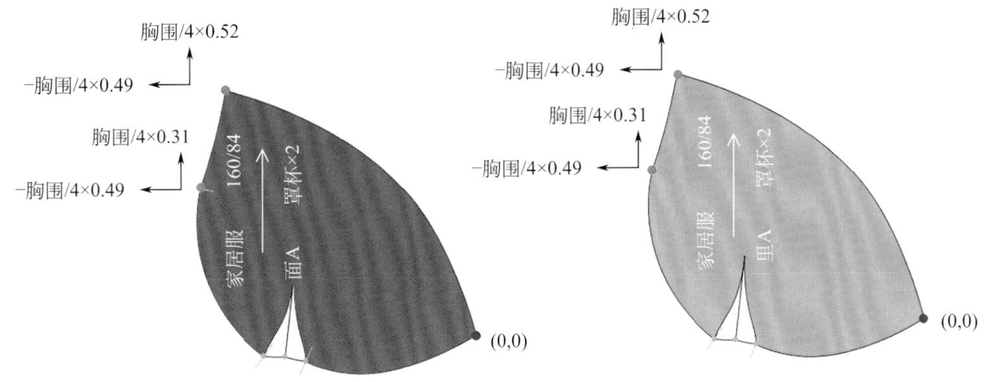

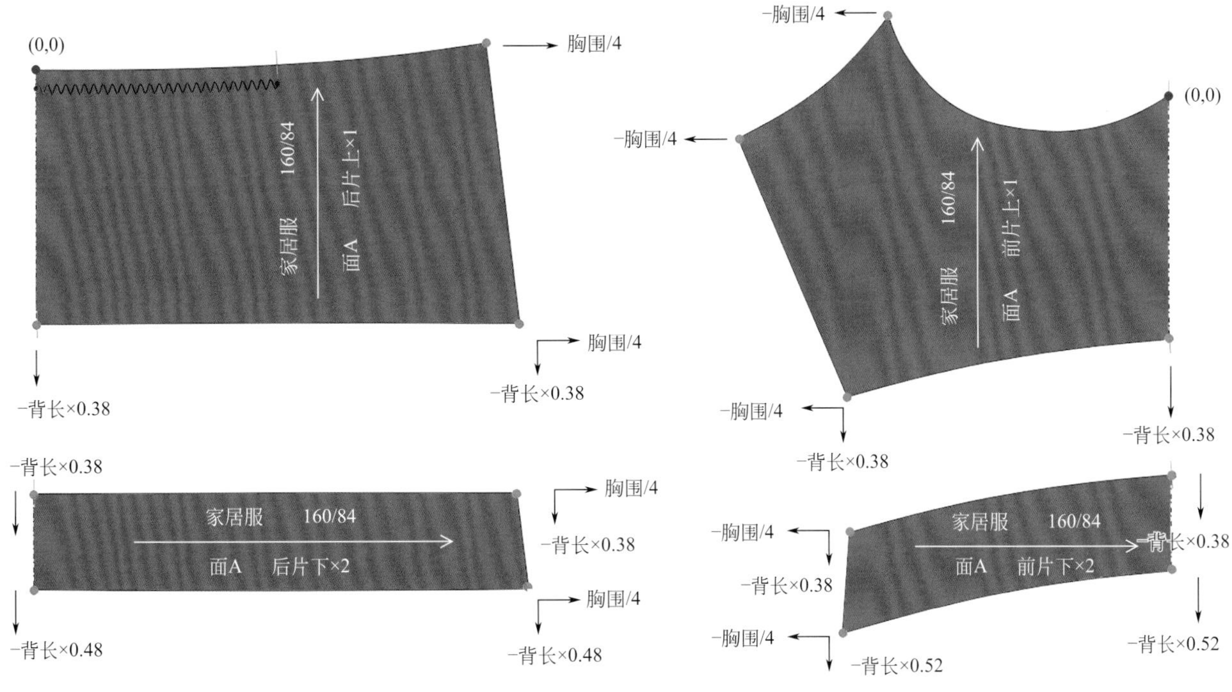

图1-4 三角罩杯款放码及各放码点规则

2. 成衣工业放码

家居服号型同步变动设置，可选择公式放码方式，让系统自动完成版型的推放操作，减少重复操作。公式放码是一种源于衣片设计，而又不同于衣片设计的规范化放码方法，其基础是服装款式结构和人体尺寸（人体体型），利用服装结构中的主要部位的计算公式、主要部位放缩量分配规则及特殊部位调整规则形成该主要部位点的比例关系；再确定需要推放号型的主要部位尺寸，计算各部位档差并建立档差尺寸表；最后通过计算机的曲线数学模型算法计算出该放码点的移动量，完成样板放码。家居服是在基本纸样上进行造型放松量的加减，外形结构的描述，因此，熟记基本纸样的各主要部位公式，即可完成各种款式结构纸样的公式放码操作（图1-5）。如果款式变化大，也可以通过比值的方式形成各个放码点的公式关系，让系统自动完成其他号型的推放操作。

图1-3中的三角罩杯款，衣身采用同号同型5·4系列设置，同型状态下，罩杯高以0.8cm档差变动，罩杯骨长按1cm档差变动，形成A杯、B杯和C杯尺码。各部位放码规则用比值法获得。

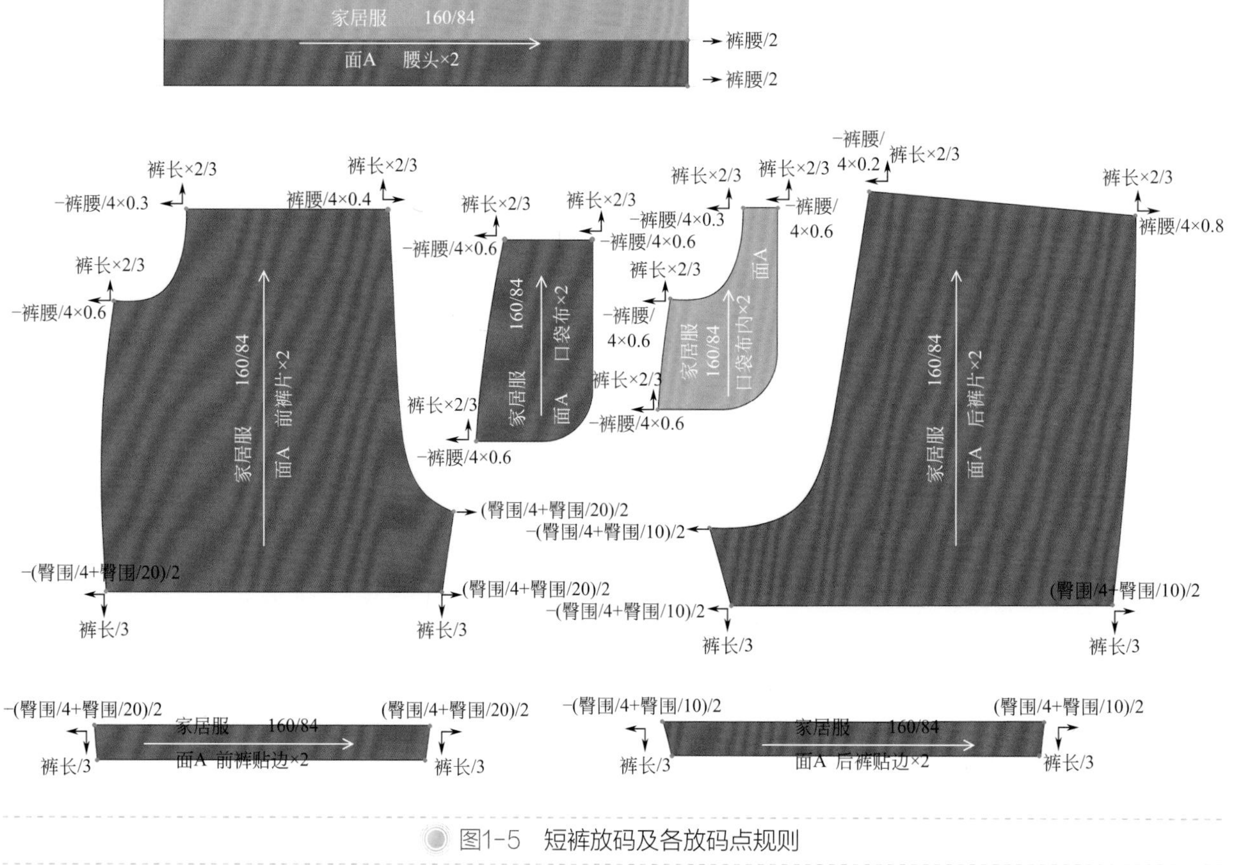

图1-5 短裤放码及各放码点规则

四、家居服的工艺设计

内衣生产工艺设计是综合各种缝纫效果，在保证款式设计图的要求，并达到设计师和客户对内衣外观设计效果的情况下，充分根据工厂实际情况，合理利用机械设备，最大限度地提高生产效率，将成品顺利产出的过程。除了要分析产品的基本结构，明确产品的材料、样片组成以及分析这些组成部分的拼接次序，还要最后将每道生产工序根据产品的外观效果，合理安排缝纫机械进行缝制，并确定缝纫质量要求。

（一）家居服缝纫前的准备

1. 机针的选用

在选用机针时，必须根据所用的缝纫机型号来选择机针型号，根据缝料的性质和厚薄选择机针规格（针号）。机针选择的决定性因素是针尖（针头）的形状。针尖种类很多，不同针尖的目的是要符合不同的车缝材料，如图1-6所示。

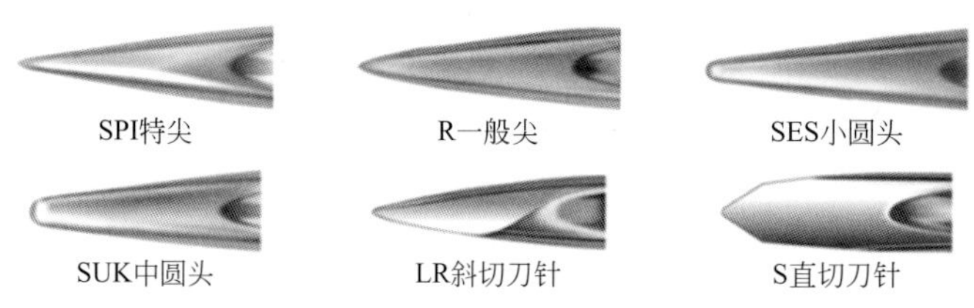

图1-6 机针针头形状

我国常用的机针针号有号制、公制、英制3种表示方法。

号制：用若干号码表示，号码越大，针杆越粗。

公制：针杆直径d（mm）×100，即100d，公制针号每档间隔为5。

英制：将针杆直径d（英寸）×1000。

常用机针型号规格有9号、11号、14号、16号、18号。号码越小，针越细；号码越大，针越粗，如表1-1所示。

表1-1 机针规格及适用面料

针号	针杆直径（mm）	适用面料种类	品牌机针信息举例
9、10	65、70	薄纱、细麻纱、塔夫绸等薄型面料	蓝狮目录编号 号制标识 SCHMETZ Canu: 03:36 EB1 NM: 60 SIZE: 8 B-27 SES MY 1023 SES UY 191 GS SES DCx27 SES Made in Germany 公制针号 针尖标识 国际机针标识
11、12	75、80	缎类织物、府绸等面料	
13、14	85、90	天鹅绒、法兰绒、灯芯绒、牛仔布等中厚面料	
15~18	95~110	粗花呢、拉绒织物、长毛绒等厚料	
19~21	100~120	防水布、毛皮、树脂处理织物等特殊面料	

2. 针迹、针距的调节

针迹清晰、整齐，针距密度合适，这是衡量缝纫质量的重要指标。针迹的调节由衣车调节装置控制，往左旋针迹长，往右旋转针迹短（密），针迹调节需根据面料的厚薄、松紧、软硬合理进行调试。缝制薄、弹、软的面料时，底面线都应适当地放松。压脚压力送布牙也应适当放低，这样缝纫时可避免缩皱现象。机缝前还需将针距调节好。车缝针距要适当，针距过稀不美观，而且影响牢度。针距过密也不好看，而且易损衣料。一般情况下，薄料、精纺料3cm长度为14～18针，厚料、粗纺料3cm长度为8～12针。

3. 家居服常用缝制设备

（1）平缝机

由一根面线和一根底线，在缝料上构成单线迹的缝线组织，如表1-2所示。单针平缝机在内衣缝制过程中主要用来进行裁片之间的连接、拼合、固定等，如缝合上下罩杯、前后衣片、鸡心等。

表1-2 单针双线平缝机

实物图	线迹图
	— — — — — — — — — — — —

（2）包缝机

包缝机又称拷边机、拷克机、锁边机、切边机等，可以进行包边、包缝、包缝联合等。其线迹是由两根或两根以上的线相互穿套于面料的边缘上。根据线迹和用线的数量可分为单线、双线、三线、四线、五线等几种包缝线迹，家居服中最为常用的是四线包缝线迹，如表1-3所示。

表1-3　四线包缝机

实物图	线迹图
	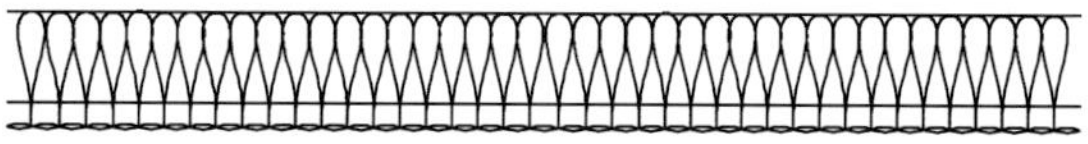

（3）绷缝机

绷缝机又称唛夹机，用两根或两根以上的面线和一根底线相互穿套而形成的链式绷缝线迹。由于绷缝线迹具有缝制面料边缘和在包缝线迹上进行绷缝的特点，强度高，拉伸性好，可防止裁片边缘脱散，因此，被广泛用于针织类服装中。在家居服工艺中，常用二针三线绷缝线迹来进行折边（袖口、脚口、下摆等），如表1-4所示。

表1-4　二针三线绷缝机

实物图	线迹图
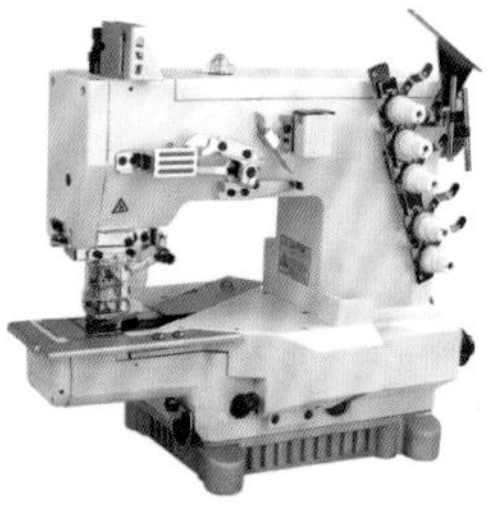	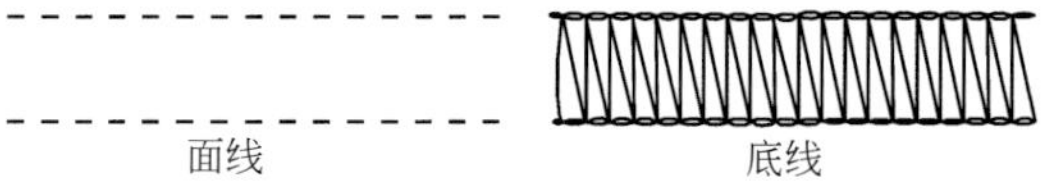 面线　底线

4. 家居服常用缝型

服装是由不同的缝型连接在一起的，由于款式和适用范围的不同，因此，在缝制时各种缝型的连接方法和缝份的宽度也不同。此部分重点介绍缝制家居服用到的缝型。

（1）缝型示意

根据机器缝合的情况设计缝型，缝合步骤根据工艺要求可能有一次或者多次，需要在工艺单示意图中完整绘出。内衣常用缝型符号见表1-5。

表1-5　内衣常用缝型符号

序号	缝型名称	缝型符号	序号	缝型名称	缝型符号
①	平缝	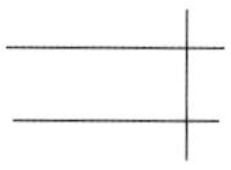	⑤	内、外包缝	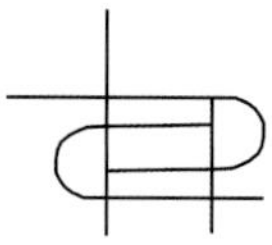
②	叠缝	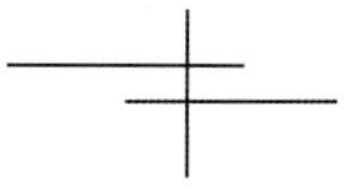	⑥	折边（卷边）缝	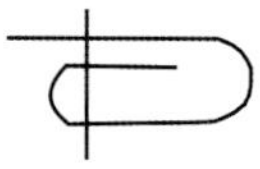
③	扣压缝	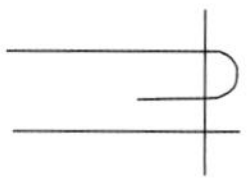	⑦	包缝	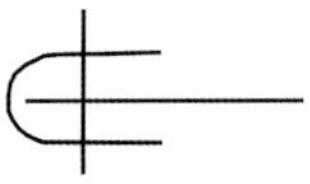
④	来去缝	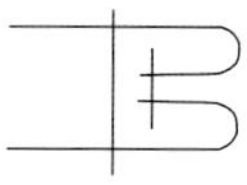	⑧	绱拉链	

（2）缝型的缝制工艺

① 平缝：也称作合缝，将两层面料于止口位相对或正面相对，用平车辑线的缝型。在内衣工艺中这种缝型的缝份宽度为0.5 ～ 1.2cm，缝合完毕后可根据工艺要求将缝份倒向一边（倒缝）或将缝份用熨斗烫开（劈缝）。平缝广泛适用于家居服的肩缝、侧缝、袖子的内外缝、裤子侧缝、裆缝等部位。进行缝制时开始和结束处都需回针固定，以防线头散脱，如图1-7所示。

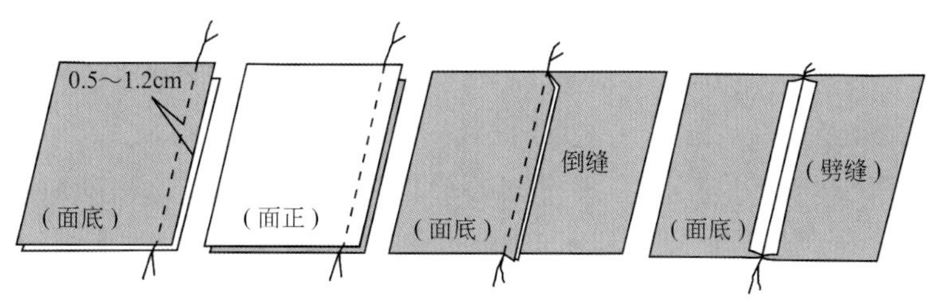

图1-7　平缝工艺

② 叠缝：将两片缝料拼接部分的缝份重叠，在中间辑线固定，减少缝份的厚度。叠缝工艺在内衣中多用来进行装饰工艺缝制。辑线线迹根据工艺要求选择相应衣车。此处为平车辑线，如图1-8所示。

③ 扣压缝：先将缝料按照规定缝份扣倒烫平，根据款式步骤按位置进行组装，然后辑缝0.1cm的明线，如图1-9所示。扣压缝常用于裤子的侧缝、口袋以及罩杯分割拼合等部位。

④ 来去缝：正面不见线迹的缝型。先将缝料底底相对，在止口位辑明线，然后翻折，将两片缝料正面相对辑缝0.5cm的缝份。注意：第一次辑线的缝份需小于第二次辑线的缝份，如图1-10所示。此方法适用于缝制细薄面料的家居服。

⑤ 内包缝：先将缝料面面相对平齐，然后将缝份翻折，距止口0.2cm处辑线，再把其中一块缝料向右翻折打开，根据工艺要求辑线，如图1-11所示。辑线的宽度因款式而定。内包缝的特点是正面有一根明线，底面有两根底线，常用于肩缝、侧缝等部位。

⑥ 外包缝：将缝料烫成双层或直接用成品包边带，将缝料塞进双层缝料中，辑线一次成型。如图1-12所示。常用于缝制腰头、罩杯上沿、内裤裤脚等部位。

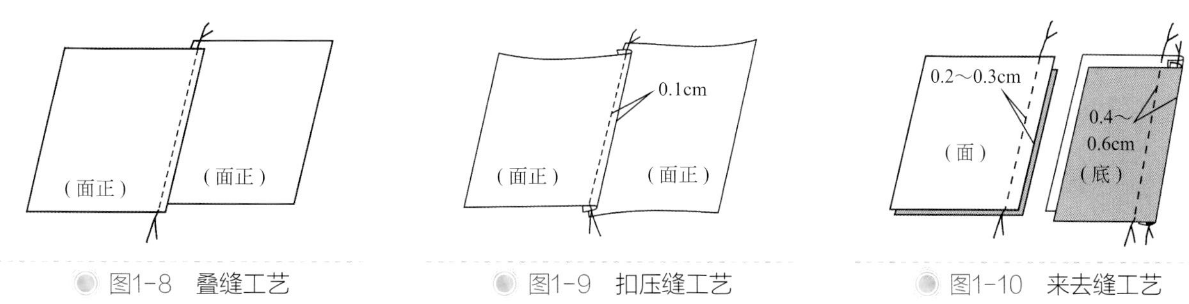

图1-8　叠缝工艺　　图1-9　扣压缝工艺　　图1-10　来去缝工艺

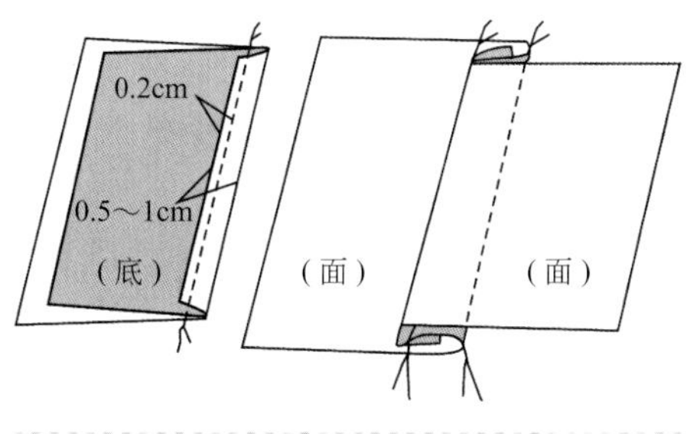

图1-11　内包缝工艺

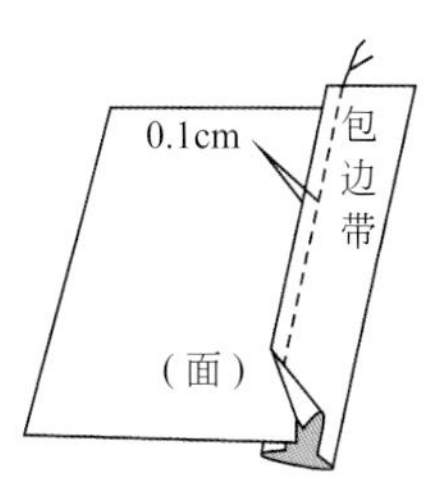

图1-12　外包缝工艺

图1-13 下摆原身锁边单折边处理实物图

（二）家居服共性工艺缝制分析

家居服产品的领口、袖口、裤口、下摆等部位的工艺处理方式根据款式和面料特性常用的有以下3种。

1. 原身锁边单折边

多用于处理袖口、裤口、下摆。将部位缝份向里单折用绷缝机中的二针三线线迹压线固定（图1-13）。

2. 贴边

多用于处理圆领或V领。将制作好的贴边与领口面面相对，用四线包缝固定缝份后将贴边翻折，用单针平车在领口表面压线固定（图1-14）。

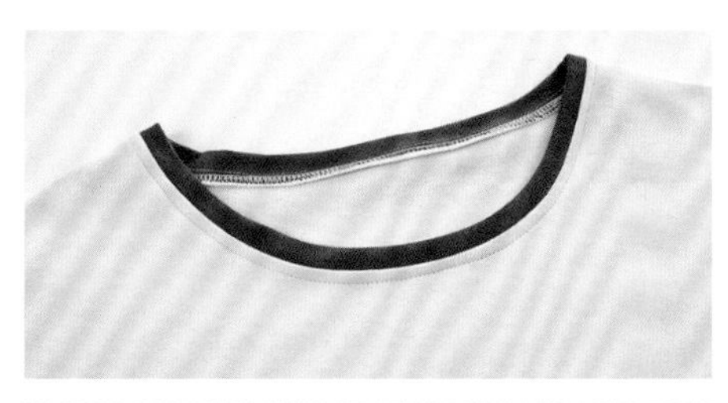

图1-14 领口贴边处理实物图

3. 包边

任何款式都可以。用成品包边带夹缝领口缝份，利用绷缝机中的二针三线线迹或单针平车进行固定（图1-15）。

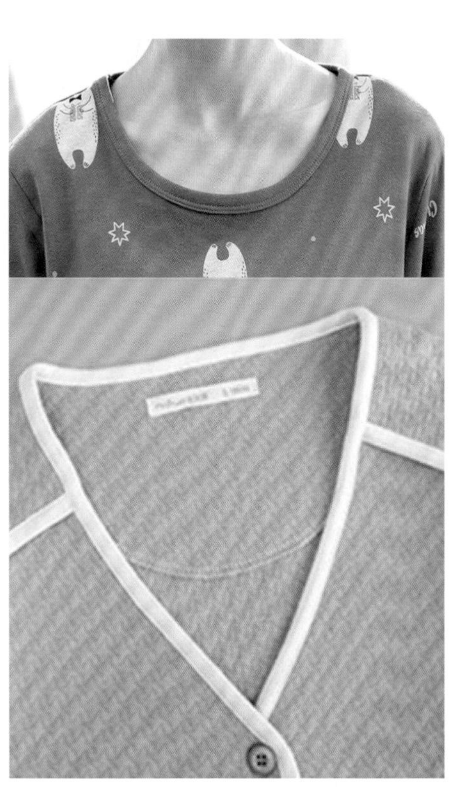

图1-15 领口包边处理实物图

（三）上装缝制工艺

此款家居服为常规吊带款，上衣在胸部位置绱1.5cm宽的松紧带，吊带、夹弯及后片上沿均用2cm成品包边带做包边处理；裤子口袋部分是插袋形式，腰为松紧腰头。

1. 缝合上衣前衣片

（1）缝合里布

将里布在打褶处面面相对后用褪色笔距记号点2.5cm处做标记，车缝时从标记点开始沿着缝边车缝，这样能保证缝合后表面不起皱。车缝完毕后缝份倒向夹弯，如图1-16所示。表布做法与里布相同，请参考里布进行缝制。

（2）缝合表里

先将裁片表里面面相对，距止口0.6cm处。沿着上杯边平车辑缝固定；然后把裁片翻折，使裁片底底相对，在距止口0.6cm处平车沿着夹弯车向心位，如图1-17所示。

（3）罩杯绱松紧带

将松紧带与罩杯面面相对，用四线包缝进行缝合，缝合后松紧带倒向下沿；同时将左右罩杯面面相对，在前中处分缝辑线固定左右罩杯，如图1-18所示。

（4）缝合下摆

先用四线包缝前衣身上边缘，然后将下摆贴边与前中面面相对，用四线包缝缝合裁片，然后将裁片翻折，缝份倒向下摆，在表面辑线固定，如图1-19所示。

（5）缝合罩杯与衣身

先将罩杯松紧带与前衣身面面相对，距止口0.6cm处，沿着下杯边平车辑缝一周（此处用的是叠缝工艺）；然后把罩杯翻折，缝份倒向下摆，辑边线固定，如图1-20所示。

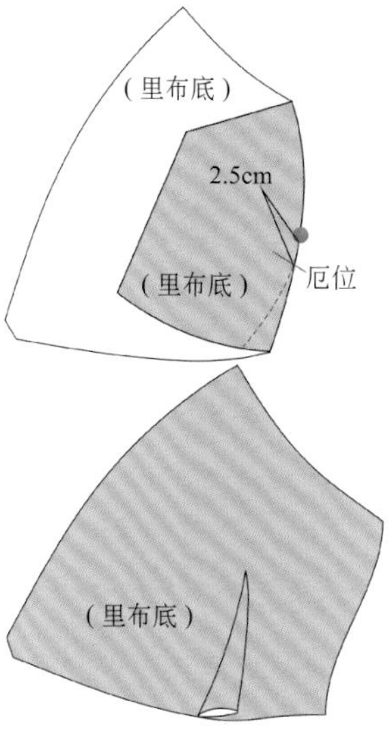

图1-16 缝合里布

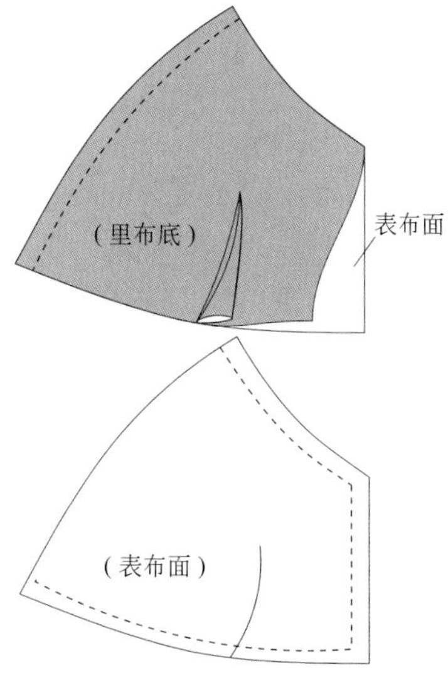

图1-17 缝合表里

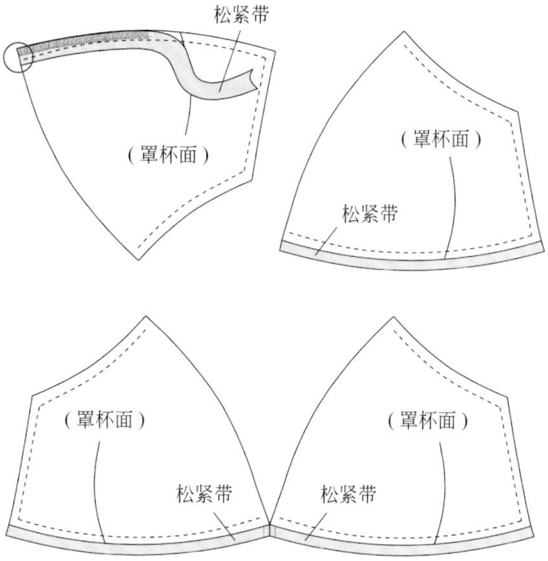

图1-18 罩杯绱松紧带

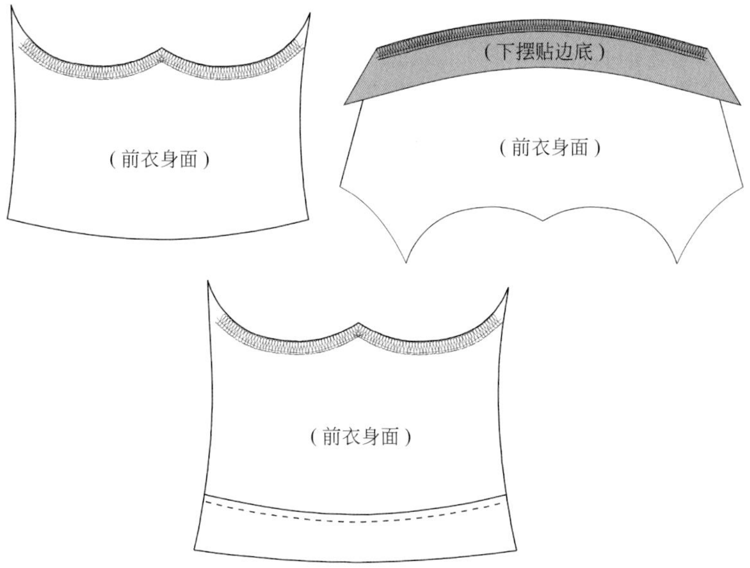

图1-19 缝合下摆

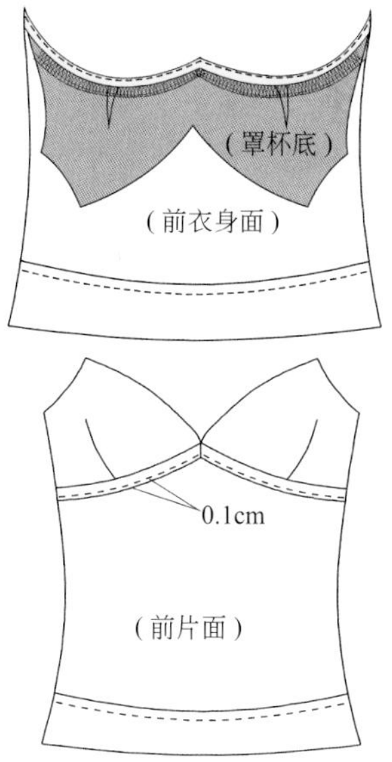

图1-20 缝合罩杯与衣身

2. 缝合后片

先将松紧带用平车固定在衣片上，注意松紧带长度需小于记号长度，如图1-21所示。然后缝合下摆贴边与后片，参考图1-19的缝制步骤。

3. 缝合前后片

（1）缝合侧缝

将前后衣片面面相对，在侧缝位置用四线包缝进行缝合固定，缝份倒向后片，如图1-22所示。

（2）绱包边带及缝合下摆

先将衣身缝份放入包边带中，用二针三线绷缝机沿着夹弯开始车缝一周。由于此款是用包边带作为肩带，故包边带的长度需加长。下摆采用

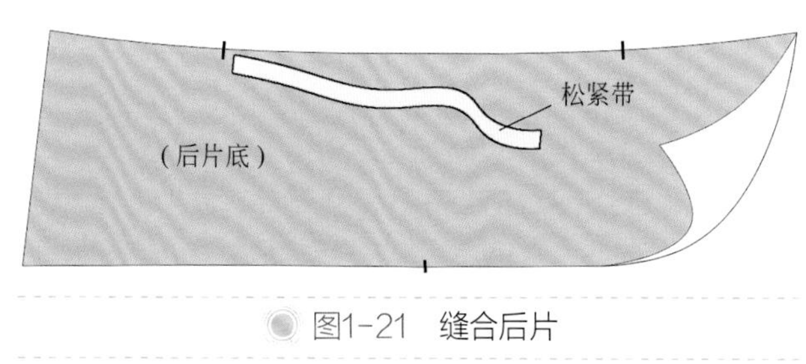

图1-21 缝合后片

双折边的方法进行车缝，如图1-23所示。

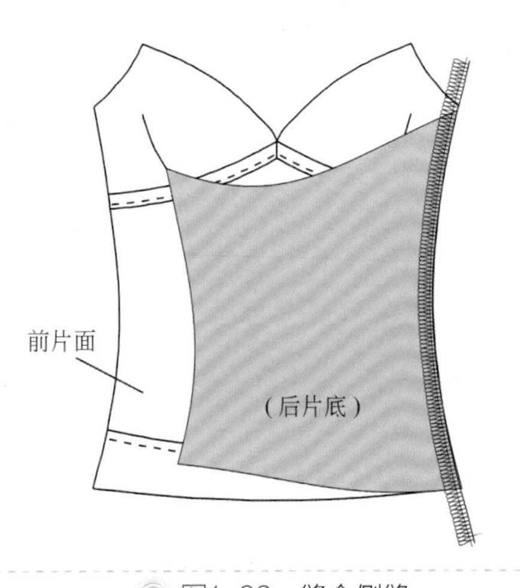

图1-22 缝合侧缝

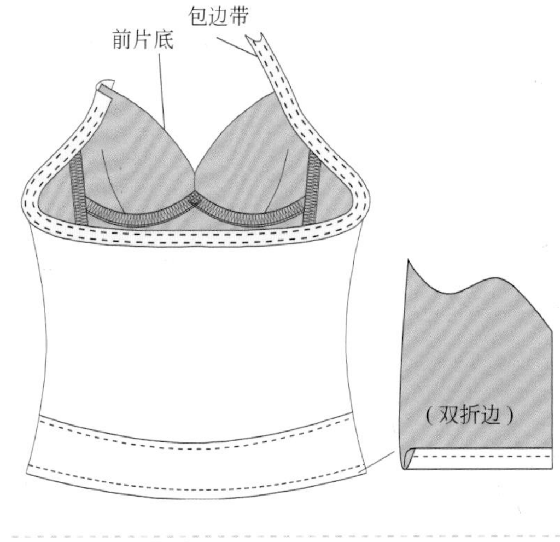

图1-23 绱包边带及缝合下摆

(四)下装缝制工艺

1. 缝合前裤片

(1)缝合口袋及绱口袋

先将大小袋布面面相对，在距止口1cm处四线包缝袋布外沿；然后将小袋布与前裤片面面相对，在距止口1cm处平车缝合固定；最后将缝合后的口袋向内翻折，缝份抹平后在距小袋布内沿0.5cm处平车压线固定，如图1-24所示。

(2)缝合下贴边与前裤片

将下贴边与前裤片面面相对，在距止口1cm处四线包缝固定，然后翻折，将缝份倒向裤口，在面上用平车压边线固定，如图1-25所示。

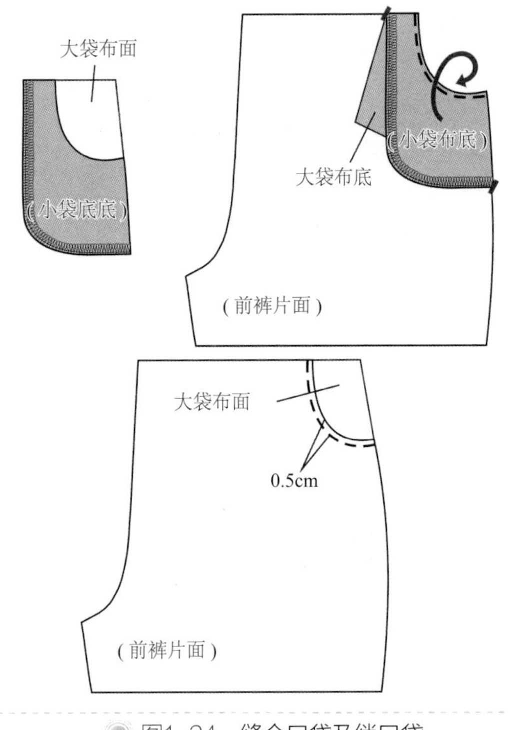

图1-24 缝合口袋及绱口袋

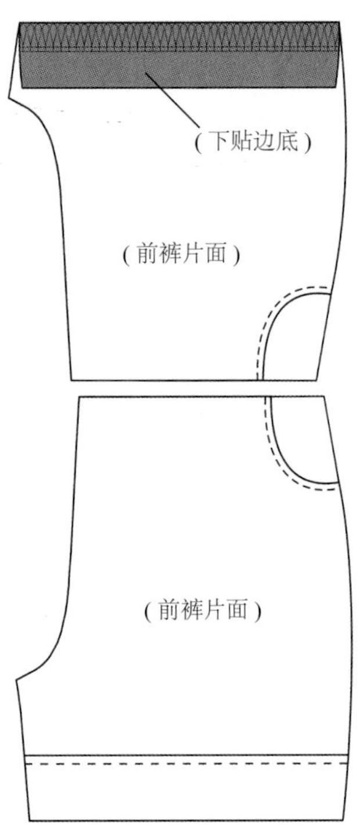

图1-25 缝合下贴边与前裤片

（3）缝合左右裤片

将左右裤片面面相对，在前裆部分距止口1cm处四线包缝固定，如图1-26所示。

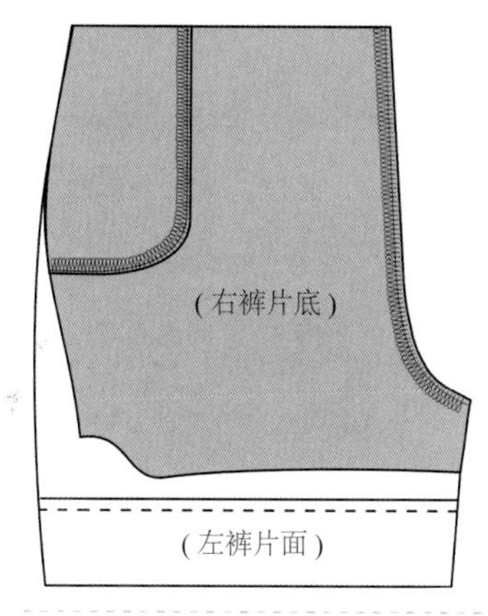

图1-26 缝合左右裤片

2. 缝合后裤片

请参照前裤片缝制工艺。

3. 缝合前后裤片

（1）缝合侧缝

将前后裤片在侧缝位置对齐，用四线包缝距止口1cm处车缝固定，如图1-27所示。

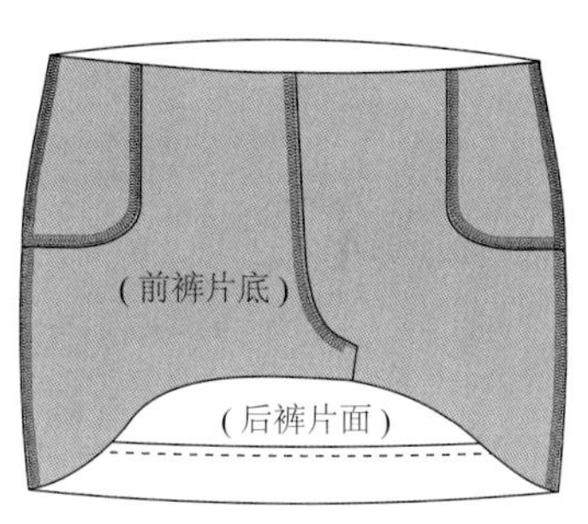

图1-27 缝合侧缝

（2）缝合后裆

将前后裤片在裆底部分对齐，用四线包缝距止口1cm处车缝固定，如图1-28所示。注意：缝合时不可拉扯前后片，以防缝合完毕后前后裆不对称。

（3）缝合裤口

裤口采用双折边的方法进行车缝，然后在面上压边线固定，如图1-29所示。

4. 绱腰头

先将腰头面面对折穿入松紧带后用平车辑线固定两端，然后将腰头与裤身面面相对，用四线包缝固定，最后将腰头翻折，缝份倒向裤身，在裤子表面用平车压边线固定，如图1-30所示。

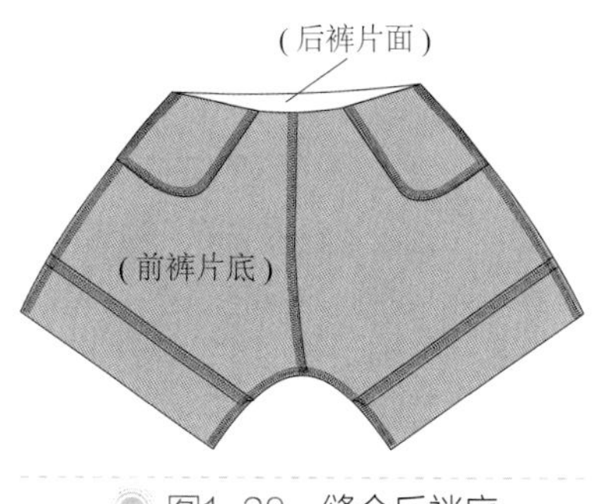

图1-28 缝合后裆底

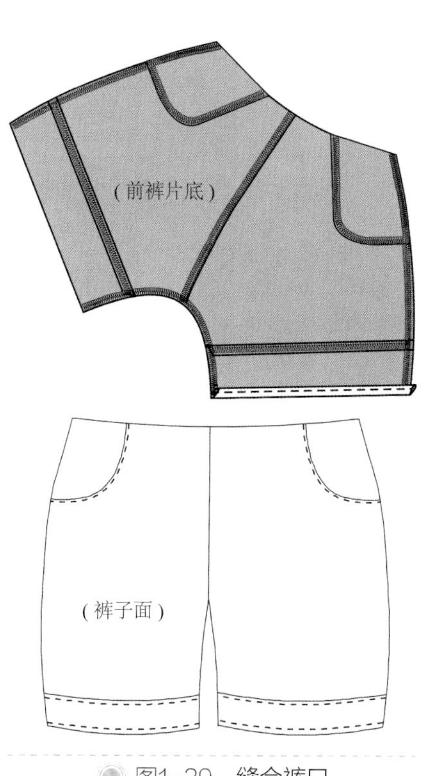

图1-29 缝合裤口

（裤子面）

图1-30 绱腰头

五、家居服的虚拟效果展示

家居服的三维虚拟展示如图1-31所示。

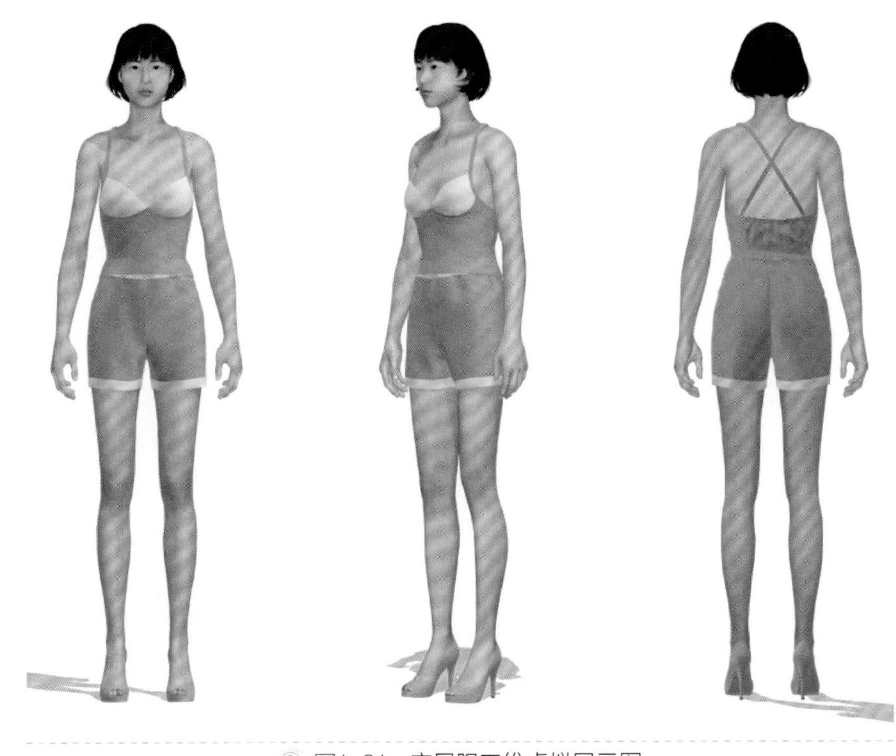

图1-31　家居服三维虚拟展示图

第二节 文胸

文胸是内衣的一个重要产品类别。文胸是支托、固定、覆盖和保护女性乳房的功能性衣物，主要由鸡心、下扒、后拉片、罩杯、肩带5个部分组成。在时尚流转的今天，文胸已不再仅仅用于呵护人体，还能起到修饰人体，并通过特殊的结构和材料达到抬高、集中胸部，弥补体形缺陷，塑造完美身材的作用，大部分文胸产品是合体并具有调整功能的。

文胸分类方法很多，可按照结构、造型、工艺效果、功能等进行分类。文胸结构直接决定造型的视觉效果，文胸造型的完美度在于结构设计是否合理。只有合理、美观的内在结构设计，才能带来令人赏心悦目的外观造型。如图1-32所示是文胸基本款。

一、文胸产品的类别

（一）按罩杯覆盖乳房面积大小来分类

按照罩杯覆盖乳房面积的大小分为全罩杯（4/4罩杯）、半罩杯（1/2罩杯）、3/4罩杯、5/8罩杯、三角形。

图1-32 文胸基本款式图示

1. 全罩杯

全罩杯的罩杯一般较深、较大，可将全部的乳房包覆于罩杯内，侧拉片及下扒较宽，其侧下位和前中位紧贴人体，有较强的牵制和弥补作用；对乳房的支撑力较大，具有较好的支撑与提升集中效果，是最具功能性的罩杯，能很好地固定乳房并具有舒适性。同时，还可收集分散在乳房周围的肌肉，胸肌较多而属圆盘乳型的女性可以选择此种罩杯，也可以根据造型的需要在内层增加海绵衬或其他材料的衬垫来美化。由于能使穿着者胸部稳定挺实、舒适稳妥，因此深受妊娠、哺乳期妇女，以及年纪较大的女性青睐。

2. 1/2罩杯

1/2罩杯是在全罩杯的基础上，保留下方罩杯以支托胸部，具有托高乳房的作用，使胸部造型挺拔，而且一般都会在胸口部位增加装饰花边来加强立体感。罩杯外形设计呈半球状，肩带设计为可拆卸。当去掉肩带则稳定性降低，提升效果不强，承托力小，但可搭配露肩、露背、吊带等服装。

3. 3/4罩杯

3/4罩杯介于全罩杯和1/2罩杯之间，它是利用斜向裁剪及钢圈的侧推力，使乳房上托，侧收集中性好，其造型优美、式样多变，特别是前中心的低胸设计，能展现女性的玲珑曲线，最适合结婚典礼、晚会相聚等重要的社交活动场合穿戴。这种式样的内衣实用舒适，能够很好地修饰胸部形态。半球乳型、圆锥乳型可以选用此种造型以增加乳沟魅力；如乳房有下垂倾向，则宜在罩杯下缘加衬钢圈，以增加胸罩的承托力。

4. 5/8罩杯

介于1/2罩杯和3/4罩杯之间，能使胸部小巧玲珑的女性显得丰满。由于前幅收止的位置正好在乳房最丰满的地方，因此会令胸部显得丰满。5/8罩杯一般分为偏1/2杯型和偏3/4杯型两种。偏1/2杯型的5/8型由于领型呈一字造型，对乳房上部的丰满度要求较高，较适合B杯或C杯的丰满人群；偏3/4杯型的5/8型由于前幅边呈斜角，心位较低，丰满人群易产生压胸现象，因此特别适合A杯或B杯人群。

5. 三角杯

遮盖面积为三角形的杯型，它覆盖面较小，性感迷人，美观性较好，适合胸部丰满、胸型美观的年轻时尚女性穿着。

（二）按分割线的设计来分类

按分割线可将罩杯分成单褶一片、两片分割、多片分割、一次性压模成型。

1. 单褶一片

罩杯虽然不易塑造圆润的外形，但是最适合运用到无钢圈的沙滩比基尼；同时作为外饰蕾丝通常选择这种分割设计，以确保花型完整。为了更好地控制罩杯区域的形状，一般单褶都是由胸高点（BP点）往罩杯下沿中间部位形成。然而，这样的结构设计使其罩杯造型相对较扁平，罩杯容量有限，包容性不大，因此，适合胸部较小的女性穿着。

2. 两片分割

罩杯又分上下杯、左右杯和斜形罩杯，无论是哪种造型，杯中分割线的设计十分重要，平直或圆顺，直接影响到文胸的穿着效果。

3. 多片分割

由于罩杯面积小，分割片数多，不易于加工，最常用的多片分割设计是T字分割，能有效塑造圆润的形状，用于棉杯分割或大罩杯设计。

4. 一次性压模成型

在一定温度、压力下固化成型的罩杯，表面圆顺平滑，适合夏季穿着。

（三）按使用材料来分类

1. 模杯文胸

由海绵复合后经过高温处理一次成型，立体感强，表面造型具有光滑圆润的特点。可分为厚模杯、中模杯、薄模杯、上薄下厚模杯，可不完全依靠钢圈的承托力和肩带拉力来抬高乳房，依靠模杯的造型来改善乳房形状，具有塑造圆润胸型的作用。

2. 夹棉文胸

由丝棉贴合针织布后，经过裁剪缝合而成，杯型灵活多样。丝棉手感丝滑，非常柔软。用薄海绵制成的杯型较薄，透气性好，通过工艺裁剪改变罩杯大小、深浅，穿着后能适当调整胸型，让胸型呈现自然挺拔状态，能制成各种杯形，适合各种胸型女性穿着。另外，在内层增加衬垫，可以根据需要灵活拆下或更换。在衬垫里可加入各种增加血液循环的物质，对乳房起到辅助治疗的效果。

3. 单层文胸

罩杯无夹棉，用单层或双层面料缝制而成，以单层蕾丝款式最为常见，有浓厚的欧洲风格，以透明织物制成，充分体现性感魅力，适合胸型浑圆丰满的女性穿着。

（四）按肩带外形效果来分类

1. 无肩带类

无肩带类是指露背式时装或晚礼服专用文胸。

2. 肩带不可卸类

用套结机将肩带固定在罩杯上，对胸部的提升和保型效果有很好的作用。

3. 肩带可卸类

肩带与罩杯的固定用挂钩方式，便于肩带按需拆卸。

（五）按文胸纸样设计有无钢圈来划分

1. 有钢圈文胸

有钢圈文胸对胸部造型的效果更好，对女性胸部塑型的同时也带来因压迫身体造成的病痛，因此，要选择适合的号型穿着。

2. 无钢圈文胸

在乳房根围进行结构造型设计，没有钢圈也能起到一定的塑型效果。无钢圈文胸产品多数是为了塑型，从结构和号型数据上都进行了调整。

二、文胸的面辅料

文胸面辅料基本分为两大类：天然面料和人工合成面料。其中天然面料又分植物纤维（棉、麻等天然纤维）和动物纤维。动物纤维又分为毛发类（羊毛、兔毛等）与分泌物类（桑蚕丝、柞蚕丝等）。天然纤维基本应用于内衣的贴身部分，如文胸的里衬、内裤的底裆等。由于天然纤维自身的种种局限性，内衣大多采用人工合成纤维（涤纶、锦纶、氨纶）。

（一）文胸所需主要面料

1. 棉

手感质朴、温和，穿着舒适，但易起皱易缩水。这种棉织物除了做室内内衣和睡衣外，还可以制作部分文胸和内裤，穿着健康、舒服、透气。棉或涤棉制造加工的里布弹性小，用在文胸里衬或内裤底裆等贴体部位，保证穿着的基本舒适性，透气吸湿，肤感极好。

2. 真丝

世界上最好的天然面料之一，手感柔软细腻，穿着舒适、飘逸，悬垂性好，透气性和吸湿性都很强，是四季都适合穿着的内衣材料。但真丝梭织面料没有弹性，无法制作紧身、塑形的文胸、束裤，只有用丝纤维织造成针织布，增加其经纬向的弹性后，方可作内衣面料。

3. 拉架布与滑面拉架

拉架布是棉与弹性纤维相结合而成的一种面料，弹性大，透气性好，常用于文胸及内裤。滑面拉架是双向弹性面料，不同纹向弹性区别较大，其特点是回弹性好，主要用于制作文胸后拉架、束裤、腰封、功能性束衣等。

（二）文胸所需辅料

1. 定型纱

又称格子纱，呈尼龙网状，薄而透明，透气，硬度大，不贴身，不变形，无弹性。定型纱属于辅料，用于需要固定的部位，如文胸的鸡心或前片、束裤的腹部和两侧，紧身衣的两侧及前后腰部。使用时将定型纱放在面料下面，防止面料伸缩，其主要成分是尼龙、氨纶，特点是经向弹力强，纬向稍差，恢复力好，强度大，强调的是收束性。

2. 花边

又称蕾丝，一般分为经编花边和刺绣花边，装饰性织物，是最能体现女性魅力的装饰物，富有神秘感，价格昂贵，一般用强度最高的锦纶和弹力最好的氨纶交织而成，耐光性差。蕾丝通常有宽窄之分，宽的花边10cm左右，可以裁开装饰在内衣的各部位；窄的花边只有1cm左右，通常缝在内衣边缘内侧。蕾丝是内衣杯面的主要面料，基本分为底网刺绣和蕾丝花边两类。

3. 弹力网

弹力网是束身型内衣常用的材料。这种材料网孔大，透气性好，弹性强，两三层重叠使用，以加大矫形的力度。

（三）文胸所需辅料

1. 钢圈的分类

钢圈用于文胸和塑身衣前片的罩杯底部，起固型作用，是文胸产品的重要辅料。钢圈有各种规格，适合不同尺寸和体形的需要。钢圈有软硬之分，软的钢圈较窄，适合于胸部较小的女性；硬质钢圈相对较厚，适合于胸部较丰满的女性。钢圈有归拢和支撑胸部的作用，使女性的胸部更有形、更丰满。我们在缝制时用多层布料包缝，并在两头打结，确保牢固。

2. 橡筋

橡筋又称花牙丈根，是1～2cm的窄边，有较强的弹性。通常用在文胸的上捆边、下捆边及束裤的腰部，具有包边的作用。由于其厚实、耐磨性较好，还具有一定的支撑性。

3. 捆条

捆条是包裹钢圈、胶骨和钢骨的衬布。由于其紧贴人体，因此不仅需要柔软适体，还要具有牢固耐磨的特性，以防钢圈、胶骨穿出戳伤人体，所以捆条都是3层以上包裹的。2cm宽的捆条用于罩杯棉的缝合位的面部；1cm宽的捆条用于罩杯棉的缝合位底部。

4. 钢骨

钢骨由小金属钢圈套穿制成，宽度不到0.8cm，长度10～25cm不等。钢骨的韧性较强，比胶骨柔软，适合在长身束衣和腰封上使用，穿着既舒适又能塑型。长款束胸产品在边缝和侧缝上都使用钢骨，便于支撑衣服的下缘，使其无法翻卷上来。特别是采用了360度记忆合金钢骨，不会制约任何动作，舒适性更好。

5. 胶骨

胶骨是细窄条的塑胶制品，有半透明和不透明两种。半透明的较薄的胶骨可以直接缝纫，不透明的较厚的胶骨无法缝纫。胶骨的宽度不超过0.6cm，长度3～12cm不等。它有一定的韧性和强度，用于文胸和塑身衣的侧位，目的是支撑、收缩乳房两侧的脂肪，保持身体曲线优美。

6. 肩带

肩带是内衣的重要组成部分，主要的受力部位。同时可以根据设计专门制作或细或粗的肩带，甚至是双肩带、透明肩带、花边肩带等装饰性肩带。

7. 肩带扣

肩带扣是肩带和内衣连接的部件，有两种类型：一是肩带扣形如“9”字形（玖扣），是可拆卸肩带；二是固定肩带，其肩带扣形如“8”字形（捌扣），肩带无法拆卸。

8. 钩扣

内衣的扣件通常用在后片中心位置也叫背扣。文胸的扣件有单扣、双扣及多扣之分。连体文胸的扣件最多，从胸围线到下摆。内衣的扣件通常有三排，相间1.2cm，可用三排扣来调节内衣的松紧。

9. 花饰

两个杯罩中间的装饰物为花饰，多用细丝带做成精致的小蝴蝶结或吊坠。

10. 缝制线

PP线用于文胸的车缝线；弹力丝用于包缝部位的底线。

三、文胸的结构设计

下面以图1-32所示的中款为例，介绍文胸套装产品开发的过程。

1. 款式分析

此款是半罩杯、T字分割、夹棉款、有下扒、直比文胸款，低腰三角裤、前片分割设计，款式图如图1-33所示。

2. 裁片构成

以75A号型尺码设计夹棉半罩杯，罩杯裁片和钢圈形状数据差为0.6cm，确保缝合后的立体效果。侧拉片有分割，内层有定型纱，确保塑形效果。后身片根据面料弹性率适当缩放，达到尺寸要求。底裤为低腰设计，裆底长为臀围的3/12。前片连裆设计，裆底宽适当加大，确保根据面料弹性缩放后能适合体形需求。罩杯面布上沿缝边为1.2cm，罩杯分割缝骨位缝边为0.6cm，与钢圈形状缝合部位缝边为0.6cm；夹棉拼接缝合部位和上沿缝边为0cm，与钢圈形状缝合部位缝边为0.6cm；内层棉缝边为0.4cm；鸡心表布上沿缝边为0.4cm，下沿缝边为1cm，鸡心定型纱上沿缝边为0.4cm，下沿缝边为1cm。钢圈形状缝合部位缝边为0.6cm；侧拉片上下沿缝边为1cm，其他部位缝边为0.6cm，侧拉片定型纱缝边均为0.6cm；后身片上下沿缝边为1cm，其他部位缝边为0.6cm；底裤前片分割和裤脚部位缝边为0.5cm，其他部位缝边为1cm，如图1-34、图1-35所示。

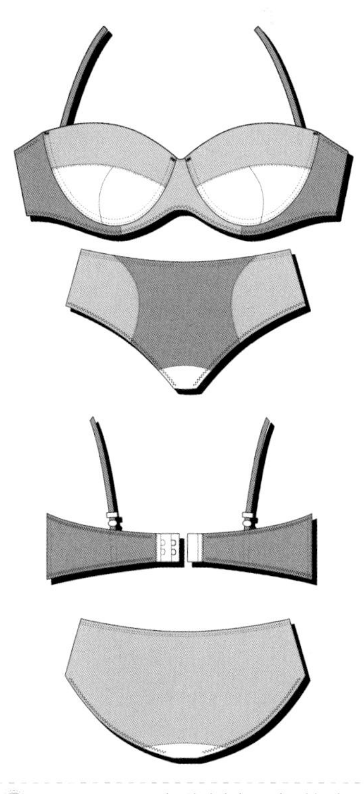

图1-33 T字分割半罩杯款式图

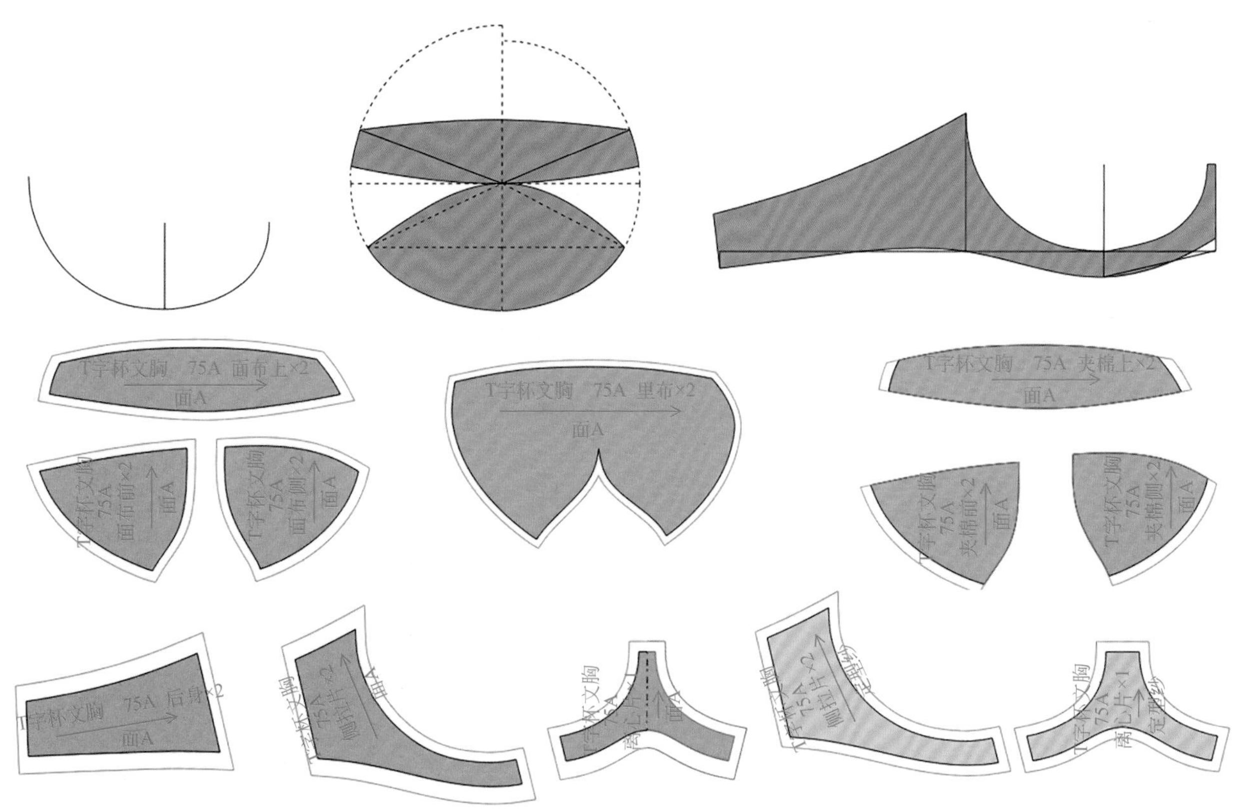

图1-34　半罩杯纸样图示

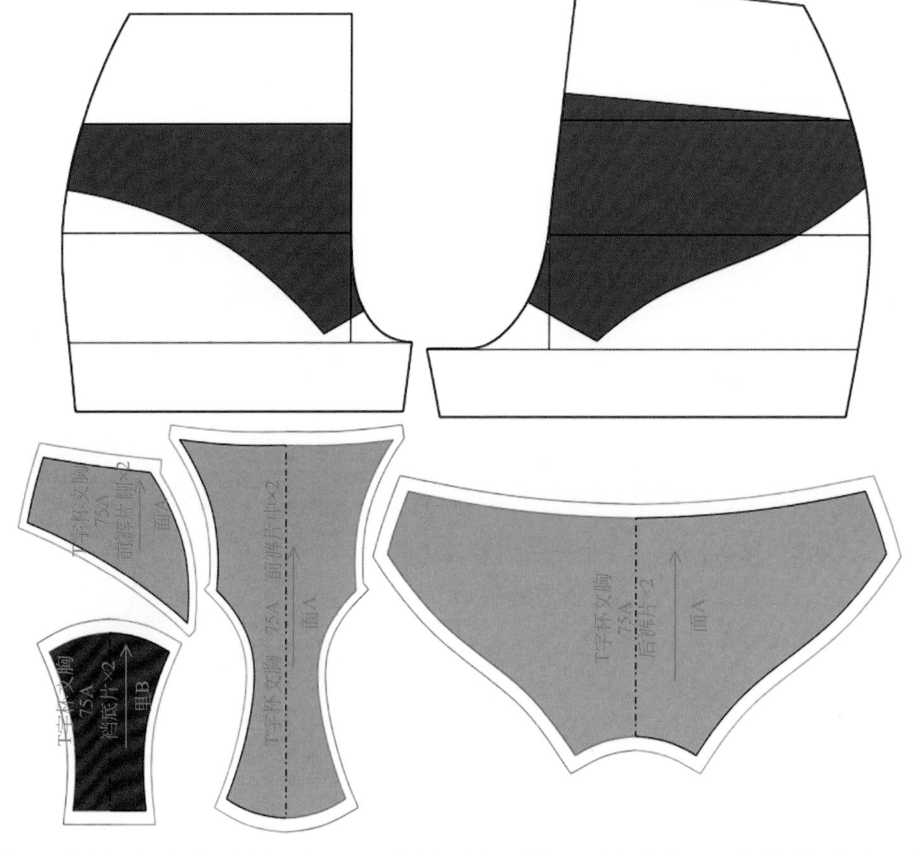

图1-35　低腰三角裤纸样图示

四、文胸的成品开发

（一）产品号型设置

文胸的规格和外衣号型规格不同，在国际上有通用标准。下胸围数据是女性文胸的主要号型数据之一。文胸以下胸围为依据，号型有70AA、70A、75B、80B、80C等，前面的数字是“号”，为下胸围数据，以5cm为档差值变化；后面的字母为“型”，是胸围和下胸围的差，以2.5cm为档差值变化，用AA、A、B、C、D、E等字母表示。现代女性从12岁左右开始戴文胸，只是不同时期对文胸产品的需求不同。生产企业针对不同的客户群可配置设计不同的号型系列，如表1-6的同号不同型配置设计，表1-7的同型不同号配置设计。

表1-6　75下胸围文胸号型配置设计表　　单位：cm

罩杯	AA	A	B	C	D	E
胸围	82.5（±2.5）	85（±2.5）	87.5（±2.5）	90（±2.5）	92.5（±2.5）	95（±2.5）

表1-7　A罩杯文胸号型表配置设计表　　单位：cm

胸围	75	80	85	90	95	100
下胸围	65（±2.5）	70（±2.5）	75（±2.5）	80（±2.5）	85（±2.5）	90（±2.5）

（二）成衣工业放码

应用点放码方式推放文胸产品。比值法是点放码方式中的一种，以保证纸样各部位的比值不变，确保推放后服装造型不变，使服装各个号型更趋于原造型设计要求。相对来讲，比值法较繁琐，但却是最准确的放码方式，适合文胸这样合体度要求高的服装。无论采用什么方式进行推放，都要在保证功能性的前提下，有相应的舒适度。因此，文胸成品针对目标客户的试身效果是检验罩杯造型及规格尺寸的唯一标准。

比值法是在无需了解款式造型和人体的关系情况下，根据号型档差设置，确定不动轴，测量各个部位X、Y的距离，通过对每个放码点的X和Y的版型实际距离进行测量，计算该距离与对应基数百分比，以百分比数值分配该部位档差，就可以得出各放码点的移动量。由于款式、面料、功能的差异，同一号型的文胸因款式不同，其主要部位的规格存在一定的差异。因此，这里列出的尺寸会随着款式、面料、功能的变化需要而做出相应调整。下面以不同号型设置推放图1-32中的文胸套装。

1. 75cm下胸围的同号不同型推放

这是指下胸围是75cm的不同杯型文胸推放。侧拉片和后身长度不变化，与罩杯缝合的部位做相应调整；鸡心片与罩杯缝合的部位进行调整；罩杯夹棉和内层里布放码规则同罩杯面布；钩扣、肩带均为通码，具体数据及档差见表1-8。

表1-8　下胸围的同号不同型数据及档差表　　单位：cm

规格 号型	杯高	杯阔	下杯缘	鸡心高	侧比高	上杯边	鸡心上阔	鸡心下阔	下围实际尺寸
A	11	17.7	21.8	4.4	8.1	15.6	1	11.5	60
B	12	18.7	23.1	4.7	8.6	16.4	1	11.5	60
C	13	19.7	24.4	5	9.1	17.2	1	11.5	60
档差	1	1	1.3	0.3	0.5	0.8	0	0	0

杯骨两端点的推放需要用平行推放操作，沿着杯骨方向移动推放，确保罩杯拼接缝合部位数据一致，如图1-36所示。

同号不同型的罩杯变化，钢圈形状周边数据变化，下胸围尺寸不变，侧拉片的侧比高变化，心位升高。如果下扒处有分割，也需要设置变化档差量，如图1-37所示。

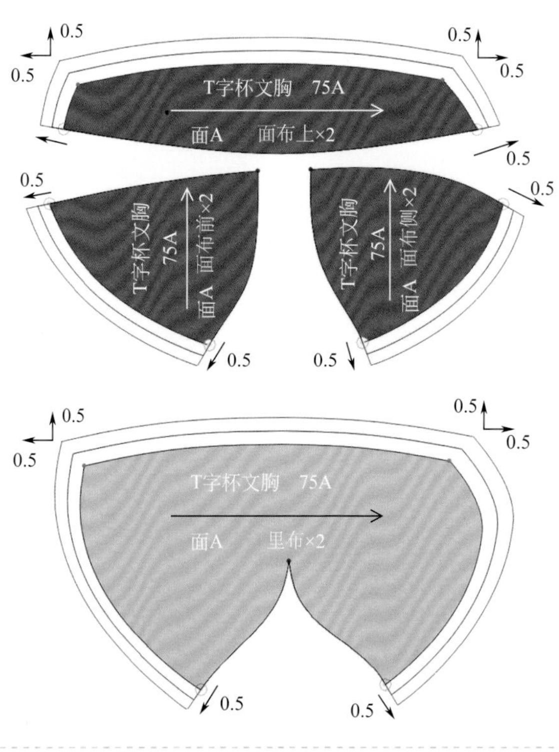

图1-36 同号不同型罩杯推放

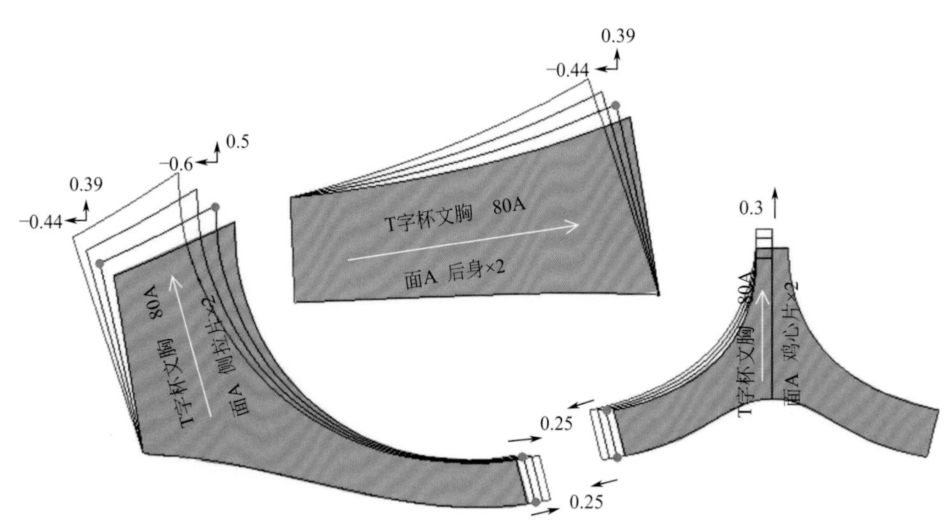

图1-37 同号不同型的侧拉片与鸡心片推放

2. A罩杯的同型不同号推放

这是指胸围和下胸围的差值为10cm的A罩杯文胸推放号型设计。号的变化推放是下胸围的尺寸发生变化。为确保都是A杯，因此胸围也跟着改变，钩扣、肩带均为通码，具体数据及档差见表1-9。

同型不同号的罩杯推放同样需要将杯骨两端点用平行推放操作，沿着杯骨方向移动推放，确保罩杯拼接缝合部位数据一致，如图1-38所示。

表1-9　A罩杯同型不同号数据及档差表　单位：cm

号型＼部位	杯高	杯阔	上杯边	下杯缘	鸡心高	侧比高	鸡心上阔	鸡心下阔	后拉片上围	后拉片下围	下围尺寸
70A	10	16.7	14.8	20.5	4.1	7.1	1	11.1	13.4	27.5	56
75A	11	17.7	15.6	21.8	4.4	8.1	1	11.5	14.9	29.5	60
80A	12	18.7	16.4	23.1	4.7	9.1	1	11.9	16.4	31.5	64
85A	13	19.7	17.2	24.4	5	10.1	1	12.3	17.9	33.5	68
档差	1	1	0.8	1.3	0.3	1	0	0.4	1.5	2	4

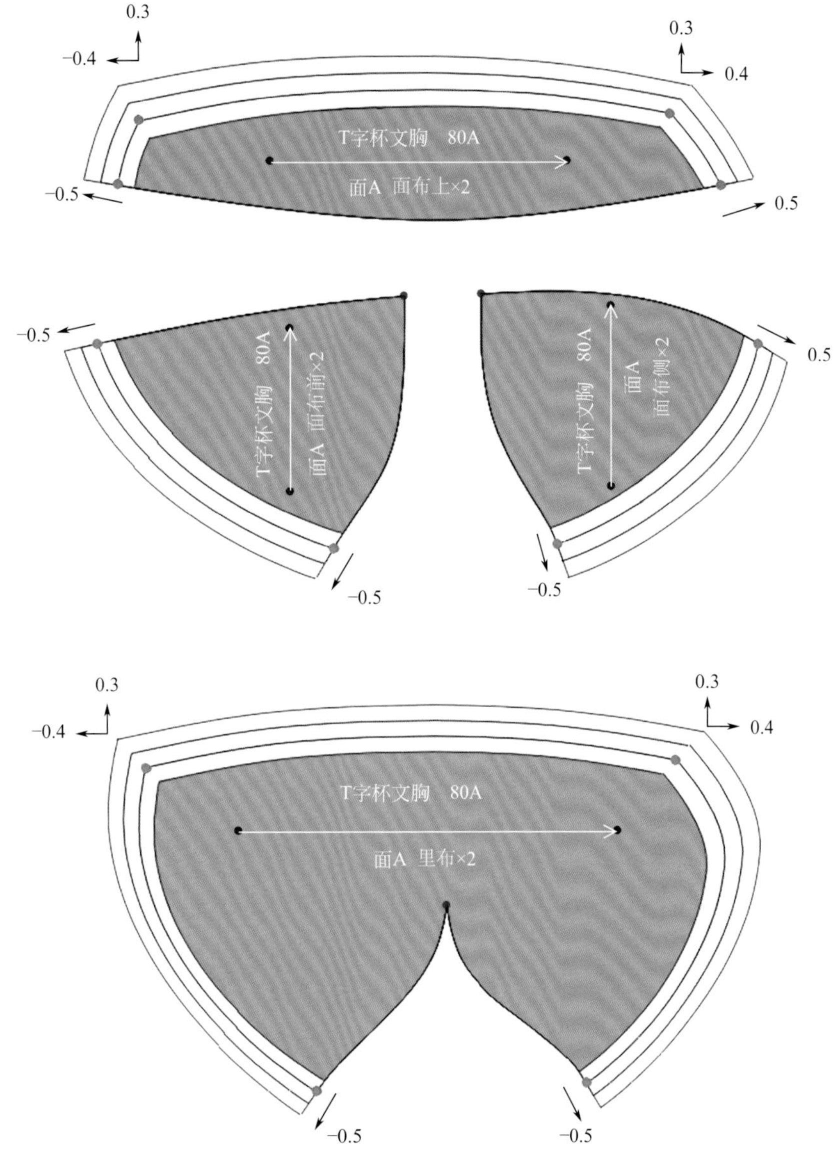

图1-38　同型不同号罩杯推放

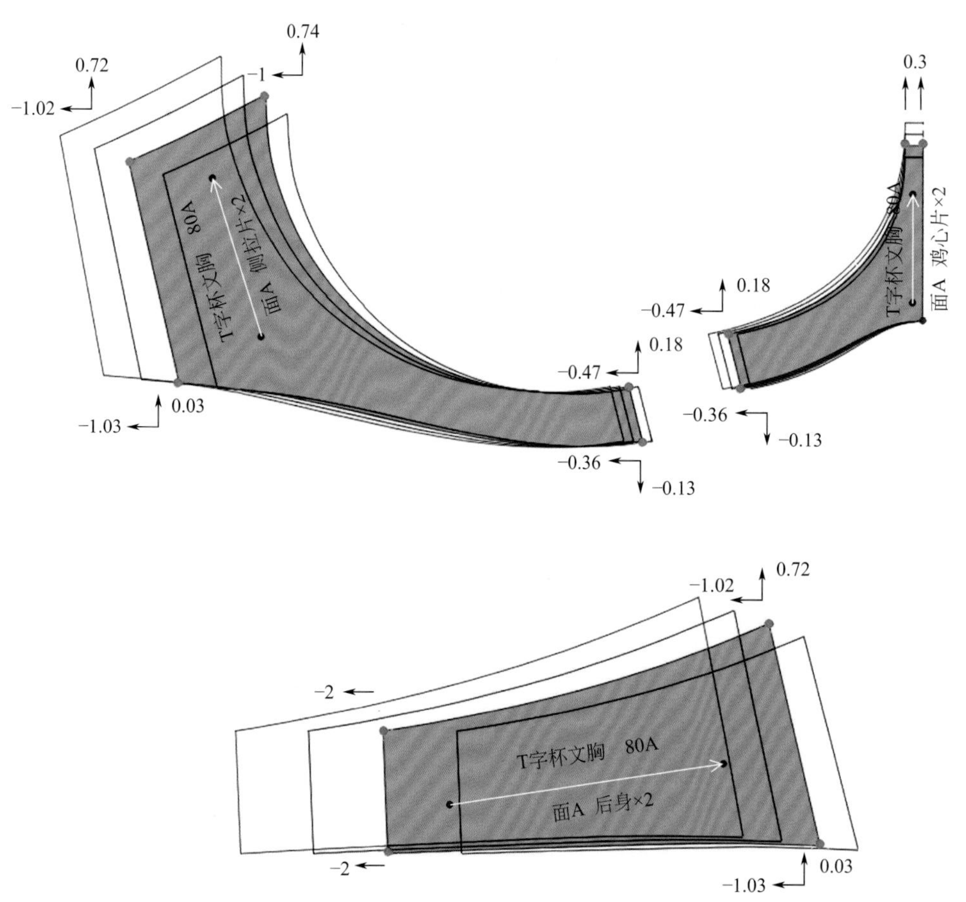

图1-39　同型不同号的侧拉片与鸡心片推放

下围档差为4cm，每片侧拉片外侧推放2cm，鸡心高提升0.3cm，以下杯缘数据1.3cm的长度规则设置档差量，由计算机系统自动推放侧拉片与罩杯下缘的分割点推放规则，如图1-39所示。

3. 同杯不同号型

这是指罩杯各个部位数据相同时不推放，只考虑下胸围的推放号型设计，钩扣、肩带均为通码，具体数据及档差见表1-10。

表1-10　同杯不同号数据及档差表　　单位：cm

部位 号型	杯高	杯阔	上杯边	下杯缘	鸡心高	侧比高	鸡心上阔	鸡心下阔	后拉片上围	后拉片下围	下围尺寸
65C	11	17.7	15.6	21.8	4.4	8.1	1	11.5	10.9	25.5	52
70B	11	17.7	15.6	21.8	4.4	8.1	1	11.5	12.9	27.5	56
75A	11	17.7	15.6	21.8	4.4	8.1	1	11.5	14.9	29.5	60
档差	0	0	0	0	0	0	0	0	2	2	4

同杯不同号推放时只有下围度数据有变化。因此，只对侧拉片进行推放，罩杯和鸡心片都不推放。下围档差为4cm，每片侧拉片外侧推放2cm，分割部位保持分割比例关系，由系统自动推放获得放码规则，如图1-40所示。

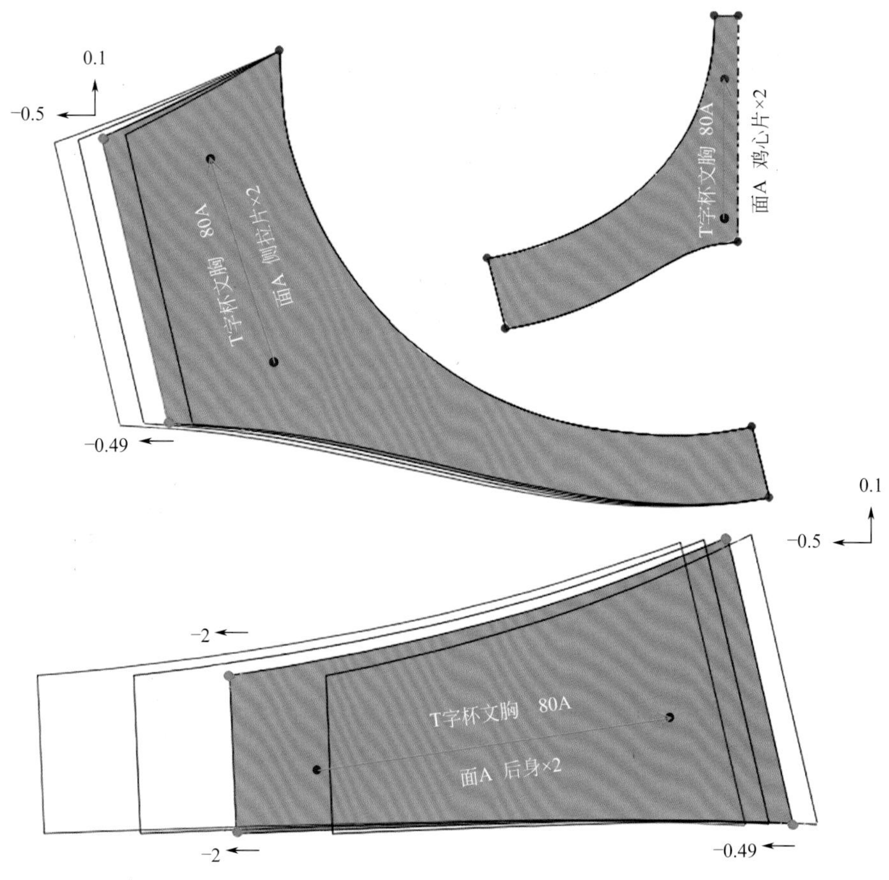

图1-40 同杯型、不同号的侧拉片推放

4. 三角裤放码

三角裤前片连裆设计，裆底和侧缝长度不变。前片分割处按照比值方法，进行围度和长度上的测距计算（表1-11），获得放码规则，如图1-41所示。

表1-11 三角裤数据及档差表 单位：cm

号型＼部位	腰围/2	前裆宽	后裆宽	前中长	后中长	底裆长	侧缝长
S	30	5.5	9.5	12	14	13.5	5
M	32	5.75	9.75	13	15	13.5	5
L	34	6	10	14	16	13.5	5
XL	36	6.25	10.25	15	17	13.5	5
档差	2	0.25	0.25	1	1	0	0

五、文胸的工艺设计

文胸的缝制工艺是内衣中最为复杂的。为达到客户要求，在综合设计师意图的同时，还要考虑缝制工艺及设备等合理设计。现代服装的工艺设计随着服装款式、面料、功能等的多样性变化而变化，其种类、功能和缝纫方式也越来越多。下面着重讲述文胸缝制工艺所需的缝型及特种设备的特点。

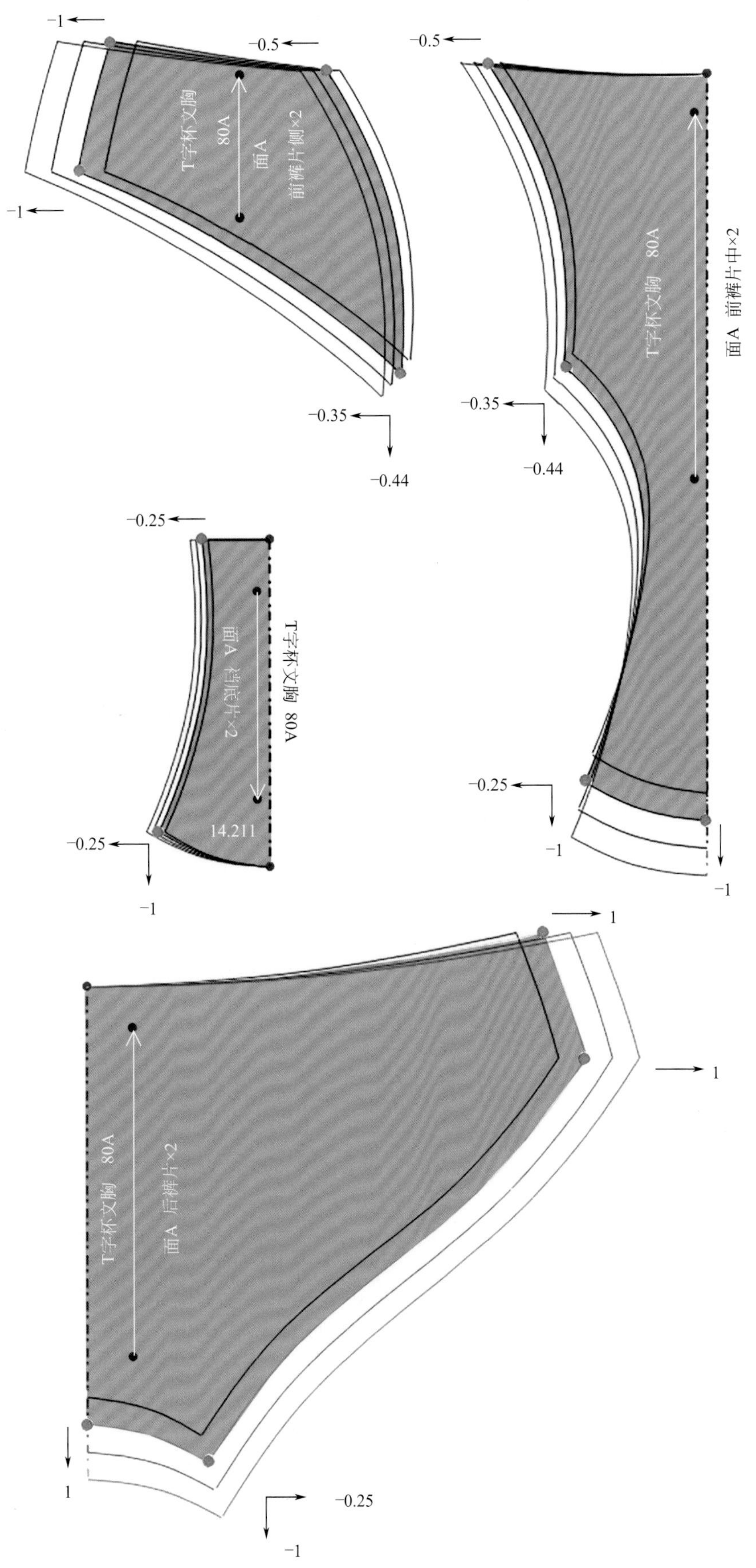

−1
−0.5
T字杯文胸
80A
面A
前裤片侧×2
−1
−0.35
−0.44
−0.5
T字杯文胸 80A
面A 前裤片中×2
−0.35
−0.44
−0.25
T字杯文胸 80A
面A 裆底片×2
14.211
−0.25
−1
−0.25
−1
−1
1
1
T字杯文胸 80A
面A 后裤片×2
1
−0.25
−1

图1-41 三角裤推放

（一）文胸缝纫前的准备

1. 机针的选用

由于缝制文胸的面料多为薄型及蕾丝面料，在选用机针时，选择“SES小圆头”、9～11号针进行车缝（图1-42）。

SES 小圆头

图1-42 文胸机针针头形状

2. 缝纫线的选用

线通常是由几股纱并列捻合而成，缝纫线型号前面的20、40、60等均指纱的支数，纱的支数可以简单理解为纱的粗细，支数越高，纱就越细；型号后面的2、3分别指该缝纫线是由几股纱并捻而成。例如，402是由2股40支纱并捻而成。所以相同的股数纱捻合成的缝纫线，支数越高，线就越细，强度也越小；而相同支数纱捻合成的缝纫线，股数越多，线越粗，强度越大。

文胸面料多为弹性面料，车缝时需保证面料的弹性，在选择缝线时要考虑缝线的牢固度及弹性。在规定条件里，缝线形成良好线迹的同时，还需保持一定机械性能，简称可缝性。可缝性是评定缝线质量的综合指标。

根据缝料材质、厚度、组织、颜色、缝纫款式、缝纫设备或手段，选用种类和规格相匹配的缝线和机针，一般可遵循下列原则。

（1）缝纫线与面料特性协调

可保证线与面料的收缩率、耐热性、耐磨性、耐用性等的统一，避免因差异过大而引起皱缩。缝制内衣时，一般软薄料用细线、配小号机针。

（2）缝纫线与线迹形式协调

链式线迹选用细棉线，缝料不易变形和起皱，且缝制后线迹美观、手感舒服。双线线迹应选用延伸性好的缝线。

（3）考虑面料的特殊性

在文胸制作过程中，由于面料具有丰富的拉伸性，要求在裁剪之前停放24小时左右，使其在自然状态下回缩后才能进行裁剪。

在正式缝纫之前，应先调试缝纫线的张力、针迹长度和压脚压力，使线迹保持良好的拉伸性，以适应面料的需要。缝纫时应轻轻拉住面料，适当给缝纫线增加一些弹性，防止缝纫皱纹，但不能拉扯太紧，否则会使面料出现波浪状皱纹。

3. 裁剪要求

蕾丝花边等面料本身有镂空花纹，由于价格昂贵，裁剪时要小心谨慎，避免浪费，特别是大花纹且有一定弹性的面料，需尽量保持花型完整。裁剪方法分两种，一种是蕾丝花边手工裁剪法，花边的裁剪往往由于花边的对位要求较严格，蕾丝的幅宽较窄，不适合排料图的裁剪法，采用手剪的方法将工业纸样直接放在花边面料上进行对照裁剪。另一种是其他部位的面料的排料图裁剪法，宽幅面料的裁剪是依据排料图用电剪进行裁剪。

文胸面料裁剪时需要注意以下方面。

① 裁片必须与纸样所标用料、纹路及弹性方向相同。

② 各部位裁片颜色是否符合下艺色卡，如有偏色，要配套裁剪。

③ 各部位裁片的误差必须在允许范围内。鸡心宽为 ±0.1cm，上、下捆裁片为 ±0.4cm，其余为 ±0.2cm。

4. 调试缝纫设备

在缝制成品之前，必须使用布片小样，在不同设备上练习测试，掌握设备的使用技巧后，方可在成品上进行工艺制作。因针织面料形稳性较差的特点，在操作各种缝纫设备时，操作者不能用手过重地拉牵缝料，缝制时应顺着输送速度轻轻地将面料往前推送，缝料下机前一定要使缝针停在最高位置时取出，以防断针。缝制不同方向的缝份时，在操作上也有不同的要求：缝合纵向部位的缝份，送布时不要有意识地拉伸，因为设备调试到最佳状态时，已经可以保证缝迹牢度和缝线的张力；缝合横向部位或滚边时，要通过一段时间的测试来掌握技巧，或推或拉，或自然送布，最终以能达到成品要求为目标。

5. 文胸常用缝制设备

（1）平缝机

平缝机线迹结构简单、牢固、不易脱散，用钱量少，线迹正反面相同，使用方便，但线迹的拉伸性较差。根据线迹可以将其分为单针双线平缝机和双针四线平缝机，如表1-12所示。平缝机在内衣缝制过程中主要用来进行裁片之间的连接、拼合、固定等，如缝合罩杯与衣身、下扒、鸡心等部位。

表1-12　单针双线平缝机

实物图示	车种	线迹图示
	单针双线平缝机	- -
	双针四线平缝机	- -

（2）包缝机

包缝机又称拷边机、拷克机、锁边机、切边机等，可以进行包边、包缝、包缝联合等功能。其线迹是由两根或两根以上的线相互穿套于面料的边缘上。根据线迹和用线的数量可分为单线、双线、三线、四线、五线等几种包缝机，文胸中最为常用的是三线包缝机，如表1-13所示。

表1-13 三线包缝机

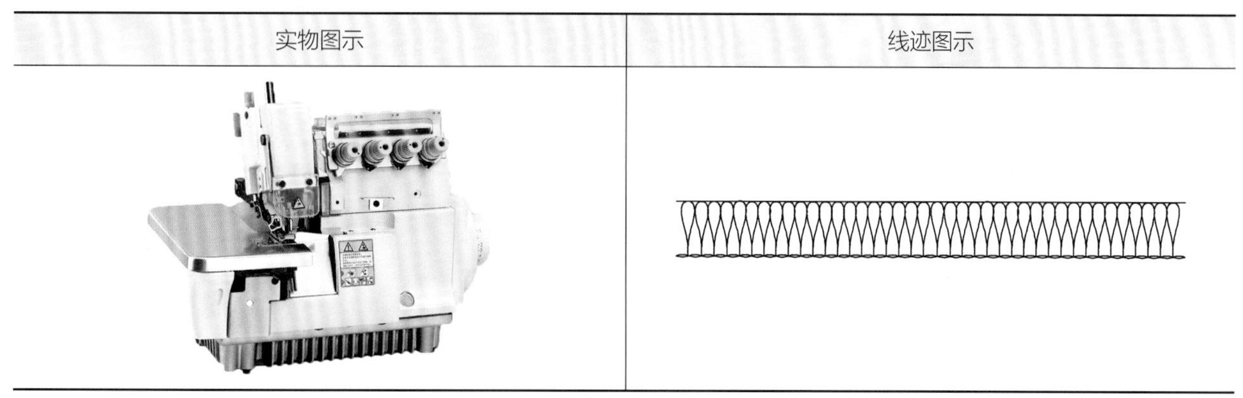

实物图示	线迹图示

（3）绷缝机

绷缝机又称唛夹机，是用两根或两根以上的面线和一根底线相互穿套而形成的链式绷缝线迹。由于绷缝线迹具有缝制面料边缘和在包缝线迹上进行绷缝的特点，强度高，拉伸性好，可有效防止裁片边缘脱散，因此被广泛用于针织类服装中。在文胸工艺中，常用二针三线绷缝线迹来绱下扒松紧带或者内裤裤脚，如表1-14所示。

表1-14 二针三线绷缝机

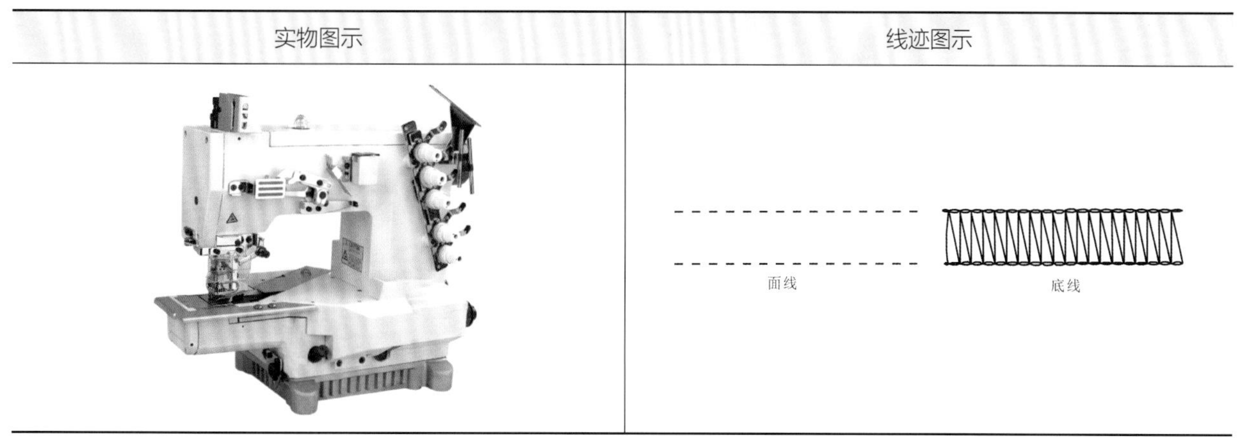

实物图示	线迹图示

（4）曲折缝缝纫机

曲折缝缝纫机又称为人字车、千鸟车，如表1-15所示。它是在普通梭式缝纫机的基础上增加针杆摆动机构，形成曲折的线迹。用线量相对较多，其线迹拉伸性也明显提高，同时外观比较美观。根据线迹状态又可以分为单针人字线迹和三针人字线迹。在文胸工艺中，曲折缝缝纫机多用于拼缝、装饰、搭缝、固定等操作。

表1-15 曲折缝缝纫机

实物图示	名称	线迹图示
	小人字线迹	
	四点线迹	

（5）套结机

套结机又称为打结机、固缝机、打枣车，专用于缝合加固成品服装中受拉力和易破损的部位，如表1-16所示。其针数很密，花样繁多，在文胸中多用平缝套结。

表1-16　套结机

实物图示	线迹图示
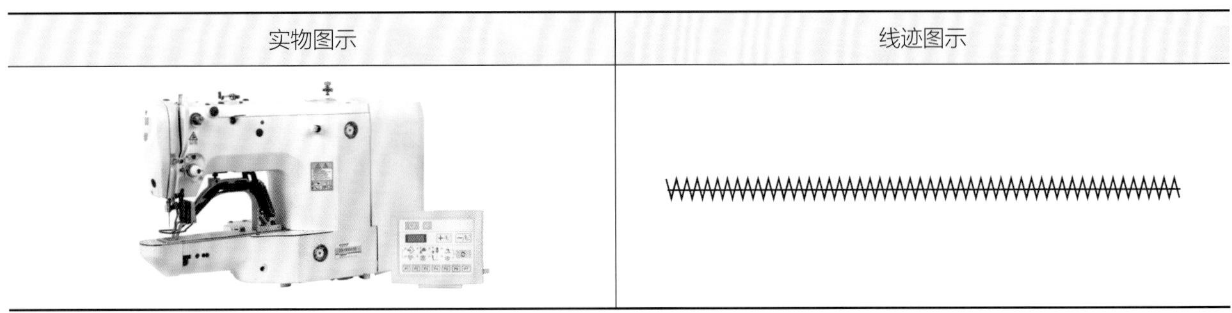	

6. 文胸常用缝型

文胸按照部件可分为罩杯、鸡心、后片、肩带4个部位，在缝制时可根据工艺要求自由组合缝型，如图1-43所示。

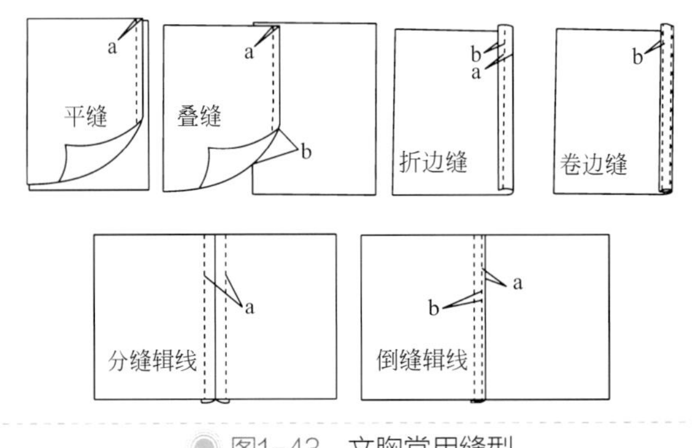

图1-43　文胸常用缝型

（二）文胸共性工艺缝制分析

1. 罩杯上边沿缝制工艺

文胸的工艺处理集中在罩杯和衣身上、下沿。罩杯上杯边部分，无论是单层式、模杯式还是夹棉式（图1-44）；不管是泳装品类，还是塑身衣品类，上杯边的处理方式都是一样的，主要有两种缝制工艺。

图1-44　单针平缝反折杯边实物图

（1）单针平缝反折杯边

先将表布与模杯、杯棉面底相对，在上杯边距止口0.5cm处单针平车固定，然后用三线包缝固定上杯边，最后将表布翻折，在下杯边处单针平车固定，如图1-45所示。注意：为防止上杯边缝份反翘，表布不可过度翻折。

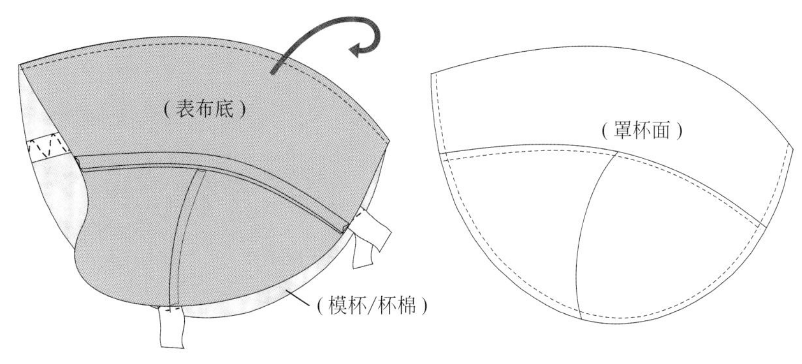

图1-45 单针平缝反折杯边步骤图示

（2）上杯边车定点、小人字、单针

此方法适用于模杯式中的全蕾丝或上杯边为花边的款式，如图1-46所示。

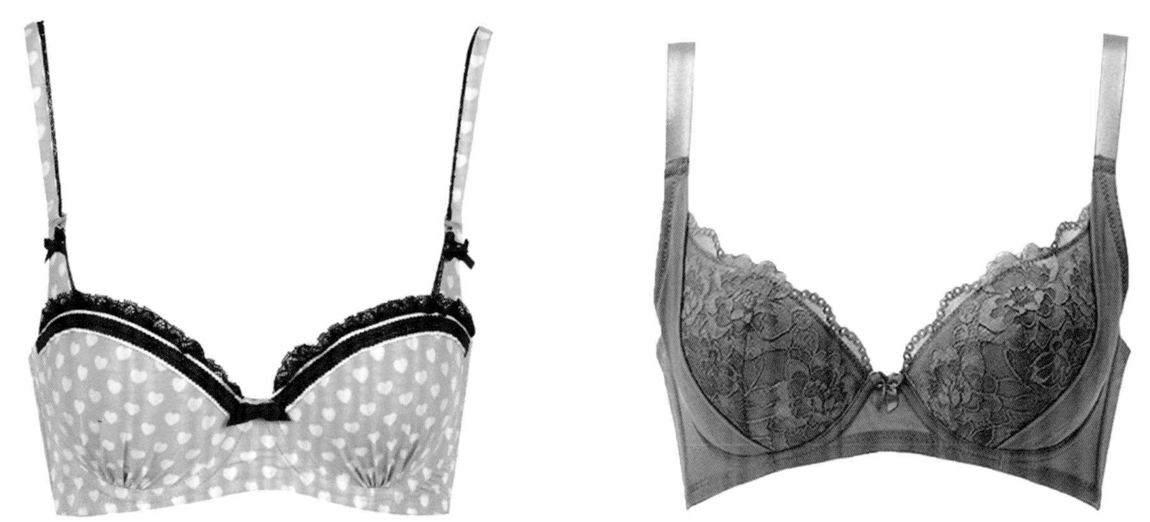

图1-46 上杯边车定点、小人字、单针实物图

将表布与模杯底面相对，用订花车在上杯边打出固定点，或者用曲缝机中的小人字线迹沿着上杯边车缝固定，或者用单针平车沿着上杯边车缝固定，如图1-47所示。

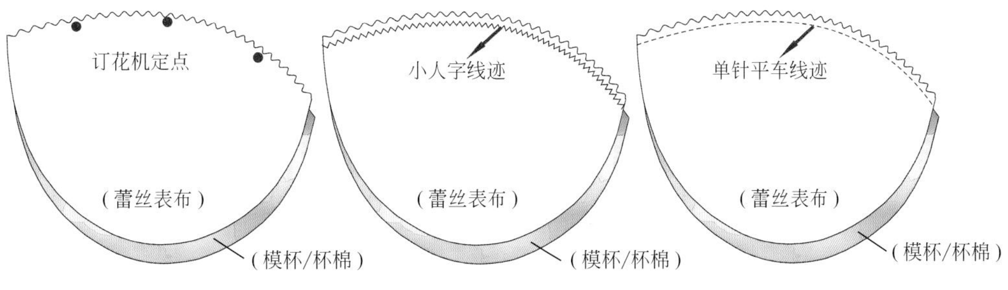

图1-47 上杯边车定点、小人字、单针步骤图示

2. 衣身上、下沿缝制工艺

此处的缝制工艺是指文胸、泳装、束身衣3个品类都可以一样操作的缝制工艺。不同的衣车有不同的线迹，衣身上下沿在绱松紧带时可根据款式需求自行组合线迹，以满足客户的需求，如图1-48、图1-49所示。

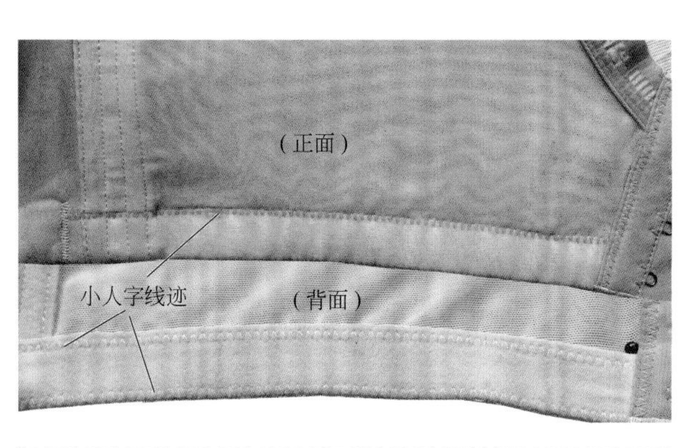

图1-48　小人字线迹缝合实物图

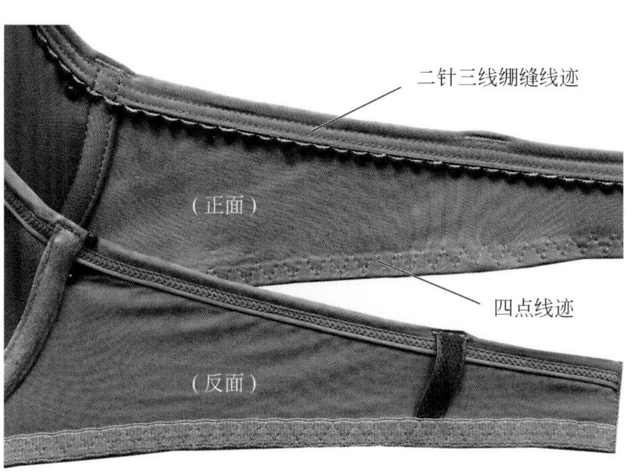

图1-49　绷缝和四点组合线迹缝合实物图

（1）小人字缝合

先将松紧带与衣身底面相对，用曲缝机中的小人字线迹缝合，然后将松紧带翻折，在松紧带的表面上端部分再用小人字线迹缝合，如图1-50所示。注意：此方法需缝合两遍。第一遍缝合时需将松紧带与衣身缝份的一半对齐后车缝，以保证衣身规格尺寸正确。缝合完毕后，表面上只有一条线迹，背面则为两条线迹，线迹圆顺不起皱。

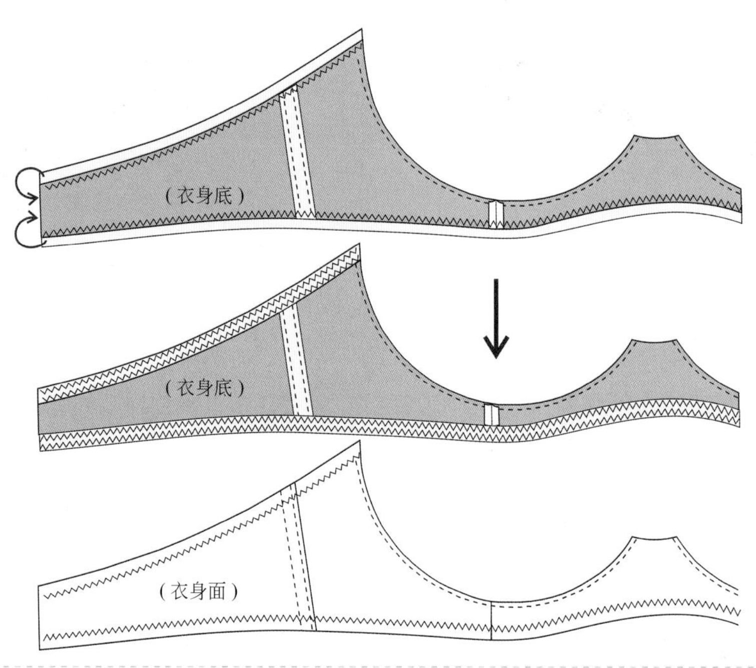

图1-50　小人字绱松紧带步骤图示

（2）二针三线绷缝线迹缝合

此方法适用于各类内衣产品款式。

将衣身夹缝于松紧带中，或将衣身与松紧带叠缝，用绷缝机中的二针三线线迹缝合，如图1-51所示。注意：此方法有夹缝和叠缝两种缝型，根据款式需求选择即可。缝合后的线迹要圆顺不起皱。

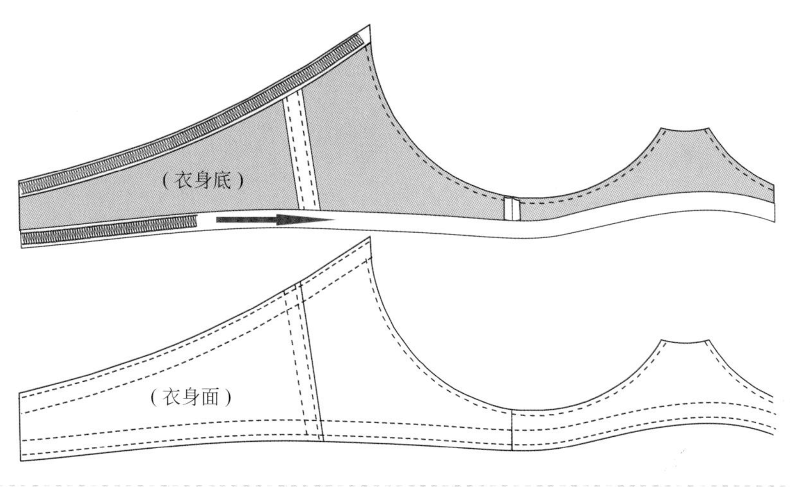

图1-51 二针三线绷缝绱松紧带步骤图示

（3）四点线迹缝合

翻折衣身缝份后将松紧带与衣身缝份底面相对，用曲缝机中的四点线迹缝合固定，如图1-52所示。注意：此方法只需缝合一遍。缝合完毕后，面底的线迹相同，缝合时需注意衣身缝份，线迹圆顺不起皱。

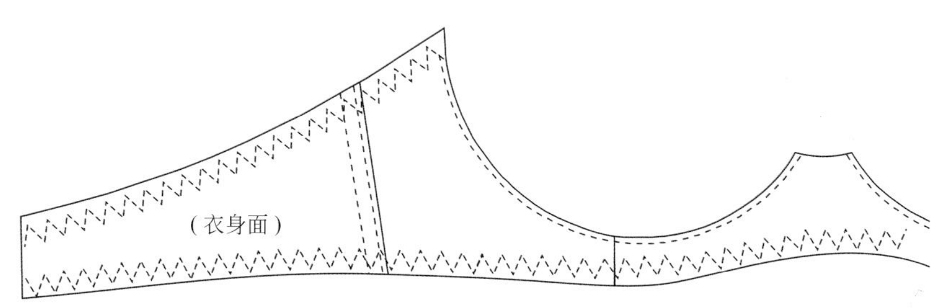

图1-52 四点线迹绱松紧带步骤图示

（三）案例文胸缝制步骤

此款文胸套装中的文胸为T字分割，钢圈倒向罩杯，有下扒，肩带不可拆卸；罩杯部分采用夹棉工艺。内裤为三角内裤，前片按照分割线设计进行分割。

1. 缝合罩杯

（1）缝合杯棉

先将宽为0.7cm的捆条分别放置于左右下杯棉中缝的两面，然后用曲折缝缝纫机中的四点线迹缝合杯棉，再用同样的方法缝制上下杯棉，如图1-53所示。注意：捆条要均匀，杯棉要拼齐，线迹圆顺不起皱。

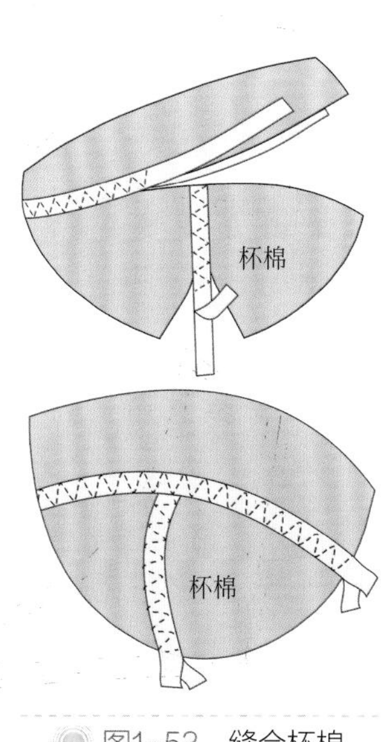

图1-53 缝合杯棉

（2）缝合表布

将左右表布面面相对，用单针平车在距止口0.6cm处车缝，缝份倒向侧位；将上下表布面面相对，以单针平车在距止口0.6cm处车缝，缝份倒向下沿；打开后在面上压边线固定，如图1-54所示。注意：起针和结束时要回针，线迹圆顺不起皱。

（3）缝合表布与杯棉

将表布与杯棉面面相对于上杯边处，用单针平车在距止口0.5cm处车缝固定；将表布翻折后，在距罩杯下沿止口0.6cm处用单针平车车缝固定，如图1-55所示。注意：表布上沿需抹平，不可飞起；起针和结束时要回针，线迹圆顺不起皱。

2. 缝合鸡心

将鸡心面与定型纱面面相对，用单针平车在鸡心顶端距止口0.4cm处车缝，然后将鸡心翻折，于鸡心边距止口0.5cm处用单针平车车缝，将鸡心面与定型纱合为一体，如图1-56所示。注意：定型纱为薄型面料，车缝时不可拉扯；起针和结束时要回针，线迹圆顺不起皱。

3. 缝合后片

（1）缝合侧比

将侧比和定型纱底底相对，用单针平车在距止口0.6cm处车缝，如图1-57所示。注意：定型纱为薄型面料，车缝时不可拉扯；起针和结束时要回针，线迹圆顺不起皱。

（2）缝合侧比与后比并辑缝捆条

将侧比与后比面面相对于侧缝处对齐，用单针平车在距止口0.6cm处车缝，缝份倒向后比；用双针车在侧缝处缉缝捆条，并穿入胶骨，如图1-58所示。注意：胶骨长度需小于侧缝长度，起针和结束时要回针，线迹圆顺不起皱。

4. 缝合衣身

将鸡心与后片在下扒分割处面面相对，以单针平车在距止口0.5cm处车缝，将缝份倒向两边，如图1-59所示。注意：起针和结束时要回针，线迹圆顺不起皱。

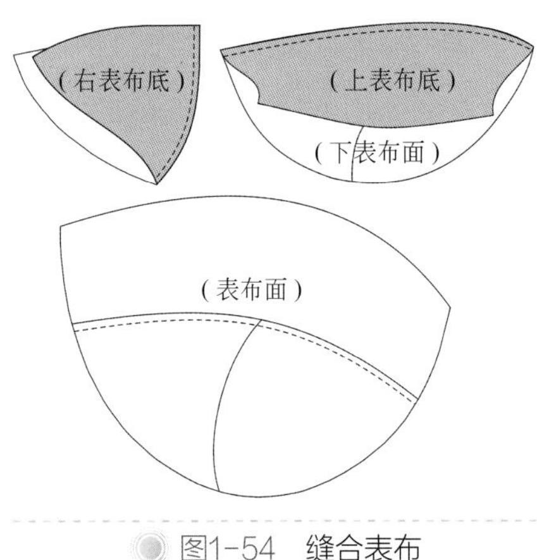

图1-54 缝合表布

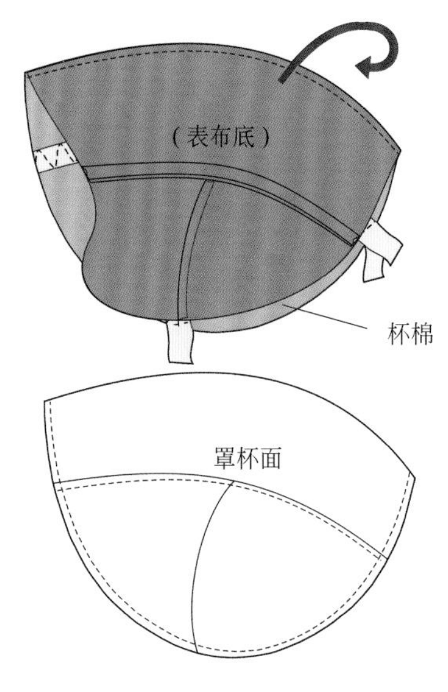

图1-55 缝合表布与杯棉

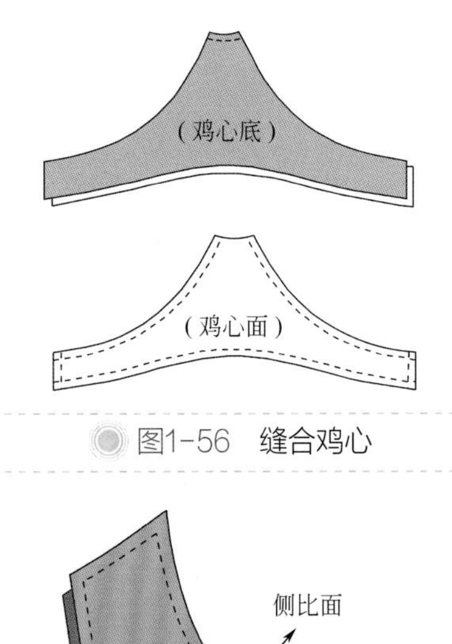

图1-56 缝合鸡心

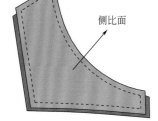

侧比面

图1-57 缝合侧比

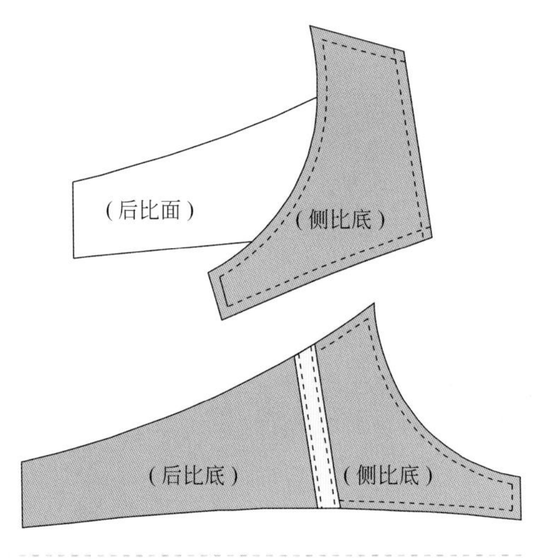

图1-58 缝合后片并辑缝捆条

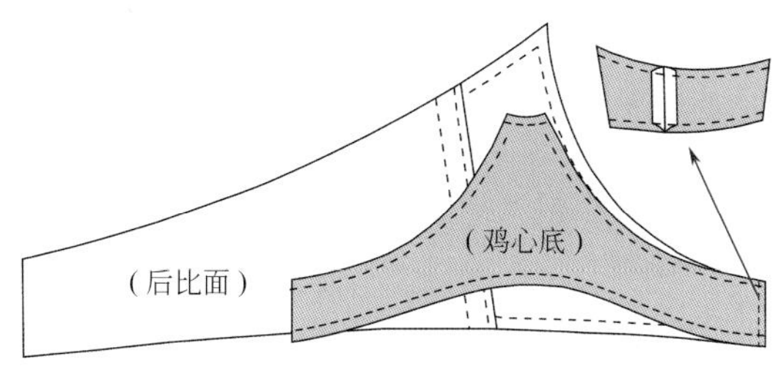

图1-59　缝合鸡心与后片

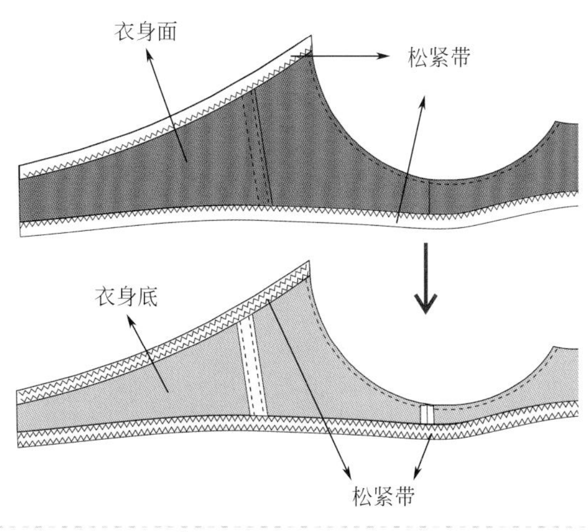

图1-60　绱松紧带

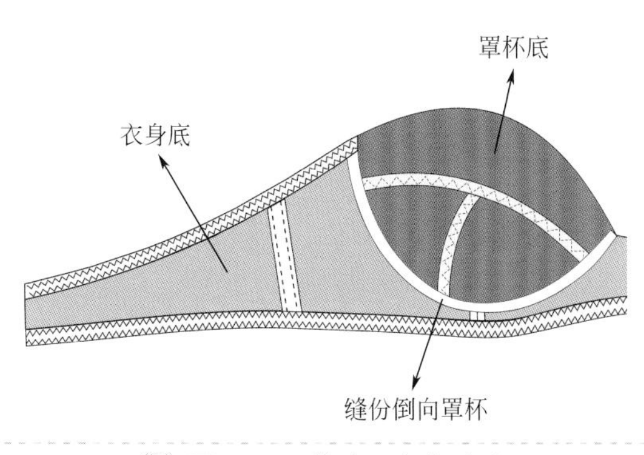

图1-61　缝合罩杯与衣身

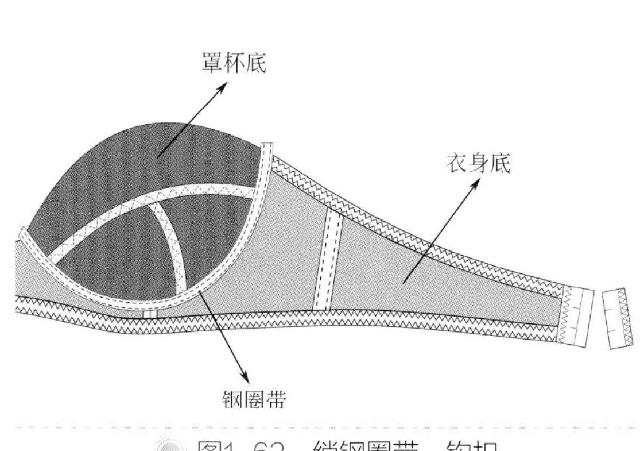

图1-62　绱钢圈带、钩扣

5. 绱松紧带

先将松紧带分别与衣身的上沿、下扒处底面相对，用曲折缝缝纫机中的小人字线迹车缝固定，然后将松紧带翻折，再辑缝小人字线迹，如图1-60所示。注意：此处需考虑松紧带和面料的缝缩量；线迹圆顺不起皱。

6. 缝合罩杯与衣身

将罩杯与衣身面面相对，以单针平车在距止口0.6cm处车缝，缝份倒向罩杯，如图1-61所示。注意：此处为弧线缝合，车缝时不可拉扯罩杯，可先在罩杯下沿辑缝，以防拉条变形；起针和结束时要回针，线迹圆顺不起皱。

7. 绱钢圈带、钩扣

（1）绱钢圈带

利用特质拉筒将钢圈带沿罩杯下杯缘以双针车固定，如图1-62所示。注意：此处需根据款式图中的钢圈倒向来正确摆放，然后再进行车缝；且线迹圆顺不起皱。

（2）绱钩扣

将衣身夹缝于成品钩扣中间，用曲折缝缝纫机中的小人字线迹车缝固定，如图1-62所示。

8. 装肩带、打枣

将肩带用套结机分别固定于罩杯及衣身，并在钢圈肩带两端打枣固定，如图1-63所示。

（四）案例内裤缝制步骤

1. 缝合前片

将前裤片按照分割线设计，用四线包缝在距止口0.5cm处车缝固定，缝份倒向一边，缝合完成后在面上压边线固定缝份，如图1-64所示。

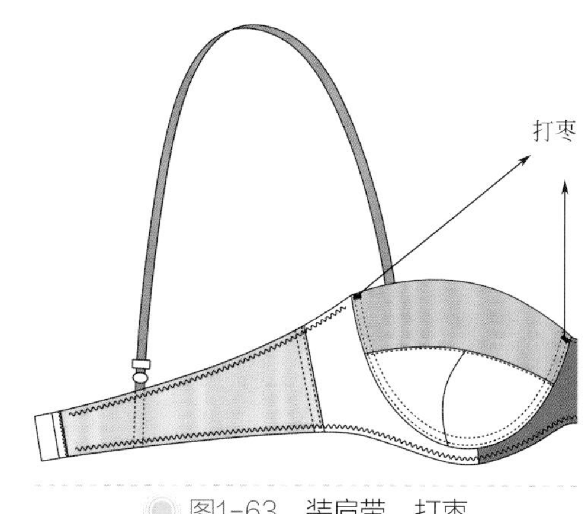

图1-63　装肩带、打枣

2. 缝合底裆与后片

如图1-65所示，先将前裆四线包缝，然后按照图中所示方向摆放，在后裆处距止口0.5cm处四线包缝固定后翻折打开。

3. 裤口绱松紧带

先将松紧带与裤子底面相对，用三线包缝缝合固定，然后将松紧带翻折，用曲折缝缝纫机中的小人字线迹车缝固定，如图1-66所示。注意：此处为长弧线车缝，容易产生缩皱，车缝时需考虑工艺的缩缝量。

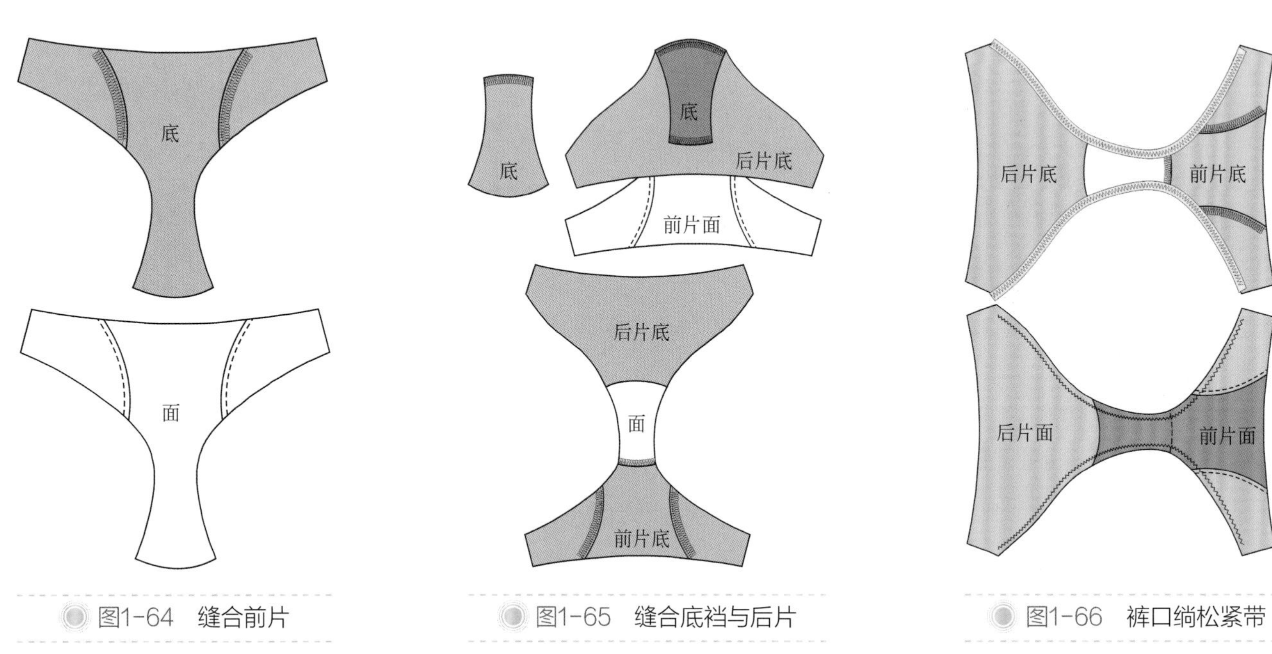

图1-64 缝合前片　图1-65 缝合底裆与后片　图1-66 裤口绱松紧带

4. 缝合腰头

腰头的缝制同裤口一样，不同的是翻折后用绷缝机中的二针三线线迹进行车缝，如图1-67所示。

5. 缝合侧缝

将左右侧缝用四线包缝在距止口0.5cm处车缝固定，如图1-68所示。

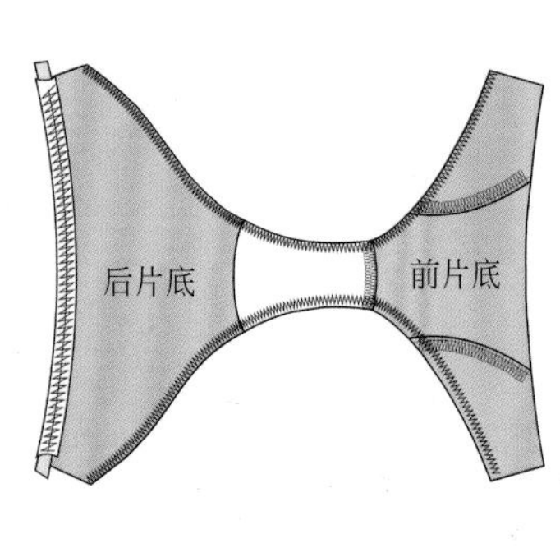

图1-67 缝合腰头

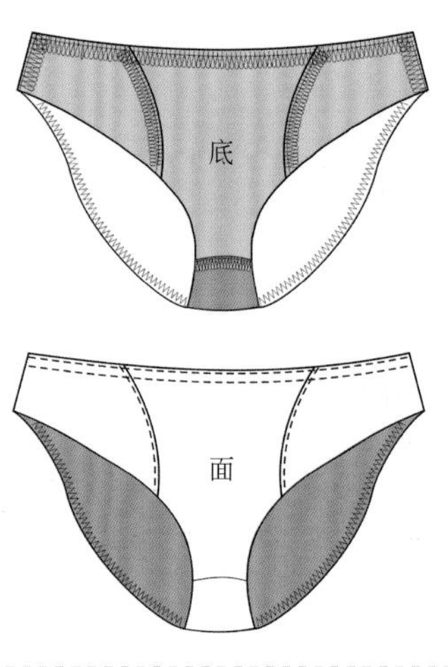

图1-68 缝合侧缝

六、文胸的虚拟效果展示

文胸的虚拟效果展示如图1-69所示。

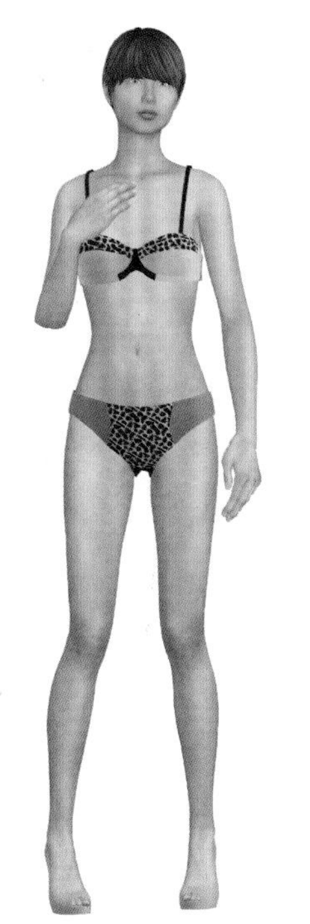
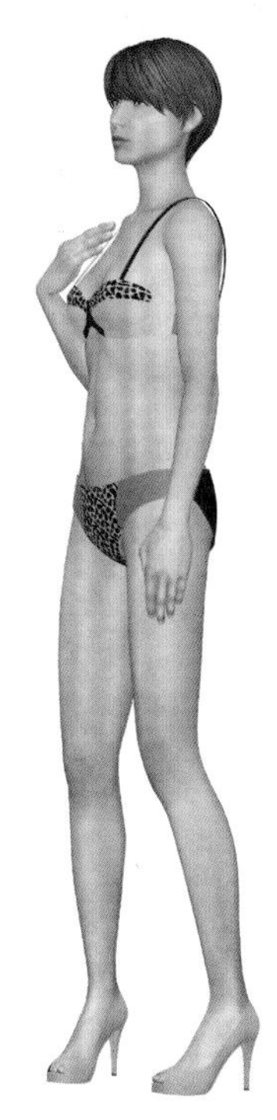
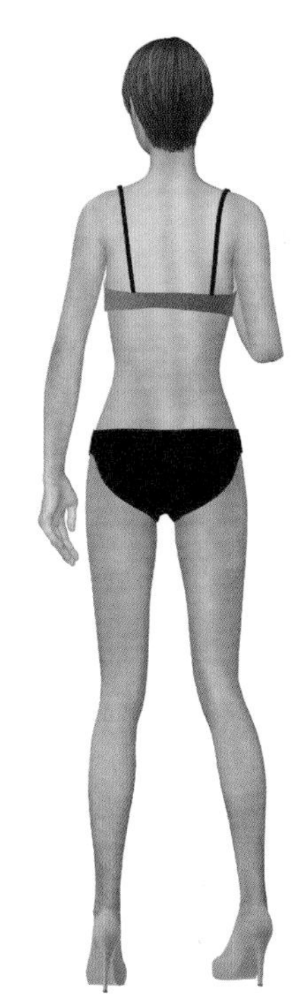

图1-69　文胸三维虚拟展示图

第三节 泳装

一、泳装的产品特点

近年来，人民的休闲运动意识增强，泳装销量也呈现出爆发式的增长。随着消费者消费习惯和消费心理的不断变化，新的消费模式和消费渠道正在逐渐形成，泳装从最初简单的运动服饰逐渐演变为休闲、时尚、彰显个性的文化产品，正在不断趋向于品牌化消费。在造型方面，泳装设计不仅要满足最基本的安全性、实用性需求，还要在款式设计上别出心裁，注重泳装的细节设计和整体造型，以迎合该消费群体的需求。

女泳装的外观造型主要分为连体式、分体式和配服，如图1-70所示。比基尼作为泳装的典型款式，在产品的销售中通常会单独进行卖点销售，属于分体式。男装常规款泳裤可分为三角裤、平口裤、四角裤、海滩裤4大款型。

莱卡、锦纶、涤纶是目前泳装类最常用的材质，新型泳装很多都会加上抗紫外线、抗氯或速干等特殊性能。弹力贴身的面料是泳装的必备材料，但是设计泳装并不局限于面料，面料的新颖可以增加女性独特的魅力并提高泳装的设计亮点，不同面料的搭配与结构造型设计能营造泳装更大的适用范围。

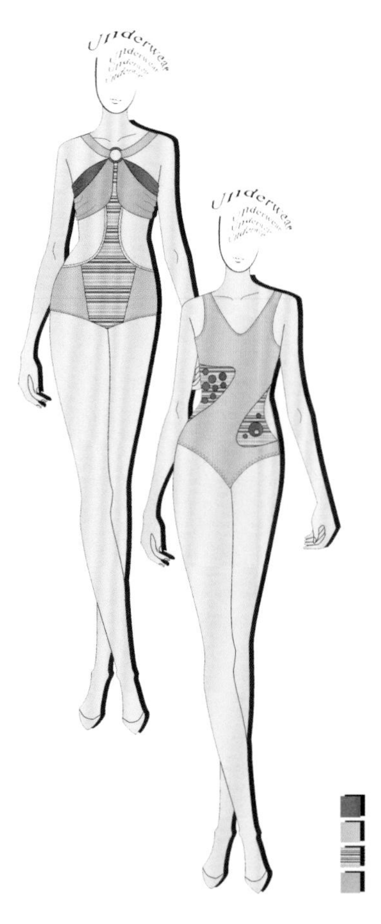
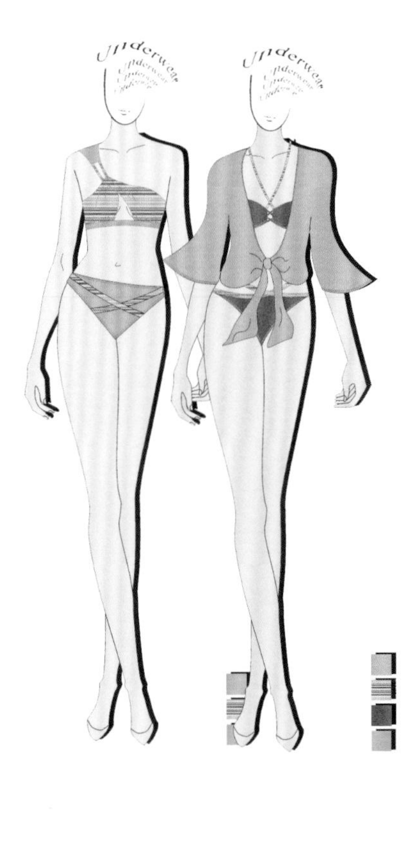

图1-70 泳装常规款式图

二、泳装的结构设计

下面以图1-70中女泳装常规款最左边的款式为例，介绍泳装套装产品开发的过程。

1. 款式分析

此款上衣是半罩杯、单褶分割、双层面料缝制、内置胸垫，无下扒、直比有钢圈的泳装款；泳裤为低腰平角裤，前中片有分割扭巾设计，如图1-71所示。

2. 裁片构成

以75A号型尺码设计双层钢圈款泳装，表布单褶，内层为上下分割设计。鸡心片内层有定型纱，能确保塑型效果。罩杯表布下沿缝份为1cm，上沿缝份为1.2cm，单褶位缝份为0.6cm；罩杯里布各分割均加放0.6cm缝份，鸡心表布与定型纱的缝份为0.6cm；侧拉片上沿缝份为1.2cm，下沿和钩扣部位缝份为1cm，与罩杯缝合部位缝份为0.6cm，如图1-72所示。

底裤为低腰平角裤设计，裆底借前后片裆底数据，裆底宽7cm。根据面料弹性缩放前后片及裆底。前片做分割设计，扭巾长度按斜长数据计算，扭巾宽度根据设计要求选择。底裤腰头缝边为2.2cm，其他分割线均加放0.6cm，如图1-73所示。

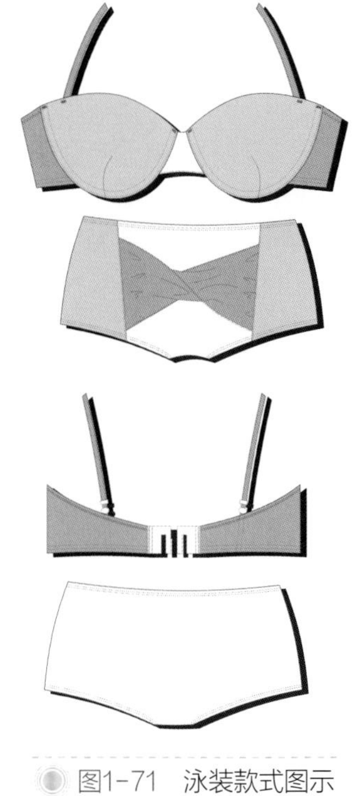

图1-71 泳装款式图示

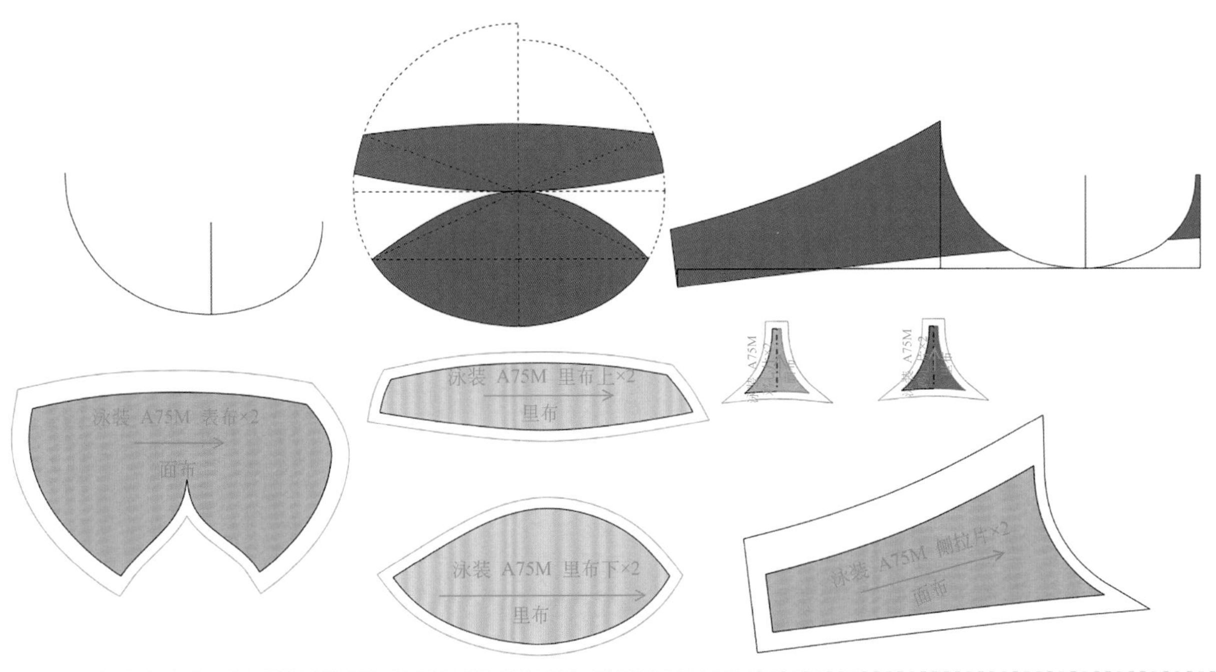

图1-72 钢圈泳装款文胸纸样图示

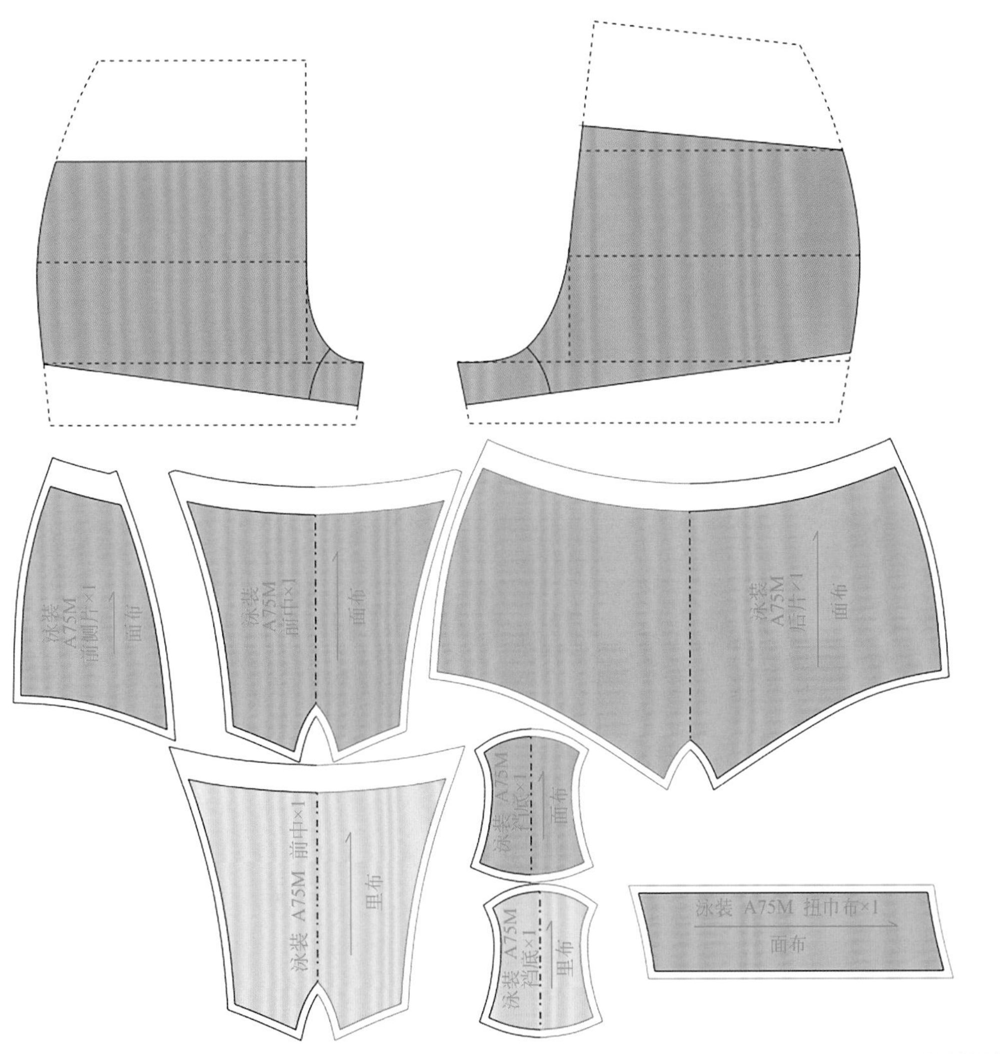

图1-73 泳装款低腰平角裤纸样图示

三、泳装的成品开发

1. 产品号型设置

泳装的号型规格设置一般按照人体的下胸围尺寸和臀围尺寸来制定，可以认为是文胸的号型和内裤的号型组合，号型表示为A65S、A75M、B75L等，见表1-17。

表1-17　常规泳装号型设置表　单位：cm

基本尺寸			号型规格
下胸围	胸围	臀围	
65	75	80～88	A65S
70	80	80～90	A70S
	83	83～90	B70S
	83	86～94	B70M
	80	86～94	A70M
75	85	88～96	A75M
	85	90～98	A75L
	88	88～96	B75M
	88	90～98	B75L
80	90	94～102	A80M
	90	96～104	A80L
	93	94～102	B80M
	93	95～104	B80L
85	95	98～103	A85L
	95	100～106	A85XL
	98	98～103	B85L
	98	100～106	B85XL
90	100	100～106	A90XL
	103	103～108	B90XL
95	105	105～110	A95XXL
	108	108～112	B95XXL

2. 成衣工业放码

推板放码的关键是放缩量与最终造型的密切统一。切割放码是借助计算机实现的比较科学、灵活和优秀的电脑放码方法之一，不用逐点分析移动量，缩短了大量分析计算数据的时间，适合款式变化多，结构复杂多变、对部位数据要求不高的时装推放。泳装面料弹性大，号型的适用范围较大，因此适合用切割放码方式快速得到多号型版。

比值法和公式法放码都是对号型档差进行分析，得出各点分配值，然后把分配值以点的形式输入，而切割放码方法是把分配值以线切开的方式输入。因此，前面分析的一些分配值可以应用到切割放码操作中。在应用时，要将各点分配值转为档差比的形式，这样就可应用到切割放码中。审核款式的不同要求，将服装围度和长度的档差量分散于横向和纵向的不同部位，只要横向和纵向切开量的总和等于围度和长度的档差即可。垂直方向的切开线决定着横向缩放量，水平方向的切开线决定着纵向缩放量，斜方向类型的切开线决定着与切开线垂直方向的缩放量。

各部位切割量的数值可以是具体数据，也可以是公式，泳装面料弹性大，图1-70中的罩杯款式，罩杯部位是同型不同号推放，具体数据值可参考表1-9中A罩杯同型不同号数据及档差。罩杯需要造型精准，采用点放码方式，如图1-74所示。低腰平角裤以身高和臀围数据来决定该款式的合体度，可以用这两个数据在各个裁片上的占比进行档差分配，切割推放如图1-75所示。

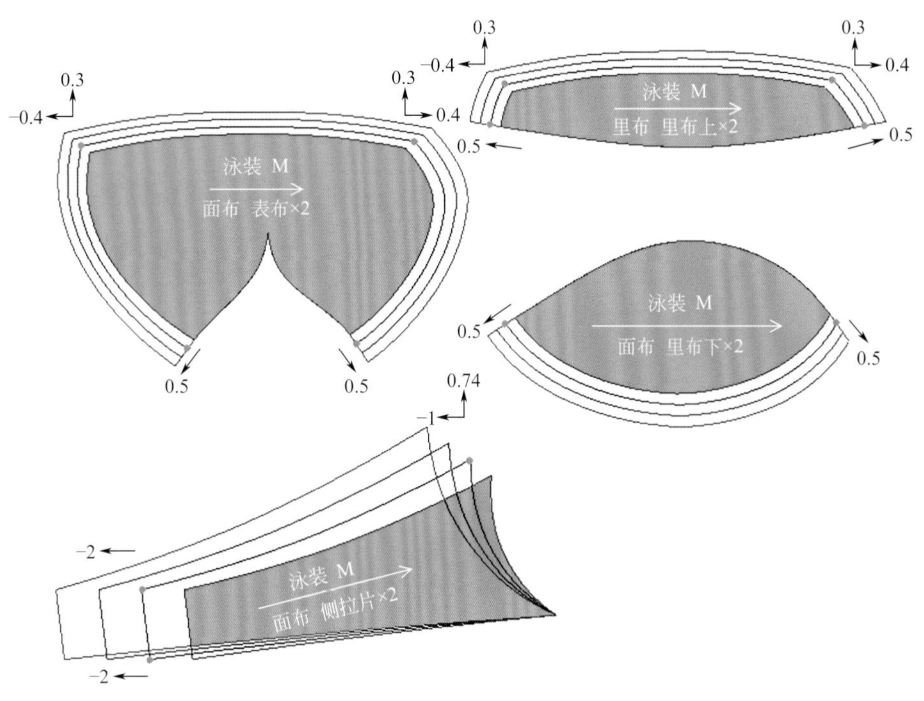

图1-74 钢圈款文胸罩杯推放图示

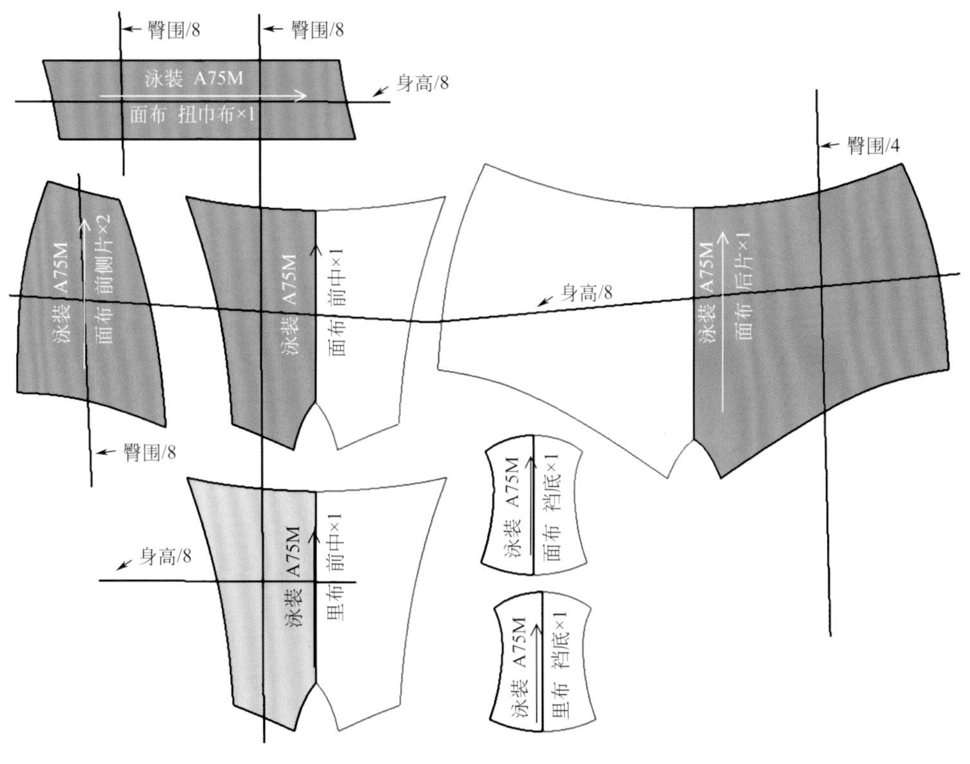

图1-75 泳装款低腰平角裤切割放码图示

四、泳装的工艺设计

泳装结构弧度大，采用弹性面料进行车缝，是内衣缝制难度最高的款式。在保证面料弹性的同时，还要综合考虑其特性、衣车的配置及辅料的选取来满足客户的要求。下面着重讲述泳装的缝制技巧和缝制工艺，常用衣车和缝型请参考文胸相应部分的内容。

（一）缝制前准备

1. 机针的选用

在缝制泳装时选用“SES小圆头”、9～14号针进行车缝。

2. 缝纫线的选用

泳装都用弹性面料制作，车缝时需保证面料的弹性。在选择缝线时要考虑缝线材质、线迹种类与面料弹性的配合程度，根据不同面料及服装造型设计的特点来选择合适的缝线和线迹种类，如锦纶线、人字线迹、包缝线迹等。

（二）泳装共性工艺缝制分析

1. 弹性面料缝制技巧

在缝制弹性面料时应考虑人体伸展和弯曲范围，给予适当的放松量，需考虑面料弹性的紧身程度，注意面料的伸缩率与人体活动量的比率，同时面料的伸缩性不能受衬布和里布的阻碍，内衣里布在纸样设计时根据其面料特性，适当增加或缩小裁片尺寸。在缝制泳装时还要注意操作的方法和手势，车缝时不能用力拉扯面料，控制输送系统，选择上下差动式的衣车送布；同时放松缝线张力，面线与底线同时放松，以手持底线，线梭能慢慢滑落为宜；使用链式结构的线迹，选用低弹缝纫线，使缝纫线的延伸力与面料的伸展力相匹配。车缝时如果没有配备拉筒装置，可适当拉紧压脚后的面料，以减少褶皱。

2. 缝合泳裤的两种方法

这两种缝制方式如下，也适合于其他内衣款式。

（1）原身翻折缝合

这种方法适用于腰头纸样原身出的款式，如图1-76所示。

将松紧带与腰头边缘平齐后翻折，根据款式需求选择合适的车种进行车缝即可，如图1-77所示。

（2）包缝/绷缝线迹缝合

图1-76　翻折缝合实物图

松紧带
小人字线迹
四点线迹
二针三线绷缝线迹
（表布面）

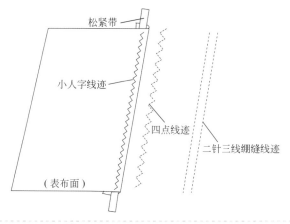

图1-77　原身翻折缝合图示

这种方法适用于腰头与衣身有分割的款式，如图1-78所示。

将腰头与裤身边面面相对，根据款式需求选择合适的车种进行车缝即可，如图1-79所示。

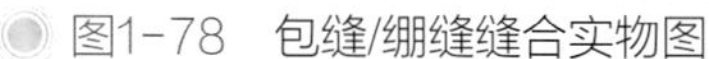

图1-78 包缝/绷缝缝合实物图

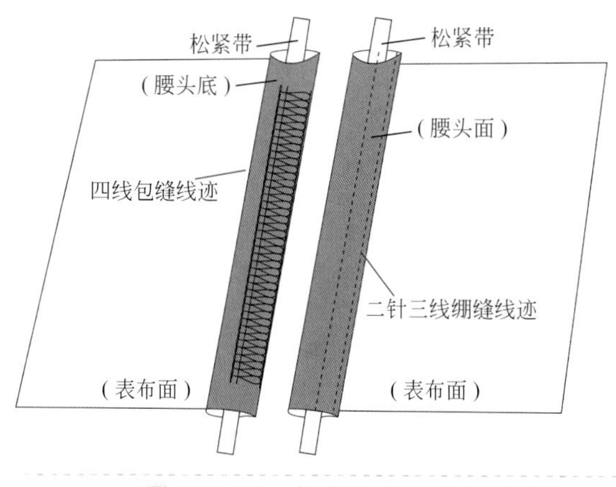

图1-79 包缝/绷缝线迹缝合图示

（三）上装缝制工艺

此款泳装为单褶半罩杯款，无下扒，钢圈倒向罩杯，肩带不可拆卸。

1. 缝合罩杯

（1）缝合里布

先将上下里布面面相对，用单针平车在距止口0.6cm处车缝，缝份倒向下沿，如图1-80所示。注意：起针和结束时要回针，线迹圆顺不起皱。

（2）缝合表布

将左右表布面面相对，在打褶处底对底，并用褪色笔距记号点2.5cm处做标记，车缝时从标记点开始沿着缝边车缝，缝份倒向侧位，这样能保证缝合后表面不起皱，如图1-81所示。注意：起针和结束时要回针，线迹圆顺不起皱。

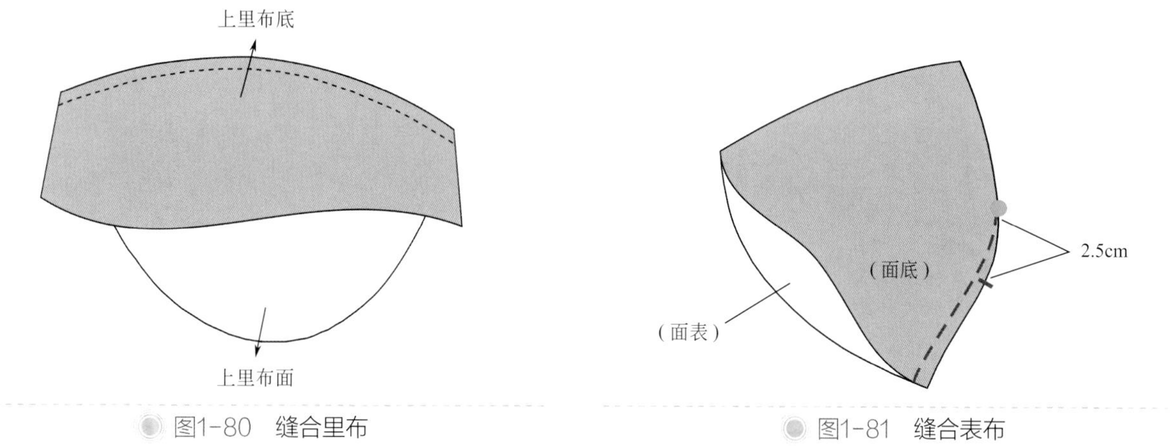

图1-80 缝合里布

图1-81 缝合表布

（3）缝合表布与里布

先将表布与里布底面相对后，再将其与模杯底面相对，于上杯边处对齐，用单针平车在距止口0.6cm处平车固定；然后三线包缝上杯边；最后将表布翻折，在距罩杯下沿止口0.6cm处用单针平车固定缝份。如图1-82所示。注意，由于此款为无下扒款式，所以在缝合罩杯下沿缝份时需先大针步固

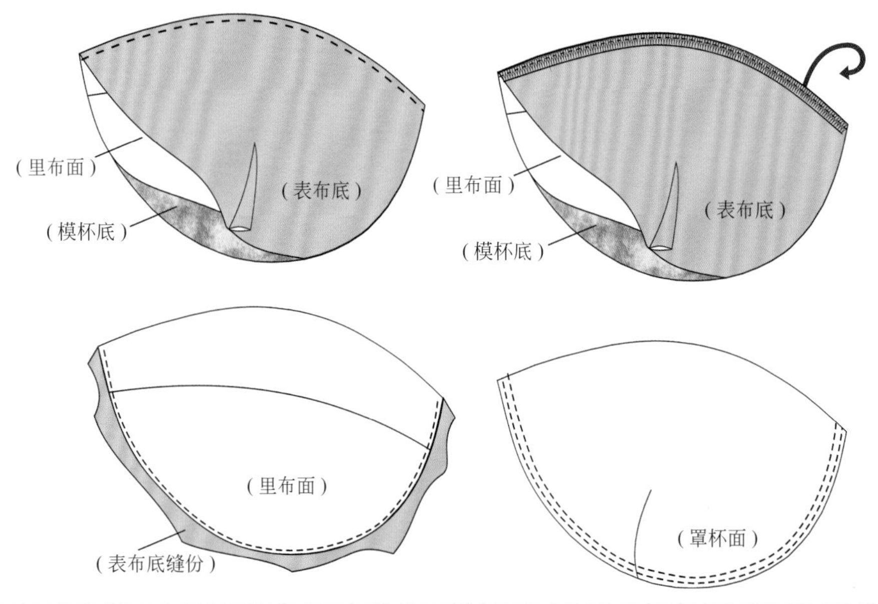

图1-82 缝合表布与里布

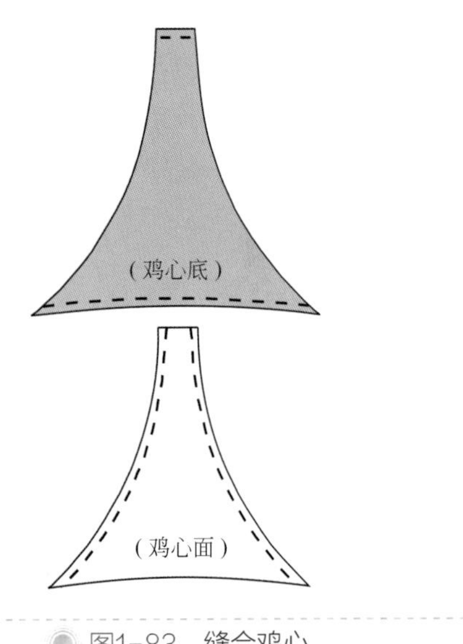

图1-83 缝合鸡心

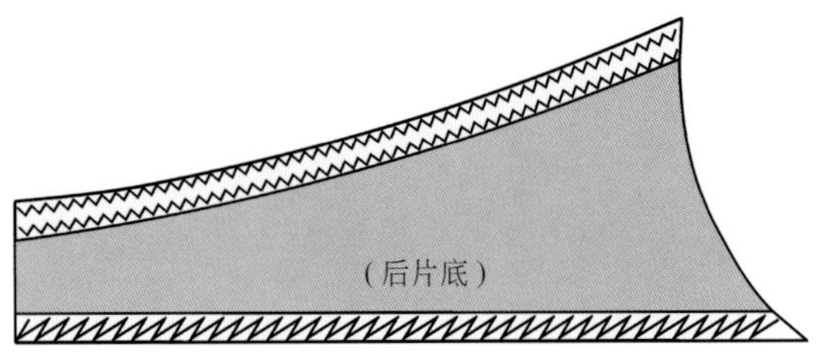

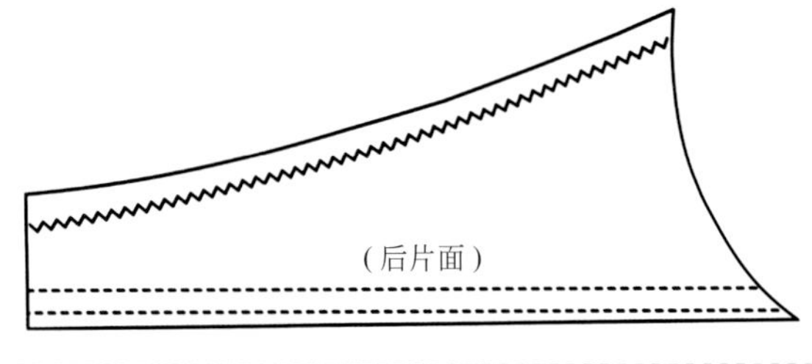

图1-84 后片绱松紧带

定表里与杯棉，然后手工将下沿缝份向内折后再距止口0.6cm固定一遍缝份，将第一遍固定线拆除；另表布上沿需抹平，不可飞起；起针和结束时要回针，线迹圆顺不起皱。

2. 缝合鸡心

将鸡心面与定型纱面面相对，用单针平车在鸡心顶端与下端距止口0.5cm处车缝，然后将鸡心翻折后于鸡心两边距止口0.3cm处用单针平车车缝，将鸡心面与定型纱合为一体，如图1-83所示。注意：定型纱为薄型面料，车缝时不可拉扯；起针和结束时要回针，线迹圆顺不起皱。

3. 后片绱松紧带

先将松紧带与后片的上沿底面相对，用曲折缝缝纫机中的小人字线迹车缝固定，然后将松紧带翻折，再辑缝小人字线迹。下沿处车缝时将松紧带包在里面，用绷缝机中的二针三线线迹进行车缝，如图1-84所示。注意：此处需考虑松紧带和面料的缝缩量，且线迹圆顺不起皱。

4. 缝合罩杯与鸡心

将罩杯与鸡心面面相对，以单针平车在距止口0.5cm处车缝，缝份倒向罩杯，如图1-85所示。注意：此处为弧线缝合，车缝时不可拉扯罩杯，另需根据裁片上的刀口用褪色笔进行标记，以防车缝过界。起针和结束时要回针，线迹圆顺

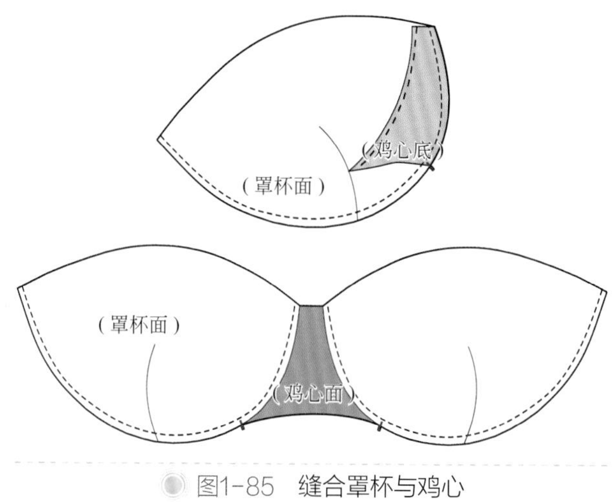

图1-85 缝合罩杯与鸡心

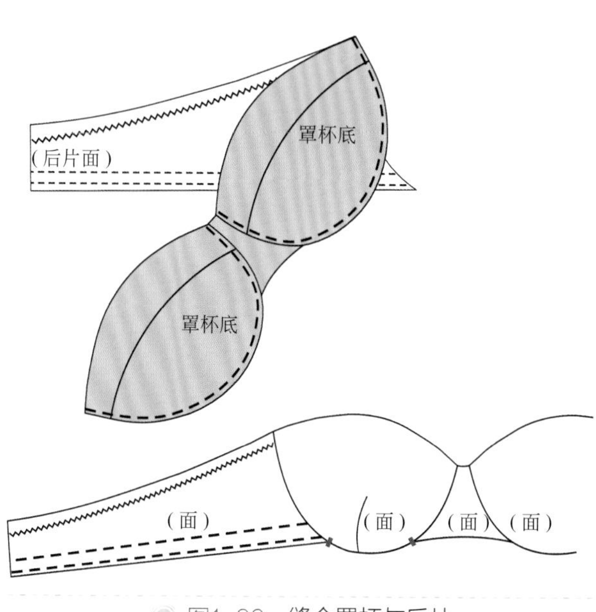

图1-86 缝合罩杯与后片

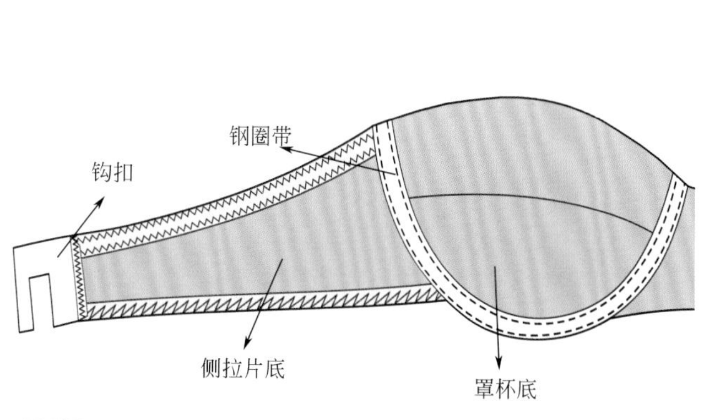

图1-87 绱钢圈带、钩扣

不起皱。

5. 缝合罩杯与后片

将罩杯与后片面面相对，以单针平车在距止口0.6cm处车缝，缝份倒向罩杯，如图1-86所示。注意：此处为弧线缝合，车缝时不可拉扯罩杯，可先在罩杯下沿辑缝防拉条以防变形。需根据罩杯上的刀口用褪色笔进行标记，以防车缝过界。起针和结束时要回针，线迹圆顺不起皱。

6. 绱钢圈带、钩扣

（1）绱钢圈带

利用特质拉筒将钢圈带沿罩杯下杯缘以双针车固定。注意：此处需根据款式图中钢圈倒向正确摆放后再进行车缝；且线迹圆顺不起皱，如图1-87所示。

（2）绱钩扣

将衣身夹缝于成品钩扣中间，用曲折缝缝纫机中的小人字线迹车缝固定，如图1-87所示。

7. 装肩带、打枣

将肩带用套结机分别固定于罩杯及衣身，并在钢圈、肩带两端打枣固定，如图1-88所示。

（四）下装缝制工艺

1. 缝合前片

（1）缝合前裤中片

将前裤中片面面相对平齐，以单针平车在距止口0.6cm处车缝一周，如图1-89所示。注意：起针和结束时要回针，线迹圆顺不起皱。

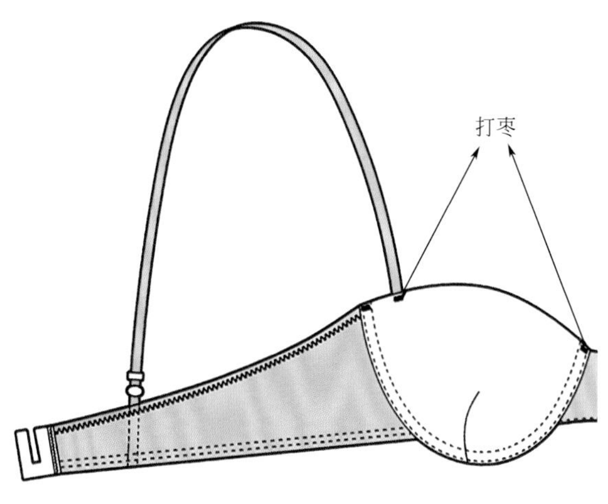

图1-88 装肩带、打枣

（2）缝合扭巾

先将扭巾上下边往里翻折，用单针平车压边线固定；然后将扭巾与前裤中片底面相对，以单针平车在距前裤中片两侧止口0.6cm处车缝，如图1-90所示。注意：扭巾和裤中片缝合时需先固定一侧，手工将扭巾扭成麻花状时再固定另一侧。起针和结束时要回针，线迹圆顺不起皱。

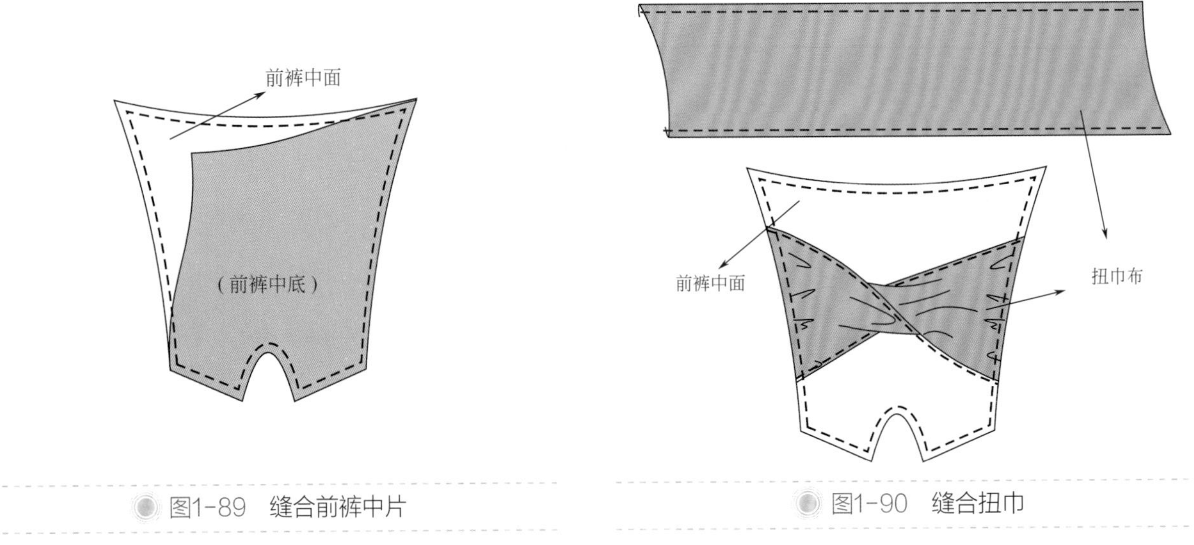

图1-89 缝合前裤中片

图1-90 缝合扭巾

（3）合前片

将前裤片按照分割线设计用四线包缝在距止口0.6cm处车缝固定，缝份倒向一边，缝合完成后在面上压边线固定缝份，如图1-91所示。注意：起针和结束时要回针，线迹圆顺不起皱。

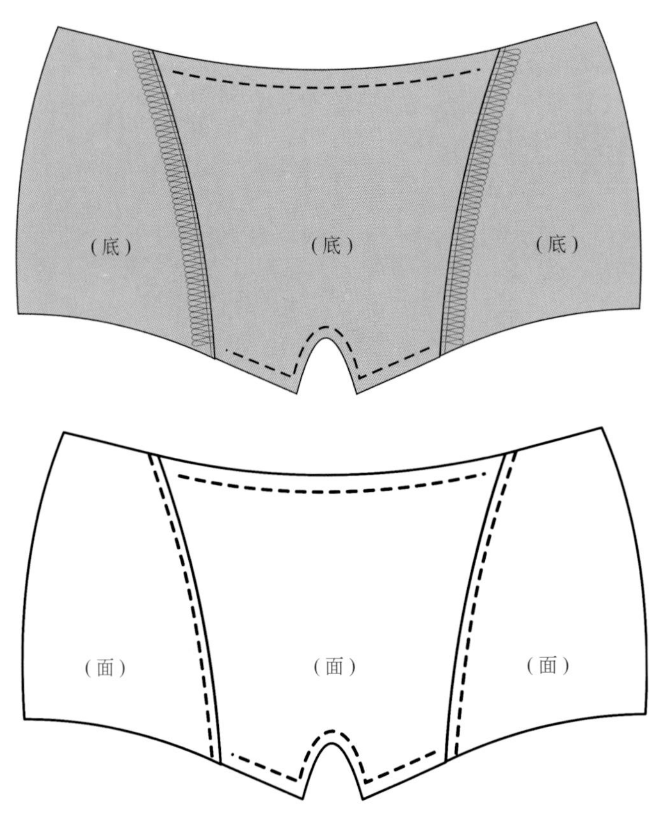

图1-91 合前片

2. 缝合底裆与裤片

先将两片底裆面面相对，将前裤片夹缝于底裆的前裆处，用四线包缝距止口0.6cm处缝合固定。将后裤片夹缝于底裆的后裆处按照图1-92中所示方向摆放，用四线包缝缝合固定。注意：图1-92中圆圈内画的为后裆缝合前的状态，需将其拉出在进行缝合，如图1-92所示。注意：起针和结束时要回针，线迹圆顺不起皱。

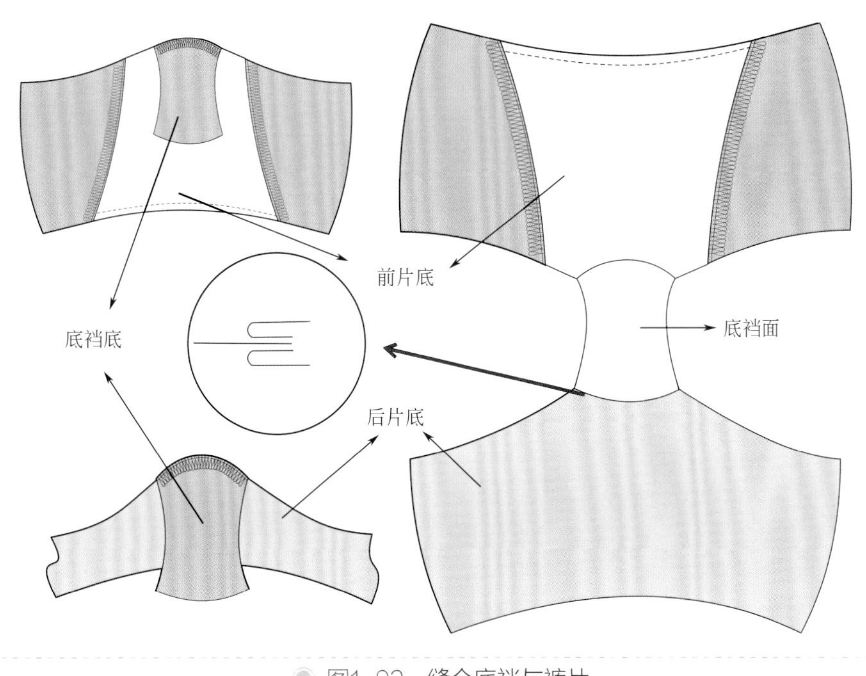

图1-92　缝合底裆与裤片

3. 裤口绱松紧带

将松紧带包在裤口内，用二针三线绷缝线迹缝合固定，如图1-93所示。注意：此处为长弧线车缝，容易产生缩皱，车缝时需考虑工艺的缩缝量。

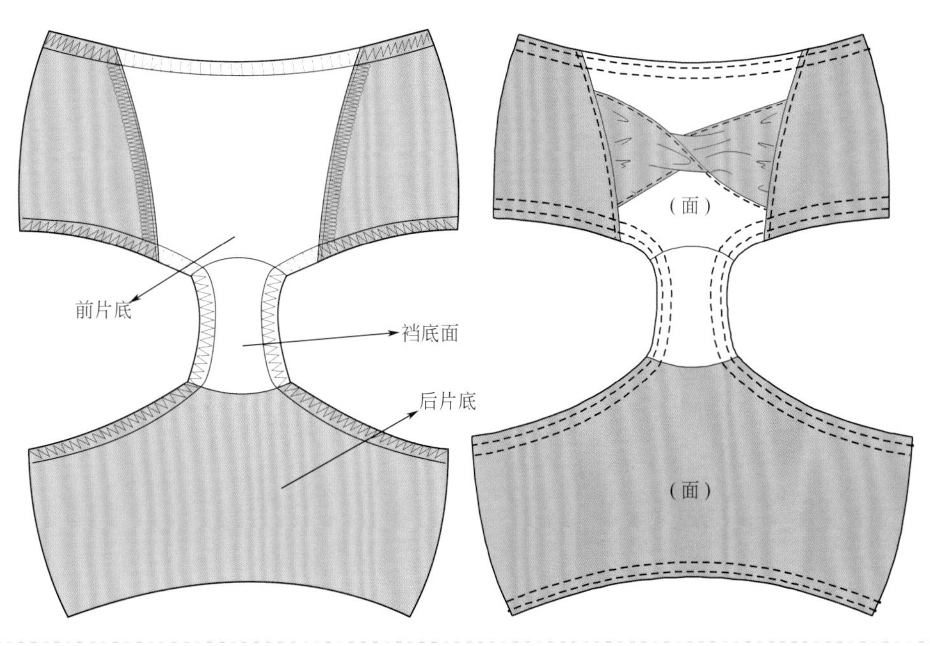

图1-93　裤口绱松紧带

4. 缝合侧缝

将左右侧缝用四线包缝距止口0.6cm处车缝固定，如图1-94所示。

5. 缝合腰头

腰头的做法同裤口一样，见图1-91。

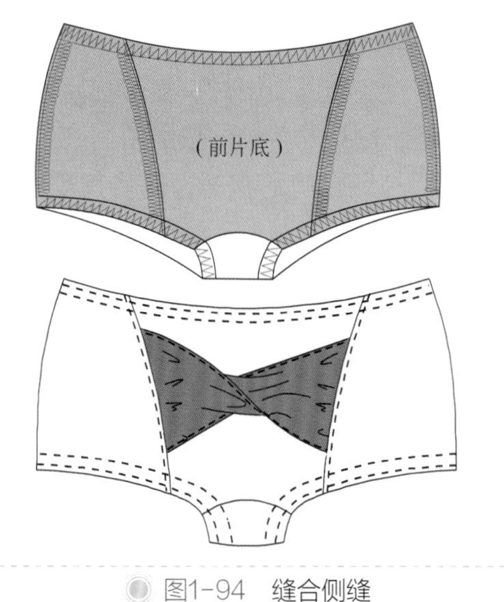

图1-94 缝合侧缝

五、泳装的虚拟效果展示

泳装的三维虚拟效果如图1-95所示。

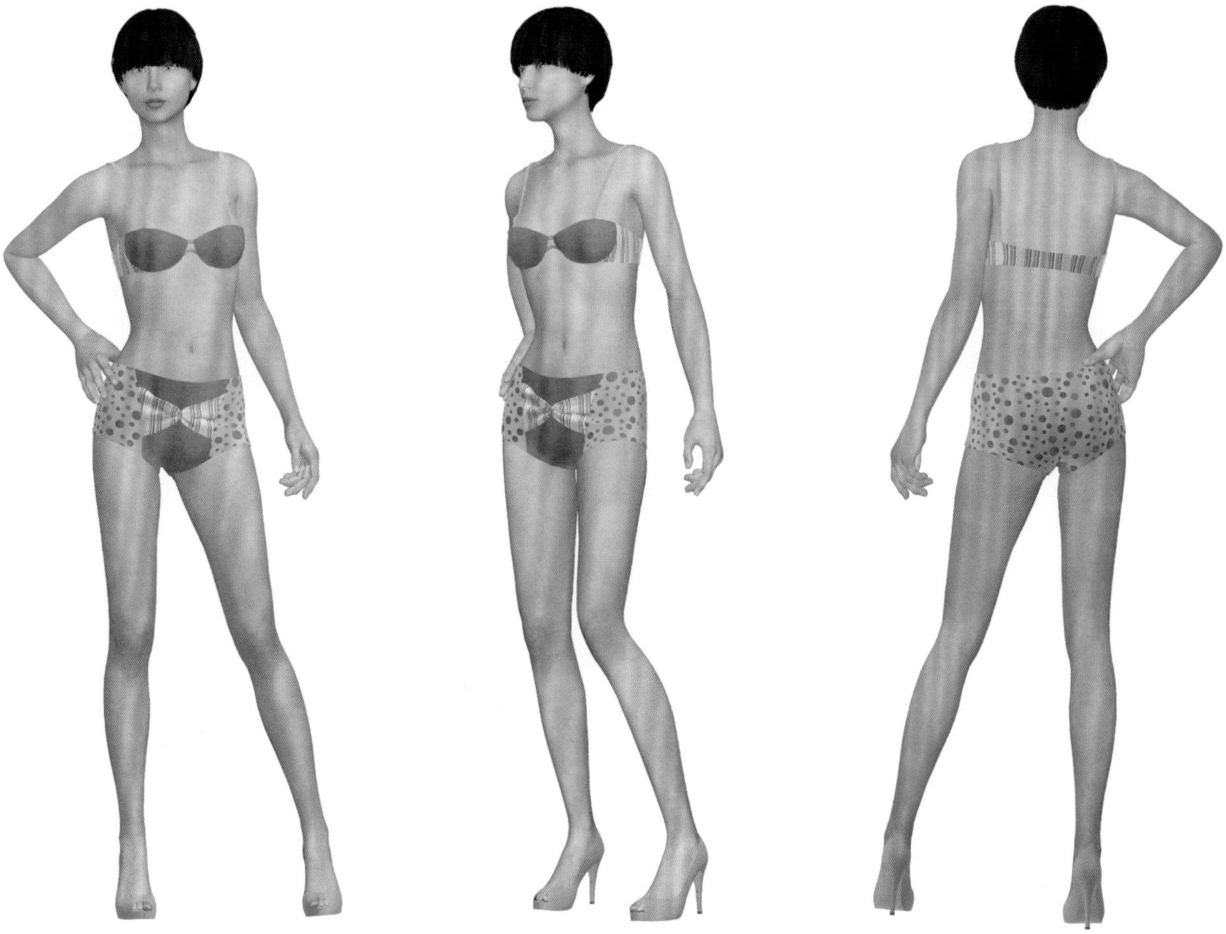

图1-95 泳装三维虚拟展示图

第 四 节

塑身衣

一、塑身衣的产品特点

内衣作为贴身衣物，舒适已经不是唯一标准，具有塑造人体形态的功能性服装逐渐成为被选标准之一。塑身衣可以调整体内脂肪分布，塑造优美曲线，对丰胸、收腹、减腰、提臀、美腿有明显效果，能使女性形体更美。

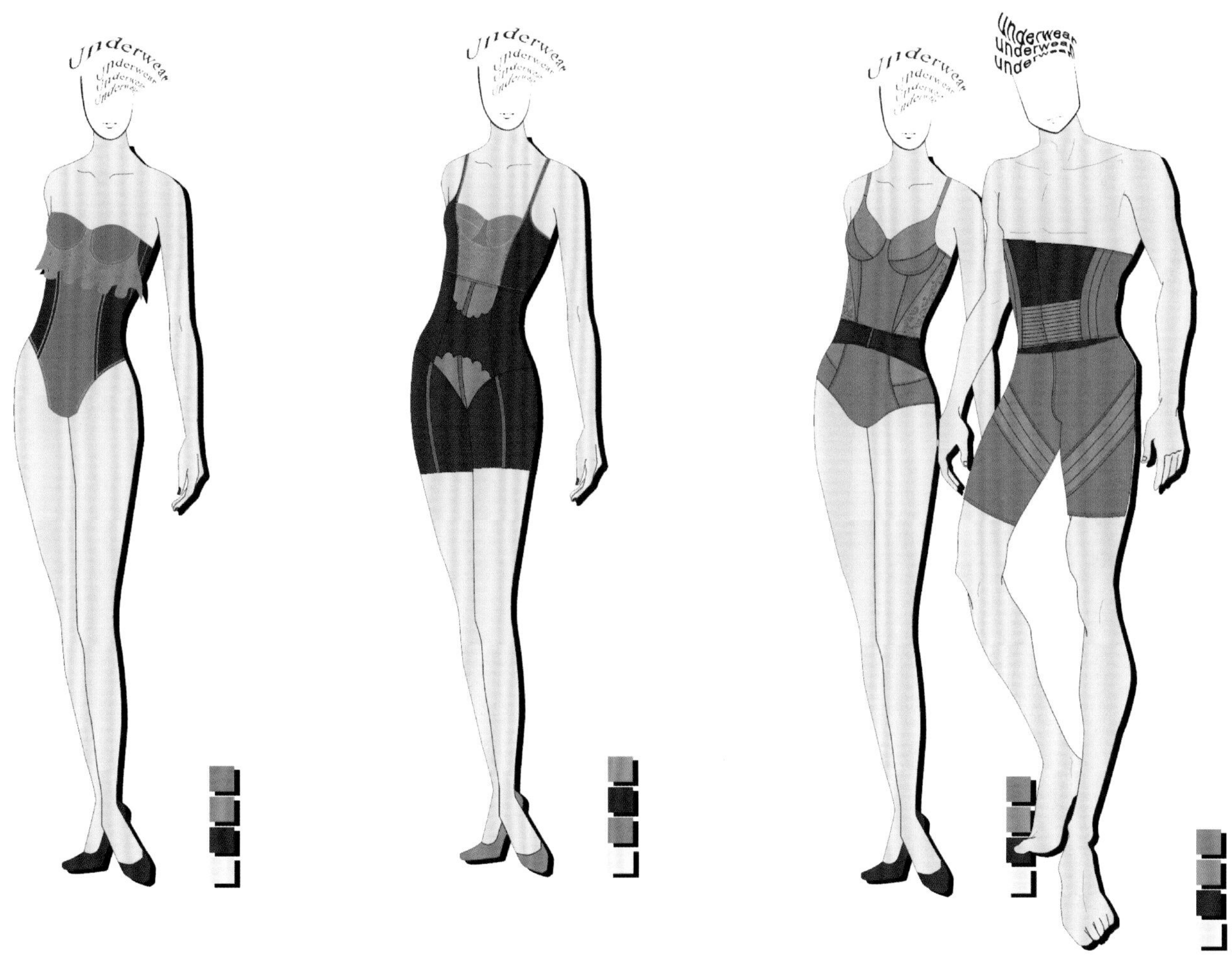

图1-96 塑身衣基本款式图示

"塑身衣"和"束身衣"是两种不同的概念。起源于欧美的束身衣用各种硬性材料给身体施加束缚力，使身体在强外力的作用下暂时保持一个塑性效果。塑身衣不能长时间穿着，穿着时间过长会影响身体健康。而20世纪后的塑身衣逐渐发展为具备功能性的服装，能够长期穿着，以保持身材。塑身衣是根据人体工程学原理进行立体剪裁，更符合人体结构特点。塑身衣采用弹性面料，依人体曲线剪裁，紧贴皮肤，是一种功能性服装。

塑身衣按照外观可分为：文胸款骨衣、连体塑身衣、束裤、腰封和背背佳5大类产品。骨衣有杯型结构分割分类、腰位的高低分类、有无肩带分类等。连体塑身衣对胸、腰、臀、大腿等一起塑形成为连身衣。束裤可按照腰线高低分类、可按照裤腿长度分类、可按照压力和弹性分类、可按照塑形部位不同进行分类等。腰封主要用于腰部塑型，也称腹带，是为修饰腰部而设计的内衣。背背佳主要是针对背部调整，挺拔身型的服装，也可和腰封一起对身体进行塑形调整，如图1-96所示为基础款。

塑身衣大多使用弹性面料（锦纶或锦纶/氨纶的混纺物），采取六角菱形编织法，并在其中加入胶骨或金属鱼骨，从而达到美体束身功能。莱卡具有普通纤维无法比拟的高弹性，伸长率为400%～960%（锦纶弹力丝一般为300%），且回弹性高。塑身衣如果采用弹性梭织面料，将这些面料进行不同角度的斜裁，可以得到拉伸力和弹性回复性皆不相同的面料。抛弃传统束身衣中的支撑胶骨，将不同材质的面料进行拼接，将塑身衣单一的横向负荷转化一部分到纵向负荷，减少单方向上的压力，可以使束身衣穿着起来更加舒适，便于人体活动（图1-97）。

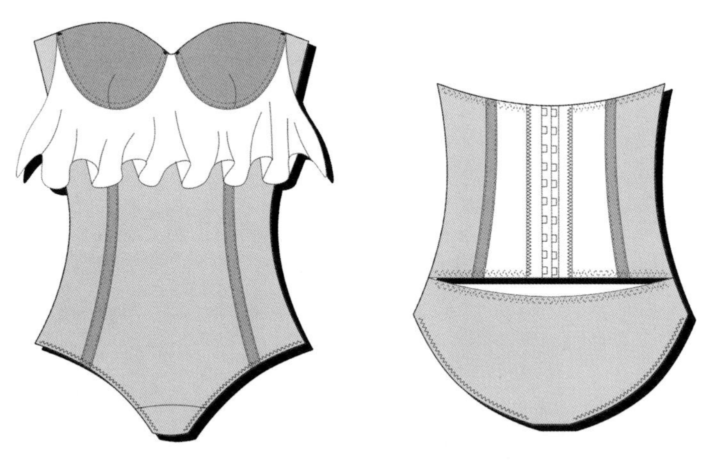

图1-97 外穿式塑身衣款式图示

随着内衣面料的不断更新，出现的新材料有铜氨纤维、纳米抗菌材料等，为内衣附加了更多的功能，如抗菌、保暖以及瘦身等功能。此外，钛合金金属制成的记忆钢圈、记忆钢骨也是未来塑身衣支撑条的发展方向。在先进科技的支持下，塑身衣从最基本的塑型功能延伸到医疗、保健等更广泛的功能，并逐渐向调整型、舒适型、保健型、智能型、健美型、绿色型以及艺术型的方向发展。

二、塑身衣的结构设计

下面以图1-96中外穿模杯款为例，介绍连体塑身衣产品开发的过程。模杯有定型和塑型作用，直接在模杯上通过立裁的方式获得面布纸样。

立体裁剪法是指直接在标准人台上，通过立体裁剪操作获得“基础版”，然后将基础版平放在水平面上，手工修正纸样，通过相关设备导入服装工艺设计系统中修正获得的纸样，接着根据实际采用的面料弹性大小对获取的纸样进一步调整，从而获得标准的罩杯纸样。

罩杯表布立体裁剪做法及步骤如下。

① 准备立体裁剪时所使用到的珠针、黏合线、无弹面料（一般用定型纱）、褪色笔等。

② 在模杯上标识出省道位置。将准备好的无弹性面料裁成一块能够覆盖整个模杯且有余量的正方形，并在上面绘制一个靠一边的十字平面坐标轴线，注意绘制的坐标轴线要与所用的立体裁剪面料经向方向一致或垂直，从而保证裁片的稳定性。

③ 将无弹性面料上绘制的十字平面坐标轴的水平线与胸围线吻合，并用珠针将立体裁剪面料固定在模杯上。将乳房上部分的罩杯部分面料抚平，罩杯下半部分多余的量值集中在需要设计分割的部位。注意手部的用力及分配推到各个方向的量值，收褶裥时注意抹平表布，平伏即可，无需太紧，否则缝合蕾丝和模杯的时候，模杯会出现翻翘现象（图1-98）。

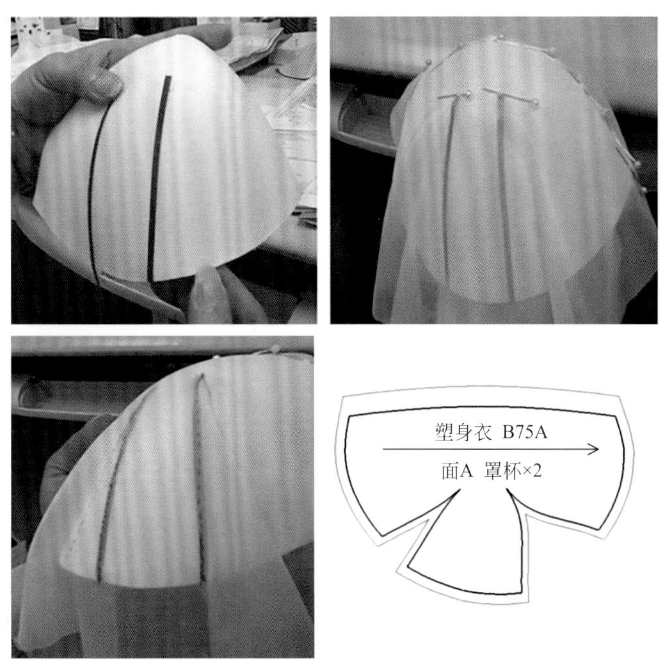

图1-98 模杯上裁片立裁操作

④ 用褪色笔沿所需省道设计轮廓线描绘省道线。

⑤ 将立体裁剪得到的罩杯表布铺平，手工将罩杯雏形纸样通过数字化仪板输入到服装纸样工艺设计系统，在CAD系统中用“智能笔”工具调整曲线圆顺度，测量省道两侧的弧线数据是否一致，用“接角圆顺”工具调整缝合后曲线圆顺度，用“拼合检查”工具检查罩杯跟围数据是否符合钢圈形状数据要求，并根据工艺要求加放缝份，如图1-99所示。

该款塑身衣前片是连身设计，衣身后中片为多排钩扣设计，后裤片可直接脱下，方便生理需求，后片使用的材料需要保证其弹性和舒适度。将75A罩杯钢圈形状放在160/84A型号的女装原型上，以下胸围75cm，绘制衣身结构，腰部省量分配在3个部分（图1-99）。前后衣身分割处表布缝骨、侧缝缝份均为1cm，前后衣身里布等其他缝份均为0.6cm，模杯表布上沿1.2cm，后裤片侧缝缝份为1cm，其余部位缝份均为0.6cm。

三、塑身衣的成品开发

1. 产品号型设置

连体塑身衣是以下胸围和人体体型（胸腰围差）为依据，号型表示有A70A、A75Y、B70B等，前面的字母和数字构成“号”，是胸围和下胸围的差值范围代码与下胸围数据；后面的字母是“型”，为胸围和腰围的差值，体型用Y、A、B等字母表示。其中Y体型的女性胸腰围差的差值是24～19cm；A体型的女性胸腰围差的差值是18～14cm；B体型的女性胸腰围差的差值是13～9cm。塑身衣多为青年至中年女性的需求产品，在号型设置上以标准人体来进行设置。A体型同号同型配置设计号型系列见表1-18。

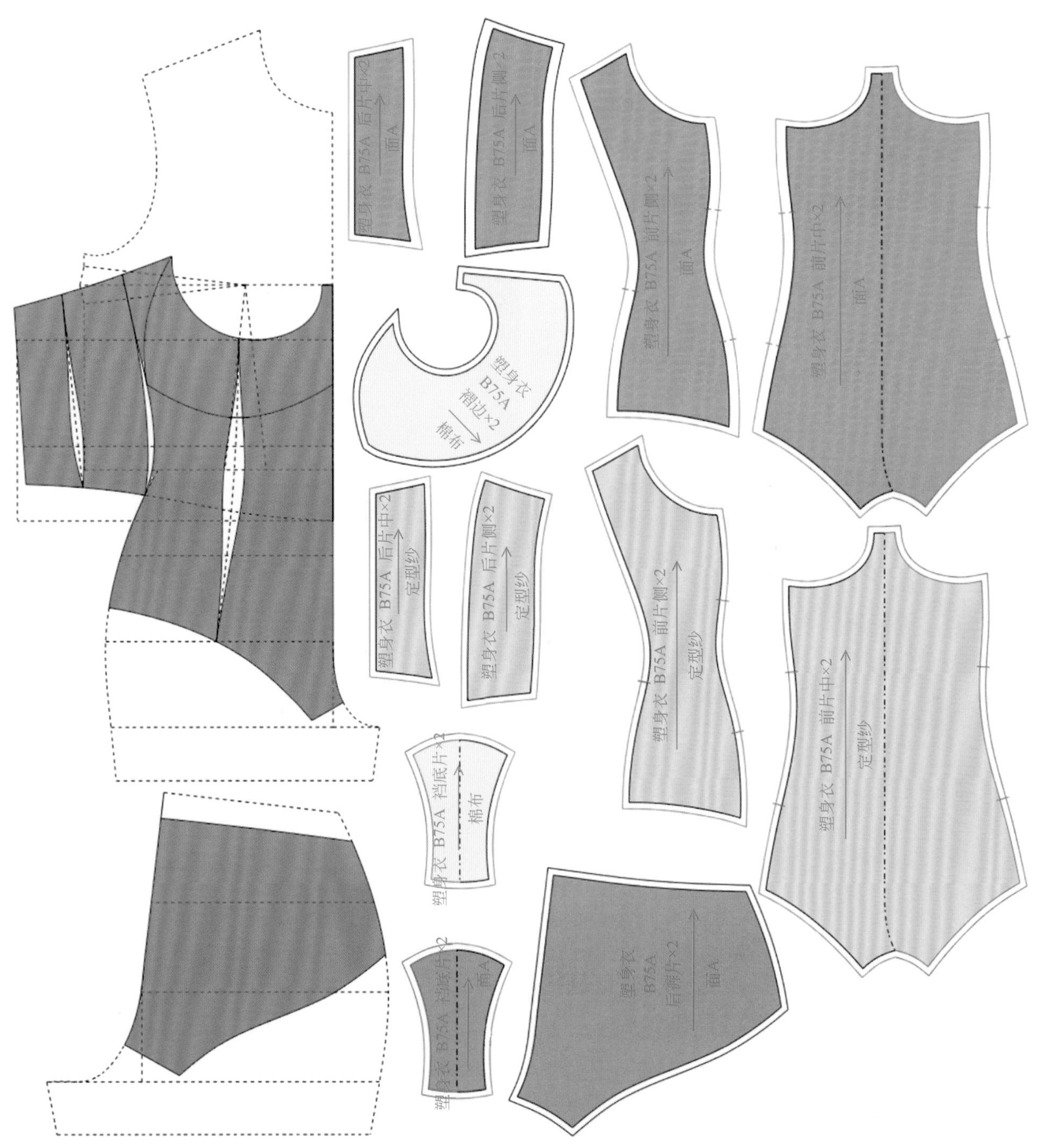

图1-99　塑身衣结构设计

表1-18　A体型塑身衣号型设置设计表　　单位：cm

号型名称	AA70A	A70A	B75A	C96A	D85A
罩杯	AA	A	B	C	D
胸围	78	82	86	90	94
腰围	62	66	70	74	94
臀围	84	88	92	96	100

单独束裤和一般内裤是按照人体的腰围尺寸和臀围尺寸来定的，有用数字表示的，也有用字母表示的。国际通用为36、38、40、42等，亚洲尺码多为S、M、L、XL、XXL等。束裤以人体的腰围尺寸和臀围尺寸为依据，一般以6cm为档差值变化。

2. 成衣工业放码

此款塑身衣是由文胸和衣身及短裤构成，可以应用现有的版型推放规则。即应用规则复制法进行该款式的推放操作。在应用对点操作的放码过程中，往往是对每一个放码点输入横向、纵向坐标数据，即档差分配数据，才能完成该裁片的放码规则输入。对于一套服装的所有样板，则要输入大量的数据，这给用户的操作带来了很大的麻烦，增加了人为出错的可能。利用电脑储存记忆功能，把不同款式服装的放码规则储存，在放码操作过程中随时调用放码规则文件，以规范和简化放码的操作，可以方便地重复使用，这就是规则复制方法。

选择类似款式和相同尺码规格的服装，把已有推放过的版型，点选对应的放码点，将其规则（RULE）文件复制拷贝到所需推放的纸样文件中。这样的功能模块非常适合返单生产模式，减少了重复操作，提高了生产效率，降低了生产成本，保证了推放效果和操作质量，如图1-100所示。

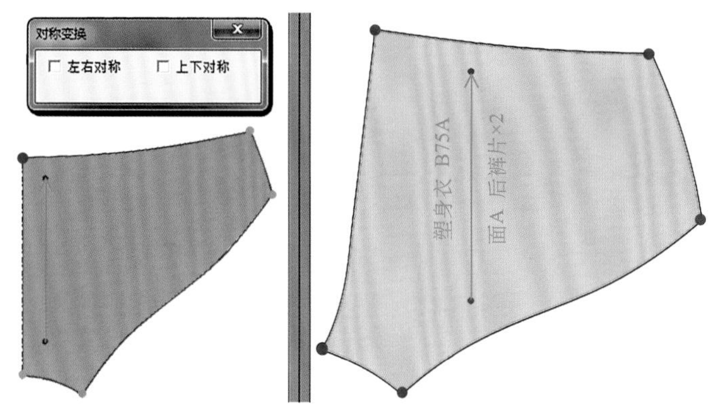

图1-100 规则复制法拷贝操作图示

针对没有对应的放码点，可采用比值、公式等多种方法推放，增加新的放码规则即可。

四、塑身衣的工艺设计

塑身衣在设计时分割线条变化较多，除了考虑其功能性还需要考虑其可缝性。塑身衣不同于文胸和泳装，在面辅料的配置上为了满足客户的需求，通常是综合各种因素，经过多次试版得到最优方案后才能进行缝制加工。下面着重讲述塑身衣的缝制工艺，缝制设备及缝型请参考文胸部分。

（一）缝制前准备

1. 机针的选用

塑身衣的裁片数量较多，不同面料在达到客户需求时都可以进行搭配，因此，其面料选取范围比较广阔，在选用机针时，选择“SES小圆头”、9～14号针进行车缝。

2. 缝纫线的选用

塑身衣缝制时多采用平缝进行缝合，包缝和绷缝进行联合固定或装饰，因此，在平缝时缝线多选用具有一定强度和拉力的涤纶长丝缝纫线或涤纶短纤维缝纫线；包缝和绷缝时多选用弹性收缩率较好的

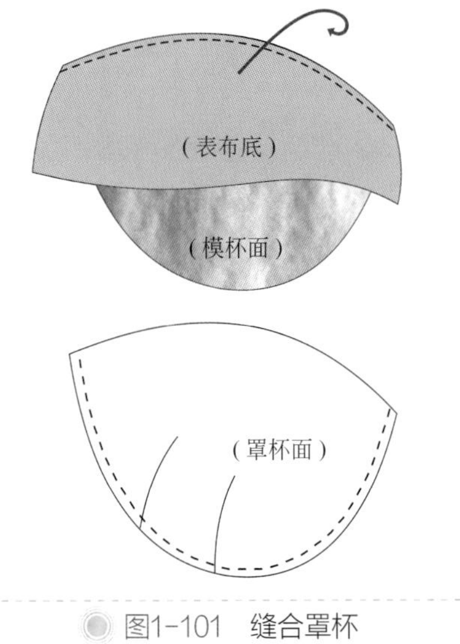

图1-101　缝合罩杯

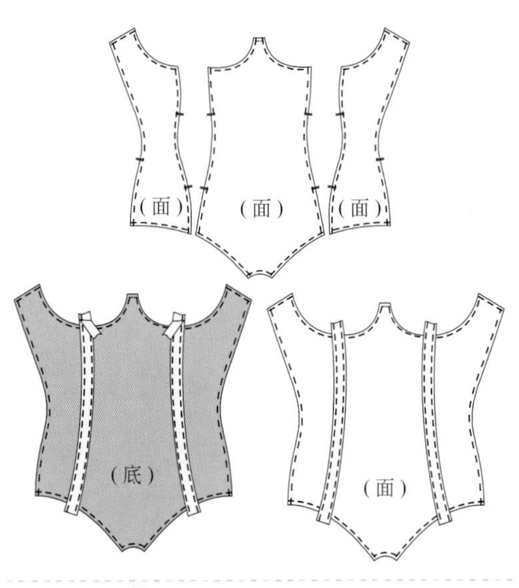

图1-102　缝合前衣片

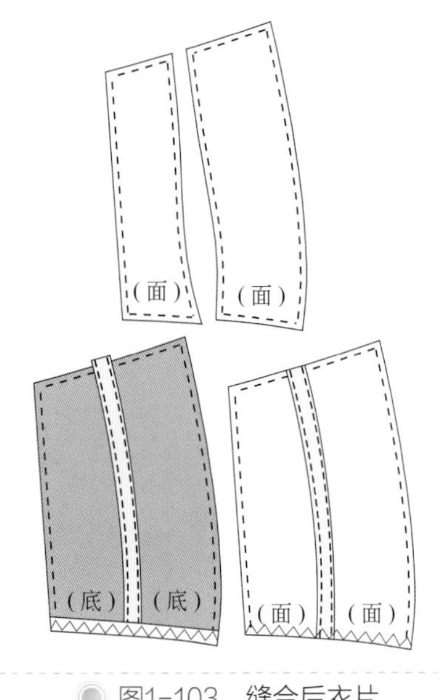

图1-103　缝合后衣片

合成纤维弹力线作为底线。在缝制时需根据缝料的厚度、性能和缝制工艺要求，合理选择缝纫线的规格，以保证缝纫效果。

3. 面料选取

由于塑身衣要保证功能性，所以选料时要考虑面料的吸湿性、抗静电性、体肤触感、染料的汗渍牢度和洗涤牢度（色牢度）、布料的弹性、强度等方面，比如网眼布，滑面拉架等。

（二）连体塑身衣缝制工艺

塑身衣的结构是最贴体的，因此，塑身衣的缝制工艺结合了文胸、居家服、泳装3种品类服装的缝制工艺特点。以图1-96左侧的塑身衣款式为例来讲述塑身衣的缝制工艺。为了便于穿着，其后腰与内裤是分开设计的，没有缝合，内裤可直接穿着。由于穿着的特殊性，内裤后片需采用弹性较大的面料进行车缝。裁剪前还需考虑面料的回缩率。

1. 缝合罩杯

先缝合表布的单褶位（参考泳装缝合表布），然后将表布与模杯面面相对，用单针平车在距止口0.6cm处车缝后翻折，最后将表布抹平，用单针平车在距止口0.2cm处压边线固定，如图1-101所示。注意：起针和结束时要回针，线迹圆顺不起皱。

2. 缝合前衣片

先将左右前衣片、前中片与各自对应的定型纱底底相对，用单针平车在距止口0.3cm处车缝一周固定。然后将左右前衣片分别与前中片面面相对，在分割线处用单针平车在距止口0.6cm处车缝，将缝份倒向两侧。最后利用特种拉筒双针车辑缝捆条，手工穿入胶骨，如图1-102所示。注意：将鸡心顶端的面布与定型纱向内折后再压线，胶骨长度不宜过长，以防后段绱松紧带时车针无法穿刺。

3. 缝合后衣片

先将左右后衣片与各自对应的定型纱底底相对，用单针平车在距止口0.3cm处车缝一周固定。然后将左右后衣片面面相对，在分割线处用单针平车在距止口0.6cm处车缝，将缝份倒向两侧。最后利用特种拉筒双针车辑缝捆条，并手工穿入胶骨，如图1-103所示。注意：胶骨长度不宜过长，以防后段绱松紧带时车针无法穿刺。

4. 缝合罩杯与前衣身

（1）缝合花边与前衣片

将花边与前衣片底面平齐，罩杯下沿处用单针平车在距止口0.6cm处车缝固定，如图1-104所示。

（2）缝合罩杯与前衣片

将罩杯与前衣片面面相对，罩杯下沿处用单针平车在距止口0.6cm处车缝固定，如图1-104所示。注意：此处为弧线缝合，车缝时不可拉扯罩杯，可先在罩杯下沿辑缝防拉条，以防变形；起针和结束时要回针，线迹圆顺不起皱。

5. 缝合后裤片及松紧带

（1）缝合后裤片

将左右裤片面面相对，先用单针平车距止口0.6cm处车缝固定；然后将缝份劈开，用带网线的两针三线绷缝线迹在表面固定，如图1-105所示。

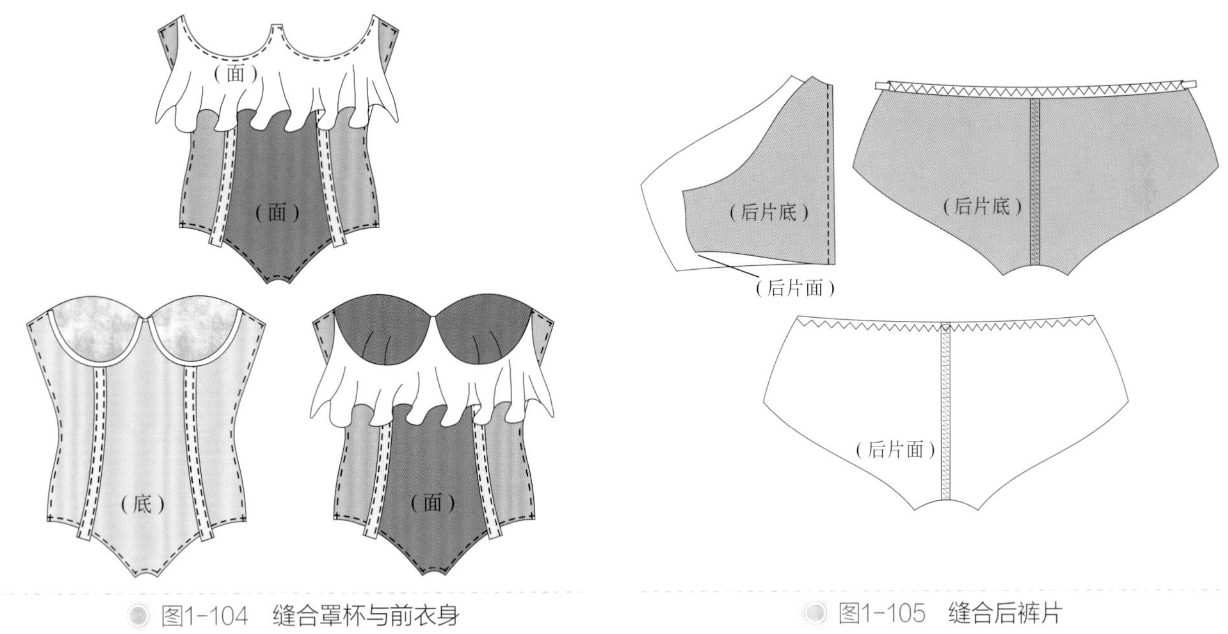

图1-104 缝合罩杯与前衣身

图1-105 缝合后裤片

（2）后腰绱松紧带

将松紧带包在后腰处，用曲缝机中的小人字线迹缝合固定，如图1-105所示。松紧带长度适宜。

6. 缝合裆底与前后衣身

先将两片底裆面面相对，将前裤片夹缝于底裆的前裆处，用四线包缝缝合固定。然后再将后裤片夹缝于底裆的后裆处，按照图1-106中所示方向摆放，用四线包缝缝合固定。注意：图中圆圈内的图示为后裆缝合前的状态，需将其拉出再进行缝合。起针和结束时要回针，线迹圆顺不起皱。

7. 绱裤口松紧带

先将松紧带包在裤口内，用曲缝机中的四点线迹缝合固定，如图1-106所示。注意：此处为长弧线车缝，容易产生缩皱，车缝时需考虑工艺的缩缝量。

8. 缝合前后衣身侧缝

先将左右后侧片、后裤片分别与前衣身面面相对，用单针平车在距至止口1cm处车缝固定。然后将衣片打开缝份倒向后侧片，用两针三线绷缝线迹固定缝份，如图1-107所示。注意：此处由于后片与后腰是分开车缝的，在缝合前需根据裁片上的对位号摆放好裁片，然后再进行缝合。

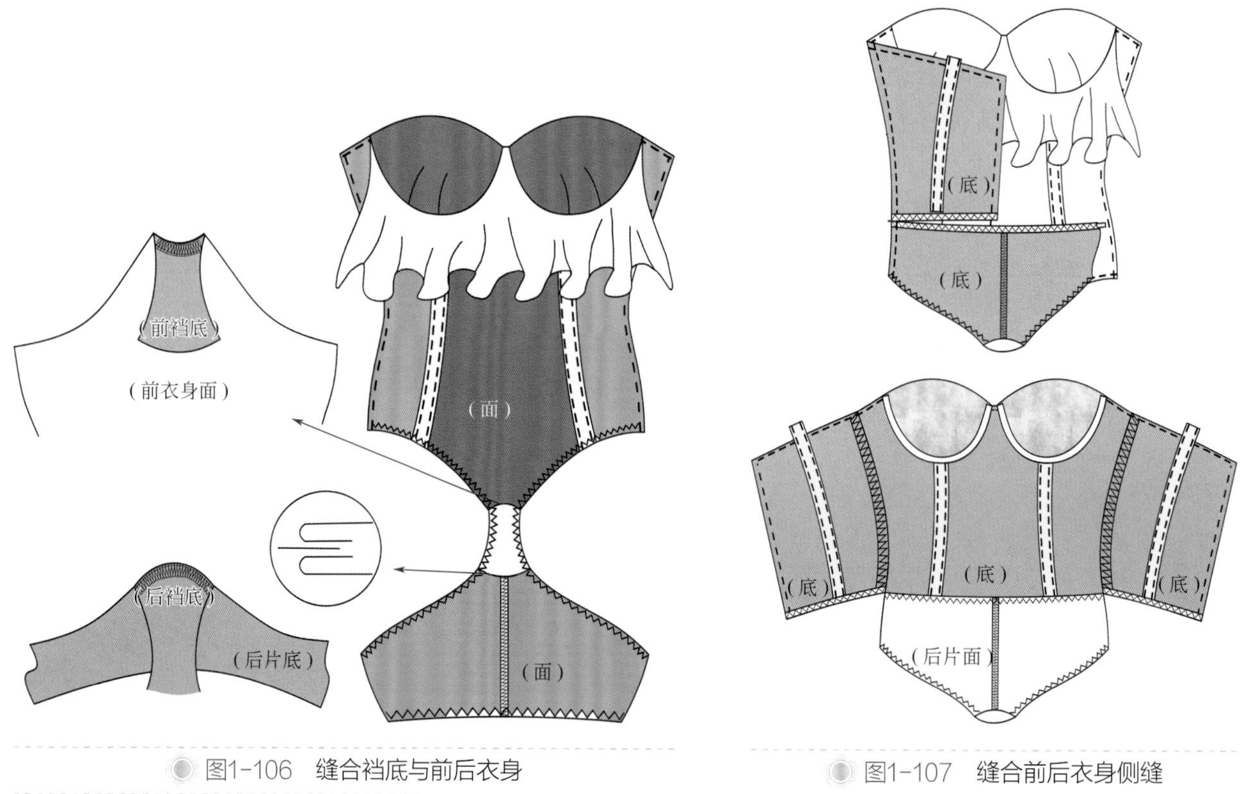

图1-106 缝合裆底与前后衣身

图1-107 缝合前后衣身侧缝

9. 绱松紧带及钢圈带

(1) 绱松紧带

先将上沿缝份翻折，然后将松紧带平叠在上沿上，用曲缝机中的四点线迹缝合固定，如图1-108所示。

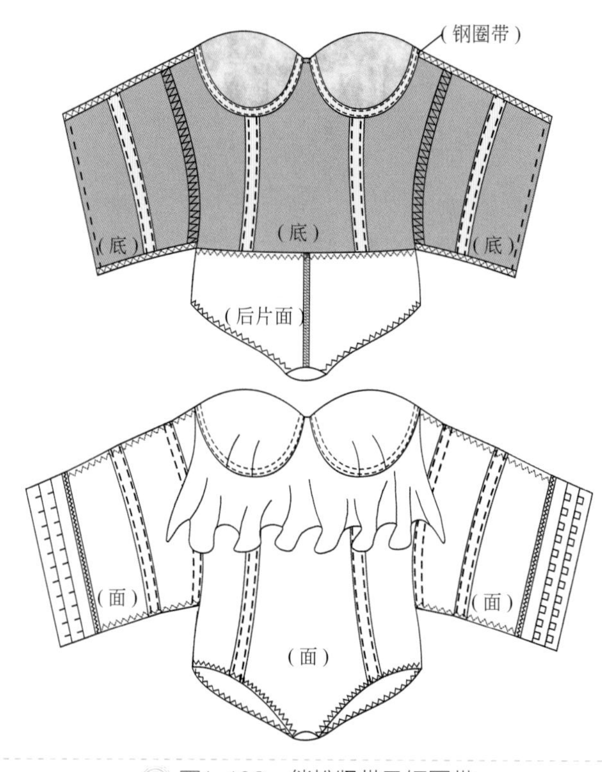

图1-108 绱松紧带及钢圈带

（2）绱钢圈带

利用特质拉筒将钢圈带沿罩杯下杯缘以双针车缝固定（图1-108）。注意：此处需根据款式图中钢圈倒向正确摆放后再进行车缝，线迹圆顺不起皱。

10. 绱钩扣

将衣身夹缝于成品钩扣中间，用曲折缝缝纫机中的小人字线迹车缝固定。

五、塑身衣的虚拟效果展示

塑身衣的三维虚拟效果如图1-109所示。

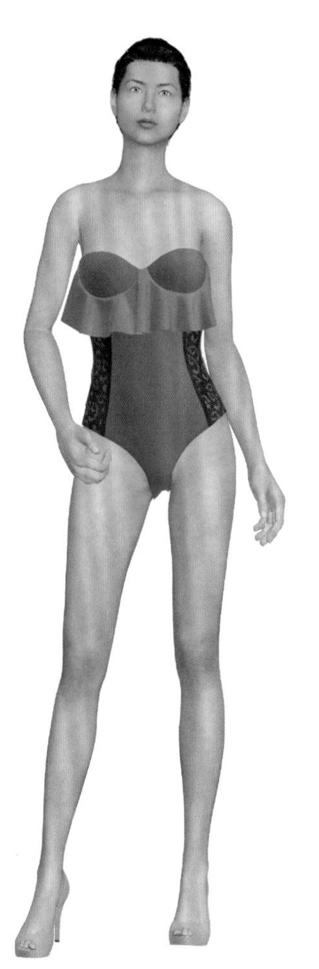
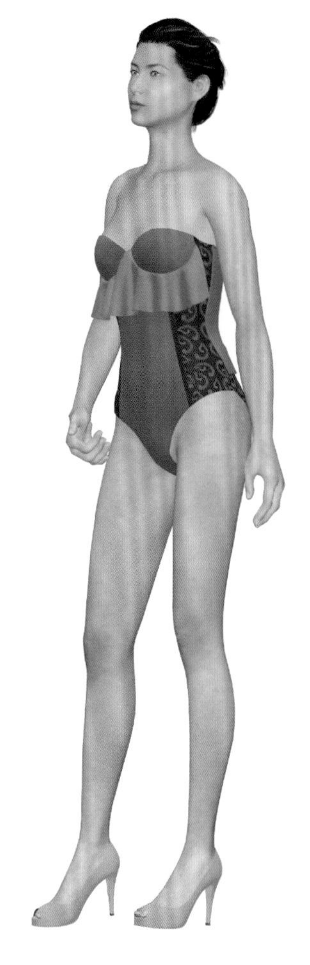

图1-109 塑身衣三维虚拟展示图

第二章
家居服设计与产品开发

一、女装吊带款

1. 着装配色和款式图

上身为抹胸细肩带，肩带使用松紧包边条，贴体舒适；胸部的荷叶边设计增加活泼感，适合胸小女性；上衣后中处做缩褶处理，满足舒适要求；衣身下摆贴边略外翘，显得活泼俏皮。下身为A字短裙，松紧腰。该款吊带装显得休闲时尚。配色采用单色设计，整款背心家居服以简单的纯色为主，胸部配其他颜色的荷叶边点缀，两种色彩形成反差，从而增加服装的层次感、灵动感。除了荷叶边点缀外，此款家居服还采用撞色包边的形式，打破基础造型，尝试单色肚兜的形式。无论何种形式，都要从色彩搭配的角度突出服装的简洁大气和清新优雅感。

2. 纸样设计图

以第三代女装原型为基础设计该款纸样，规格为160/84A；侧位升高，避免走光；后片从腰线处加长衣长14cm，前片对应侧面长度进行调整并加长；后片中间做抽松紧工艺处理。上衣和裙子底摆缝边为2cm，其他部位缝边均为1cm。下身A字裙，后中设计隐性拉链，腰部缩减一个省量，保留另一个省量，以增加腰部宽松舒适度。

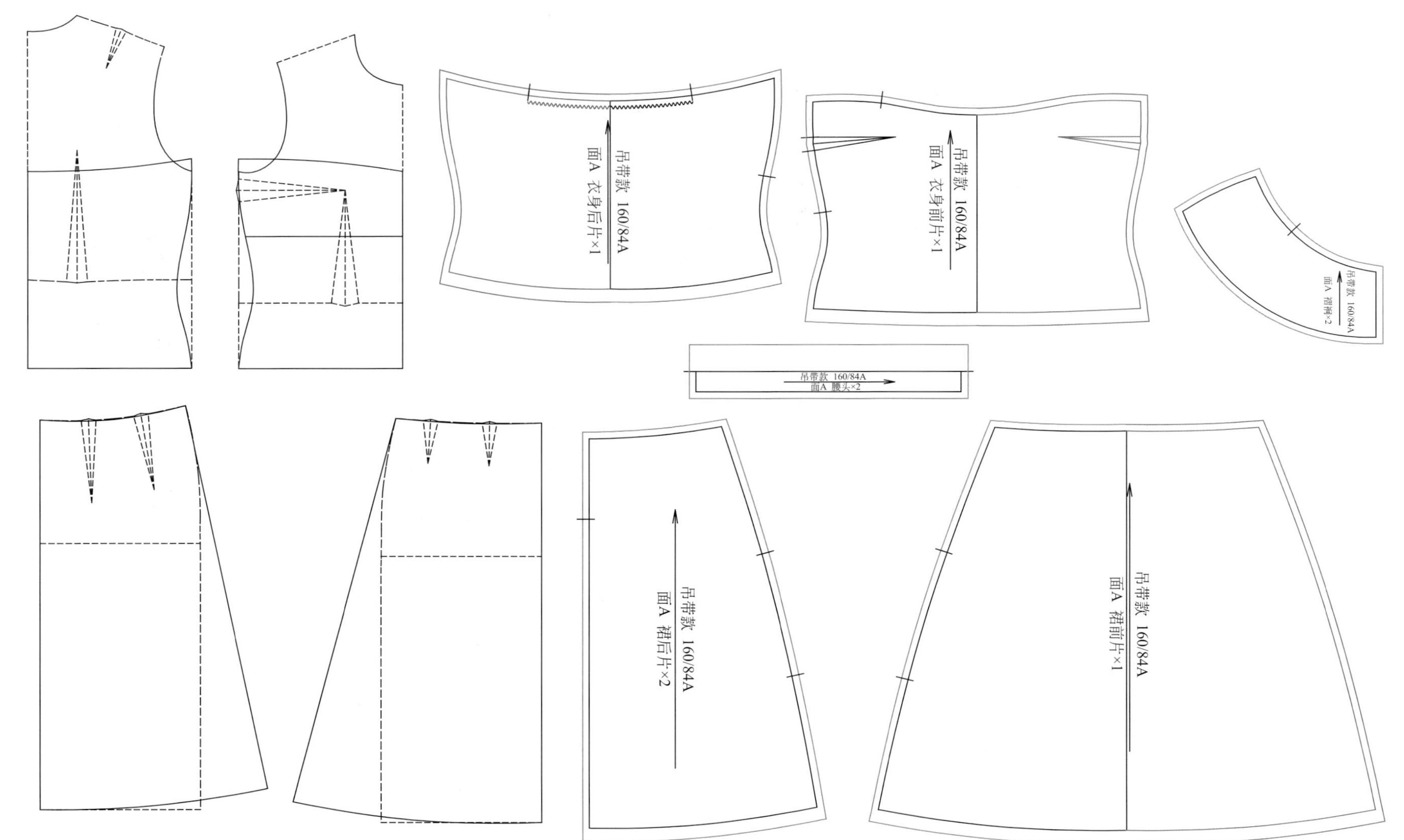

3. 放码图

该款家居服结构简单宽松且号型不多，选择切割放码方式。短款长度不推放，围度档差是4cm。前片、荷叶边、后片衣身、裙片的前后片纵向切割档差放量均为1cm；裙片腰头纵向切割档差放量为2cm。

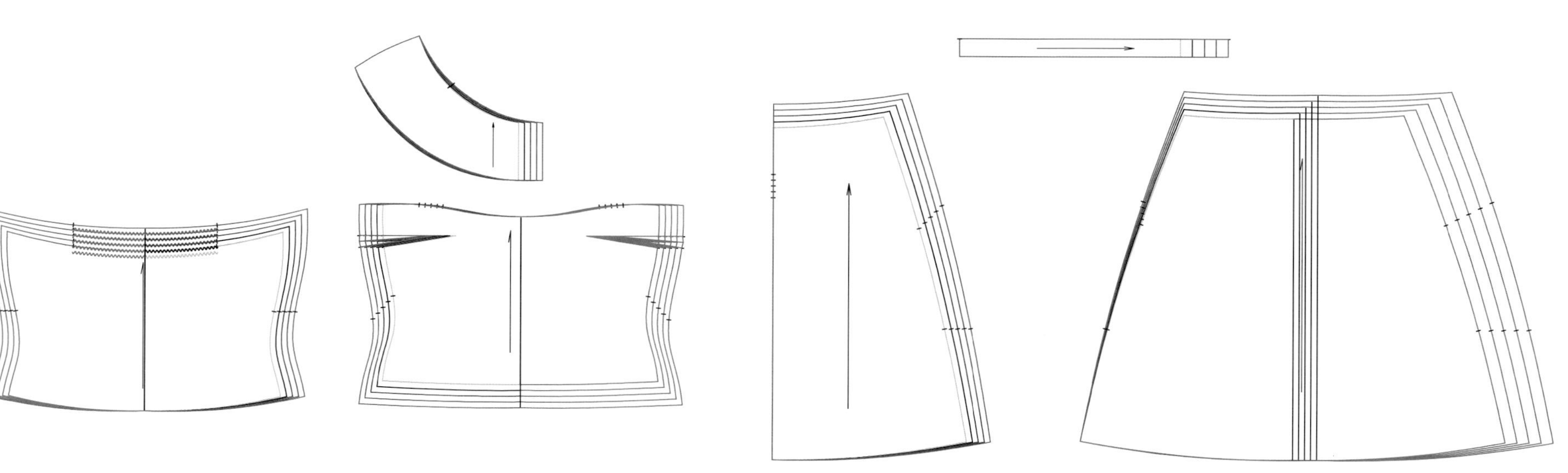

4. 生产工艺流程图

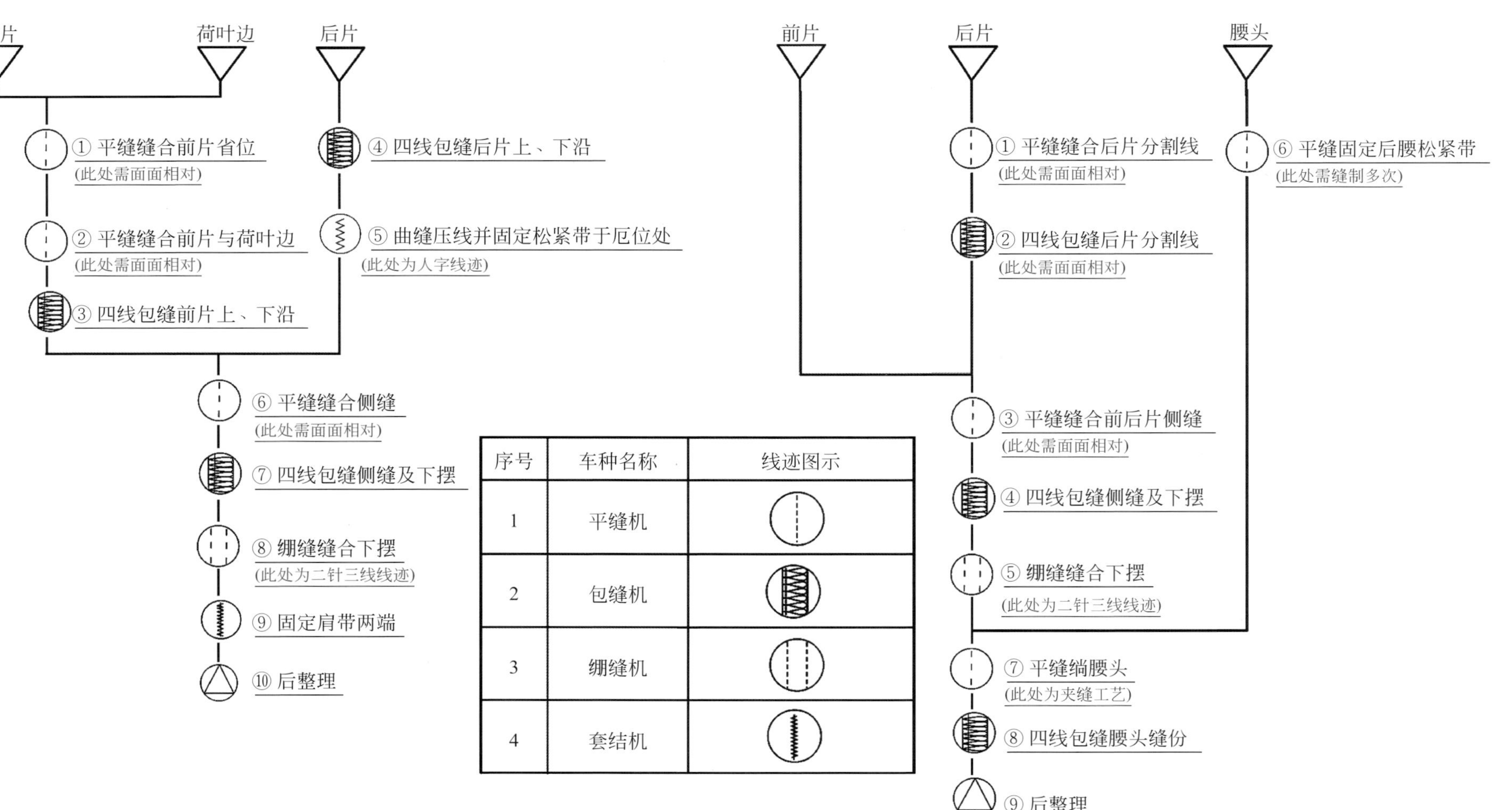

序号	车种名称	线迹图示
1	平缝机	
2	包缝机	
3	绷缝机	
4	套结机	

二、女装背心款

1. 着装配色和款式图

上身为背心款，侧片分割，贴体舒适。短裤轻松实用，裤身横向分割设计。配色采用邻近色、相似色及对比色搭配，如黄绿与黄色、中黄与橘黄、蓝色与黄色，采用色彩竖向拼接的方法，以一种色彩为主，腰部装饰其他色块，明亮的大色块加上少许色彩点缀，使得整款家居服具有青春活力的运动感。

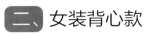

2. 纸样设计图

以第三代女装原型为基础设计该款纸样，规格为160/84A。前后袖窿底部提高2cm，避免走光；后袖窿处收省量1cm，确保后身肩背部合体；前衣片腰部省量转移一半至侧部位，稍微修身，将省量设计为分割线；衣长从腰线部位延长5cm；从臀围处沿裤侧缝向上至腰线，以加大裤腰围数据；口袋面里缝合处缝边为0.6cm，上衣底摆和裤口的缝边为2cm，其他缝边均为1cm。

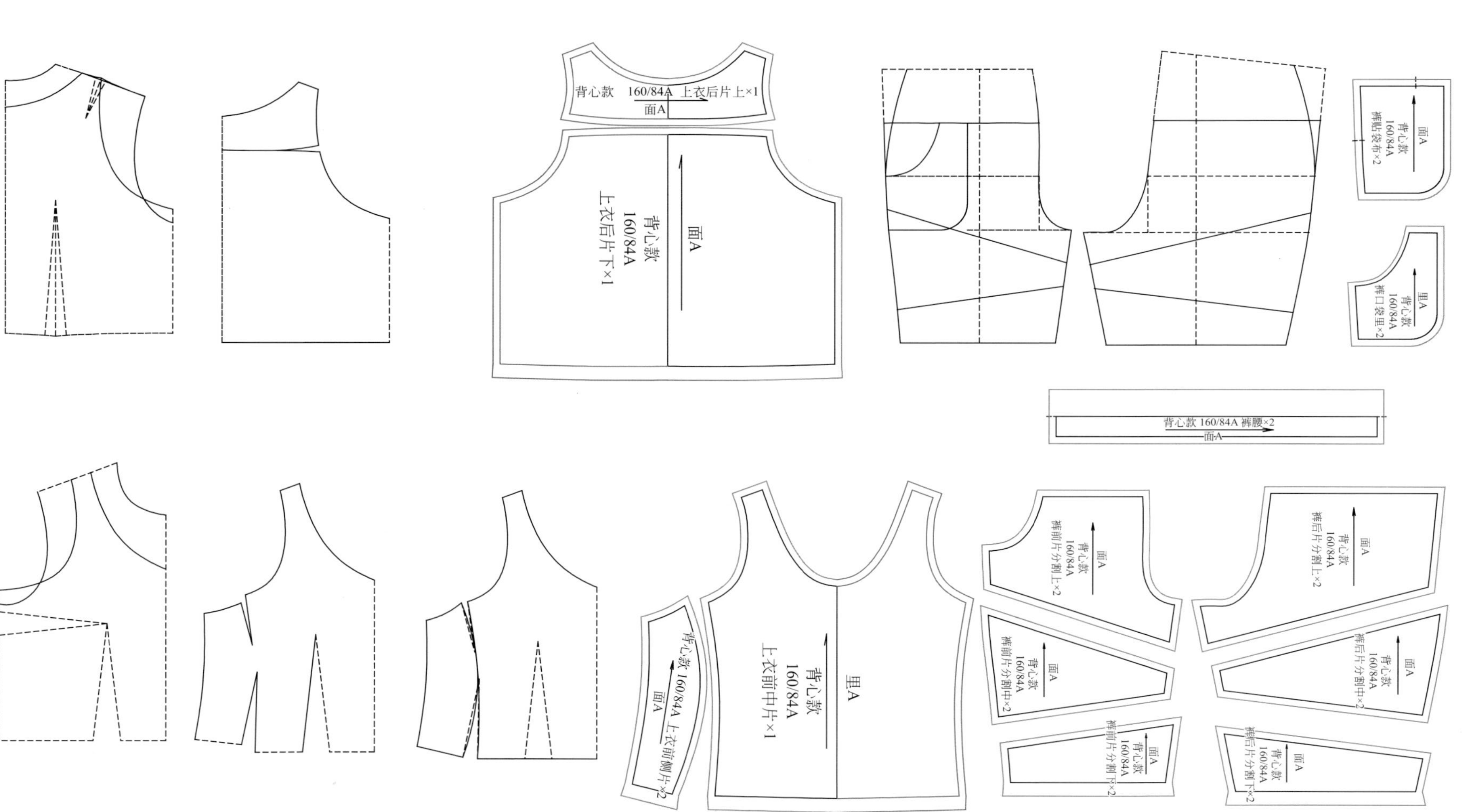

3. 放码图

该款结构简单宽松且号型不多，选择切割放码方式。上衣长度档差为1cm，围度档差为4cm。后片袖窿和领围处纵向切割档差放量均为0.5cm；后片下衣身和袖窿的横向切割档差放量均为0.5cm；后片上身分割片横向切割不推放；前片领围处、袖窿和分割片纵向切割档差放量分别为0.5cm、0.2cm、0.3cm；前片下衣身和袖窿的横向切割档差放量均为0.5cm。裤子长度档差为1.5cm，围度档差为4cm；保证裤口形状不变形纵，向切割档差放量均为0.25cm；前裆宽、后裆宽的纵向切割档差放量分别为0.2cm和0.4cm；根据裤中线的位置，前裤片腰头纵向切割档差放量分别为0.6cm和0.4cm，后裤片腰头纵向切割档差放量分别为0.2cm和0.8cm；裤腰头纵向切割档差放量是2cm。

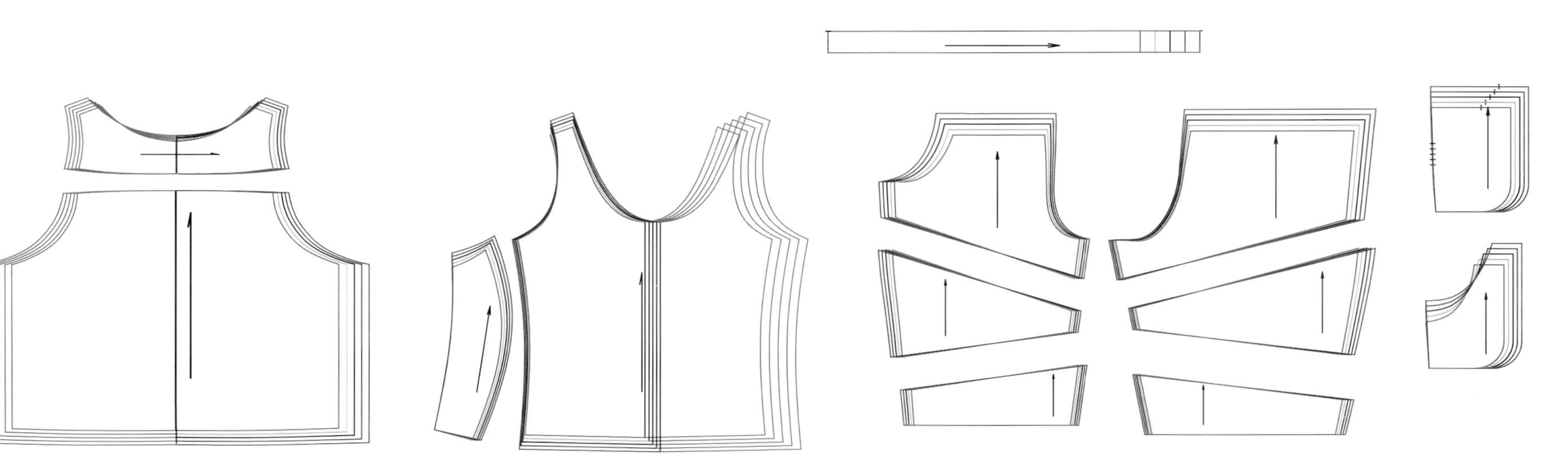

4. 生产工艺流程图

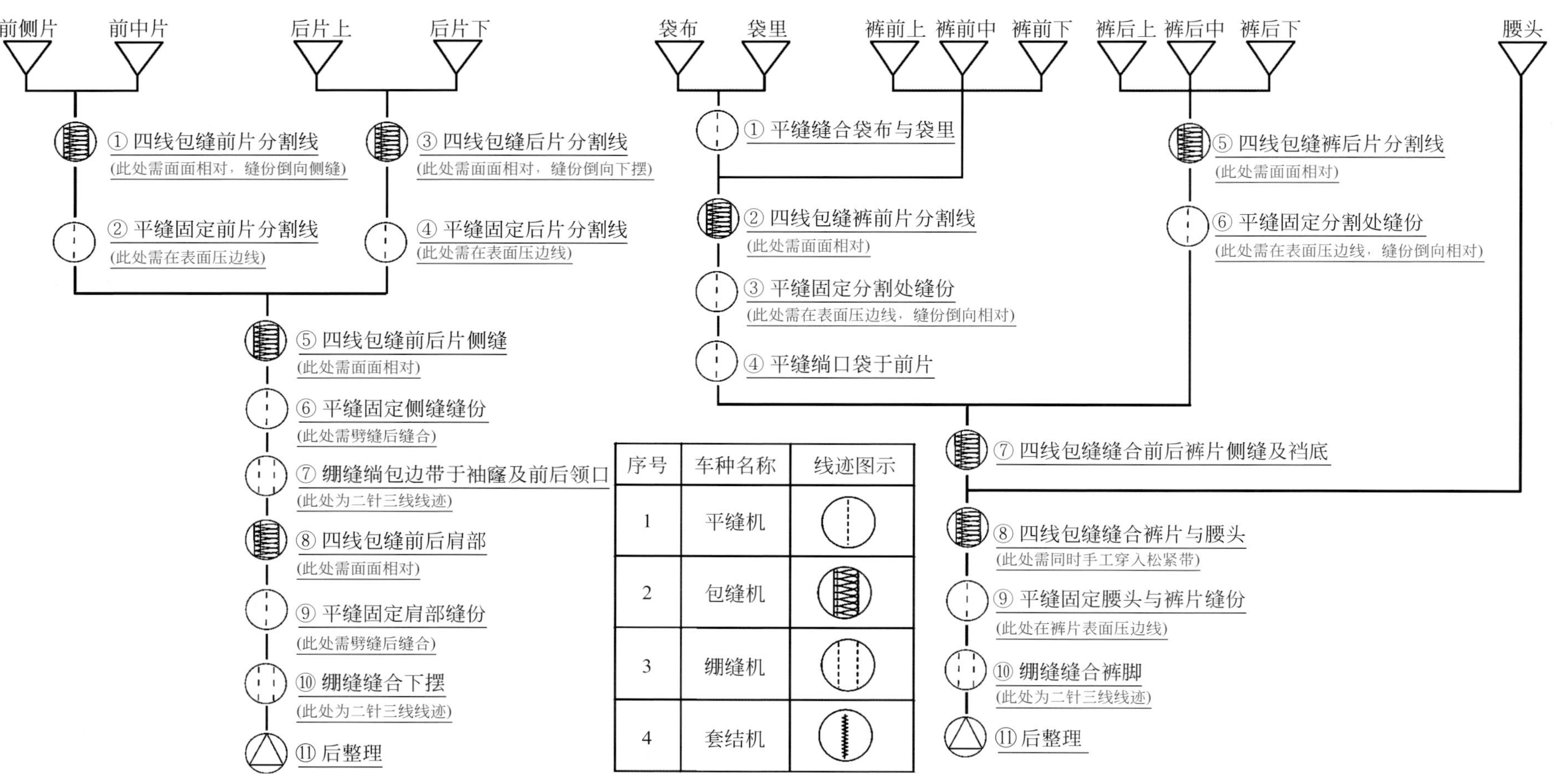

序号	车种名称	线迹图示
1	平缝机	
2	包缝机	
3	绷缝机	
4	套结机	

三、女装罩杯款

1. 着装配色和款式图

该款为水滴罩杯款，舒适且合体护胸；宽松裤装轻松，便于家居生活。配色采用相似色及中性色设计。此款家居服以柔和的相似色为主，采用水滴罩杯式的设计，以相似的色块竖向分割腰部，不仅突出腰部的纤细，而且能在视觉上托起胸部。稳重、谦和的色彩感使得整款服装端庄大气，虽是罩杯式却不显性感，适合相对保守的人群。

2. 纸样设计图

以第三代女装原型为基础设计该款纸样，规格为160/84A。以75A的钢圈形状为基础进行水滴罩杯的结构设计，面布胸下用缩褶结构，里布胸下用单省结构设计；将原型侧缝省量转移到肩部，后期调整省量到罩杯胸下围处，让胸部有足够容量；侧缝为隐性拉链设计；从臀围处垂直向下至裤口，形成宽松裤腿造型；松紧带裤腰工艺设计；上衣底摆处缝边为4cm，其他缝边均为1cm。

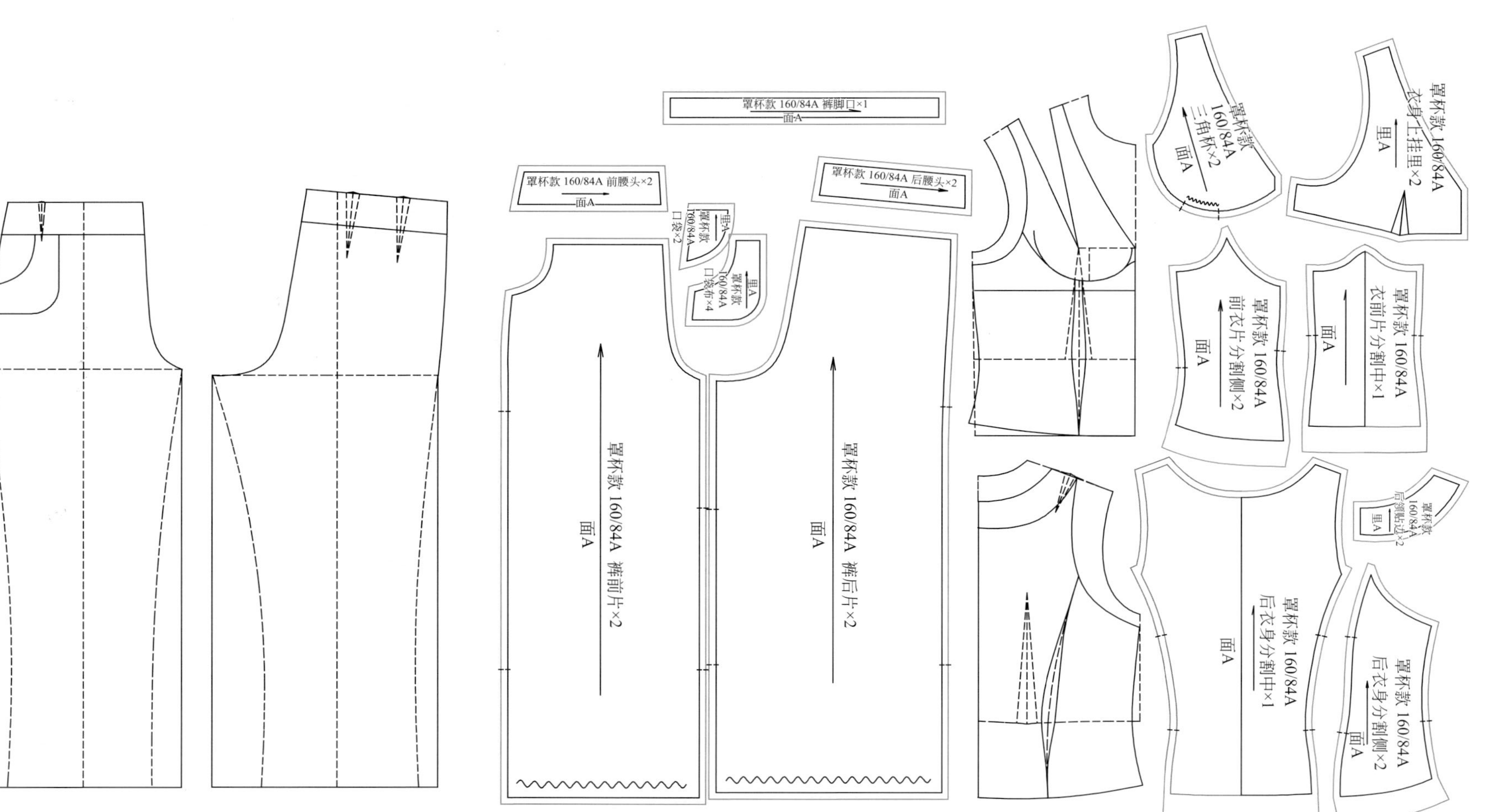

3. 放码图

该款裤型结构简单宽松且号型不多，可选择切割放码方式。上衣罩杯款相对合体，可选择点数放码方式，也可以选择切割放码方式。上衣长度档差为1cm，围度档差为4cm。前后片的领弧线、肩部和袖窿弧线部位的纵向切割档差放量分别为0.2cm、0.3cm和0.5cm；前后片腰部横向切割档差放量均为1cm；前后片袖窿横向切割档差放量均为0.5cm；罩杯部位的面布和里布在领弧线、肩部部位的纵向切割档差放量分别为0.2cm、0.3cm。裤子长度档差为2.75cm，围度档差为4cm。前后裤片的纵向切割档差放量为1cm；裆上的横向切割档差放量为0.75cm；裆下的横向切割档差放量为2cm。口袋贴布、口袋布和裤脚口收边不推放。

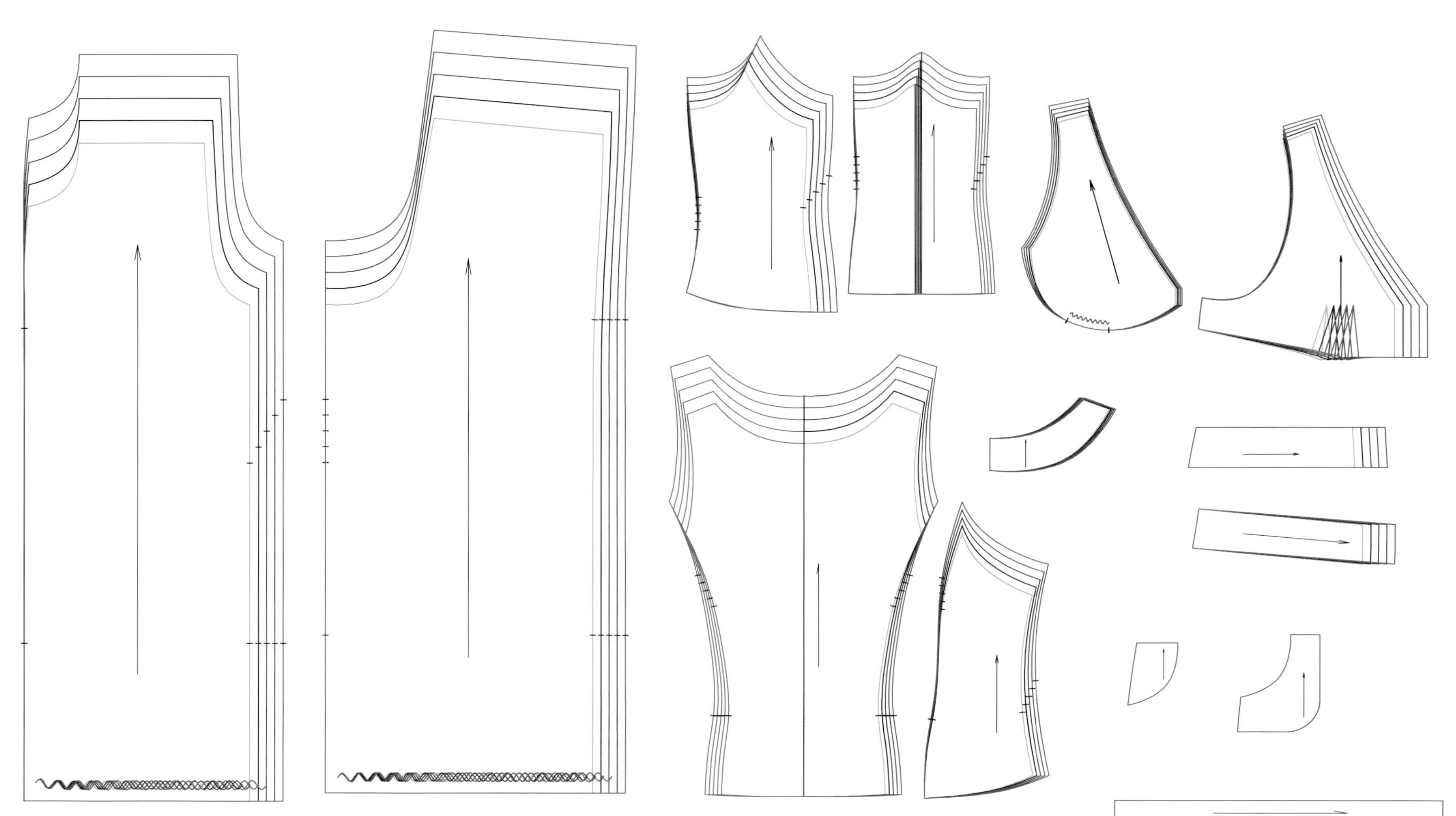

4. 生产工艺流程图

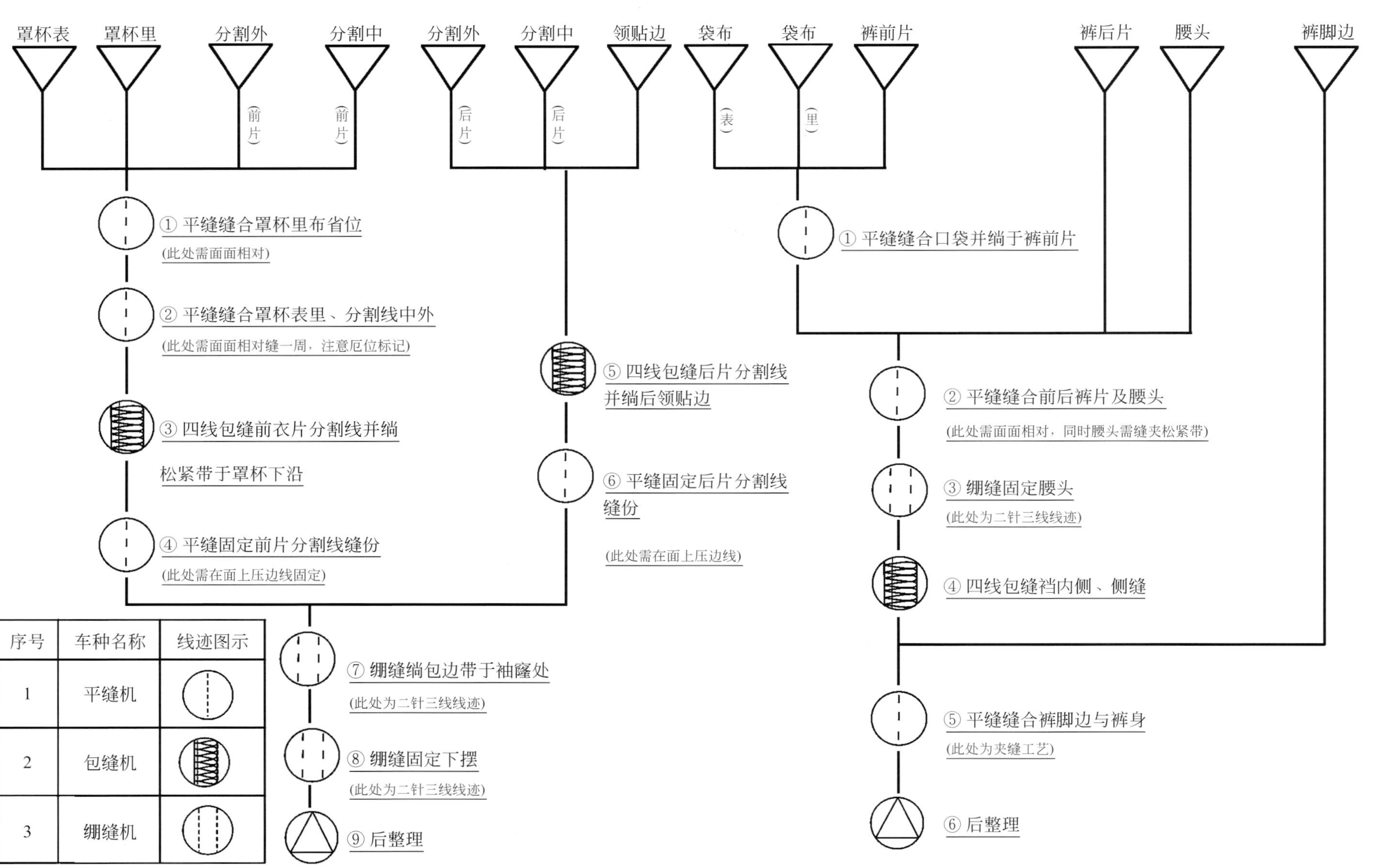
罩杯表
罩杯里
分割外（前片）
分割中（前片）
分割外（后片）
分割中（后片）
领贴边
袋布（表）
袋布（里）
裤前片
裤后片
腰头
裤脚边
① 平缝缝合罩杯里布省位
(此处需面面相对)
② 平缝缝合罩杯表里、分割线中外
(此处需面面相对缝一周，注意厄位标记)
③ 四线包缝前衣片分割线并绱
松紧带于罩杯下沿
④ 平缝固定前片分割线缝份
(此处需在面上压边线固定)
⑤ 四线包缝后片分割线
并绱后领贴边
⑥ 平缝固定后片分割线
缝份
(此处需在面上压边线)
⑦ 绷缝绱包边带于袖窿处
(此处为二针三线线迹)
⑧ 绷缝固定下摆
(此处为二针三线线迹)
⑨ 后整理
① 平缝缝合口袋并绱于裤前片
② 平缝缝合前后裤片及腰头
(此处需面面相对，同时腰头需缝夹松紧带)
③ 绷缝固定腰头
(此处为二针三线线迹)
④ 四线包缝裆内侧、侧缝
⑤ 平缝缝合裤脚边与裤身
(此处为夹缝工艺)
⑥ 后整理

序号	车种名称	线迹图示
1	平缝机	
2	包缝机	
3	绷缝机	

四、抹胸连体款

1. 着装配色和款式图

抹胸连体款的前片为弧线设计，外形似罩杯，前中有子母扣，便于穿脱且有安全感。配色采用互补色以及无色设计，如红色与绿色、蓝色与橙色以及灰色。整款家居服以上下分割为主，上下色彩形成互补，局部裤脚、肩带或腰线做色彩点缀，或者整套采用一种颜色，局部以色彩明艳的蝴蝶结做点缀，形成整套服装的亮点。这种色彩搭配能更好地修饰出女性的高挑身材，同时给人以干练、大气的时尚感。

2. 纸样设计图

以第三代女装原型为基础设计该款纸样，规格为160/84A。上身前片上端处有一个省量设计，抹胸结构，前片上沿有荷叶边结构；上衣长沿连体裤原型从腰线延长12cm，左右片搭放，前中处有子母扣设计；裤片的腰线下降到腹部，形成低腰裤型，插袋设计；上衣下摆缝边为2cm，其他缝边均为1cm；前后贴边不加缝边；裤子底摆缝边为4cm，其他缝边均为1cm。

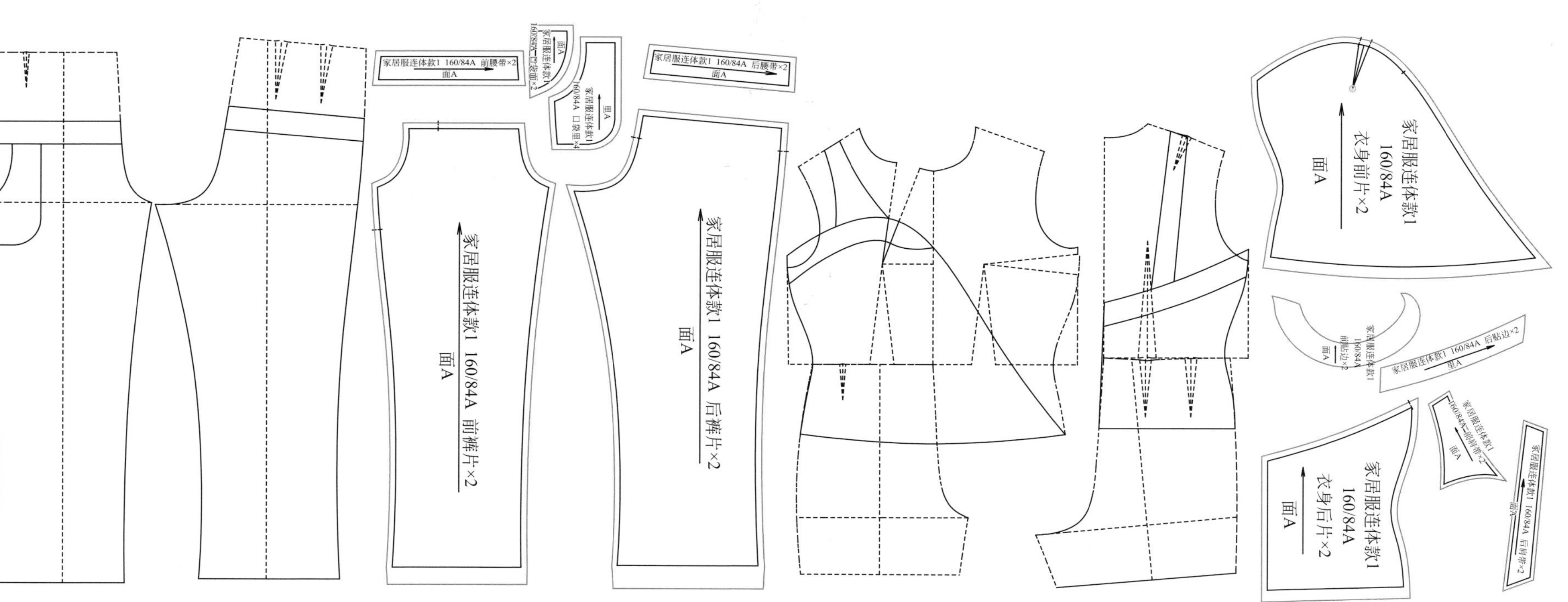

3. 放码图

该款结构简单宽松且号型不多，选择切割放码方式。上衣长度档差为1cm，围度档差为4cm。肩带纵向切割放量为1cm，上衣腰线下横向切割放量为1cm，前后片上沿贴边与衣身切开放量一致，均为1cm。裤子长度档差为2cm，围度档差为4cm；保证裤口形状不变形，纵向切割档差放量均为0.25cm；前裆宽、后裆宽的纵向切割档差放量分别为0.2cm和0.4cm；根据裤中线的位置，前裤片腰头纵向切割档差放量分别为0.6cm和0.4cm，后裤片腰头纵向切割档差放量分别为0.2cm和0.8cm；裤腰头纵向切割档差放量是2cm。

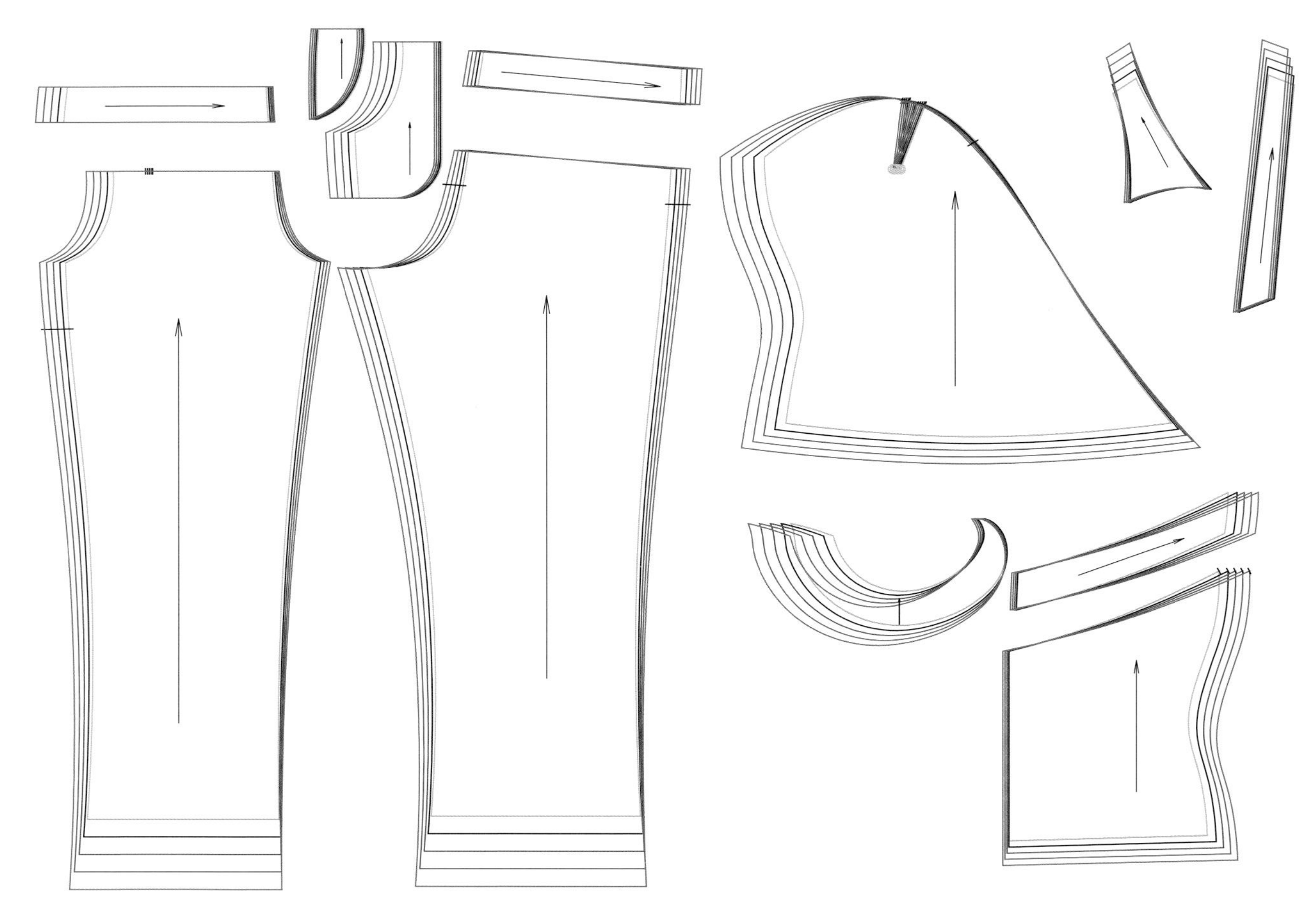

4. 生产工艺流程图

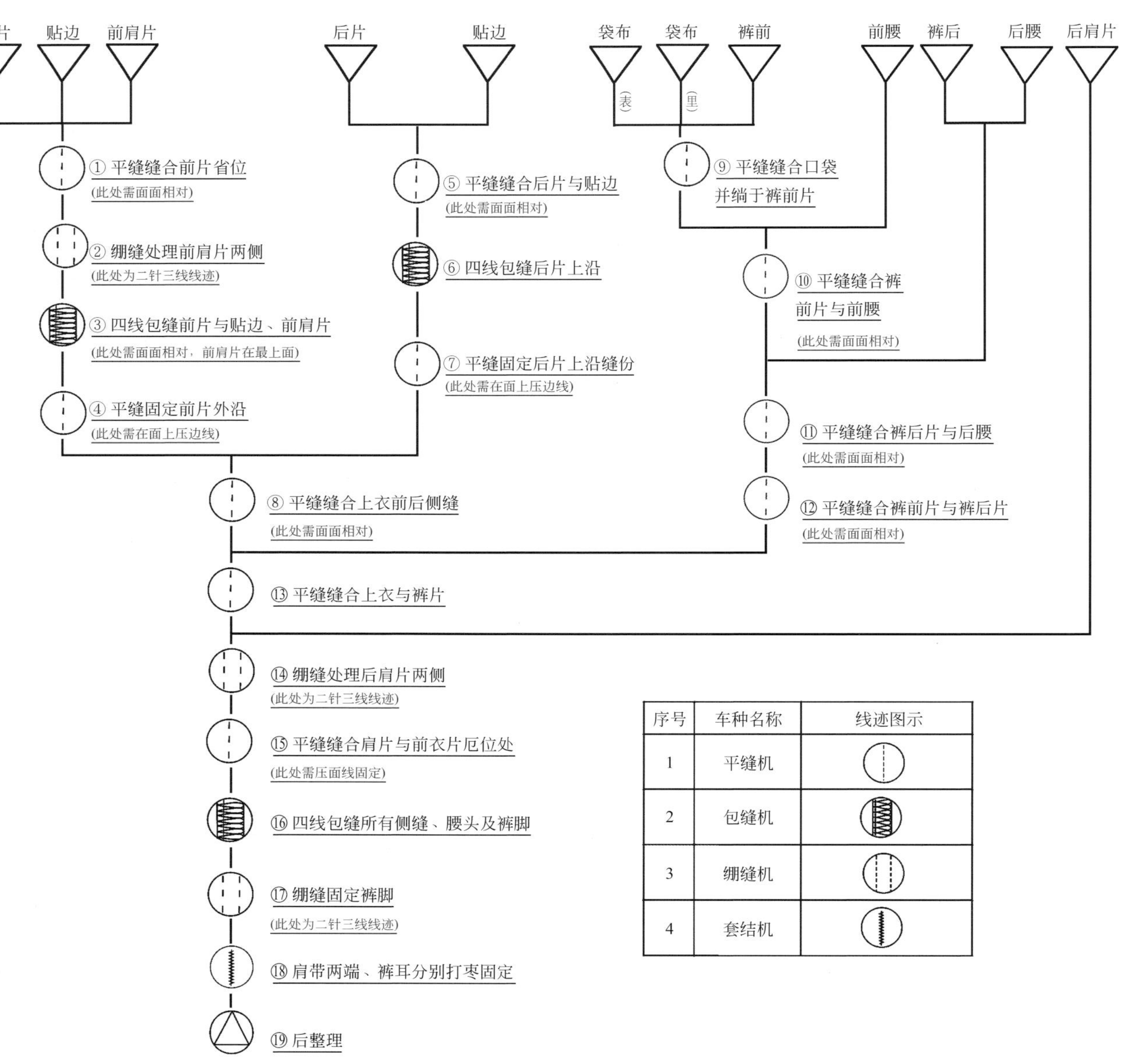

序号	车种名称	线迹图示
1	平缝机	
2	包缝机	
3	绷缝机	
4	套结机	

五、吊带连体款

1. 着装配色和款式图

该款吊带连体款为抹胸上衣设计，臀部设有褶裥，以增加舒适度与运动时尚感。配色采用互补色设计，如紫色与黄色、蓝色与橙色。以互补色上下分割来形成强烈的视觉效应，使色彩更加明艳动人，从而衬托出女性的好气色。此款家居服也采用邻近色进行局部装饰的设计，给单色服装以腰部点缀，起到很好的修身作用，使整套家居服在动感中多了时尚甜美感。

2. 纸样设计图

以第三代女装原型为基础设计该款纸样，规格为160/84A。前后袖窿底部提高2cm，避免侧面走光；后袖窿处收省量1cm，确保后身肩背部合体；前衣片腰部省量转移一半至侧部位，稍微修身，将省量设计为分割线；衣长从腰线部位延长5cm；从臀围处沿裤侧缝向上至腰线，以加大裤腰围数据；口袋面里缝合处缝边为0.6cm，其他缝边均为1cm。

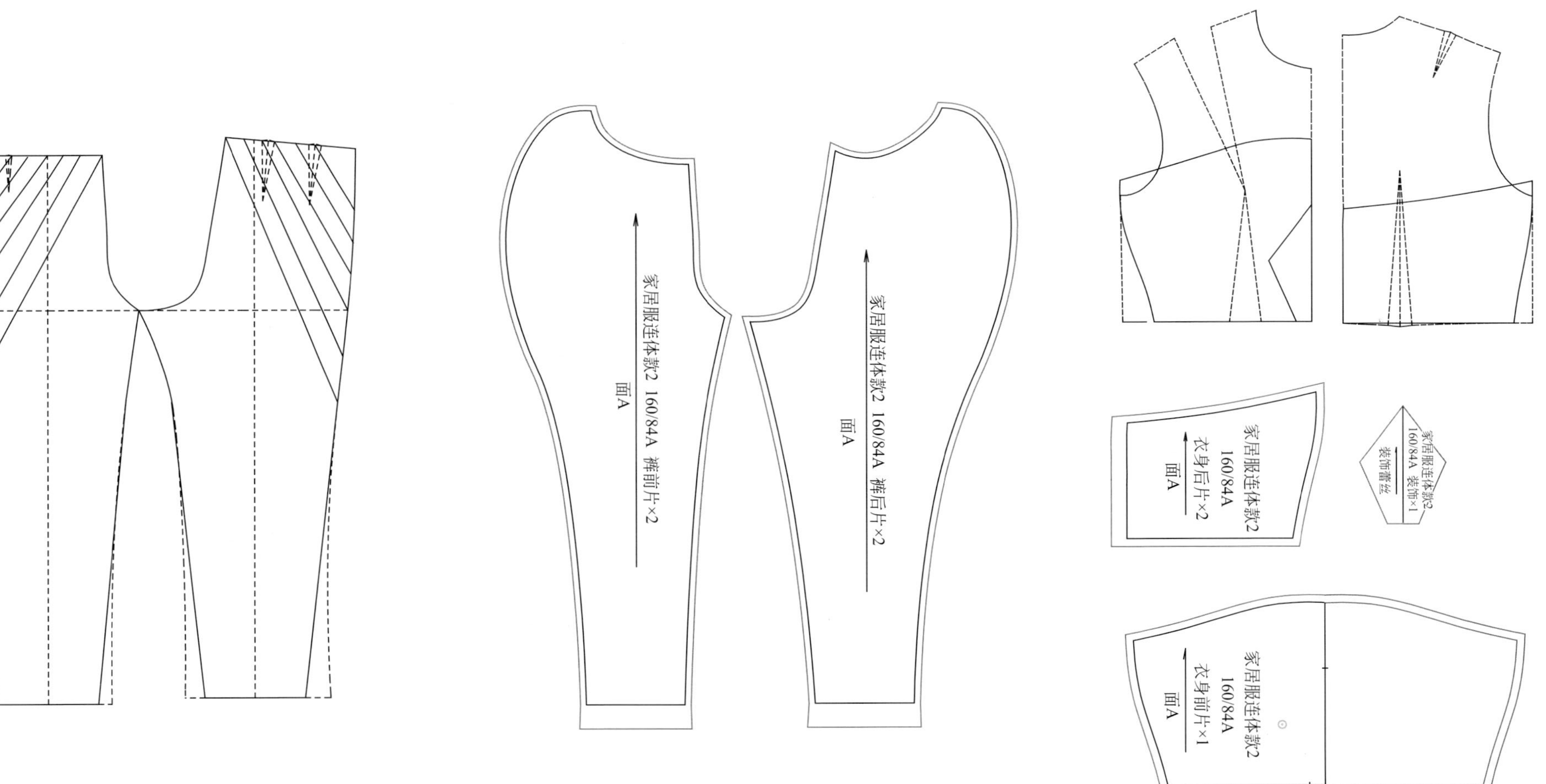

3. 放码图

该款家居服上衣合体，选择点放码方式进行推放，按照5.4系列号型设置计算档差，参考放码规则进行，上衣前片腰部装饰设计的放码可应用分割拷贝方式从衣身上进行拷贝复制。

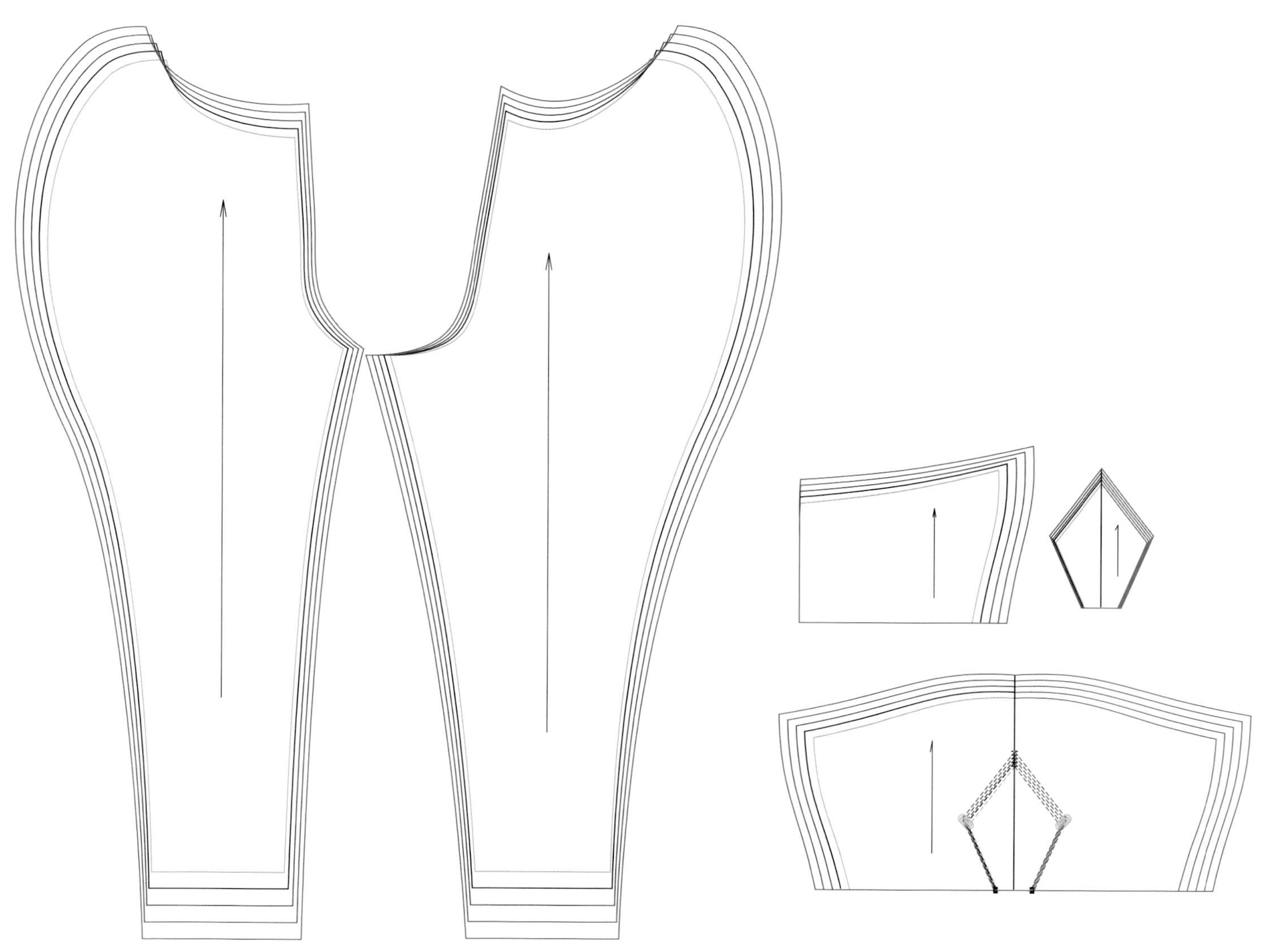

4. 生产工艺流程图

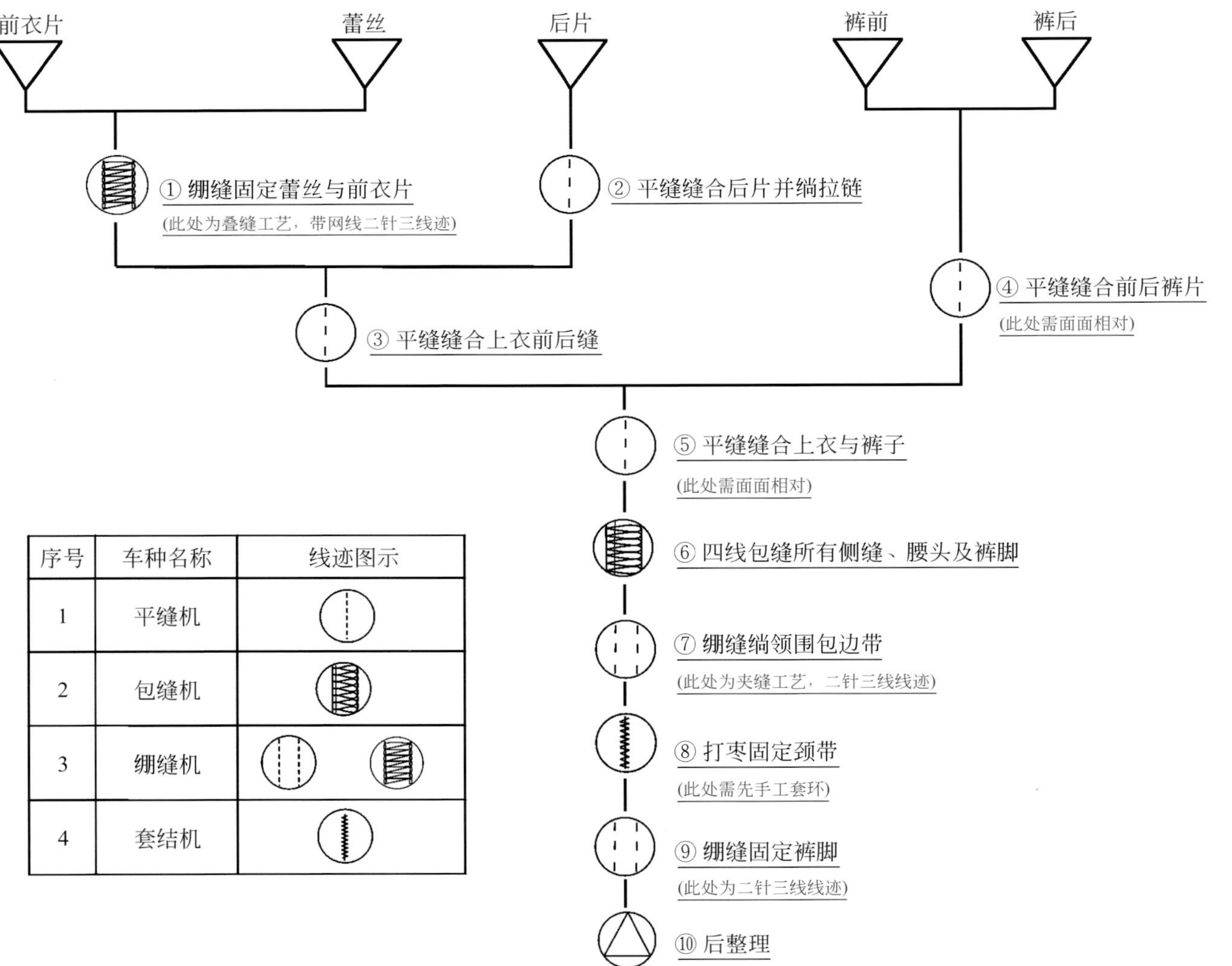
前衣片
蕾丝
后片
裤前
裤后
① 绷缝固定蕾丝与前衣片
(此处为叠缝工艺，带网线二针三线迹)
② 平缝缝合后片并绱拉链
③ 平缝缝合上衣前后缝
④ 平缝缝合前后裤片
(此处需面面相对)
⑤ 平缝缝合上衣与裤子
(此处需面面相对)
⑥ 四线包缝所有侧缝、腰头及裤脚
⑦ 绷缝绱领围包边带
(此处为夹缝工艺，二针三线线迹)
⑧ 打枣固定颈带
(此处需先手工套环)
⑨ 绷缝固定裤脚
(此处为二针三线线迹)
⑩ 后整理

序号	车种名称	线迹图示
1	平缝机	
2	包缝机	
3	绷缝机	
4	套结机	

六、裙装款

1. 着装配色和款式图

连衣裙是家居服中的常见适用款，尽显女性优雅，肩部镂空和腰部蕾丝设计能有效显露女性的妩媚感。配色采用同类色、单色设计，整款裙装以简单、清新淡雅的色彩为主，与鱼尾、百褶裙摆相得益彰，同类色搭配简单却富有层次感，淡雅的灰色调能凸显出女性的柔和文雅。

2. 纸样设计图

以第三代女装连体原型为基础设计该款纸样，规格为160/84A。圆领结构，内有贴边。裙底摆和袖口处缝边为3cm，其他缝边均为1cm。

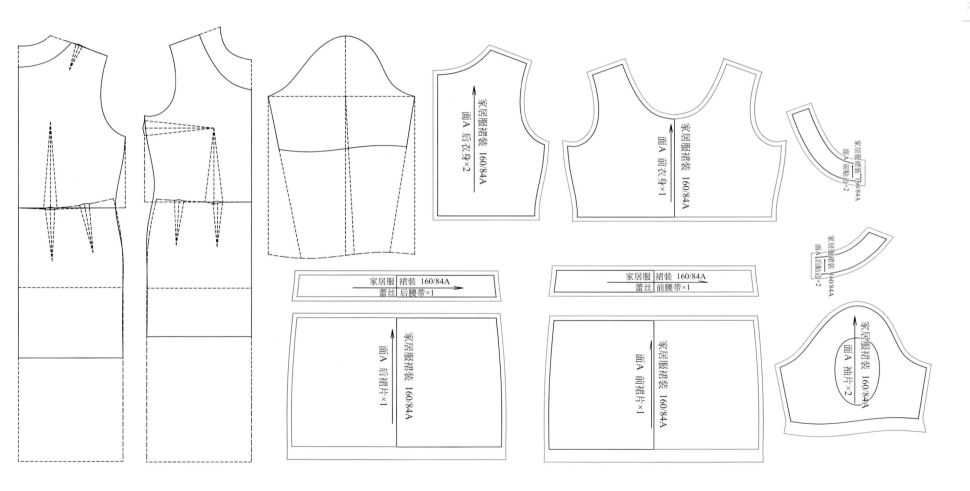

3. 放码图

该款结构简单宽松且号型不多，选择切割放码方式。上衣长度档差为1cm，裙身长度档差为0.5cm，围度档差为4cm。将贴边、衣身、腰部分割片和裙片从上向下排放好，领弧线、肩部和袖窿弧线部位的纵向切割档差放量分别为0.2cm、0.3cm和0.5cm；上衣胸围线上、胸围线下、裙身横向切割档差放量均为0.5cm，领部贴边和腰部分割横向不推放。袖片长度档差为1cm，袖肥宽度档差为1.34cm；袖片两侧纵向切割档差放量为0.67cm；袖肥宽线上和线下的横向切割档差放量均为0.5cm。

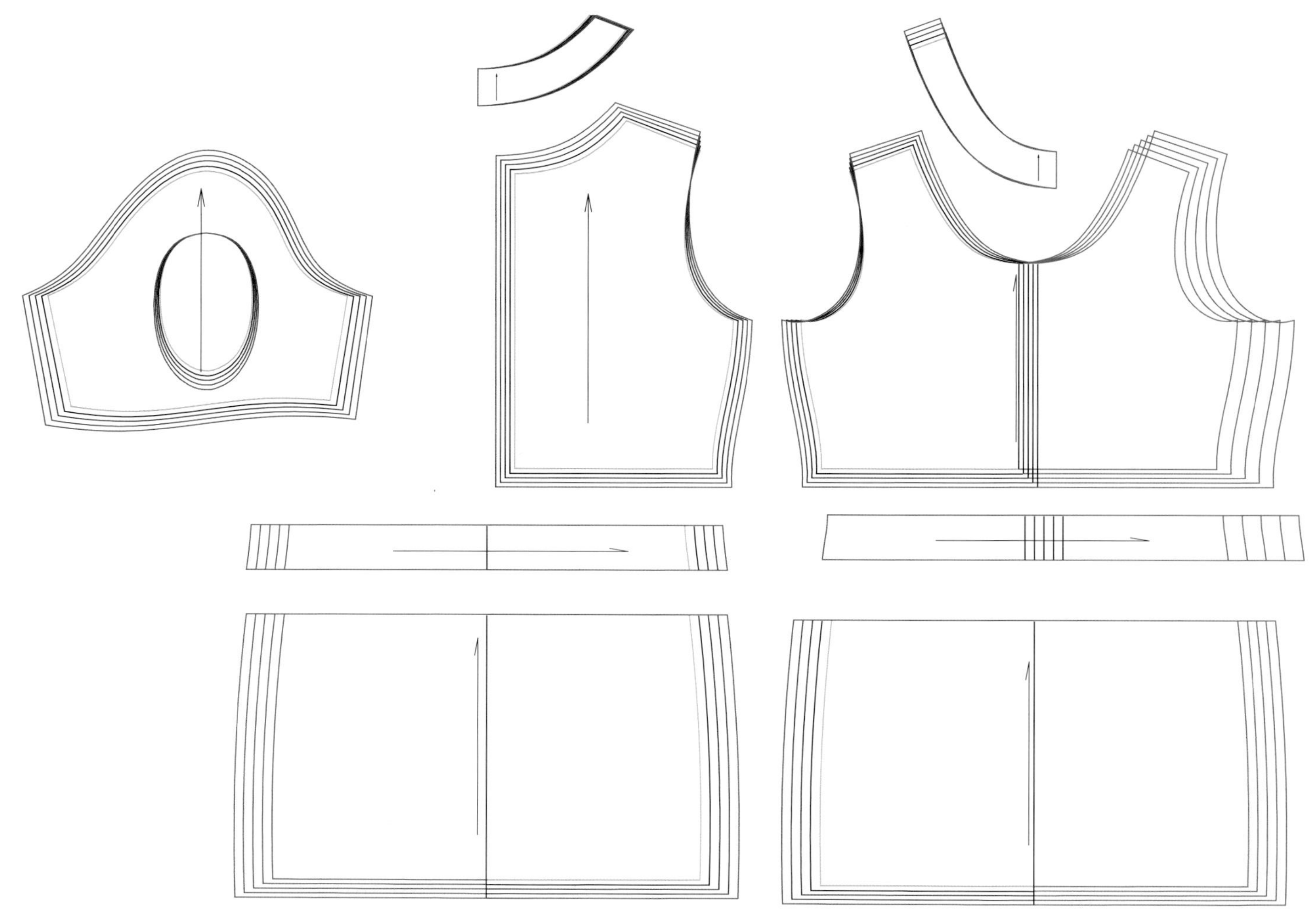

4. 生产工艺流程图

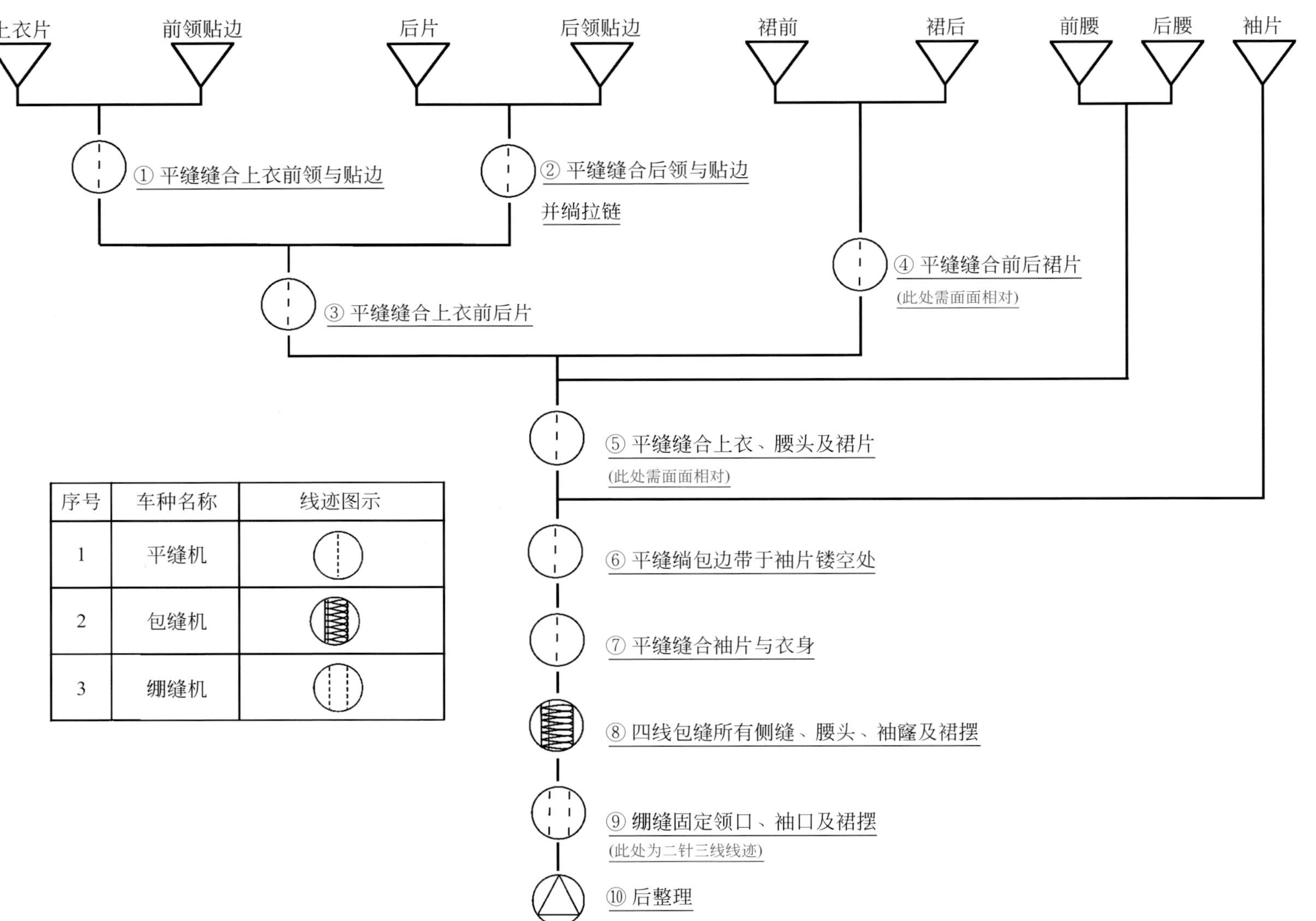

序号	车种名称	线迹图示
1	平缝机	
2	包缝机	
3	绷缝机	

第三章 文胸设计与产品开发

一、半罩杯款式1

1. 着装配色和款式图

半罩杯上下分割，罩杯上部分割面积较多，以确保花型面料的应用。低腰三角裤，前片增加花型分割设计。配色采用经典的对比色搭配，如红橙与蓝绿、黄橙与蓝、黄与紫，采用上下等比分割的对比色，强烈的视觉冲击使得简单的半罩杯造型富有年轻的色彩。为了营造色彩上的和谐、稳定感，在上半部分色彩中加入同下半部分一样颜色的小花做点缀，不仅达到色彩统一的效果，也让简单的半罩杯造型显得活泼、自然。除对比色设计外，还尝试大气、稳重的相似色和对比调和色设计。

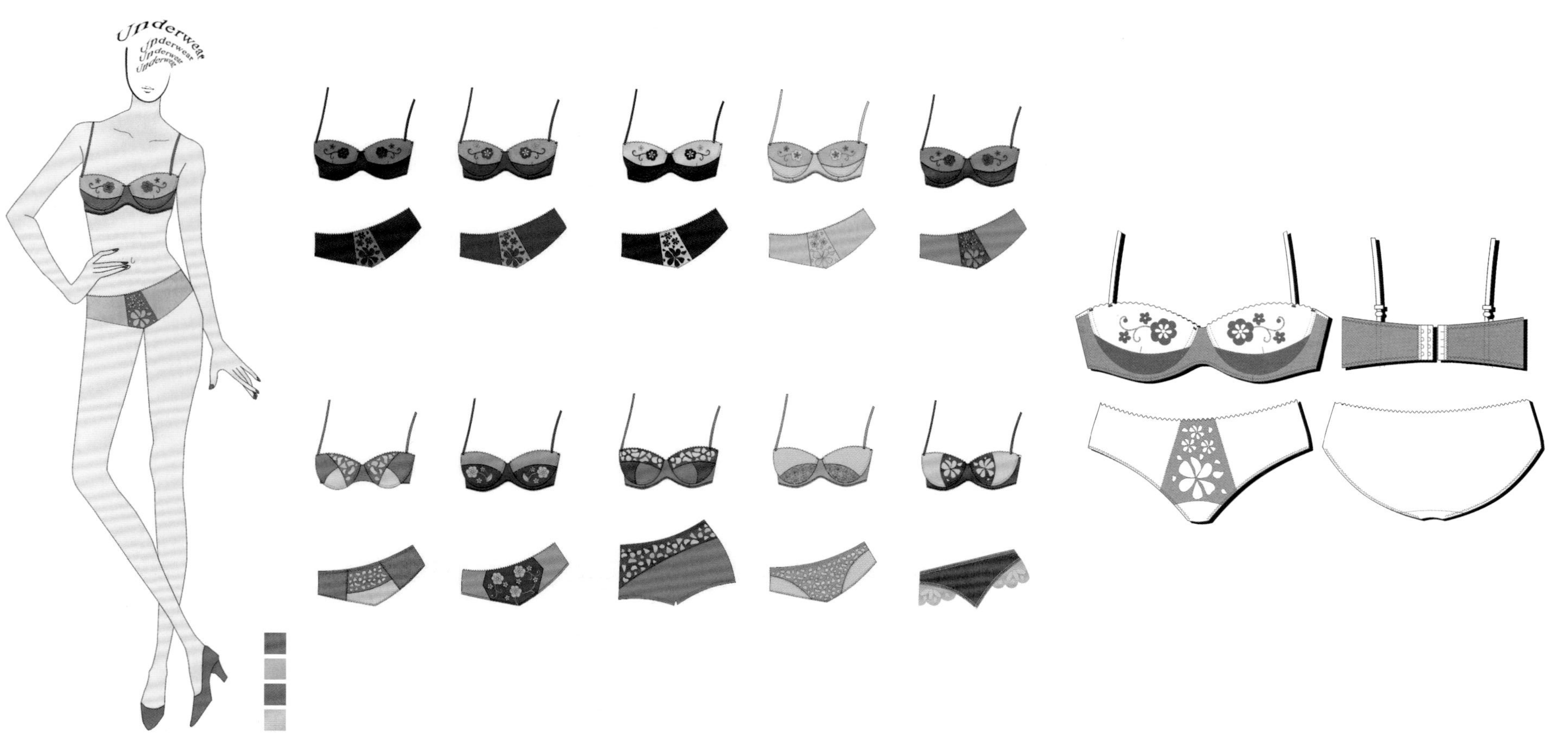

2. 纸样设计图

该款以夹棉工艺设计罩杯，罩杯上分割部位采用蕾丝图案，需要加大裁片面积，故借下杯部分纸样。同时，在胸高点（BP）处增加一个省量；侧拉片增加一个分割；鸡心和侧拉片增加定型纱裁片；低腰三角裤中间蕾丝分割部位增加内层设计，后片为连裆设计；裤子弹性缩放率为82%。罩杯面布上沿缝边为0.6cm；夹棉拼接缝合部位和上沿缝边为0，与钢圈形状缝合部位缝边为0.6cm；里布缝边为0.4cm。鸡心片上沿缝边为0.6cm，下沿缝边为1cm，钢圈形状缝合部位缝边为0.6cm；侧拉片上下沿缝边为1cm，其他部位缝边为0.6cm；后身片上下沿缝边为1cm，其他部位缝边为0.6cm。低腰三角裤各部位缝边为0.6cm。

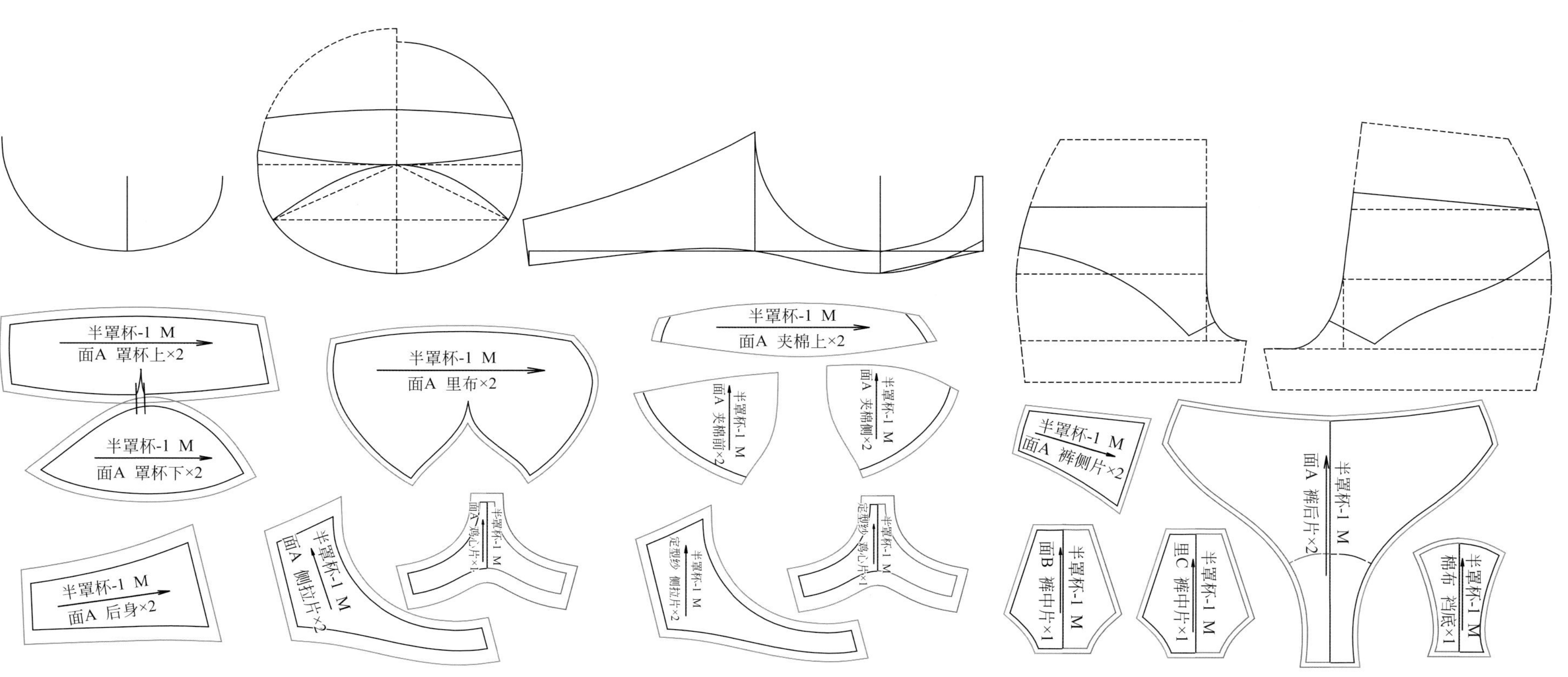

3. 放码图

该款式以75cm下胸围同号不同型的号型设置进行推放，侧拉片和后身长度不变，与罩杯缝合的部位做相应调整；鸡心片与罩杯缝合的部位进行调整；罩杯夹棉和内层里布放码规则同罩杯面布；钩扣、肩带均为均码。文胸和低腰三角裤的放码规则参考第一章表1-11中的数据进行分配。

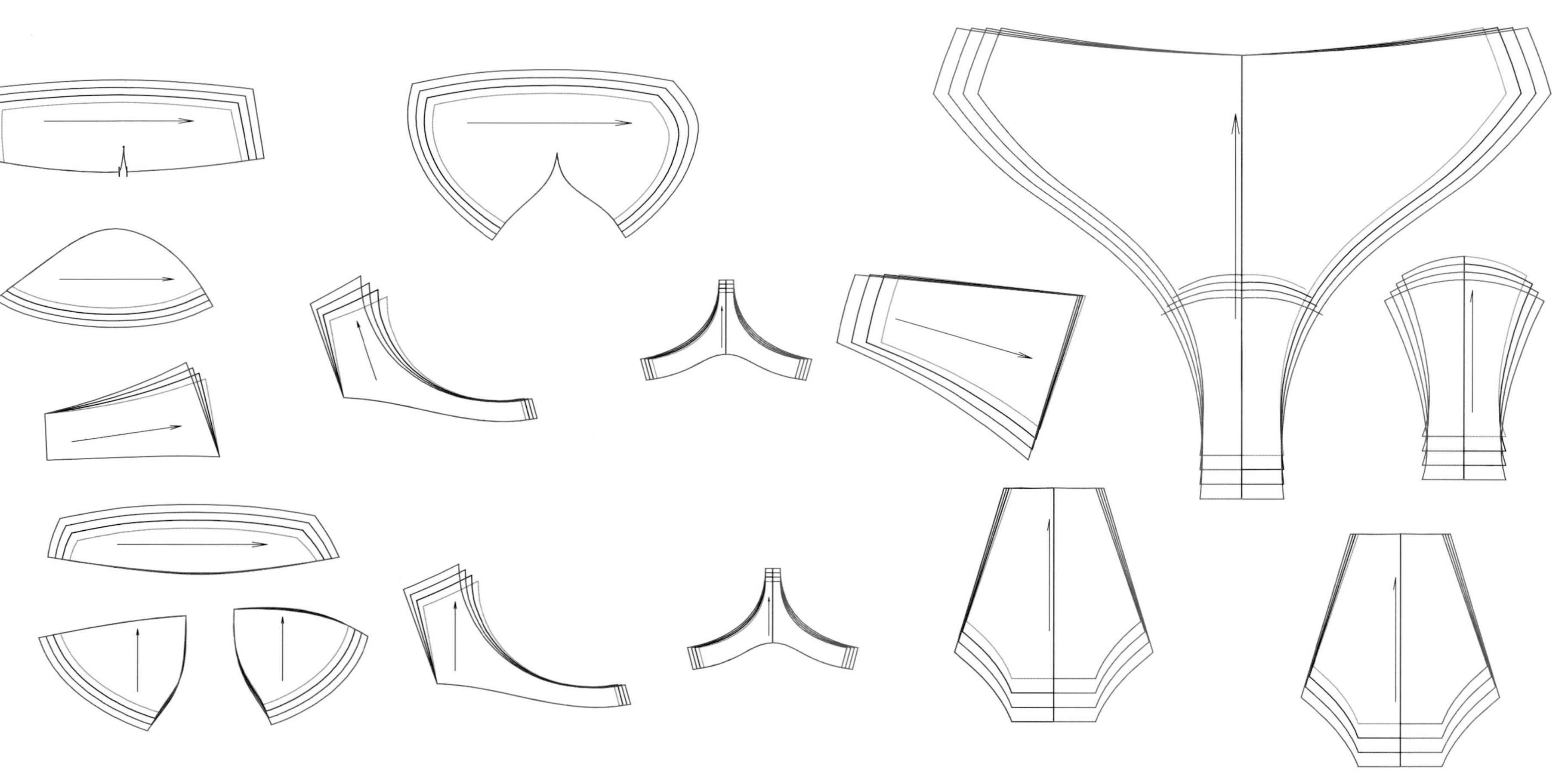

4. 生产工艺流程图

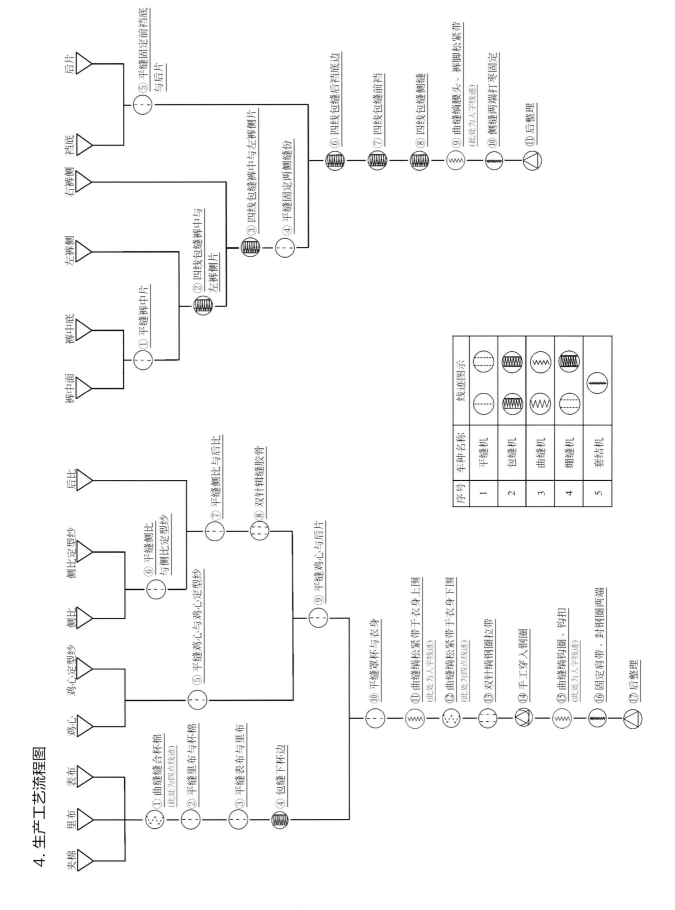

夹棉　里布　表布
① 曲缝缝合杯棉（此处为四点线迹）
② 平缝里布与杯棉
③ 平缝表布与里布
④ 包缝下杯边

鸡心　鸡心定型纱
⑤ 平缝鸡心与鸡心定型纱

侧比　侧比定型纱
⑥ 平缝侧比与侧比定型纱

后比
⑦ 平缝侧比与后比
⑧ 双针辑缝胶骨
⑨ 平缝鸡心与后片
⑩ 平缝罩杯与衣身
⑪ 曲缝绱松紧带于衣身上围（此处为人字线迹）
⑫ 曲缝绱松紧带于衣身下围（此处为四点线迹）
⑬ 双针绱钢圈拉带
⑭ 手工穿入钢圈
⑮ 曲缝绱钩圈、钩扣（此处为人字线迹）
⑯ 固定肩带、封钢圈两端
⑰ 后整理

裤中面　裤中底
① 平缝裤中片

左裤侧
② 四线包缝裤中与左裤侧片

右裤侧
③ 四线包缝裤中与左裤侧片
④ 平缝固定两侧缝份

裆底　后片
⑤ 平缝固定前裆底与后片

⑥ 四线包缝后裆底边
⑦ 四线包缝前裆
⑧ 四线包缝侧缝
⑨ 曲缝绱腰头、裤脚松紧带（此处为人字线迹）
⑩ 侧缝两端打枣固定
⑪ 后整理

序号	车种名称	线迹图示
1	平缝机	
2	包缝机	
3	曲缝机	
4	绷缝机	
5	套结机	

二、半罩杯款式2

1. 着装配色和款式图

半罩杯T字分割，无下扒直比设计；低腰平角裤，上下曲线分割设计，花形设计与罩杯花形呼应。配色采用同一色相而明度、饱和度不同的变化搭配，如饱和度较高的蓝色与明度较高、饱和度较低的浅蓝色，饱和度高的紫罗兰与明度较高饱和度较低的灰紫蓝。罩杯采用纵向色彩分割，干净利落地将同种色彩分割开，同时弧形的分割加上同一色相的高明度小花的点缀，打破了同色相搭配产生的单调感，使整款内衣含蓄而不失色彩。除同色搭配外，还尝试其他色彩分割及对比色、互补色设计。

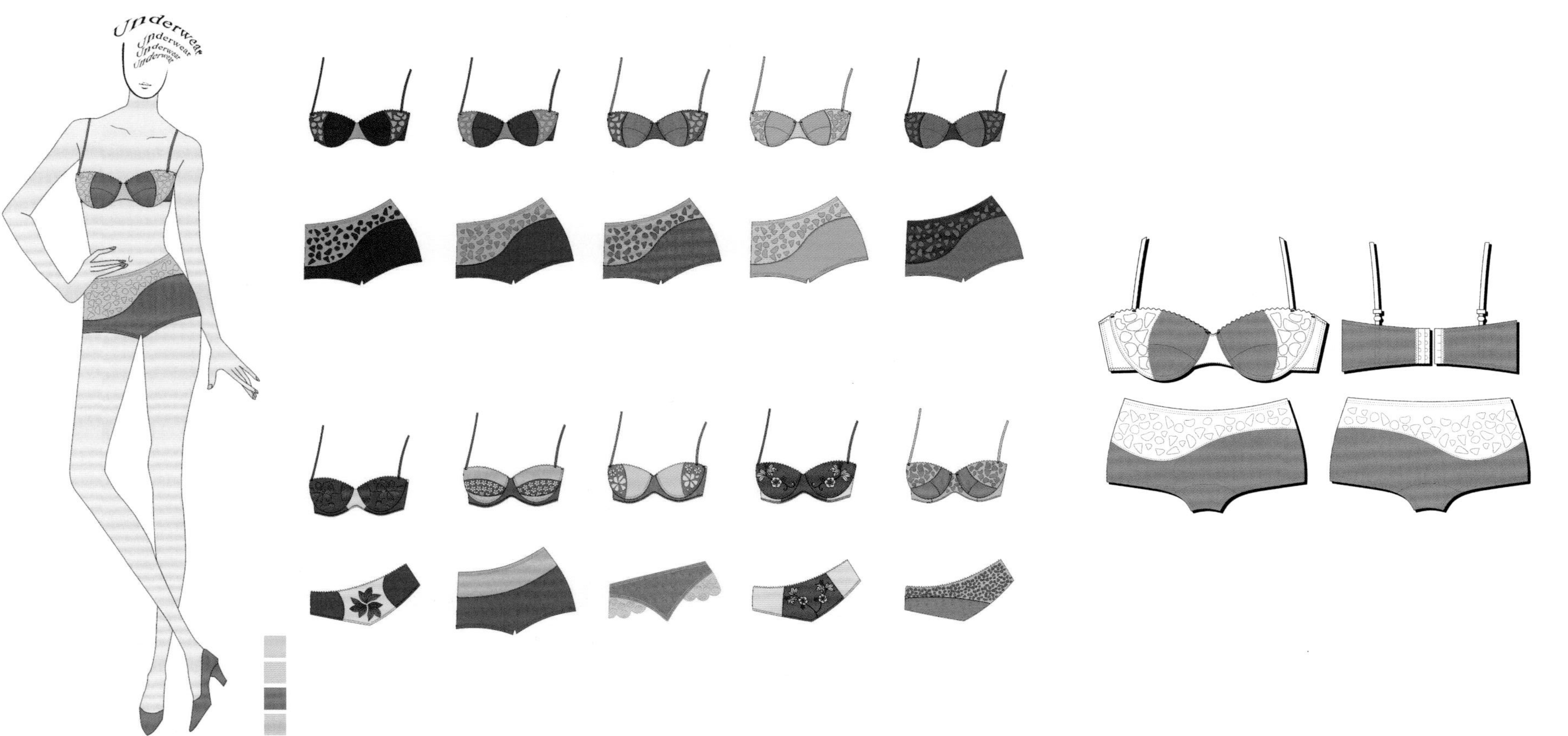

2. 纸样设计图

该款以模杯工艺设计罩杯，表布罩杯以T字分割心位处设计，罩杯侧拉片分割设计增加聚拢作用，鸡心和侧拉片增加定型纱裁片设计；低腰三角裤上下分割设计，注意前后片侧缝缝合处曲线的圆顺度；裆底单独设计；裤子弹性缩放率为82%。罩杯面布上沿缝边为1cm，其他部位的缝边为0.6cm；鸡心片缝边为0.6cm；侧拉片上下沿缝边为1cm，其他部位缝边为0.6cm；平角裤前后片上下沿缝边为1cm，其他部位缝边为0.6cm；裆底缝边0.6cm。

3. 放码图

该款式以A罩杯的同型不同号进行推放，型不变，号变化推放，即下胸围的尺寸发生变化。为确保都是A杯，胸围是跟着号的变化改变的。文胸和低腰三角裤的放码规则参考第一章表1-11中的数据进行分配，底裆不推放。

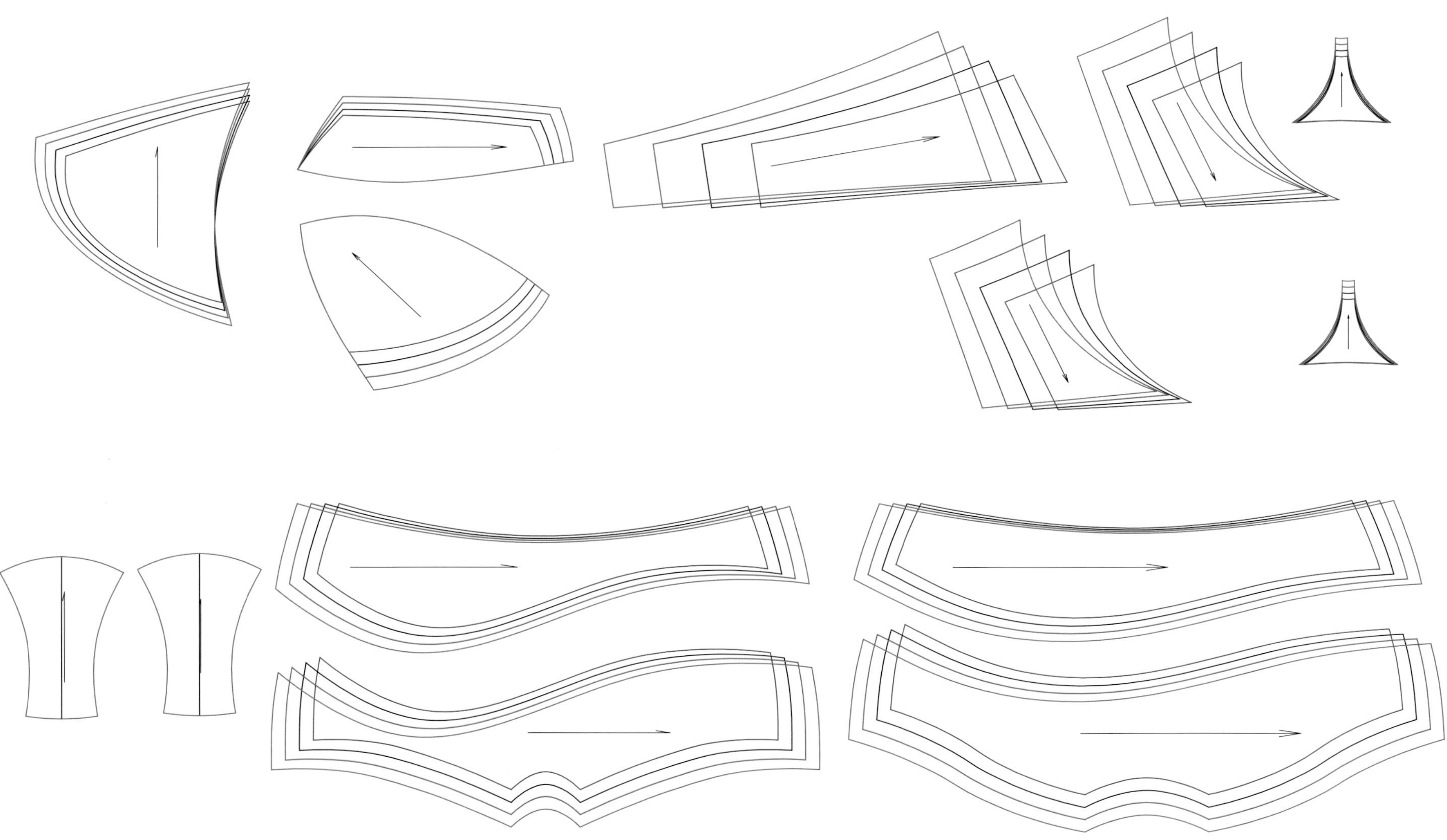

4. 生产工艺流程图

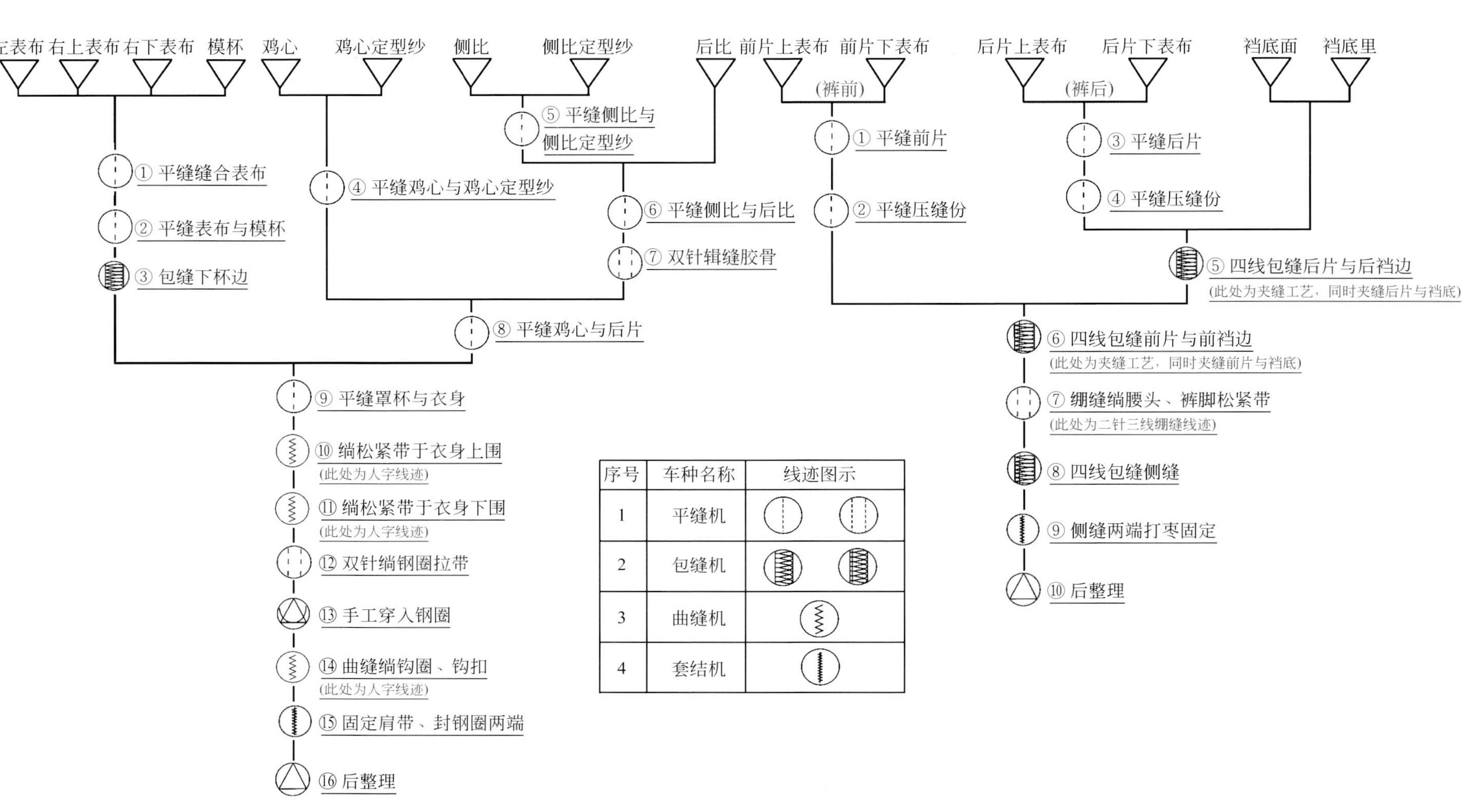

序号	车种名称	线迹图示
1	平缝机	
2	包缝机	
3	曲缝机	
4	套结机	

三、半罩杯款式3

1. 着装配色和款式图

半罩杯内层罩杯为多片分割，蕾丝外饰，有下扒直比设计。低腰丁字裤，蕾丝边饰设计，花形与罩杯外饰呼应。配色采用类似色相搭配，如粉色与肉色、橘色与黄色、黄色与绿色，视觉上非常舒适。内衣上下两层色彩的设计感以及蕾丝花边的运用，使得此款内衣给人以轻薄、柔美、富有层次的美感。而下扒设计的款式起到托起胸部的视觉效果，同时加上饱和度较高的同类色花型的点缀，增加别致感。同种色彩搭配，在其他款式的运用上呈现出简洁、利落的感觉。

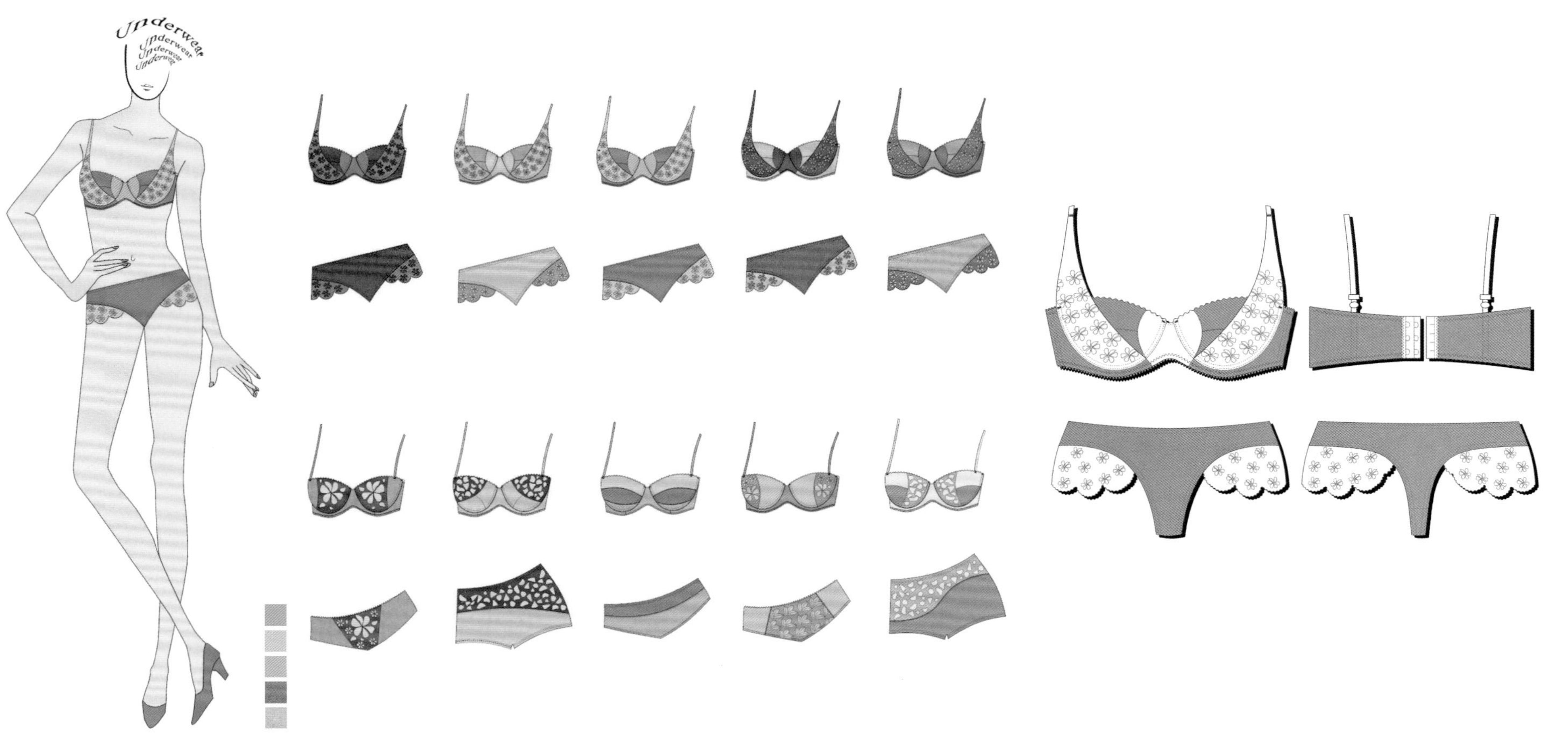

2. 纸样设计图

该款以模杯工艺设计罩杯，罩杯是多片分割设计，罩杯外侧有蕾丝装饰，鸡心和侧拉片增加定型纱。低腰丁字裤，侧位蕾丝装饰，前片连裆设计，裤子弹性缩放率为75%。罩杯面布各分割片的上沿缝边为1cm，其他部位的缝边为0.6cm；鸡心片缝边为0.6cm；侧拉片上下沿缝边为1cm，其他部位缝边为0.6cm；罩杯外侧蕾丝缝边为0.6cm；丁字裤前后片各缝边为0.6cm。

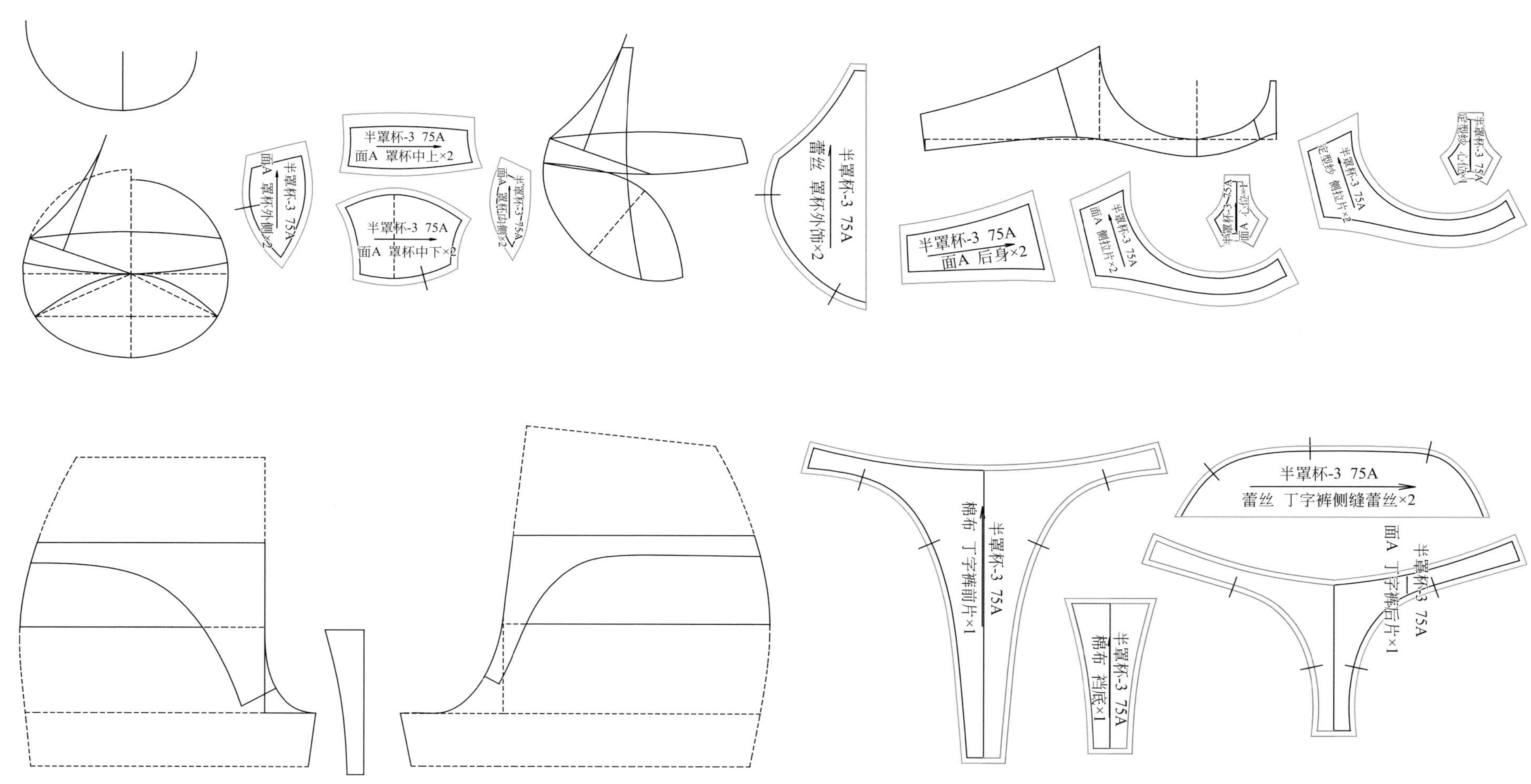

3. 放码图

该款罩杯用模杯，采用同杯不同号型规则设计放码操作。罩杯各个部位的数据不推放，只是考虑下胸围的推放号型设计，因此，只有后身、侧拉片进行推放，钢圈形状位置和罩杯均不变化。文胸和丁字裤的放码规则参考第一章表1-11中的数据进行分配，侧位处的蕾丝要根据裤身对位点的移动量进行调整推放，确保工艺数据的准确。

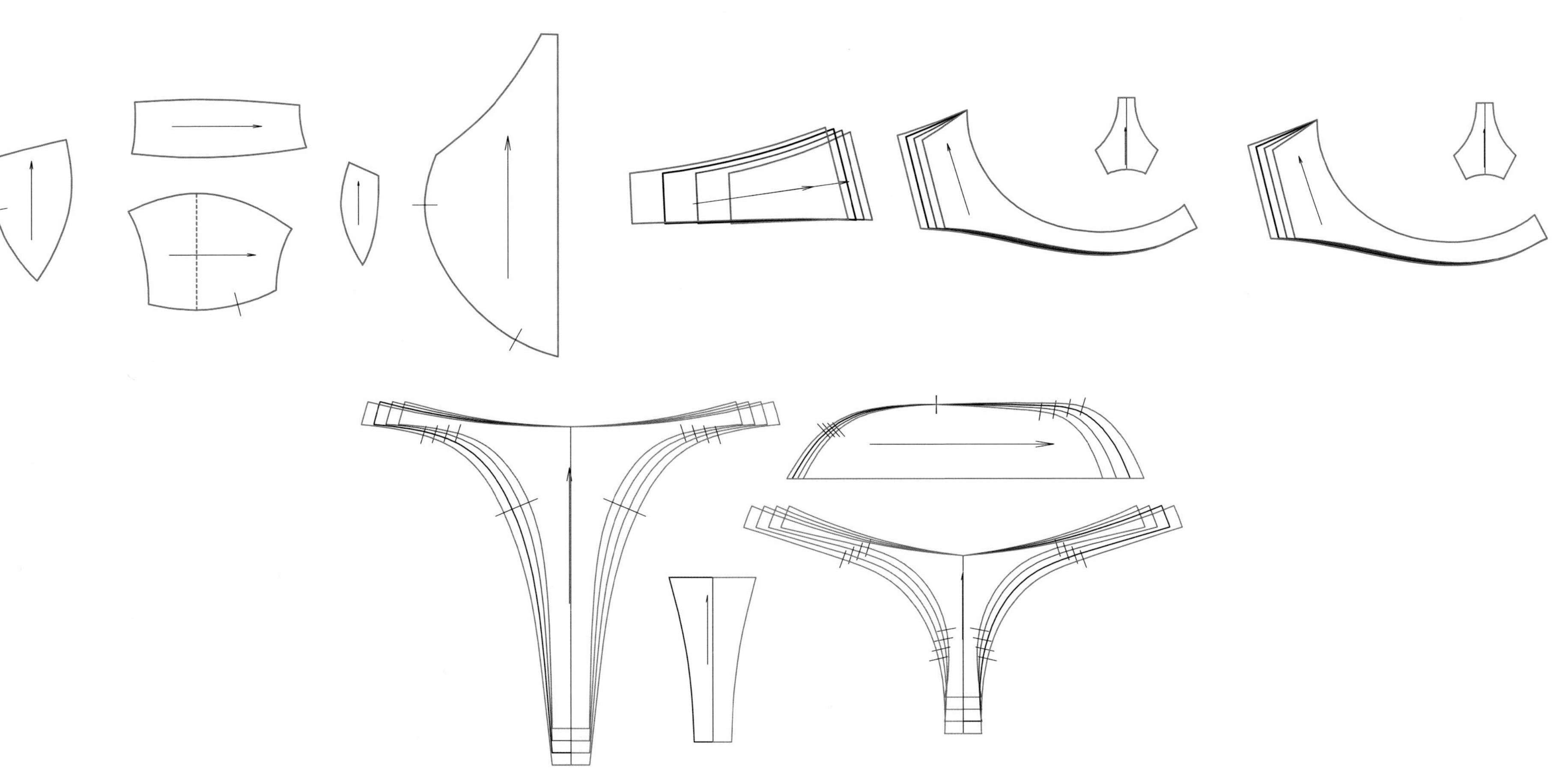

4. 生产工艺流程图

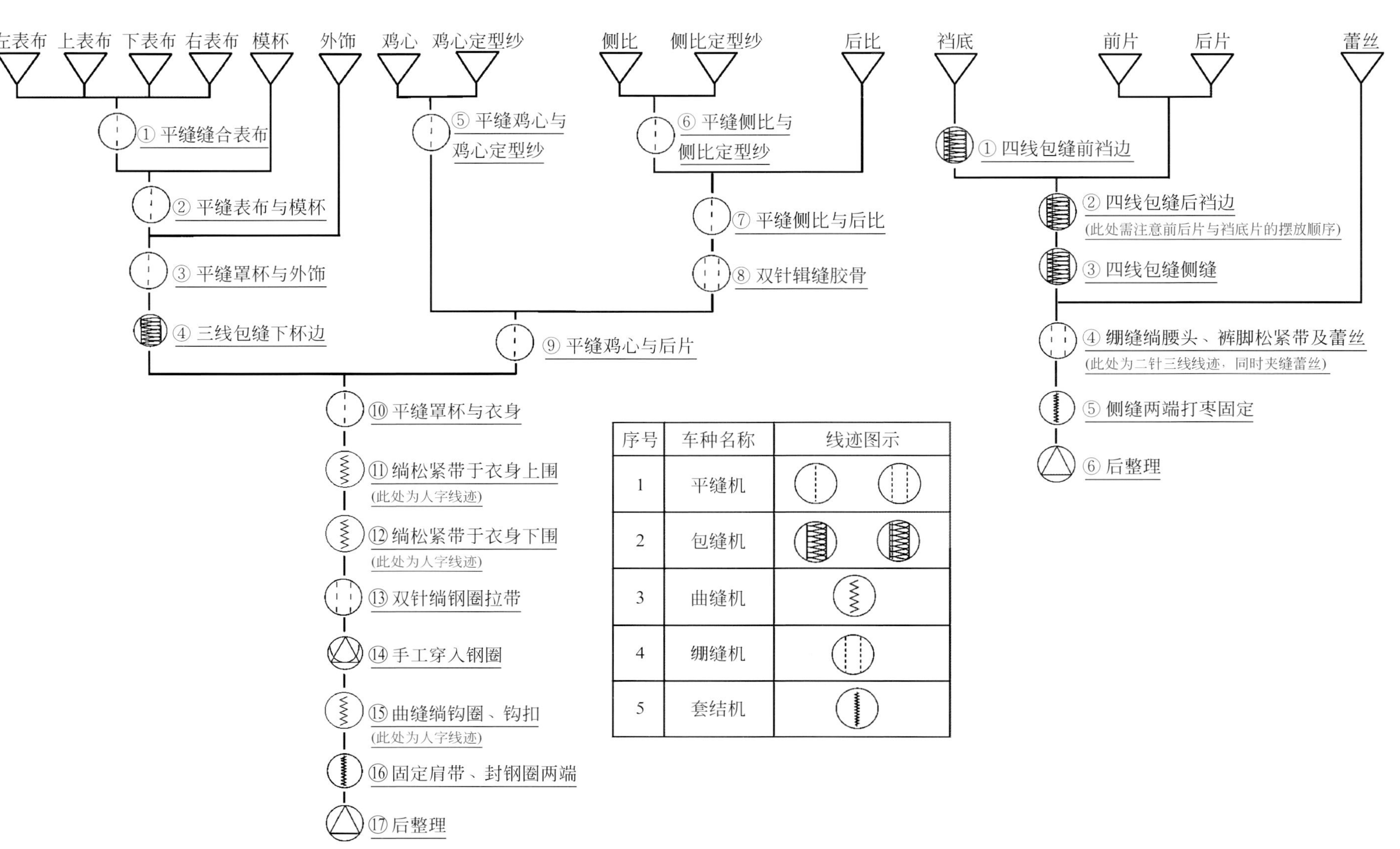

序号	车种名称	线迹图示
1	平缝机	
2	包缝机	
3	曲缝机	
4	绷缝机	
5	套结机	

四、四分之三款式1

1. 着装配色和款式图

该套装为四分之三模杯款，中腰分割设计底裤。配色采用对比色及单色设计，如蓝与橘黄、玫红与黄等色彩搭配。中间橄榄形的色块以颜色较浅的亮色为主，强烈的色彩冲击具有互相辉映的色彩效果，而中间的亮色设计也使得整款内衣造型饱满，色彩丰富。色彩上的强弱对比形成动感效果，散发出一种神秘的魅力。此款内衣的底裤采用两侧的色彩单色设计，腰部的竖向镂空设计更能突出模特的纤细，起到很好的修饰作用。此款内衣也可进行类似色、同色设计，采用多种分割方法，但变化的分割中也有统一的色彩效果。

2. 纸样设计图

该款罩杯以单层工艺设计，罩杯上分割片为连肩设计；罩杯中间为分割蕾丝片，保持边线为直线；有下扒直比结构，侧身分割设计增加推胸稳定性；鸡心和侧拉片增加定型纱。高腰三角裤，裤身中间分割装饰，分裆设计，裤子弹性缩放率为80%。罩杯各部位缝边为0.6cm；鸡心片下沿缝边为1cm，其他部位缝边为0.6cm；侧拉片上下沿缝边为1cm，其他部位缝边为0.6cm；中腰底裤各片部位缝边为0.6cm；蕾丝腰部不加放缝边。

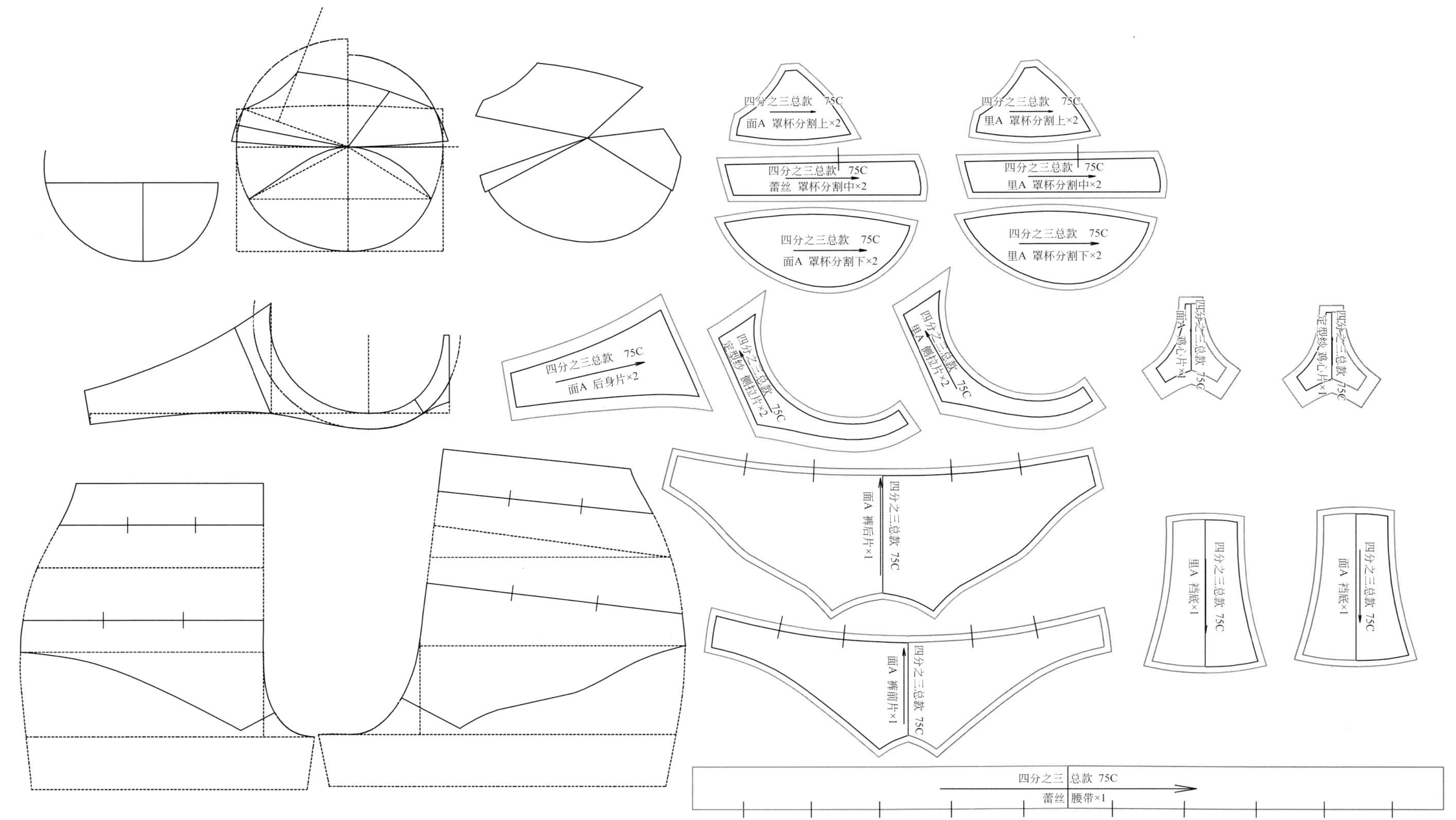

3. 放码图

该款罩杯用模杯，采用同号不同型规则设计放码。钢圈形状周边数据变化，下胸围尺寸不变，侧拉片的侧比高进行变化，心位升高。丁字裤的放码规则参考表1-11中的数据进行分配，裆底不推放。裤中间分割装饰为成品饰带。

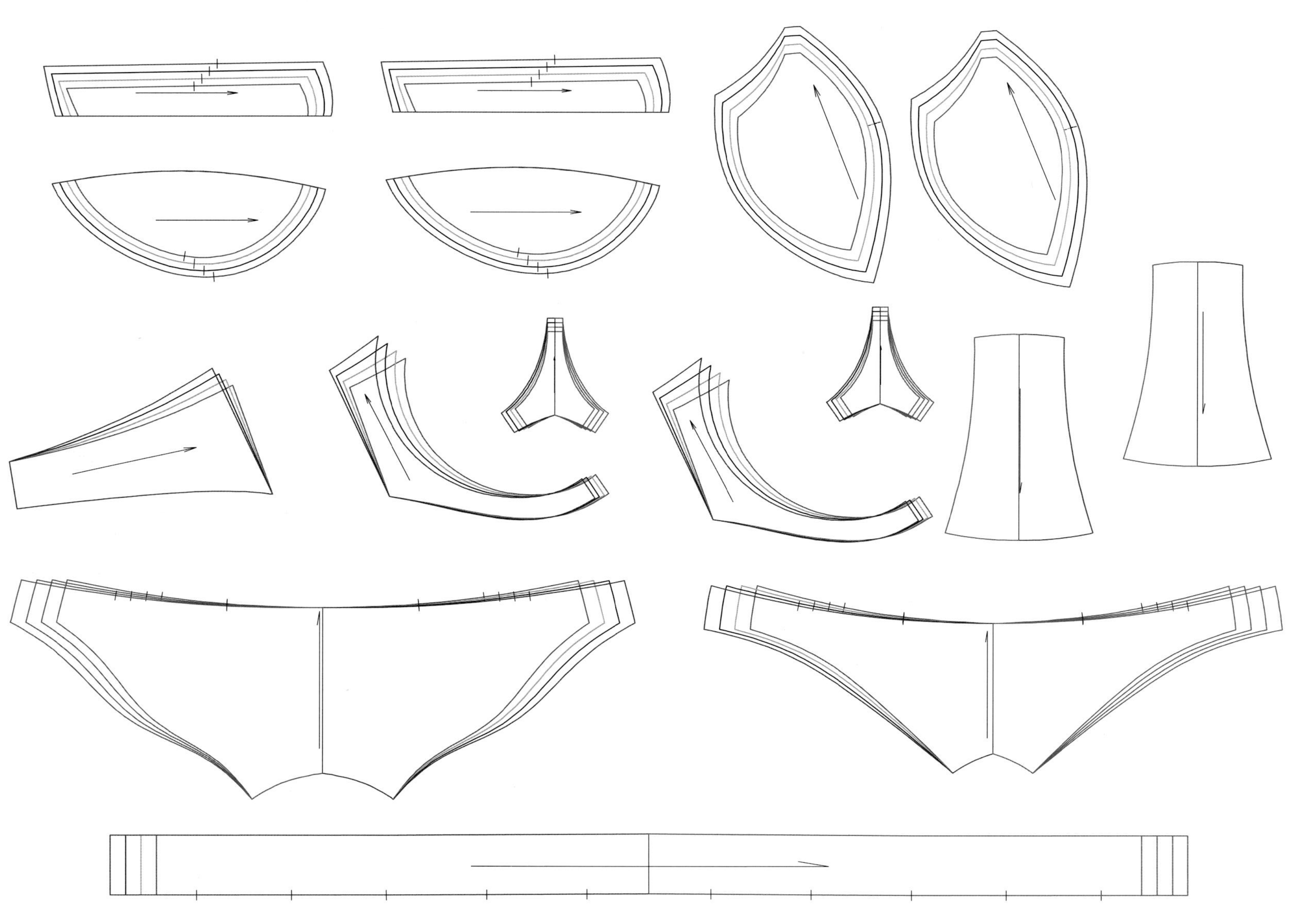

4. 生产工艺流程图

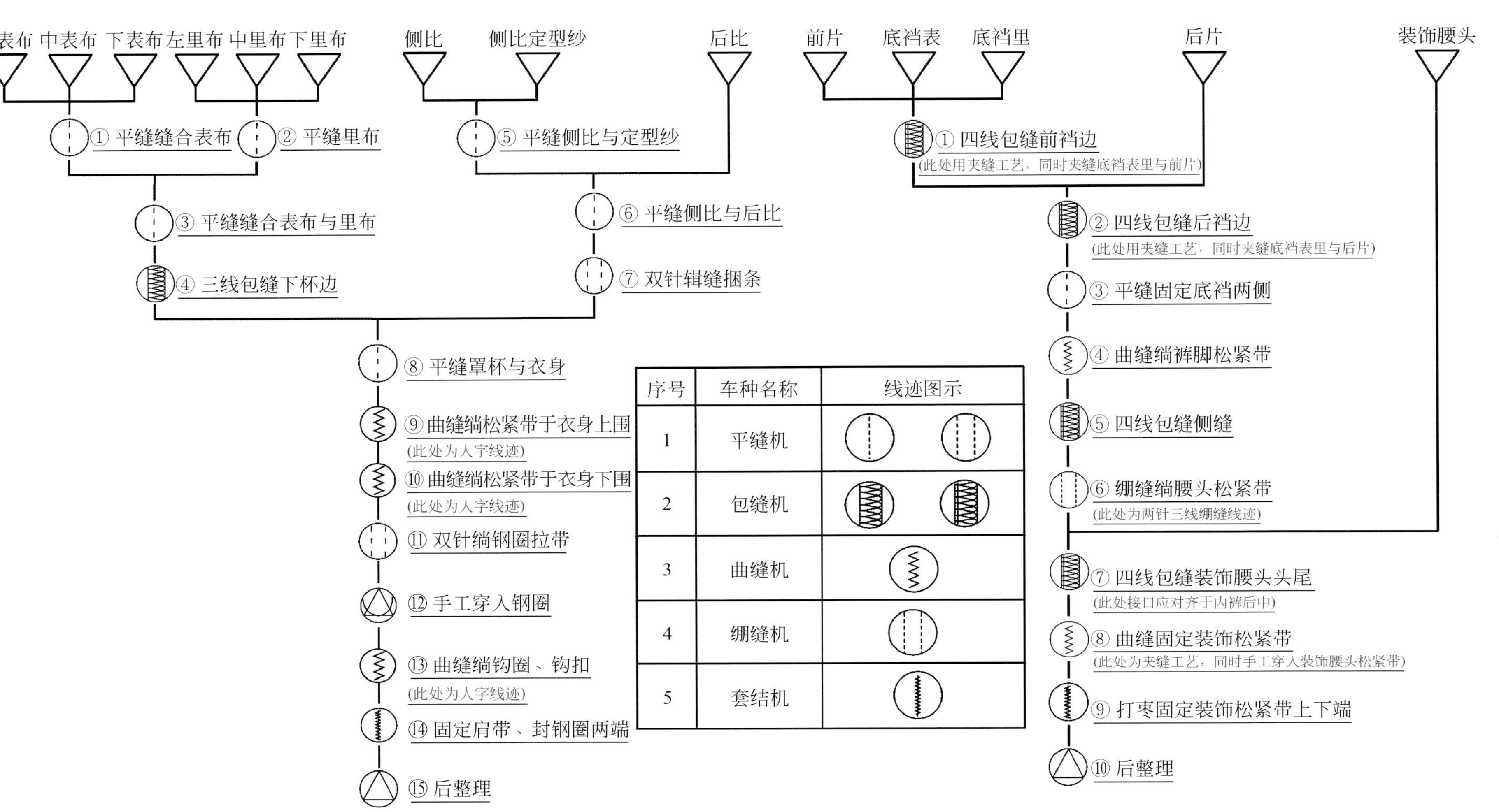

左表布
中表布
下表布
左里布
中里布
下里布
① 平缝缝合表布
② 平缝里布
③ 平缝缝合表布与里布
④ 三线包缝下杯边
侧比
侧比定型纱
后比
⑤ 平缝侧比与定型纱
⑥ 平缝侧比与后比
⑦ 双针辑缝捆条
⑧ 平缝罩杯与衣身
⑨ 曲缝缃松紧带于衣身上围
(此处为人字线迹)
⑩ 曲缝缃松紧带于衣身下围
(此处为人字线迹)
⑪ 双针缃钢圈拉带
⑫ 手工穿入钢圈
⑬ 曲缝缃钩圈、钩扣
(此处为人字线迹)
⑭ 固定肩带、封钢圈两端
⑮ 后整理
前片
底裆表
底裆里
后片
装饰腰头
① 四线包缝前裆边
(此处用夹缝工艺，同时夹缝底裆表里与前片)
② 四线包缝后裆边
(此处用夹缝工艺，同时夹缝底裆表里与后片)
③ 平缝固定底裆两侧
④ 曲缝缃裤脚松紧带
⑤ 四线包缝侧缝
⑥ 绷缝缃腰头松紧带
(此处为两针三线绷缝线迹)
⑦ 四线包缝装饰腰头头尾
(此处接口应对齐于内裤后中)
⑧ 曲缝固定装饰松紧带
(此处为夹缝工艺，同时手工穿入装饰腰头松紧带)
⑨ 打枣固定装饰松紧带上下端
⑩ 后整理

序号	车种名称	线迹图示
1	平缝机	
2	包缝机	
3	曲缝机	
4	绷缝机	
5	套结机	

五、四分之三款式2

1. 着装配色和款式图

四分之三模杯款，罩杯与低腰三角裤的后片进行多片分割设计，视觉上进行呼应，突出，性感之美。配色采用渐变色设计，如外侧的深蓝到内侧的浅蓝等。单色从明度上的渐变设计使得此款四分之三罩杯的内衣更具立体感，球体的视觉效果更加突出，也增加了此款内衣的层次感，而纯度较高的单色底裤的设计也使得整款套装的色彩更加明晰艳丽。简单的渐变色具有高雅、尊贵、平和的感觉。除此之外，此款内衣还尝试其他分割方式的单色搭配，简单的冲突色让它富有层次与现代美。

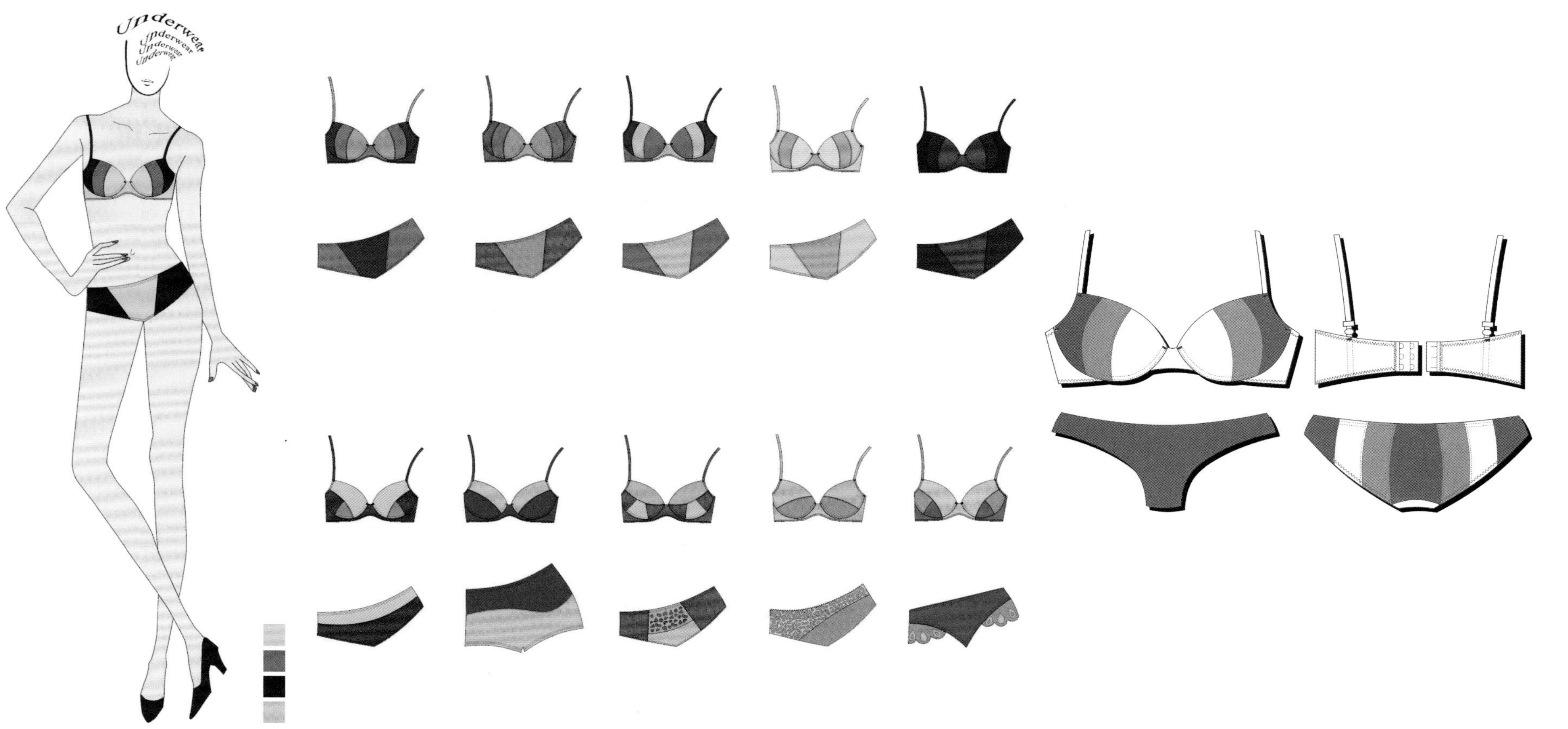

2. 纸样设计图

该款以模杯款工艺设计，以75C号型设计罩杯多片分割设计，无下扒直比设计，鸡心增加定型纱。低腰三角裤，裤身后片多片分割，前片连裆设计，裤子弹性缩放率为80%。罩杯上沿缝边为1.2cm，罩杯分割部位缝边为0.4cm，其他部位缝边为0.6cm；鸡心片各缝边为0.6cm；侧拉片上下沿缝边为1.2cm，其他部位缝边为0.6cm；中腰底裤各片部位缝边为0.6cm；蕾丝腰部不加放缝边。

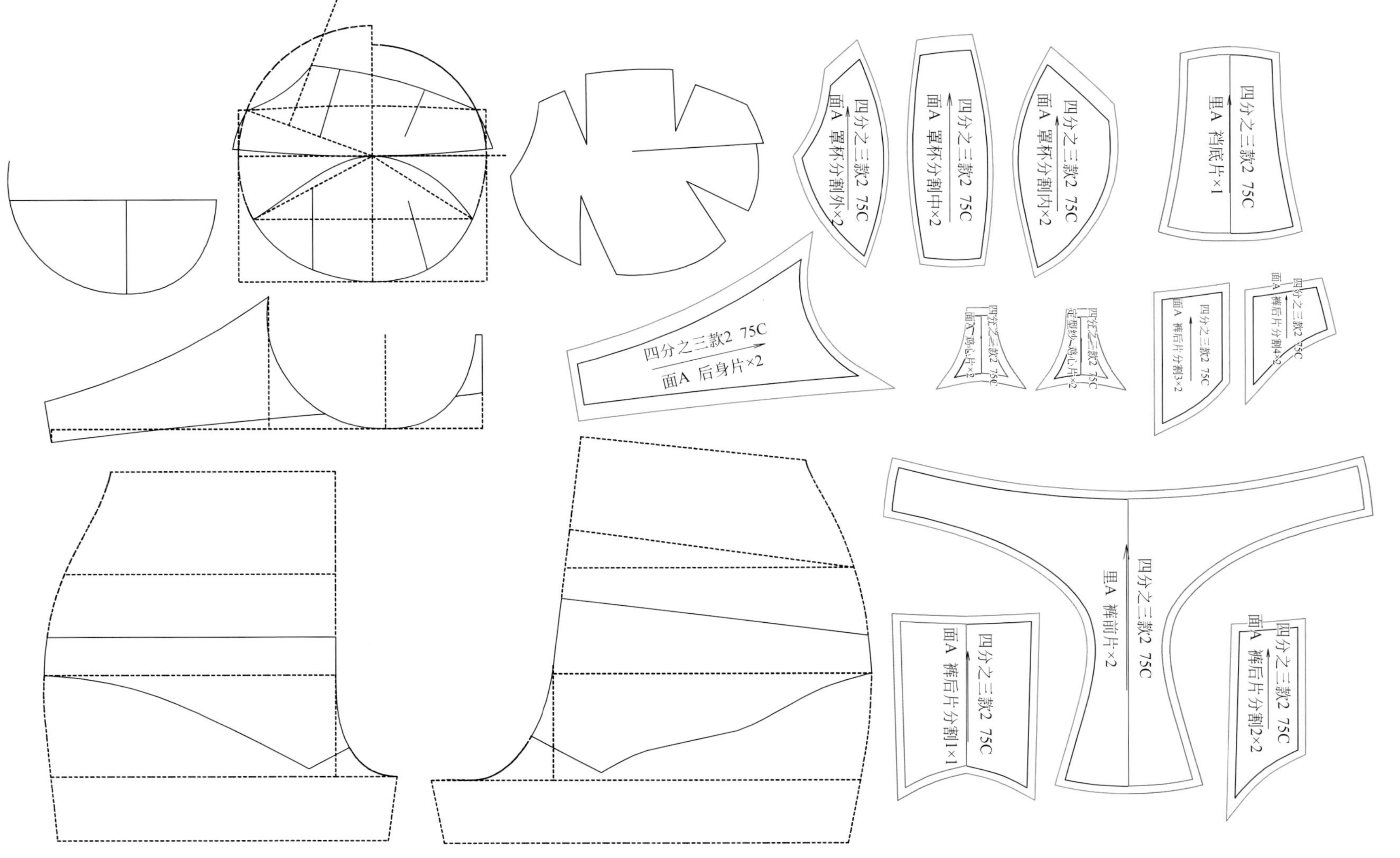

3. 放码图

该款罩杯用模杯，采用同杯不同号型规则设计放码。确保都是C杯号进行变化推放，胸围、下胸围跟着改变，钩扣、肩带为均码，具体数据及档差见表1-9。低腰三角裤的放码规则参考表1-11中的数据进行分配，裆底长度不推放。

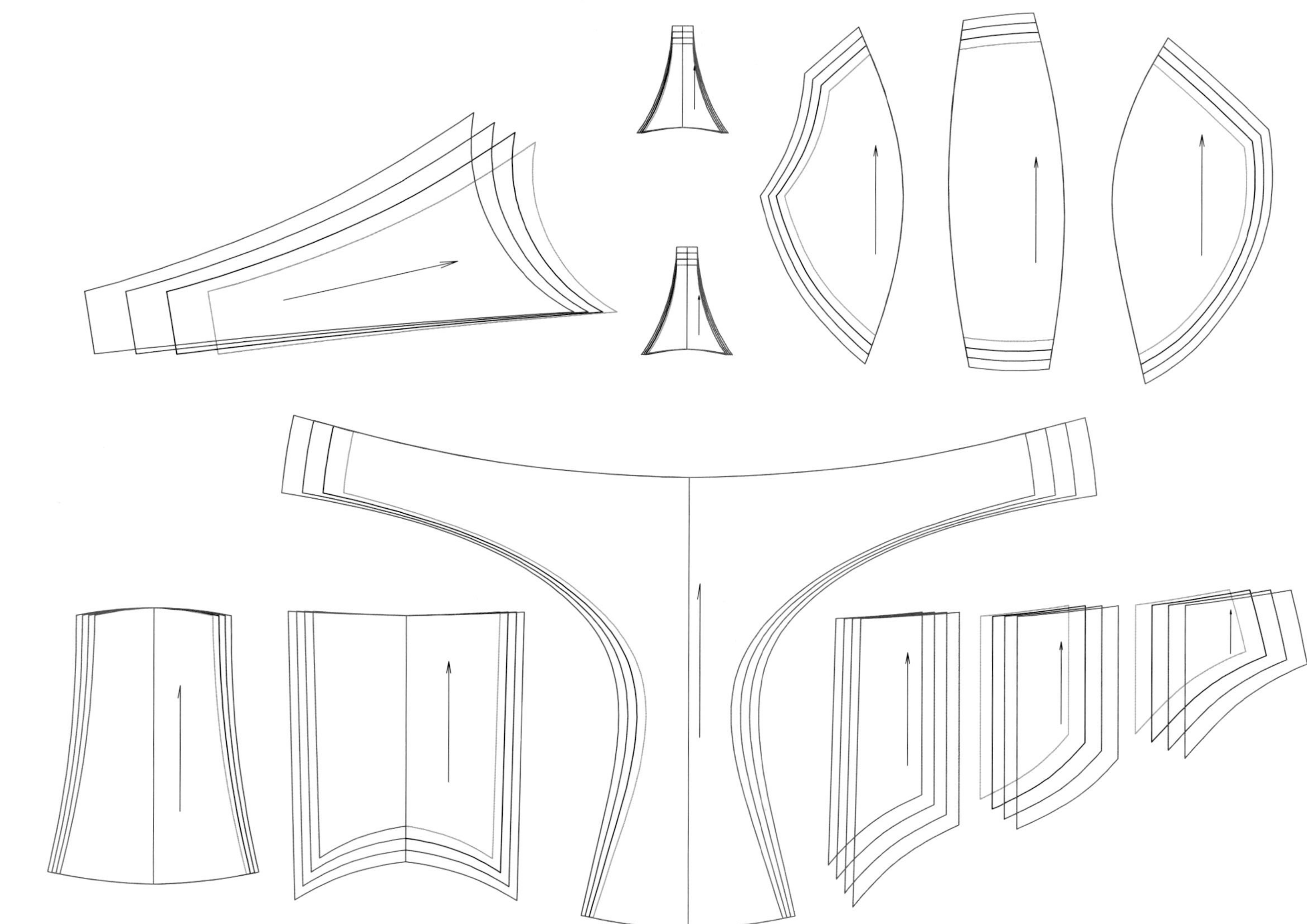

4. 生产工艺流程图

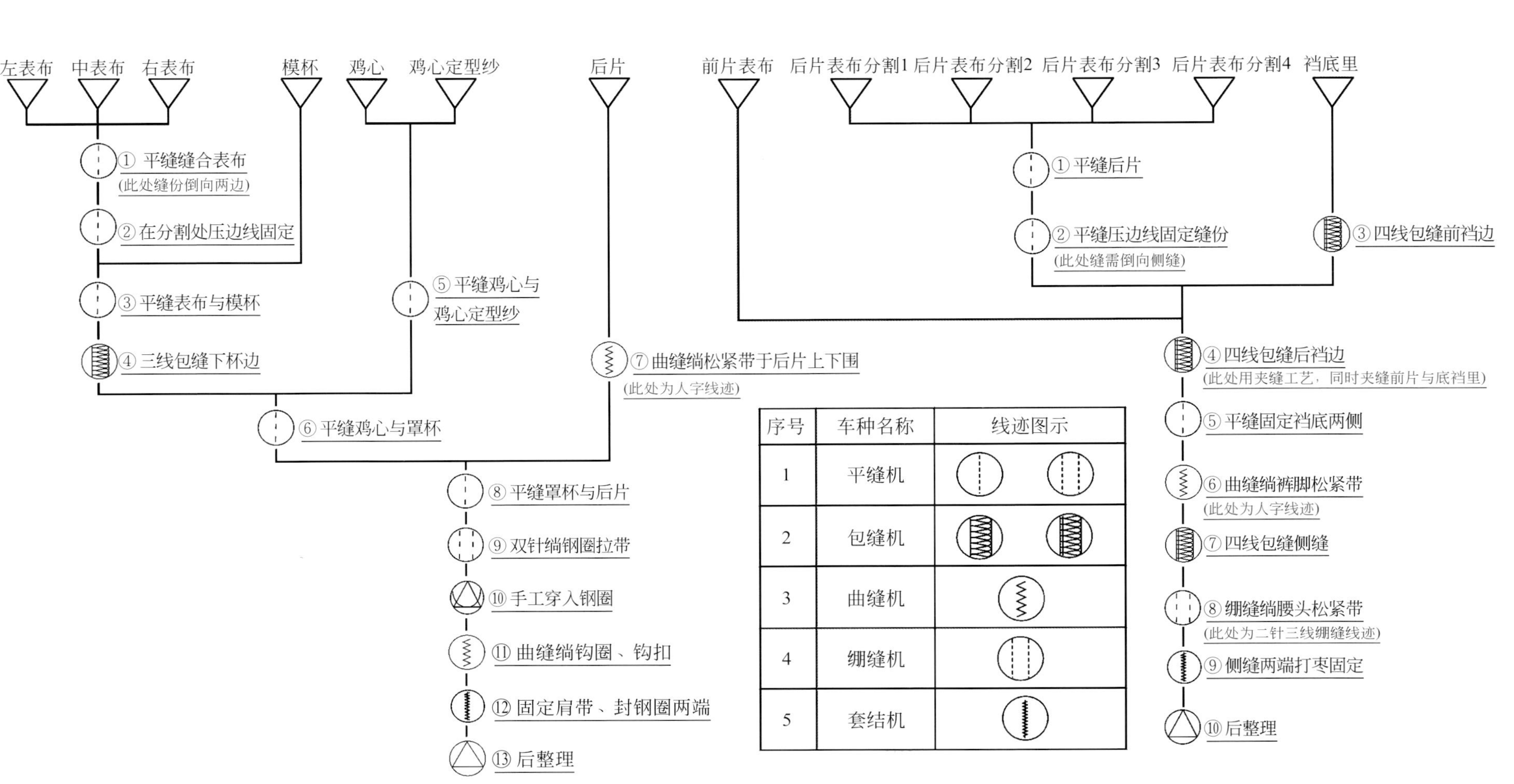

序号	车种名称	线迹图示
1	平缝机	
2	包缝机	
3	曲缝机	
4	绷缝机	
5	套结机	

六、四分之三款式3

1. 着装配色和款式图

四分之三夹棉款的罩杯下杯部的蕾丝设计与低腰三角裤侧位的蕾丝设计呼应。配色采用互补色和同色设计，如红与绿、蓝与橘黄、紫罗兰与黄等。斜向分割方法加上强烈的色彩对比具有明快、动感、干净、流畅的感觉，底裤的蕾丝花边运用打破此款内衣的火热感，让色彩显得更加柔和，同时也增添一份柔情、时尚与活力。而与上半部同种色彩的图案，装饰在互补色上，使整套内衣更加统一、稳定。除此之外，此款内衣还有无色和单色搭配，凸显出另外一番风情。

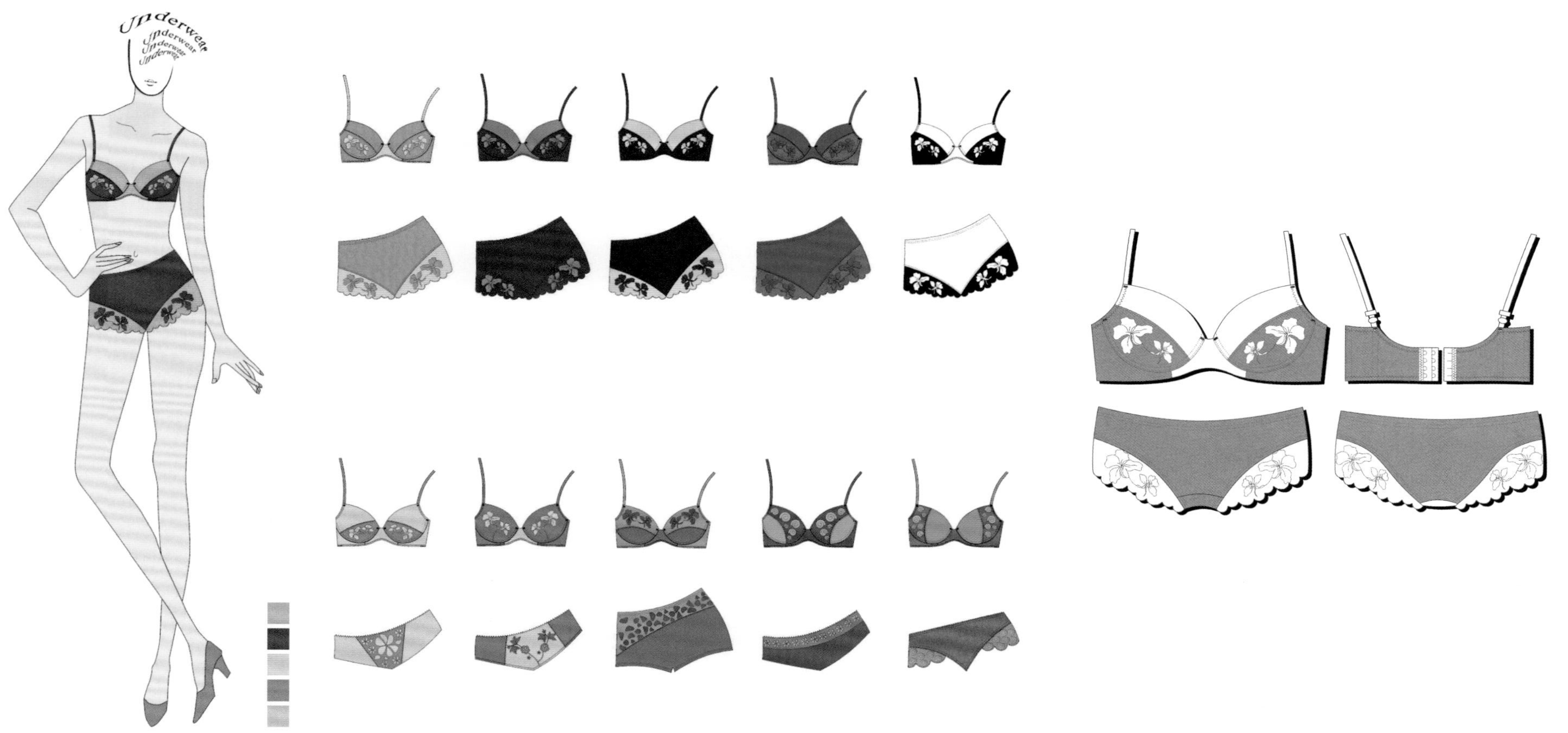

2. 纸样设计图

该款以夹棉工艺设计，以75C杯数据设计罩杯，上下分割，有下扒U字比设计，鸡心和侧拉片增加定型纱。低腰三角裤，侧位整片蕾丝设计，裤子弹性缩放率为87%。蕾丝罩杯表布分割部位缝边为0.4cm，其他缝边为0.6cm；泡棉分割部位缝边为0，上沿缝边为0.4cm，其他缝边为0.6cm；罩杯棉布分割部位及上沿缝边为0.4cm，其他缝边为0.6cm；鸡心片下沿缝边为1.2cm，其他部位缝边为0.6cm；侧拉片上下沿缝边为1.2cm，分割部位缝边为0.4cm，其他部位缝边为0.6cm。中腰底裤各片部位缝边为0.6cm。

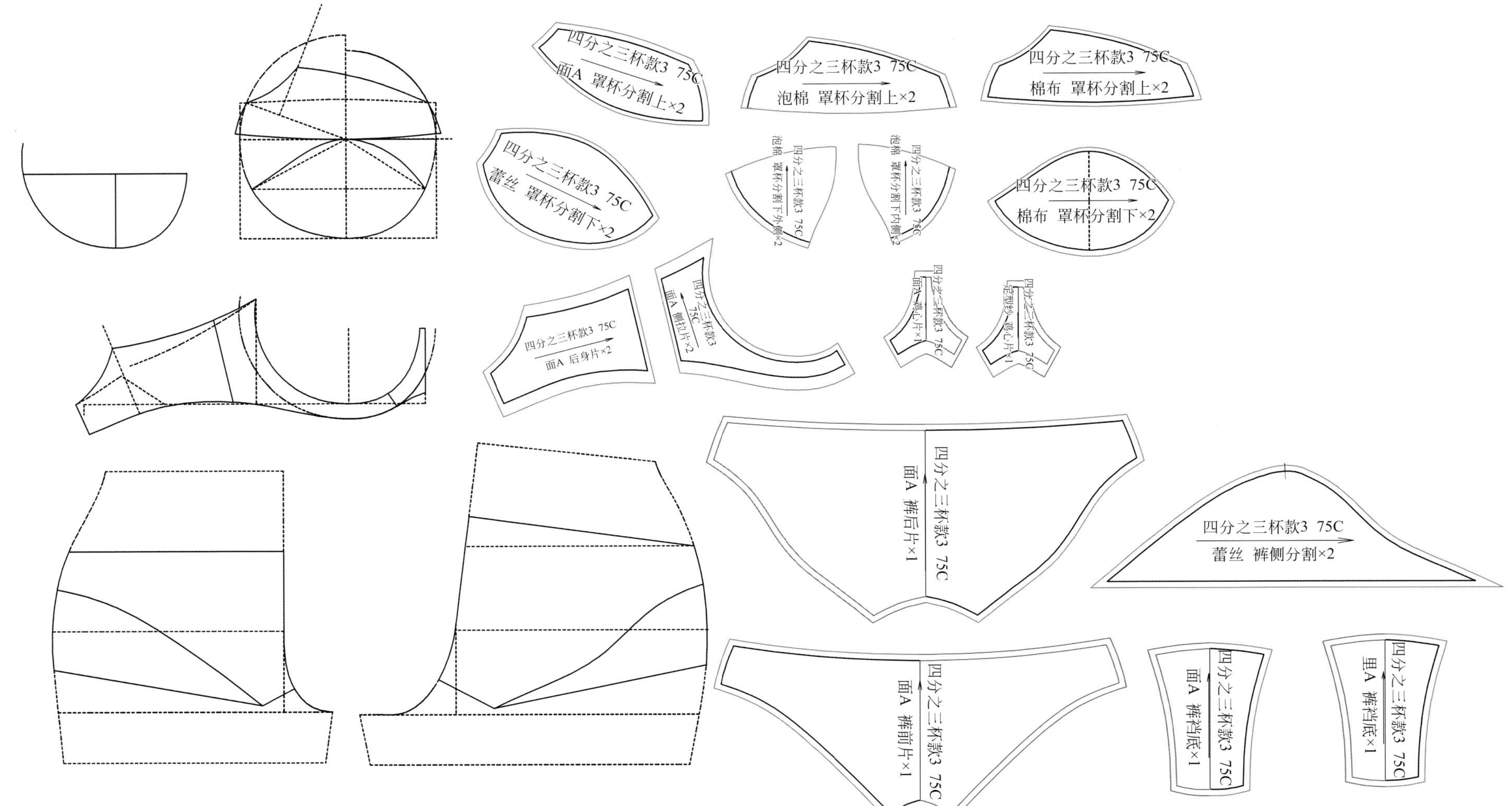

3. 放码图

该款罩杯夹棉工艺采用同型不同号规则设计放码，罩杯和下扒等部位均有变化。中腰裤的放码规则参考表1-11中的数据进行分配。

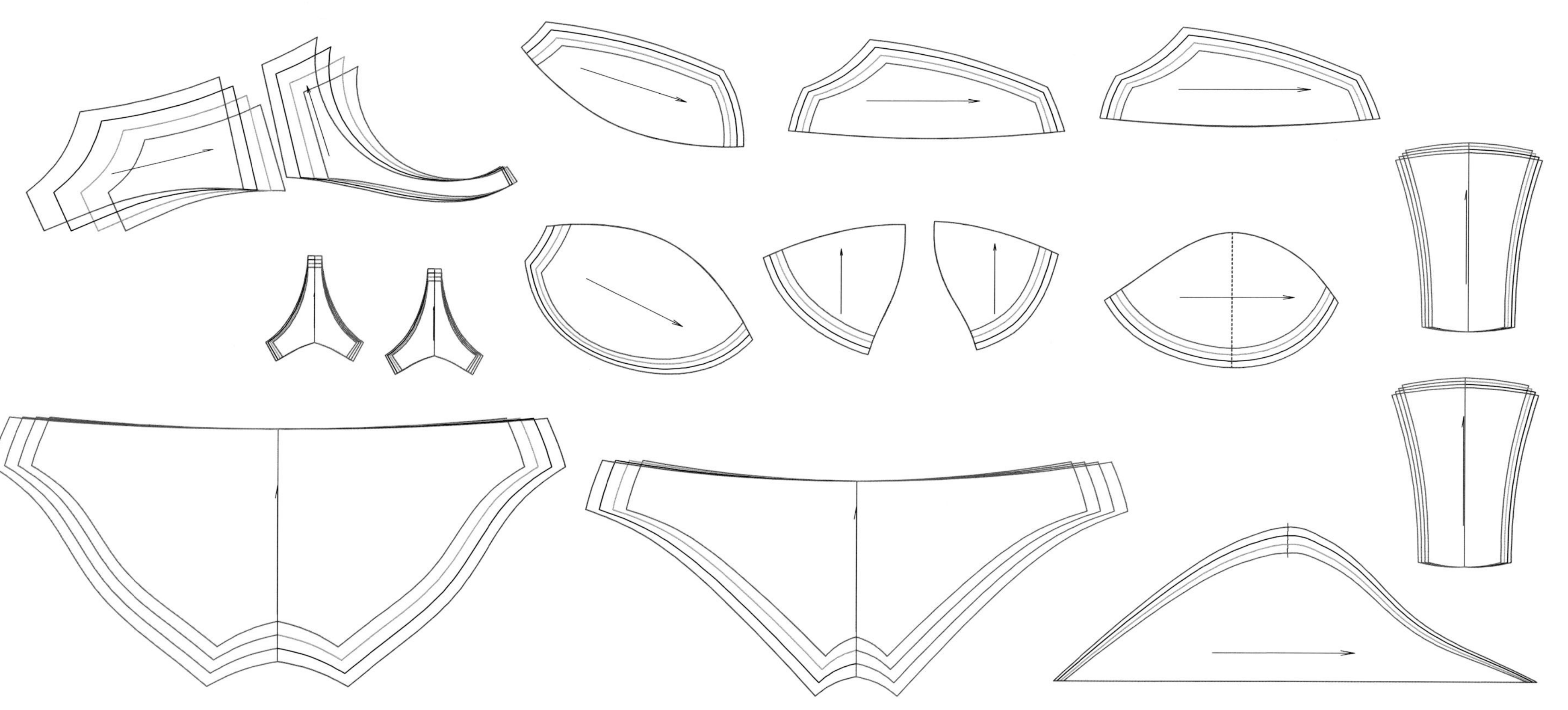

4. 生产工艺流程图

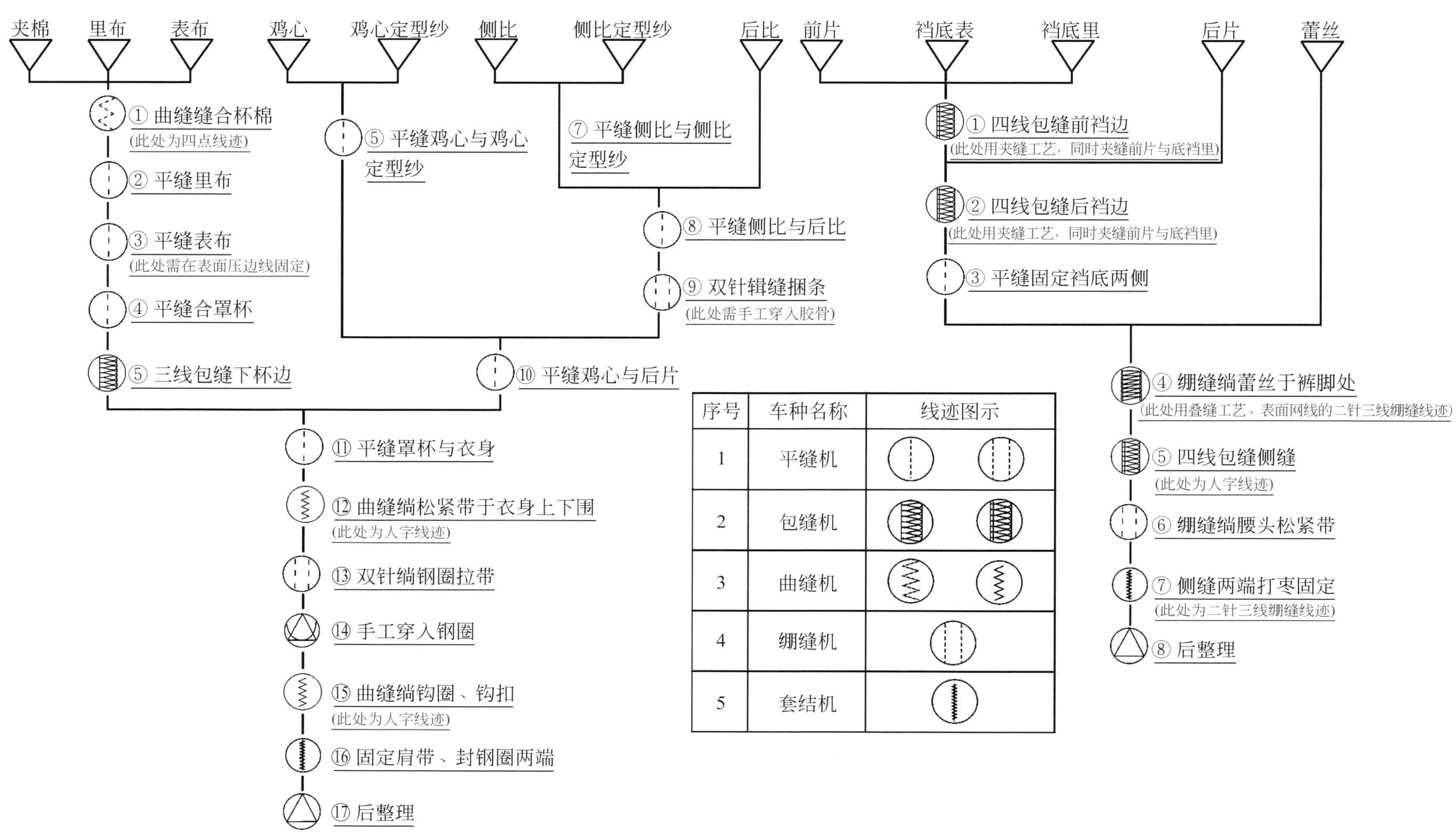

序号	车种名称	线迹图示
1	平缝机	
2	包缝机	
3	曲缝机	
4	绷缝机	
5	套结机	

七、全罩杯款式1

1. 着装配色和款式图

全罩杯夹棉款，罩杯T字分割内侧、后片的蕾丝设计与高腰平角裤中间蕾丝设计进行呼应。配色采用纯度较高的类似色以及冲突色，如冲突色红褐与黄、蓝与红，类似色橄榄绿与黄、蓝与浅蓝等色彩搭配。全罩杯内衣采用纵横交叉分割的方式，使稳重、大气的全罩杯显得层次更加丰富，不同色彩的间隔交叉，以冷暖相搭的色彩，让整款内衣色彩鲜明的同时显得含蓄内敛，豹纹式的斑点装饰极具性感。除此之外，此款内衣还尝试其他的分割方法和色彩设计。

2. 纸样设计图

该款以夹棉工艺设计，罩杯T字分割，有下扒直比全蕾丝设计，鸡心片增加定型纱。中腰平角裤结构，裤中蕾丝分割设计，裤子弹性缩放率为75%。罩杯面布上沿缝边为0.6cm；夹棉拼接缝合部位和上沿缝边为0，与钢圈形状缝合部位缝边为0.6cm；里布缝边为0.4cm；鸡心片上沿缝边为0.6cm，下沿缝边为1cm，钢圈形状缝合部位缝边为0.6cm；侧拉片上下沿缝边为1cm，其他部位缝边为0.6cm；后身片上下沿1cm，其他部位0.6cm。低腰三角裤各部位缝边为0.6cm。

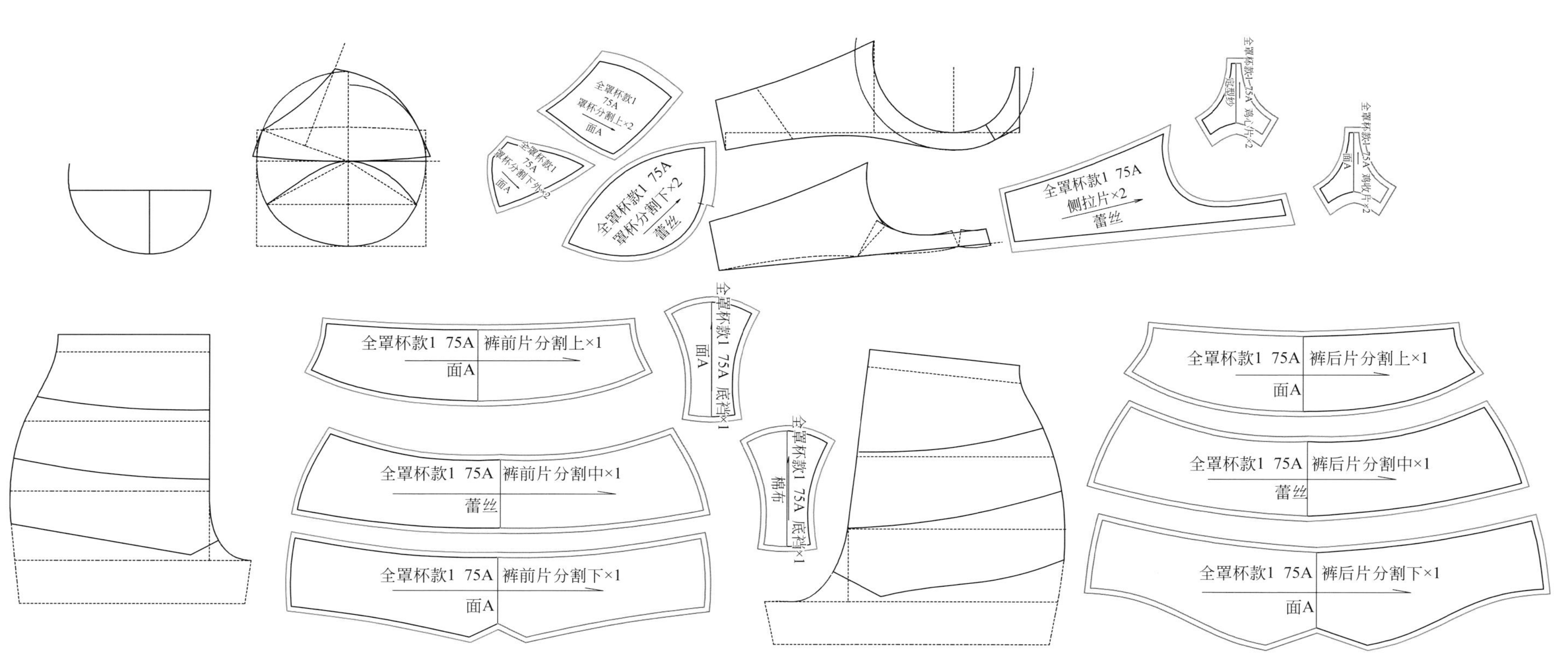

3. 放码图

该款罩杯用模杯，采用同号不同型规则设计放码。罩侧拉片和后身长度不变化，与罩杯缝合的部位相应调整；鸡心片与罩杯缝合的部位进行调整；罩杯夹棉和内层里布放码规则同罩杯面布；钩扣、肩带为均码。中腰平角裤的放码规则参考表1-11中的数据进行分配，分割部位的放码点要一致，确保结构造型不变，裆底不推放。

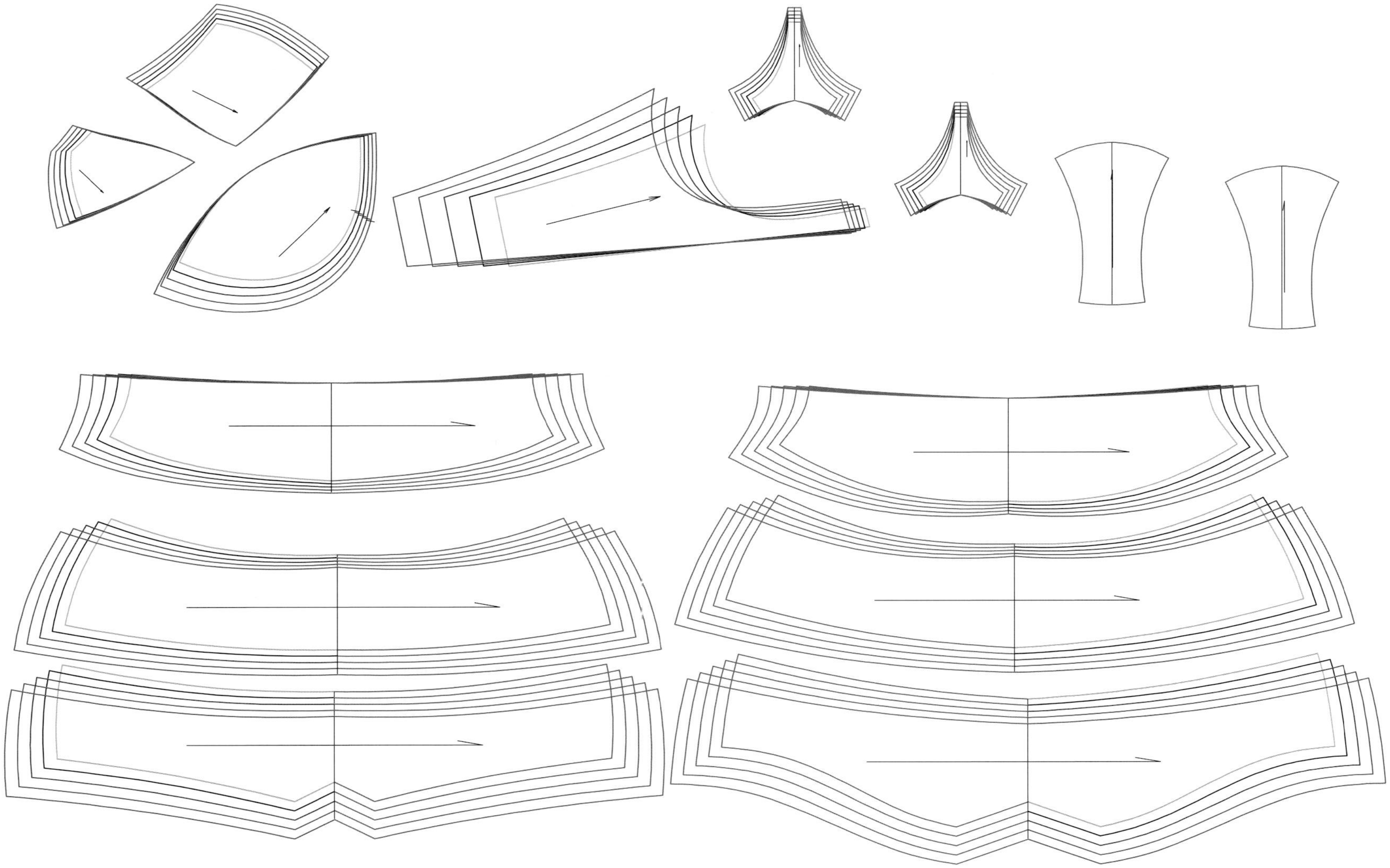

4. 生产工艺流程图

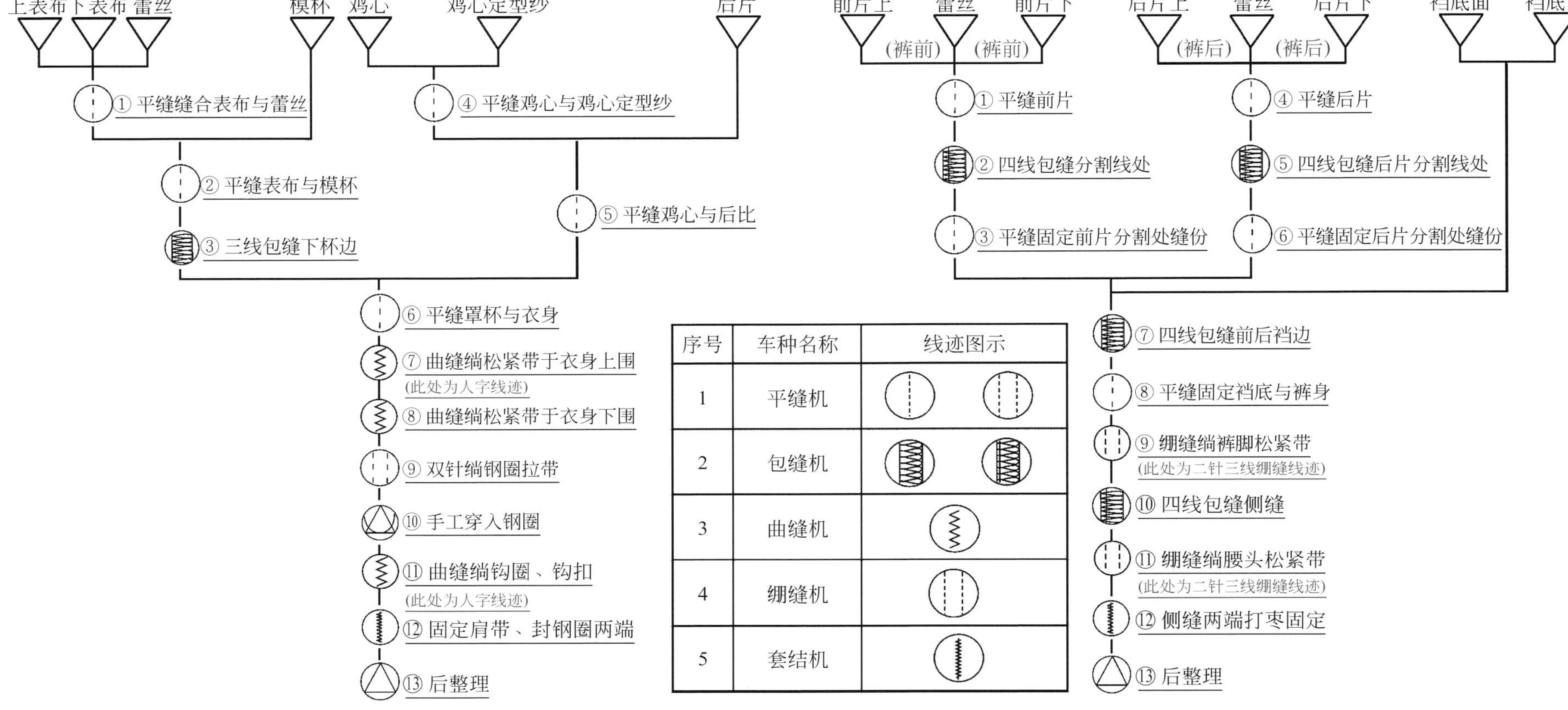
上表布
下表布
蕾丝
模杯
鸡心
鸡心定型纱
后片
①平缝缝合表布与蕾丝
④平缝鸡心与鸡心定型纱
②平缝表布与模杯
③三线包缝下杯边
⑤平缝鸡心与后比
⑥平缝罩杯与衣身
⑦曲缝绱松紧带于衣身上围
(此处为人字线迹)
⑧曲缝绱松紧带于衣身下围
⑨双针绱钢圈拉带
⑩手工穿入钢圈
⑪曲缝绱钩圈、钩扣
(此处为人字线迹)
⑫固定肩带、封钢圈两端
⑬后整理
前片上
蕾丝
前片下
(裤前)
(裤前)
后片上
蕾丝
后片下
(裤后)
(裤后)
裆底面
裆底里
①平缝前片
②四线包缝分割线处
③平缝固定前片分割处缝份
④平缝后片
⑤四线包缝后片分割线处
⑥平缝固定后片分割处缝份
⑦四线包缝前后裆边
⑧平缝固定裆底与裤身
⑨绷缝绱裤脚松紧带
(此处为二针三线绷缝线迹)
⑩四线包缝侧缝
⑪绷缝绱腰头松紧带
(此处为二针三线绷缝线迹)
⑫侧缝两端打枣固定
⑬后整理

序号	车种名称	线迹图示
1	平缝机	
2	包缝机	
3	曲缝机	
4	绷缝机	
5	套结机	

八、全罩杯款式2

1. 着装配色和款式图

全罩杯模杯款，罩杯T字分割内侧、下扒和裤身的全蕾丝进行呼应设计。配色采用对比色和相似色，如对比色蓝与黄，相似色橄榄绿与黄绿等色彩搭配。全罩杯内衣采用上边缘斜向与罩杯中间分割的方式，上边缘和下边缘都是以相似色或对比色的色彩为斑点装饰，这种装饰效果和色彩搭配使此款内衣向内收拢的效果更好。同时，斑点装饰让色彩有呼应感，也呈现出一种梦幻的感觉。除此之外，此款内衣还尝试其他色彩装饰，如简单的无色设计，显得简洁、大气。

2. 纸样设计图

该款以模杯工艺设计，罩杯T字分割，有下扒U字比设计，土台为蕾丝结构，在底端结构为直线设计，内部增加定型纱。裤子为低腰平角全蕾丝结构，弹性缩放率为75%。罩杯面布上沿缝边为1.2cm；罩杯拼接缝合部位缝边为0.4cm，其他缝合部位缝边为0.6cm；侧拉片上下沿缝边为1cm，其他部位缝边为0.6cm；后身片上下沿缝边为1cm，其他部位缝边为0.6cm。低腰三角裤各部位缝边为0.6cm。

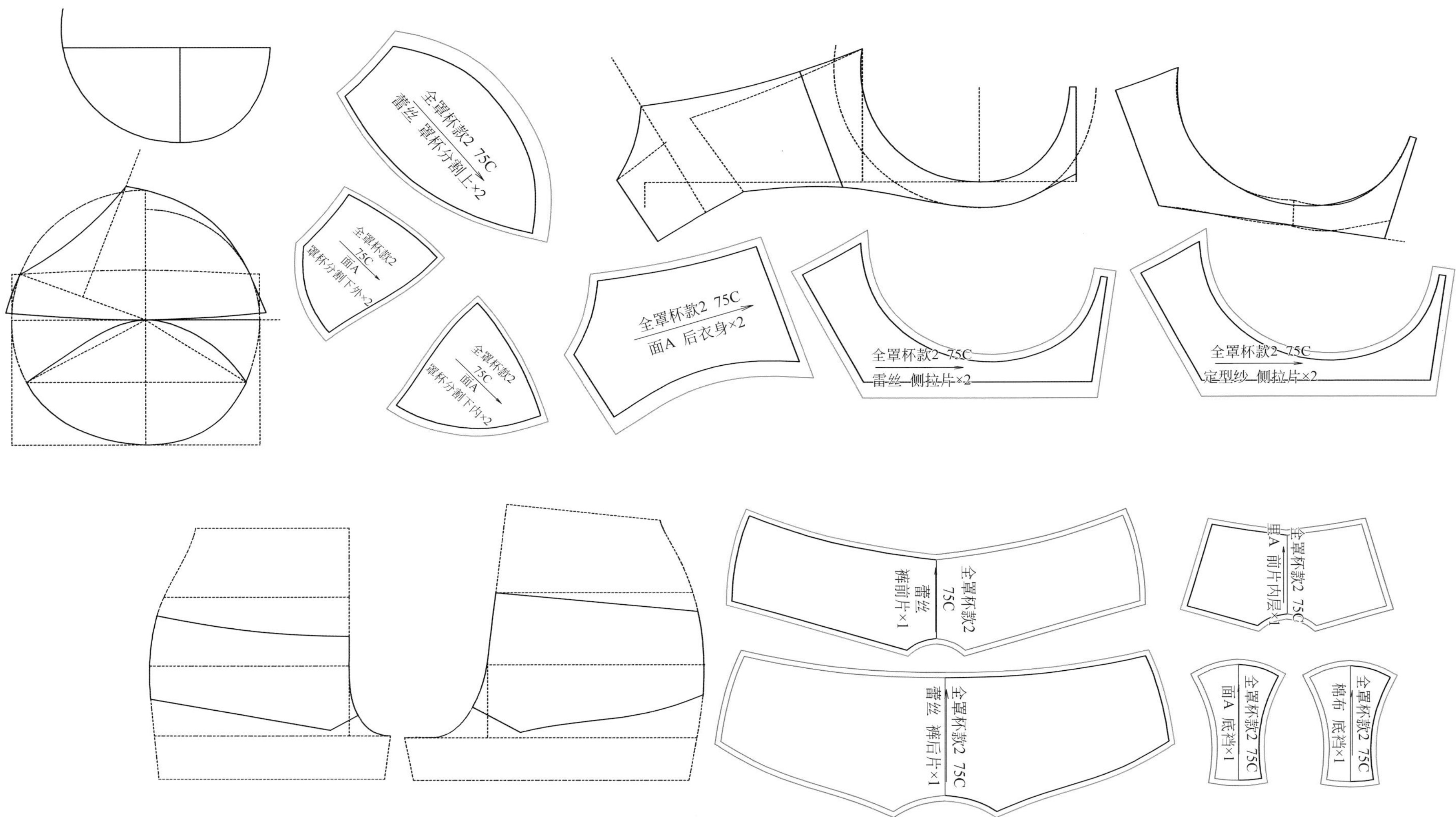

3. 放码图

该款C罩杯用模杯结构，采用同型不同号的规则设计放码。号进行变化推放，下胸围的尺寸发生变化，为确保都是C杯，因此胸围也是跟着改变的，钩扣、肩带为均码，具体数据及档差见表1-9。低腰平角裤的放码规则参考表1-11中的数据进行分配，裆底不推放。

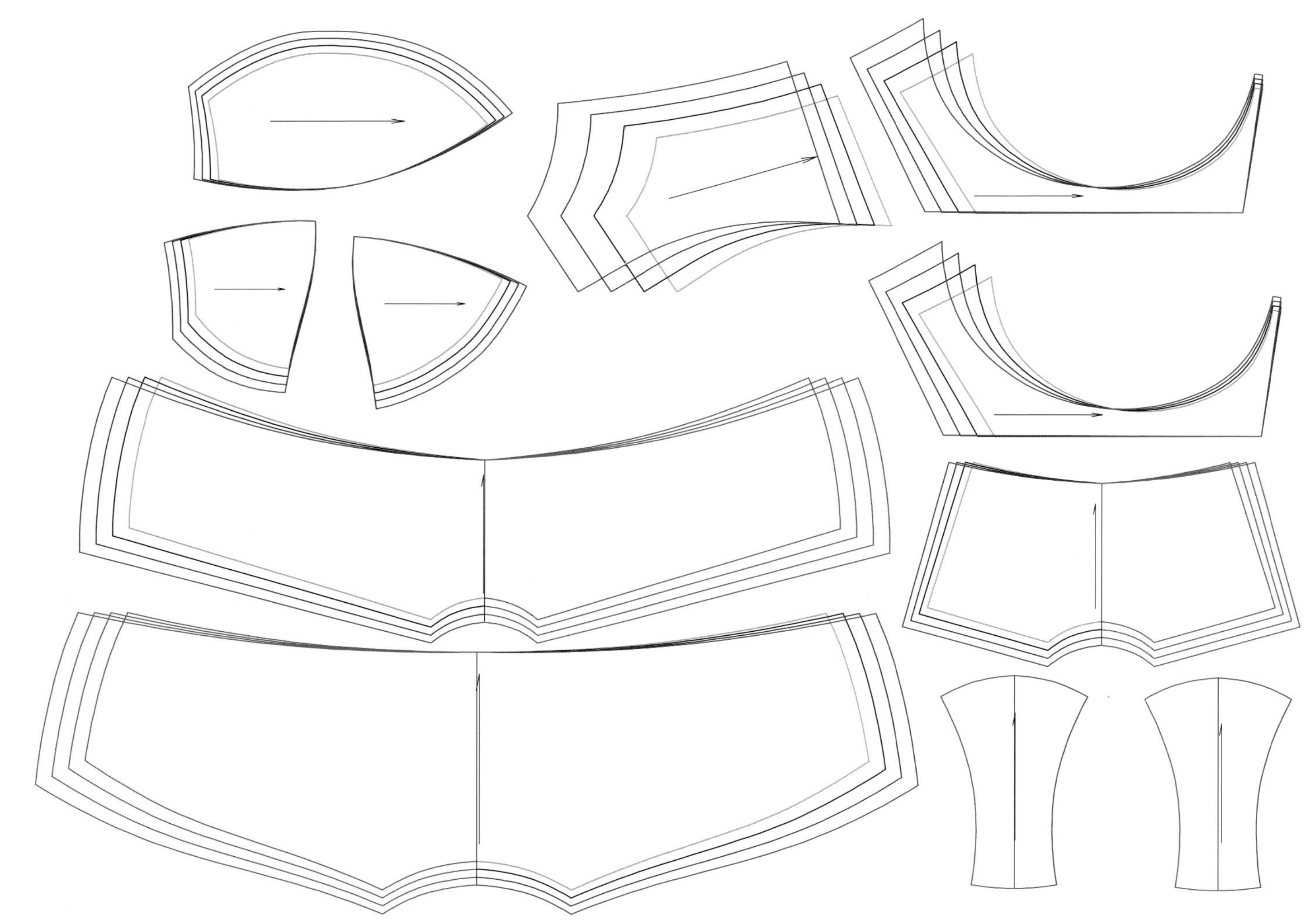

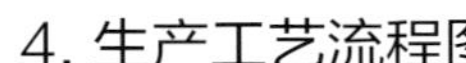

4. 生产工艺流程图

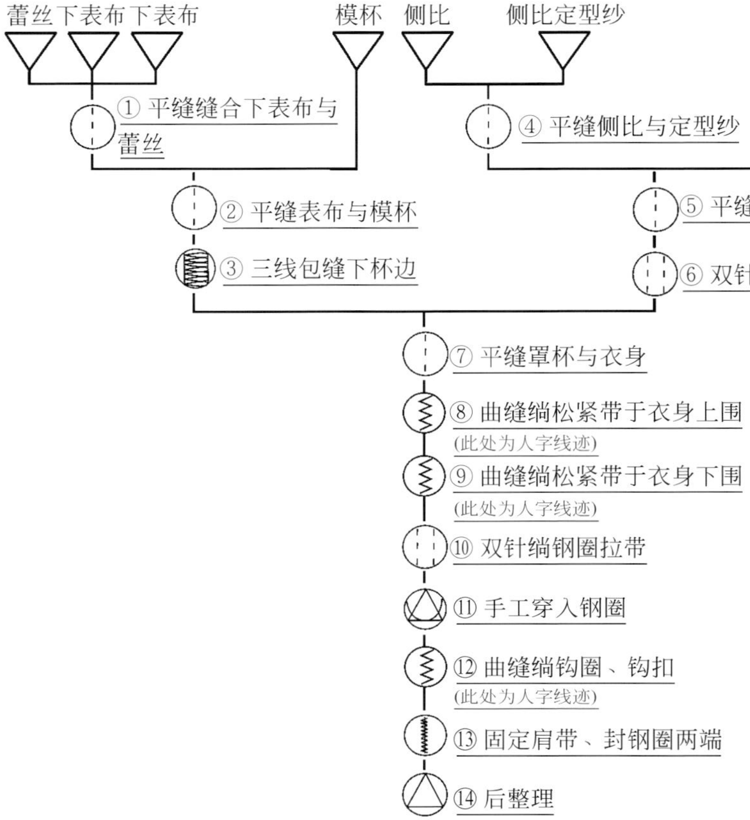

蕾丝 下表布 下表布 模杯 侧比 侧比定型纱 后比

① 平缝缝合下表布与蕾丝
② 平缝表布与模杯
③ 三线包缝下杯边
④ 平缝侧比与定型纱
⑤ 平缝侧比与后比
⑥ 双针辑缝捆条
⑦ 平缝罩杯与衣身
⑧ 曲缝绱松紧带于衣身上围
(此处为人字线迹)
⑨ 曲缝绱松紧带于衣身下围
(此处为人字线迹)
⑩ 双针绱钢圈拉带
⑪ 手工穿入钢圈
⑫ 曲缝绱钩圈、钩扣
(此处为人字线迹)
⑬ 固定肩带、封钢圈两端
⑭ 后整理

前片 里布 后片 裆底面 裆底底

(裤)
① 四线包缝里布两侧
② 曲缝固定里布与前片
(此处为人字线迹)
③ 四线包缝前、后裆边
④ 平缝缝合裆底与裤身
⑤ 绷缝绱腰头、裤脚松紧带
(此处为二针三线绷缝线迹)
⑥ 四线包缝侧缝
⑦ 侧缝两端打枣固定
⑧ 后整理

序号	车种名称	线迹图示
1	平缝机	
2	包缝机	
3	曲缝机	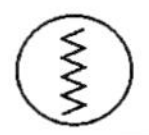
4	绷缝机	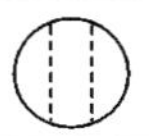
5	套结机	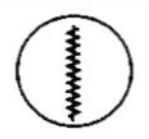

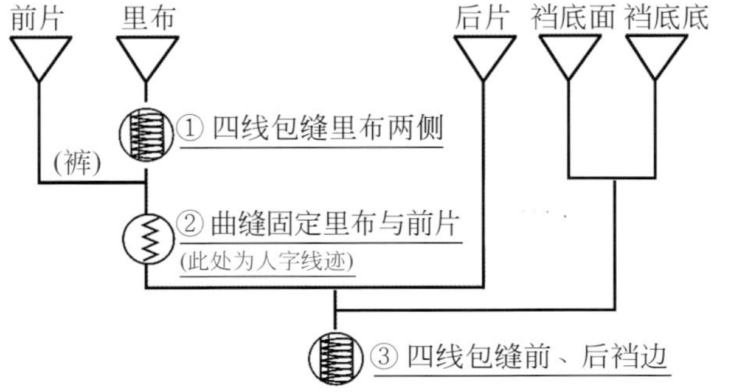

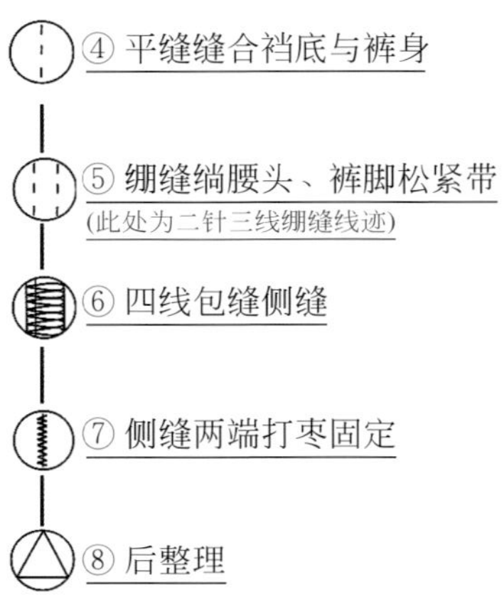

九、全罩杯款式3

1. 着装配色和款式图

全罩杯模杯款，罩杯多片分割，后身和高腰裤后身蕾丝呼应设计。配色采用相似色，如橘黄与柠檬黄、湖蓝与浅蓝等色彩搭配。全罩杯内衣采用平行双向纵向分割方式，单色拼接设计增加了此款内衣的简练感，这种平行的色彩搭配给人清新、稳重、时尚的感觉，同时单色设计也让此款内衣显得更加轻薄透气，搭配单色内裤，使整个设计有完整统一的效果。同时，镂空的腰部设计让简单的色调多了几分性感。除此之外，此款内衣还尝试裸色搭配，靠不同的明度搭配色彩。

2. 纸样设计图

该款以模杯工艺设计，罩杯多片分割，有下扒U字比设计，土台增加定型纱。高腰三角裤的后片是丁字造型蕾丝结构设计，后片连裆设计，裤子弹性缩放率为87%。罩杯面布上沿缝边为1.2cm；拼接缝合部位缝边为0.4cm，与钢圈形状缝合部位缝边为0.6cm；土台侧缝上下沿缝边为1.2cm，其他缝合部位缝边为0.6cm；后身上下沿缝边为1.2cm，其他部位缝边为0.6cm。裤片缝边均为0.6cm。

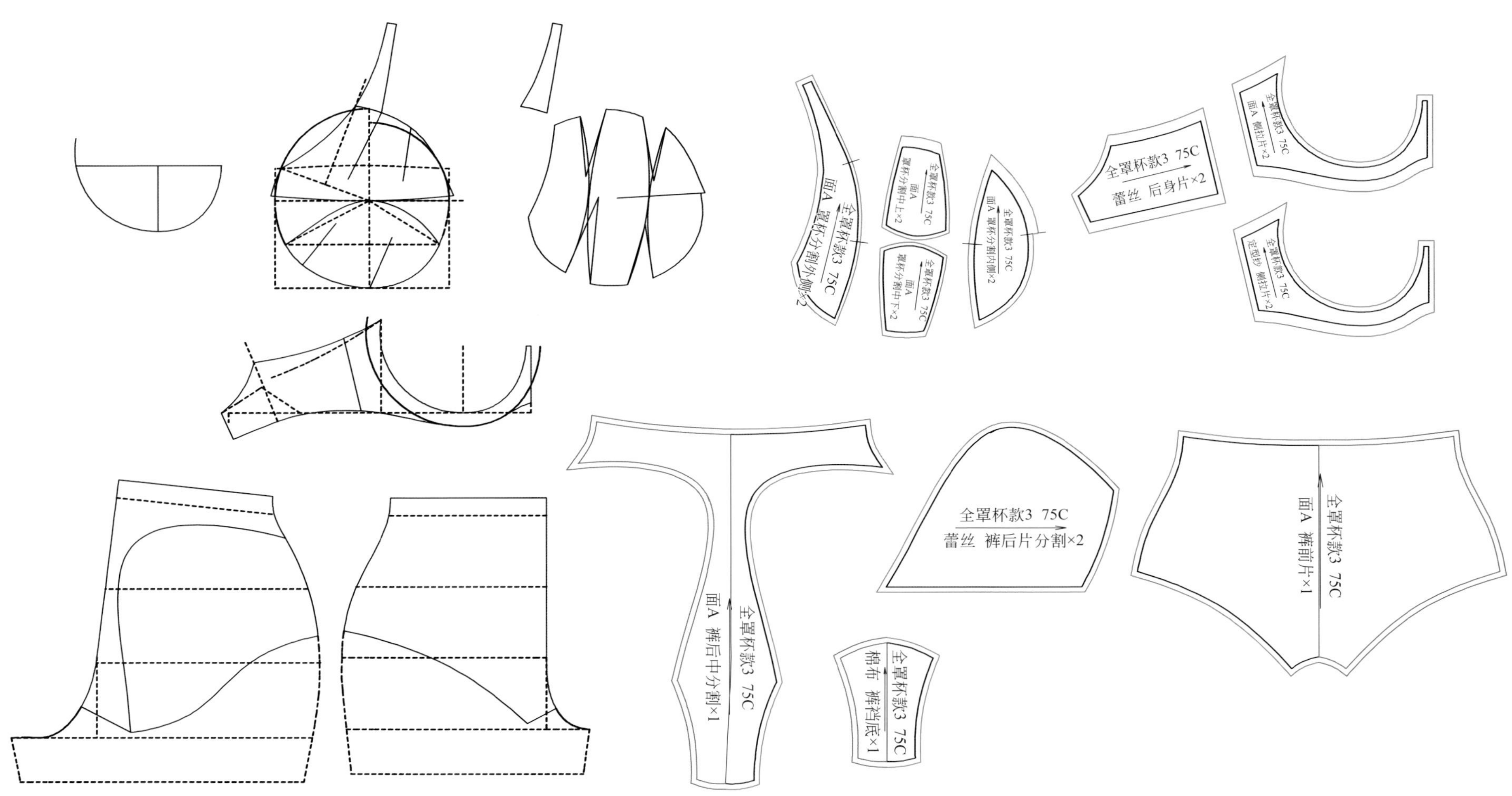

3. 放码图

该款罩杯用模杯，采用同杯不同号型规则设计放码，侧位处的蕾丝要根据裤身对位点的移动量进行调整推放，确保工艺数据的准确。号的变化推放要确保都是C杯，因此胸围、下胸围跟着号型改变，钩扣、肩带为均码，具体数据及档差见表1-9。低腰平角裤的放码规则参考表1-11中的数据进行分配，裆底不推放。

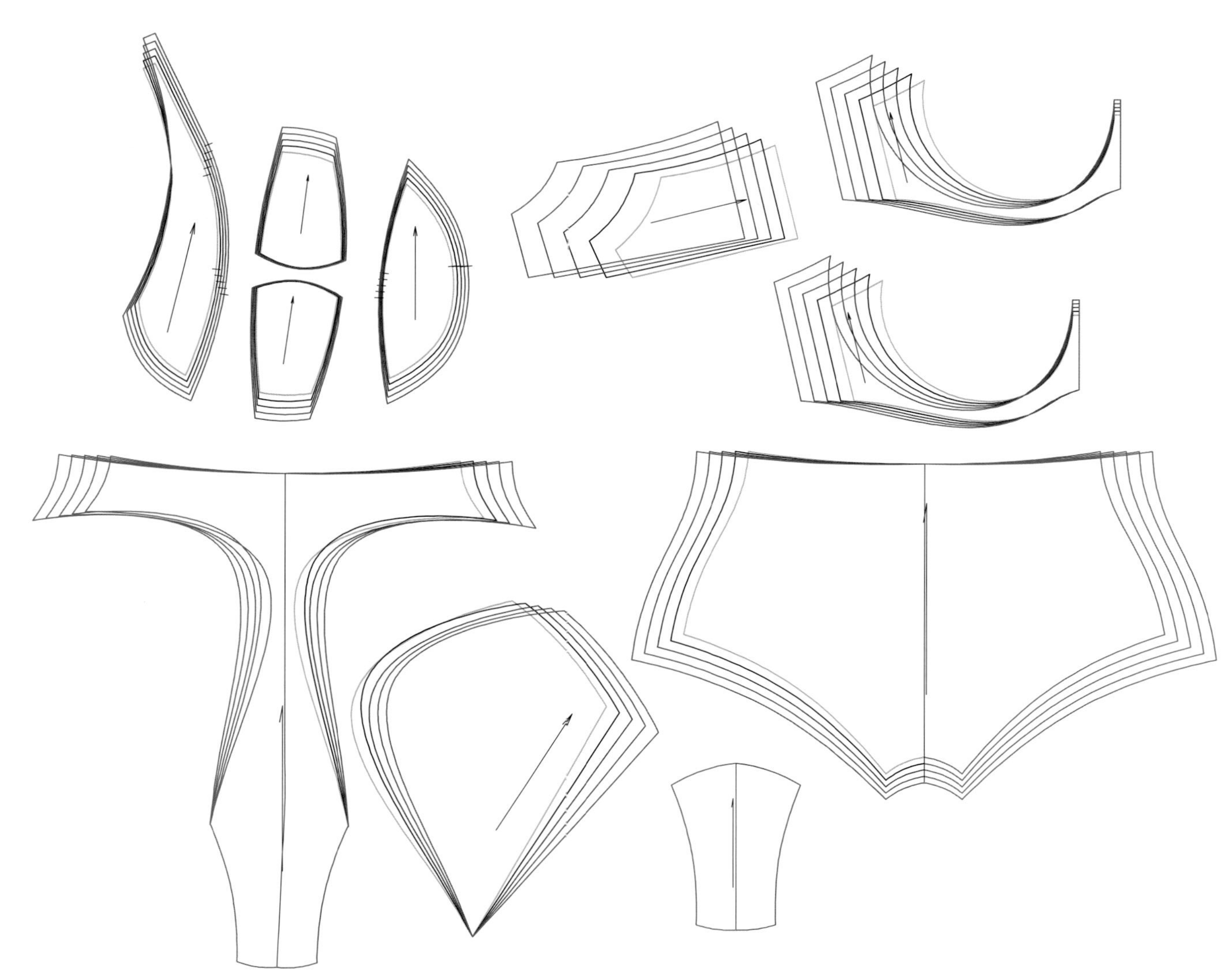

4. 生产工艺流程图

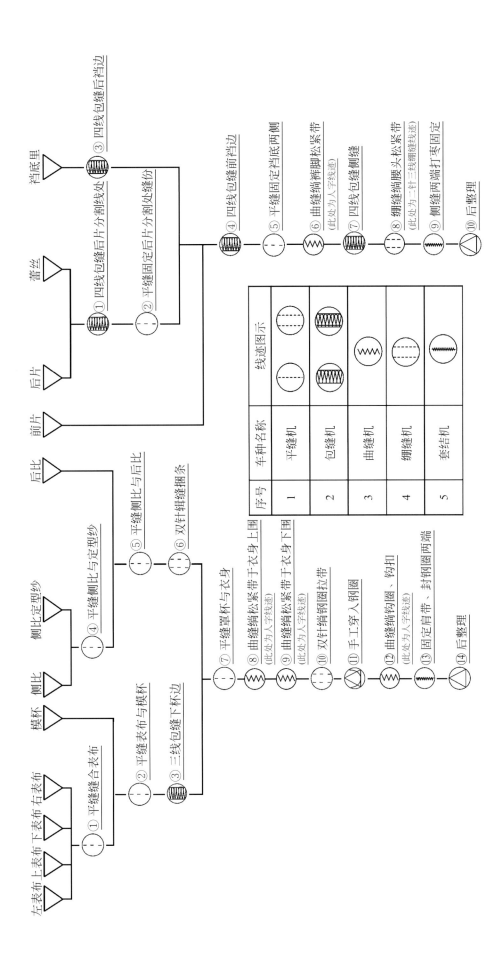

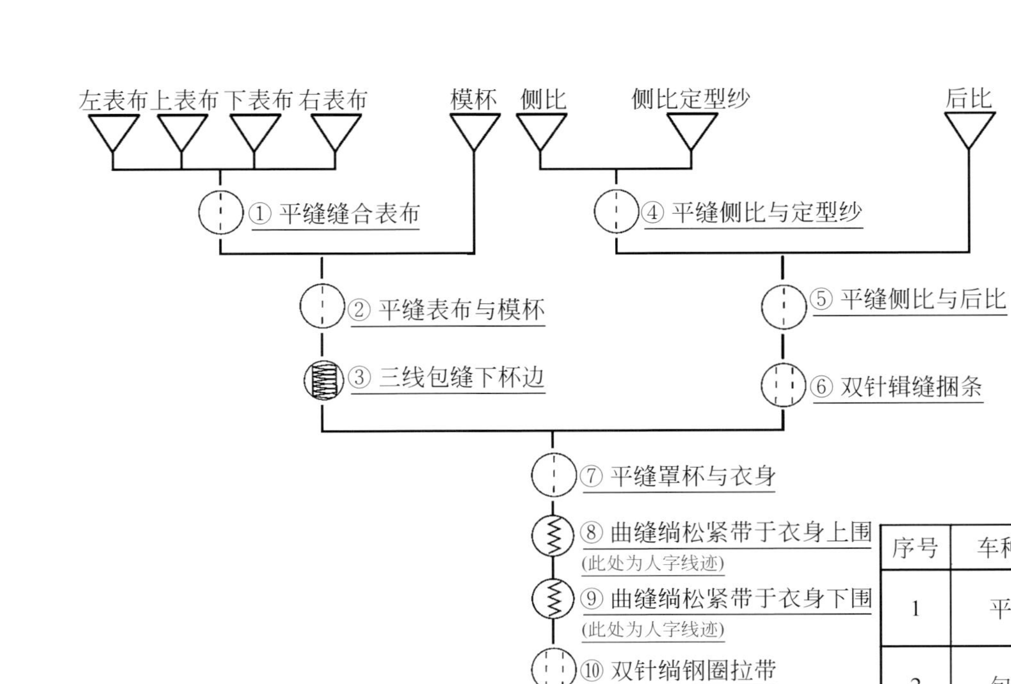

序号	车种名称	线迹图示
1	平缝机	
2	包缝机	
3	曲缝机	
4	绷缝机	
5	套结机	

十、三角罩杯款

1. 着装配色和款式图

该款为三角杯模杯款，罩杯分割的下部分蕾丝设计与丁字裤侧位蕾丝设计相呼应。配色采用单色设计加上相似色的柠檬图案做点缀，如蓝色设计与黄绿色柠檬图案。相似色的柠檬植物图案使整个三角杯设计显得干净、利落，接近自然，这种图案与色彩搭配使此款内衣更符合少女系列，含蓄、自然清新又富有青春的色彩。此款内衣的底裤也采用同种图案元素与色彩，淡雅的色彩加上性感的设计，让整套内衣蕴含一种别样的风情。除此之外，此款内衣还尝试其他图案搭配，显得性感随意。

2. 纸样设计图

该款以模杯工艺设计罩杯，罩杯上分割片从衣身原型上取一部分与罩杯的上部结构拼接形成该款式的三角杯结构，下杯纸样从罩杯结构上提取，面料采用蕾丝，增加内层里布；有下扒直比结构，鸡心和侧拉片增加定型纱。低腰丁字裤，裤身两侧蕾丝装饰，前片连裆设计，裤子弹性缩放率为75%。三角罩杯面布缝边均为0.6cm，里布缝边均为0.4cm。丁字裤腰部和蕾丝上沿缝边为1.2cm，各部位缝边为0.6cm。

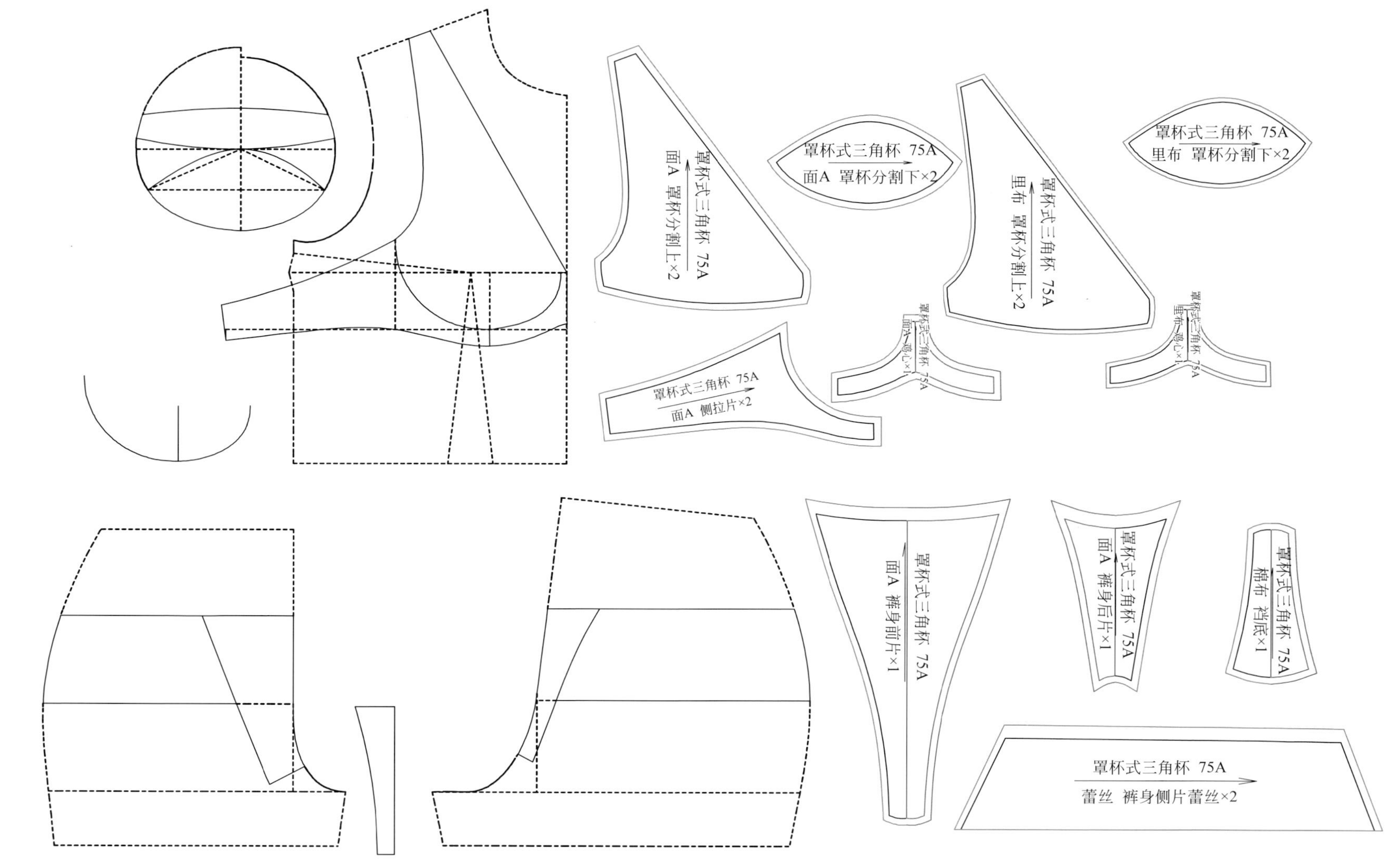

3. 放码图

该款罩杯用模杯结构，以75cm下胸围同号不同型的号型设置进行推放，侧拉片和后身长度不变化，与罩杯缝合的部位相应调整；鸡心片与罩杯缝合的部位进行调整；蕾丝低腰三角裤在8个号型内，可不推放。

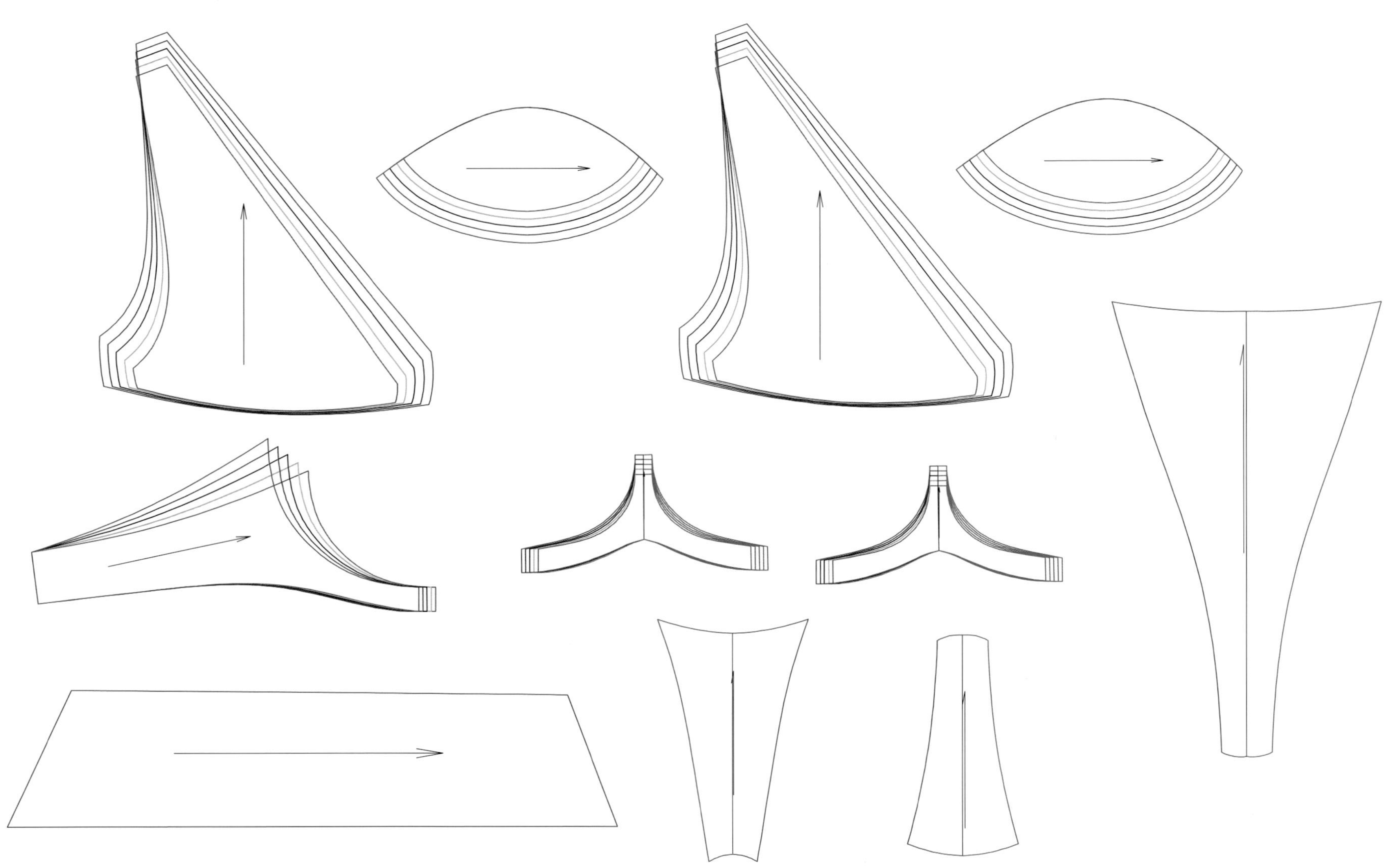

4. 生产工艺流程图

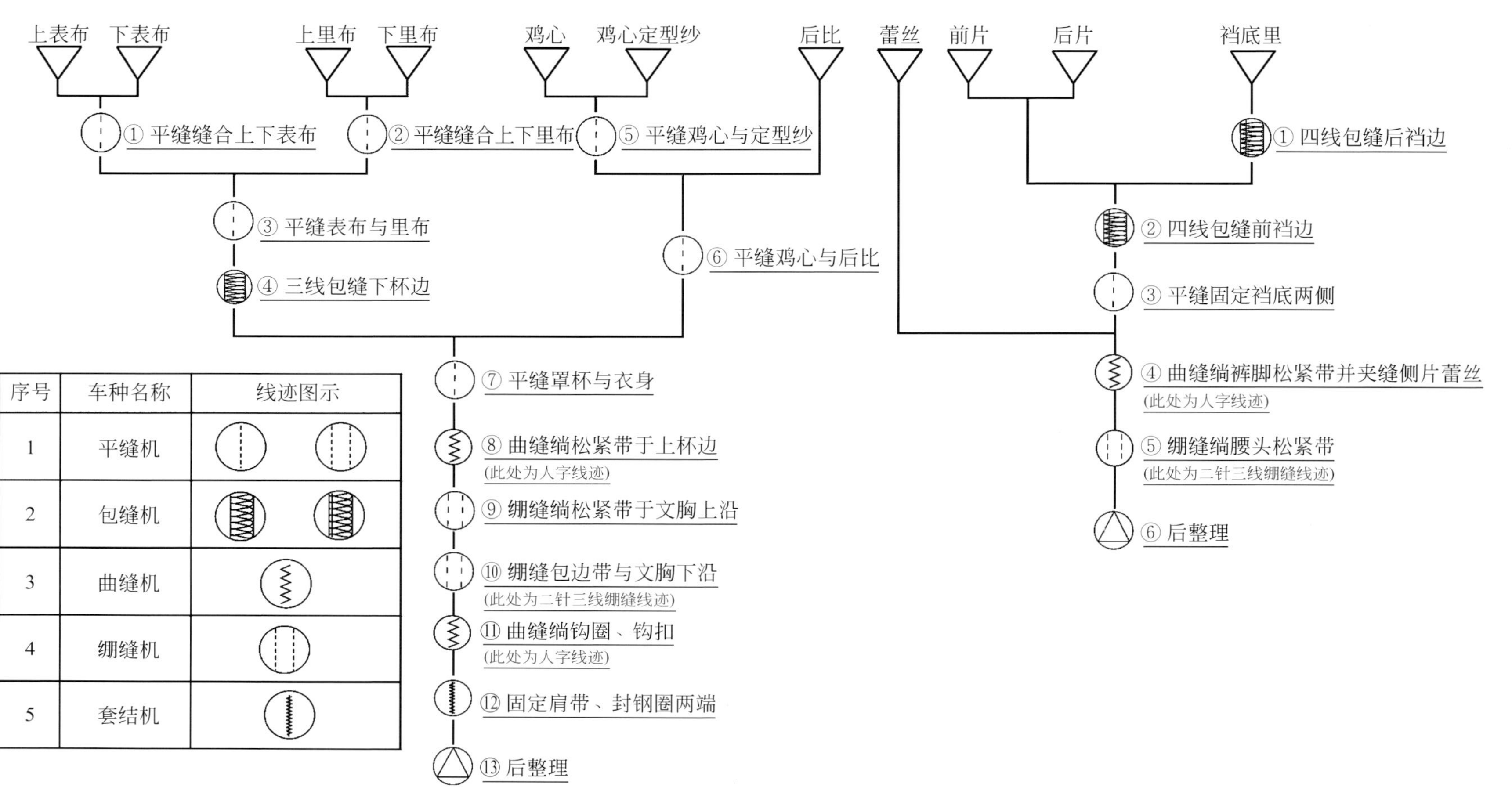

序号	车种名称	线迹图示
1	平缝机	
2	包缝机	
3	曲缝机	
4	绷缝机	
5	套结机	

十一、三角背心款

1. 着装配色和款式图

三角杯背心款，中腰后片蕾丝包臀设计的底裤。配色采用临近色，如红与黄、绿与黄等色彩搭配。三角杯内衣采用横向分割的方式，将两种单色平行间隔地分割开，这种简单的色彩搭配加上贝壳一样的三角杯造型增添整款内衣的趣味性，也使整款内衣自然、简单且富有青春的青涩感，搭配波浪形的蕾丝边缘，使整个设计更显柔和甜美，有一种可爱的小女人味。除此之外，此款内衣还尝试单色加冲突色的花朵装饰，简单的色彩加上冲突色花朵的点缀，增添了一种独特的韵味。

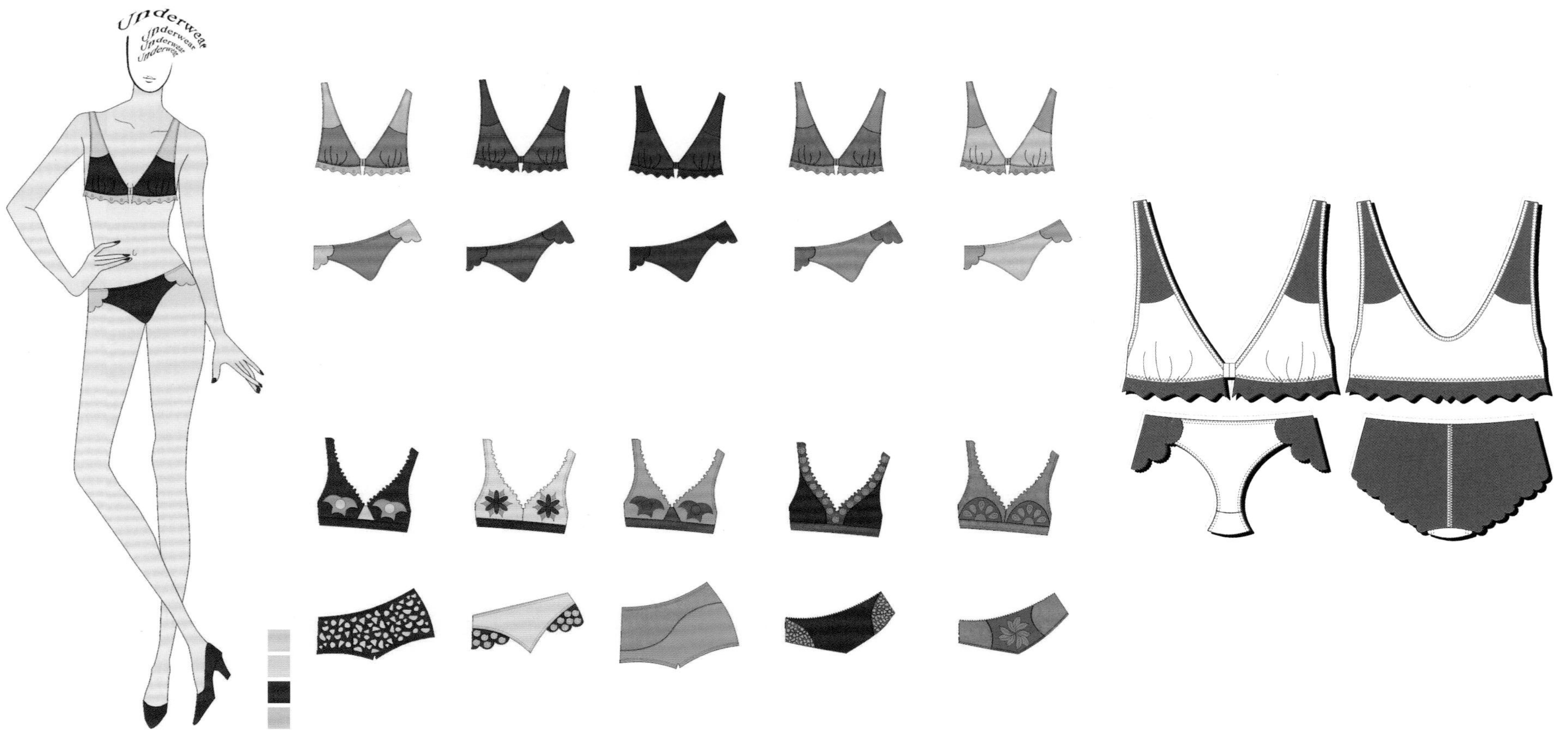

2. 纸样设计图

该款是背心模杯款，以第三代女装原型上提取背心纸样，规格为160/84A。三角罩杯下沿缩褶，内层做单省处理，上身下缘蕾丝装饰。低腰三角裤，后片全蕾丝包裹至前片，分裆设计，裤子弹性缩放率为85%。上下身各个裁片缝边均为0.6cm。

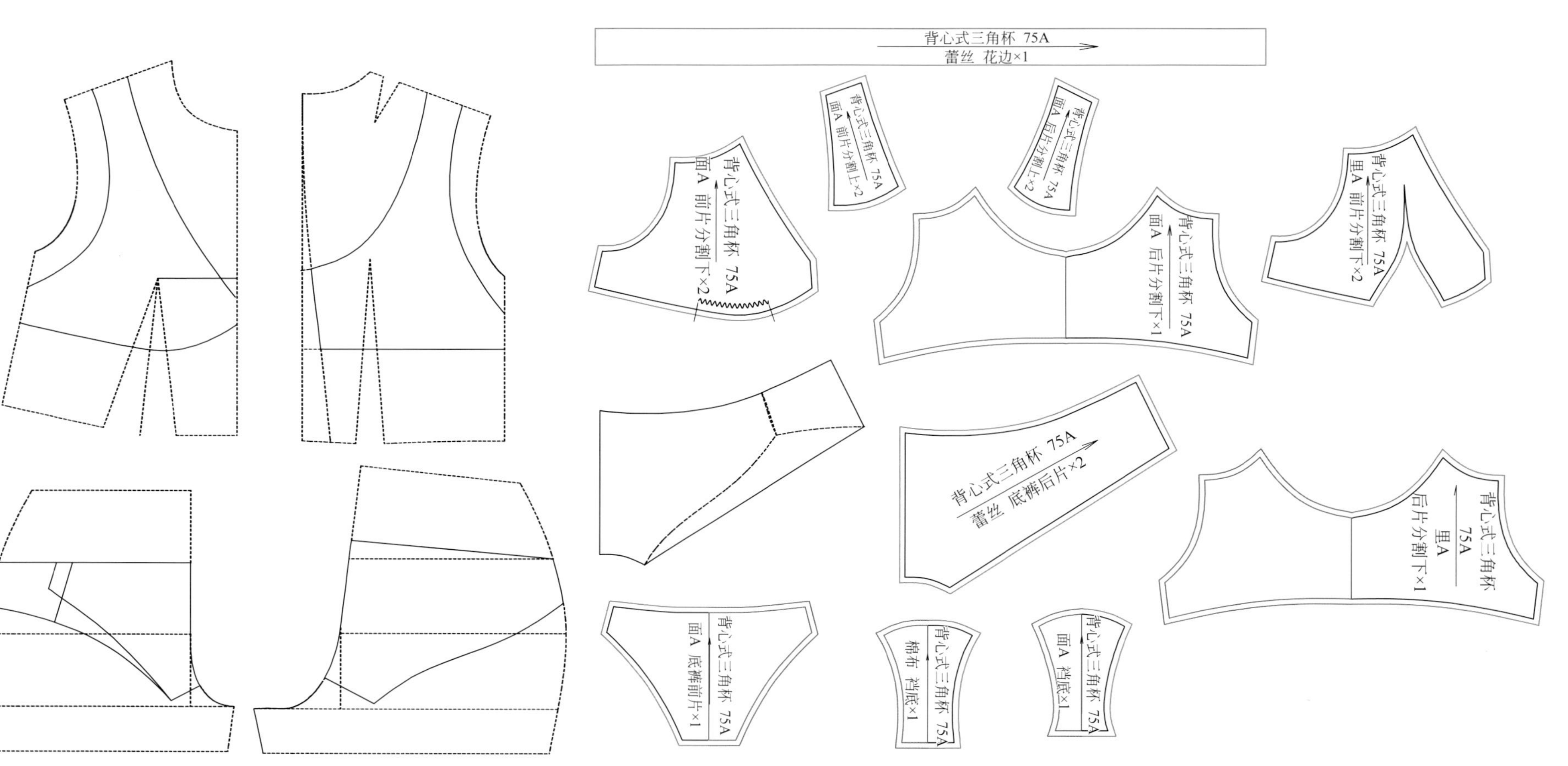

3. 放码图

该款三角背心款较宽松，可采用切割放码的方法进行，以5·4系列进行号型推放，内部模杯可不改变号型。三角背心款前片的领部、肩部和袖窿部位的纵向切割量分别为0.2cm、0.3cm、0.5cm；横向放量只是针对肩部进行操作，放量为0.5cm。三角裤在5个号型内，可不推放。

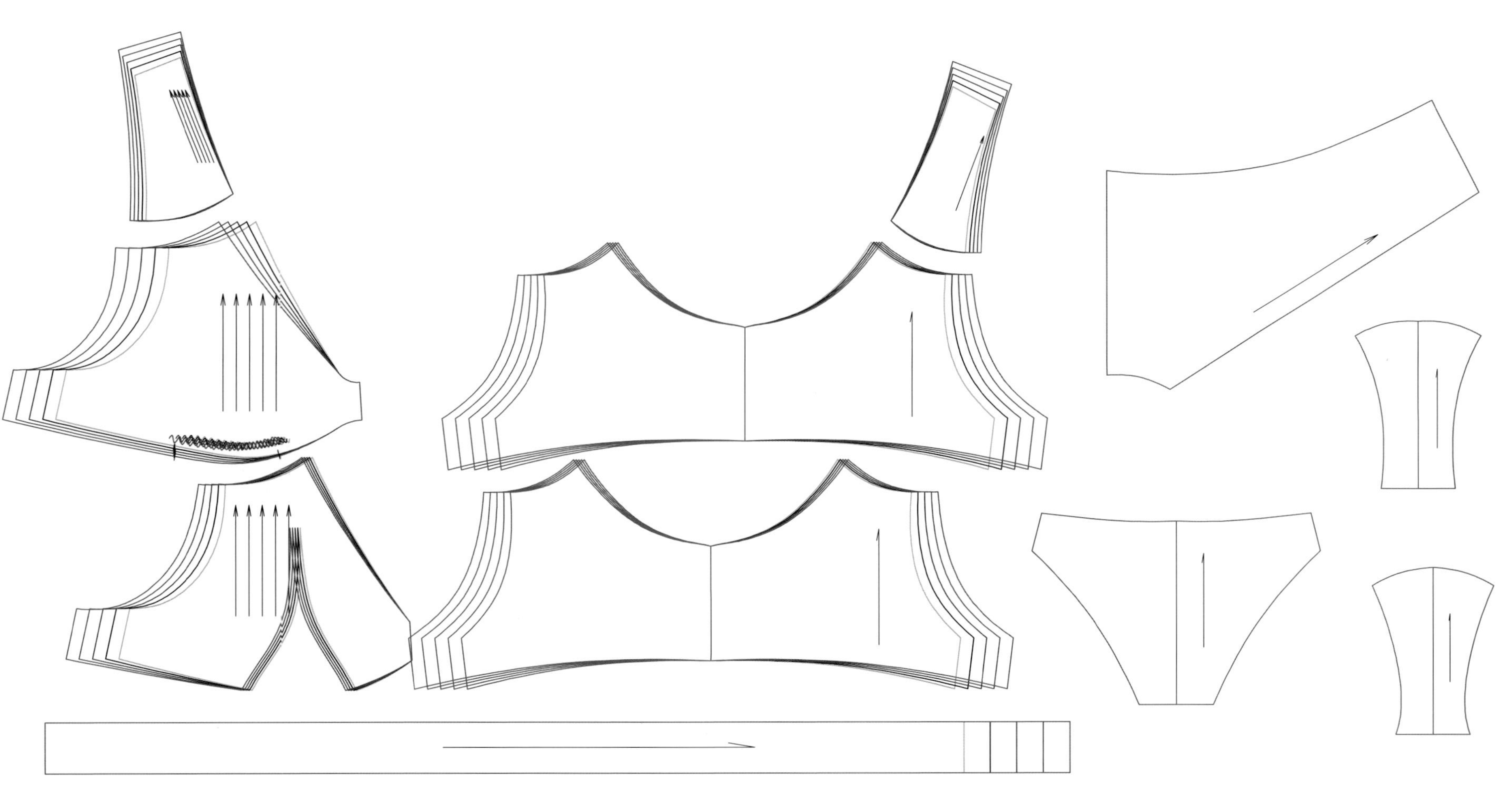

4. 生产工艺流程图

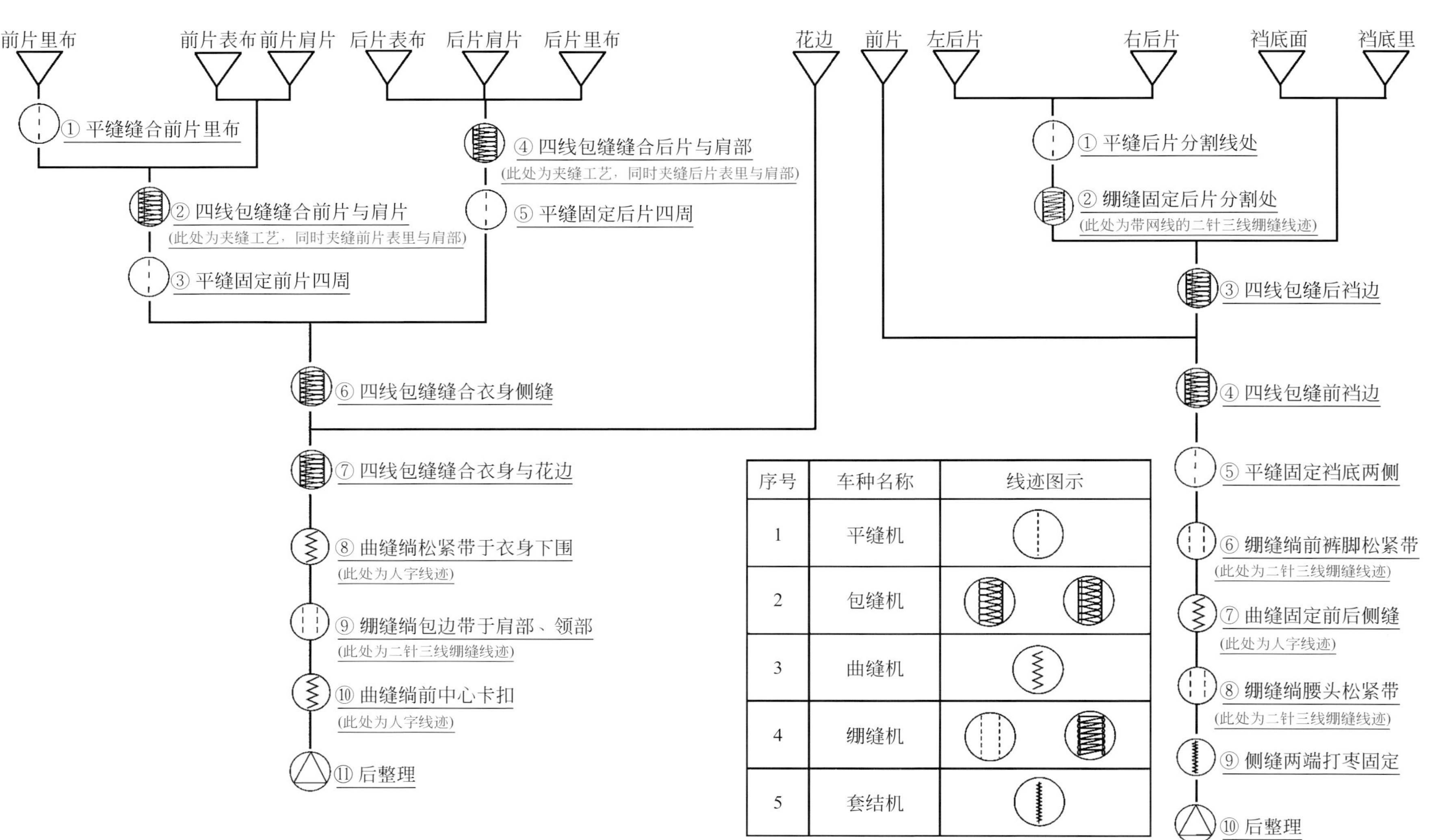

序号	车种名称	线迹图示
1	平缝机	
2	包缝机	
3	曲缝机	
4	绷缝机	
5	套结机	

十二、抹胸款

1. 着装配色和款式图

该款为抹胸钢圈模杯半罩杯款，罩杯上部的装饰与低腰三角裤中间蕾丝相呼应。配色采用高明度类似色、中性类似色搭配，如高明度的橘与黄、湖蓝与紫罗兰，低明度的深蓝与浅灰蓝等几款色彩搭配。相似的两种色彩使抹胸款内衣显得更加简单、大气。这种上弧线的中间分割法，在内衣的最高点处加上亮色，深色位于两侧，能更好地突出抹胸的立体感与聚拢效果。类似色花纹的点缀起到对两种色彩的中和作用，达到和谐统一的效果，也与下装的款式形成统一。除此之外，此款内衣还尝试其他的无色、对比色设计。

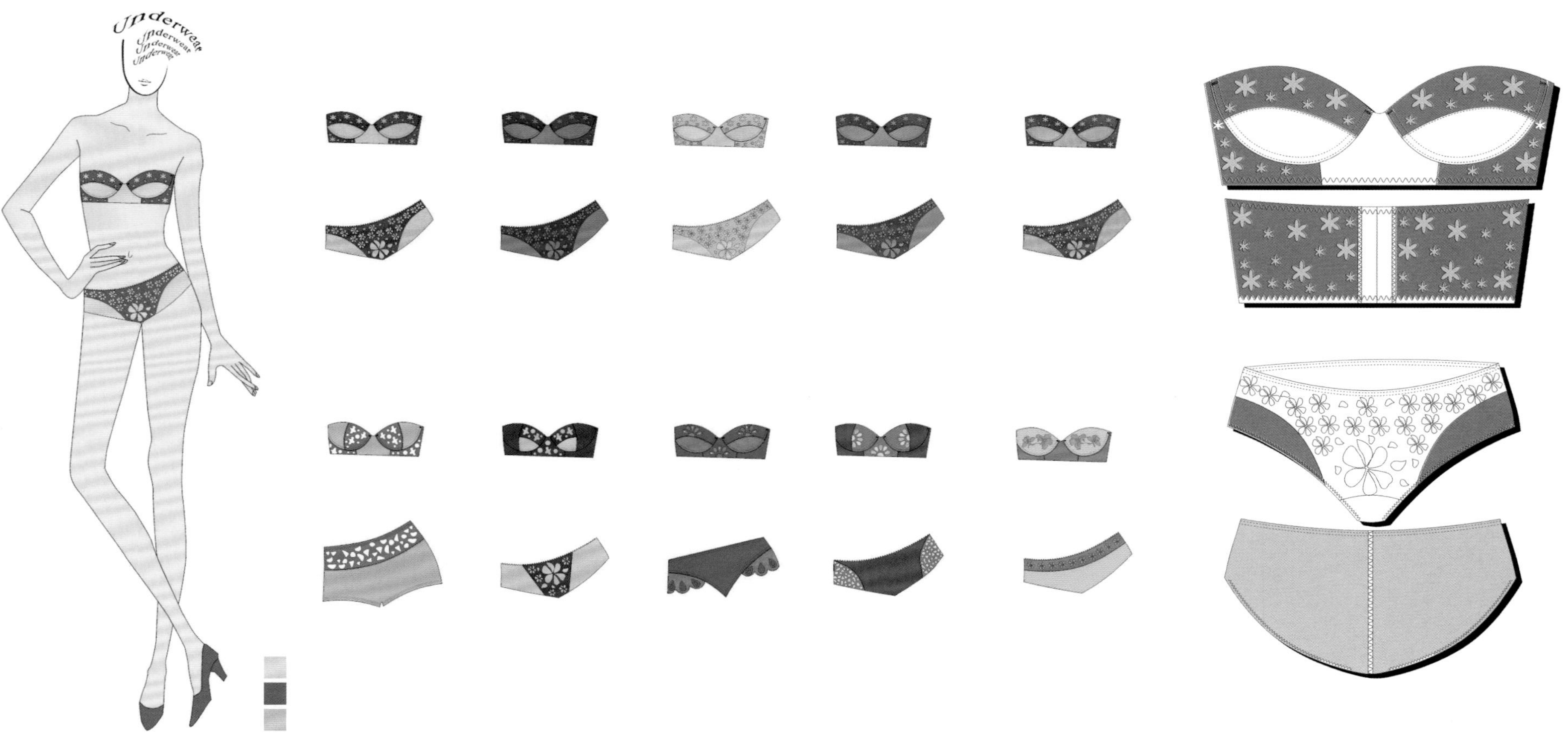

2. 纸样设计图

该款以模杯工艺设计，罩杯上下分割，鸡心片增加定型纱。裤子为低腰三角结构，前片蕾丝分割设计，需增加里布；后片连裆底设计；裤片面料弹性缩放率为75%。罩杯面布上沿缝边为1cm，其他部位的缝边为0.6cm；鸡心片面布底部缝边为1cm，其他缝边为0.6cm；侧拉片上下沿缝边为1cm，其他部位缝边为0.6cm。三角裤各部位缝边为0.6cm。

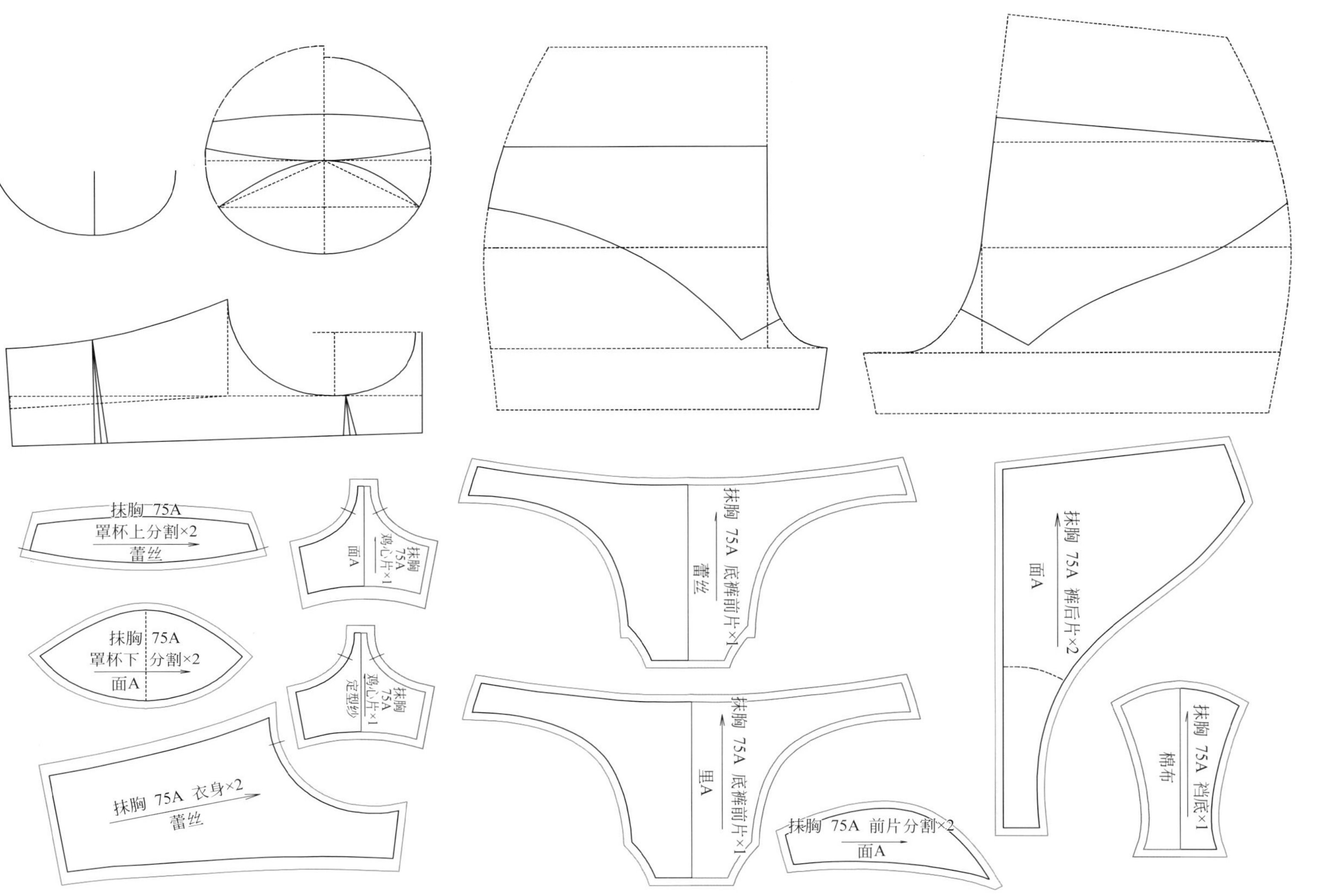

3. 放码图

该款罩杯用模杯，采用同杯不同号型规则设计放码。罩杯的各个部位数据相同不推放，只考虑下胸围的推放号型设计，因此，只有后身、侧拉片进行推放，钢圈形状位置和罩杯均不变化，具体档差数据如表1-10所示。丁字裤的放码规则参考表1-11中的数据进行分配，侧位处的蕾丝要根据裤身对位点的移动量进行调整推放，确保工艺数据的准确。

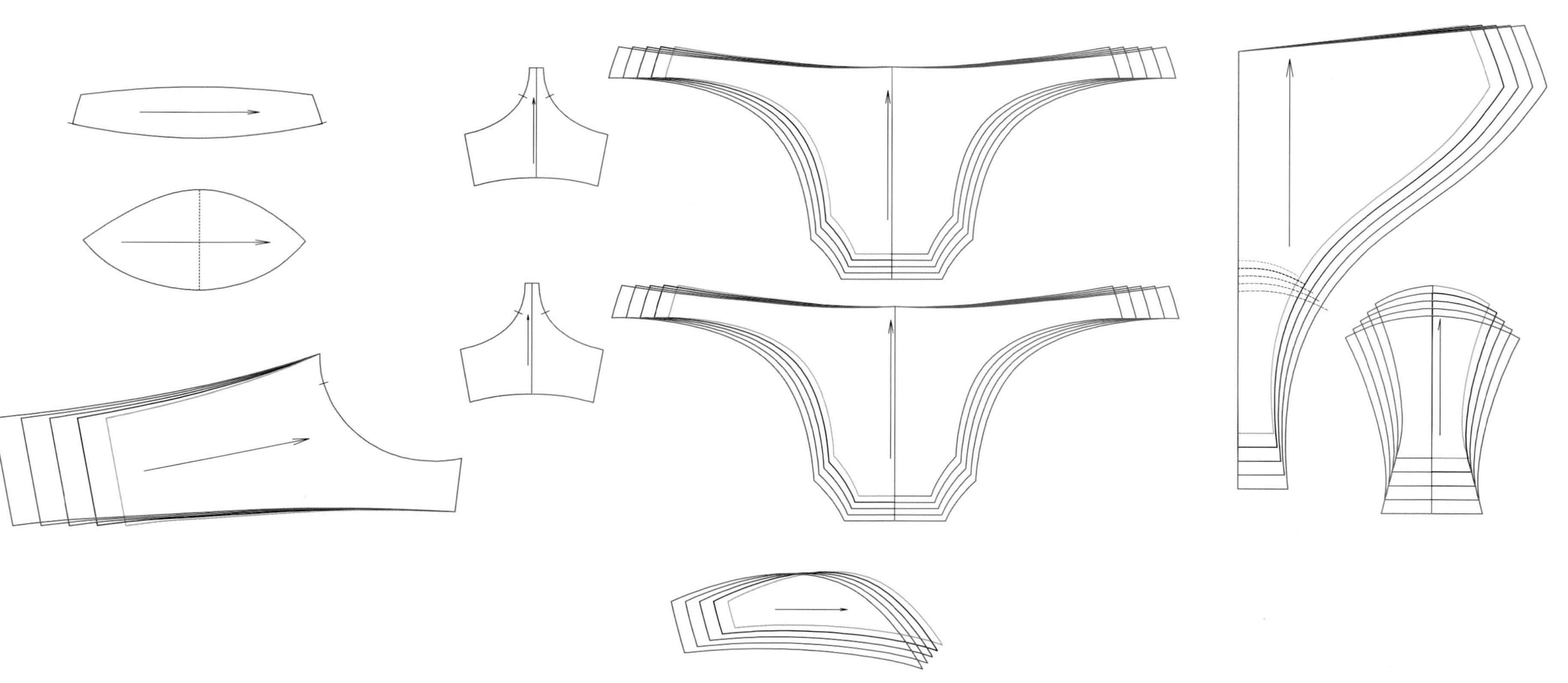

4. 生产工艺流程图

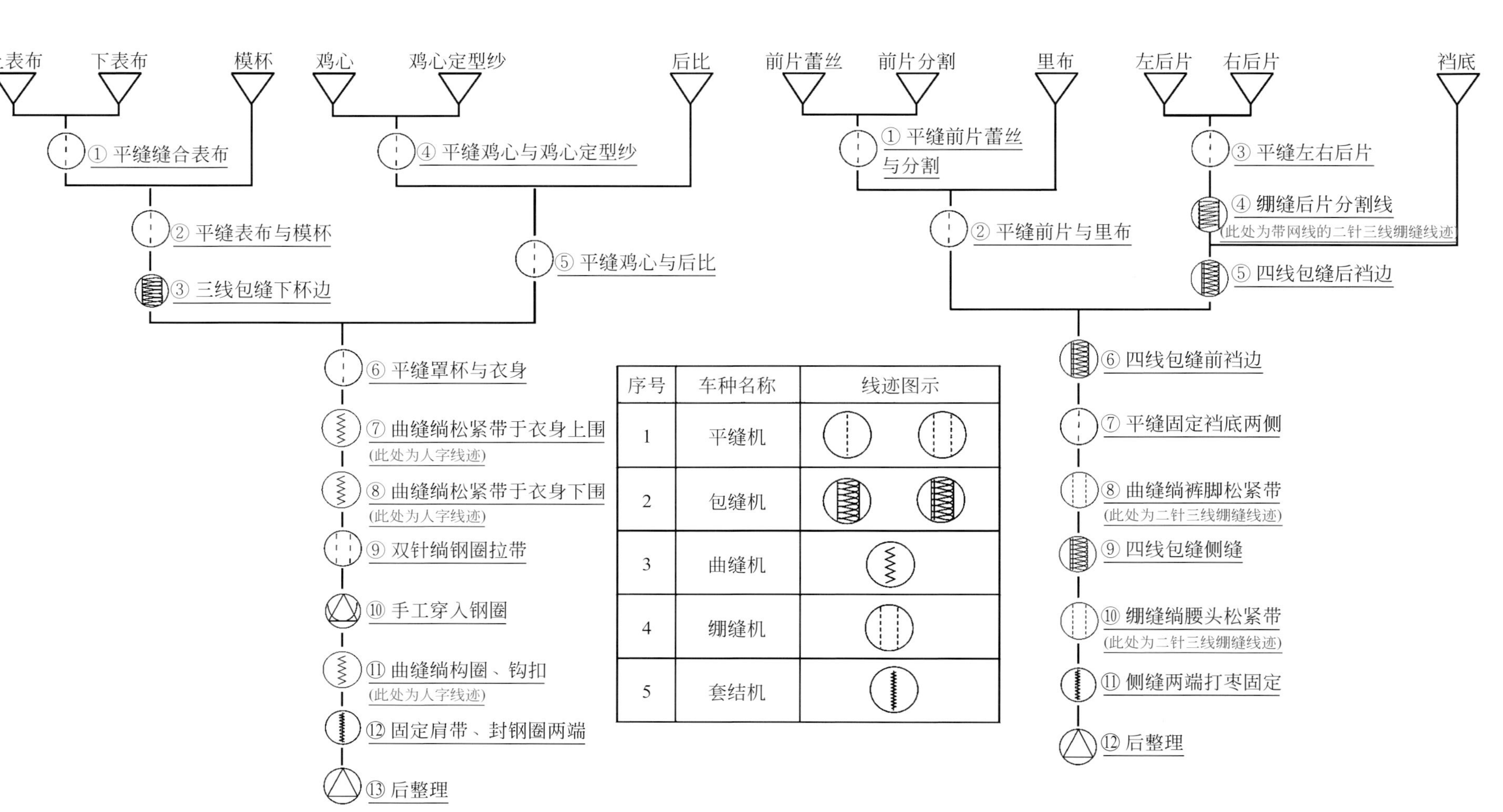
上表布
下表布
模杯
鸡心
鸡心定型纱
后比
前片蕾丝
前片分割
里布
左后片
右后片
裆底
① 平缝缝合表布
② 平缝表布与模杯
③ 三线包缝下杯边
④ 平缝鸡心与鸡心定型纱
⑤ 平缝鸡心与后比
⑥ 平缝罩杯与衣身
⑦ 曲缝绱松紧带于衣身上围
(此处为人字线迹)
⑧ 曲缝绱松紧带于衣身下围
(此处为人字线迹)
⑨ 双针绱钢圈拉带
⑩ 手工穿入钢圈
⑪ 曲缝绱构圈、钩扣
(此处为人字线迹)
⑫ 固定肩带、封钢圈两端
⑬ 后整理
① 平缝前片蕾丝与分割
② 平缝前片与里布
③ 平缝左右后片
④ 绷缝后片分割线
(此处为带网线的二针三线绷缝线迹)
⑤ 四线包缝后裆边
⑥ 四线包缝前裆边
⑦ 平缝固定裆底两侧
⑧ 曲缝绱裤脚松紧带
(此处为二针三线绷缝线迹)
⑨ 四线包缝侧缝
⑩ 绷缝绱腰头松紧带
(此处为二针三线绷缝线迹)
⑪ 侧缝两端打枣固定
⑫ 后整理

序号	车种名称	线迹图示
1	平缝机	
2	包缝机	
3	曲缝机	
4	绷缝机	
5	套结机	

第四章

泳装设计与产品开发

一、上衣半罩杯款

1. 着装配色和款式图

配色采用相似色、互补色、对比色设计，如红橙相似、黄紫互补、蓝黄对比等色彩搭配。此款半罩杯以简约时尚的风格为主，以大面积纯色为主色调，明亮的红黄蓝绿色彩，配上对比强烈的色彩做肩带及腰部的细微装饰，很好地将年轻的气息传达出来。同时色块的整体性也起到吸引视觉的效果，局部的交叉点缀、几何化的水果造型和色彩也为半罩杯的可爱甜美感加分。

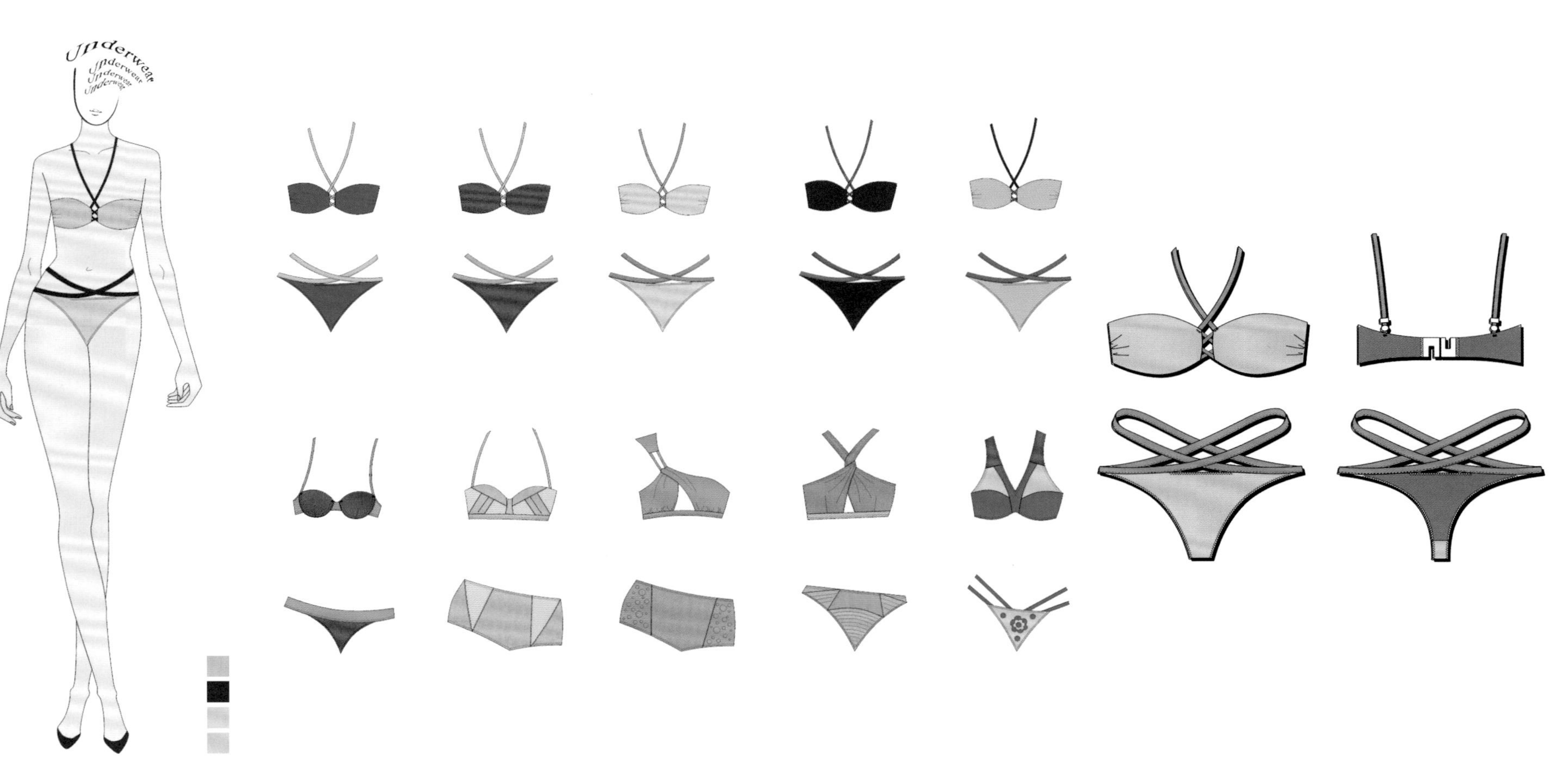

2. 纸样设计图

该款式为比基尼款，半罩杯、直比无下扒、交叉肩带、鸡心交叉饰带装饰；丁字裤，腰部交叉饰带。罩杯两层，内加泳装模杯垫。面布单褶抽褶设计，里布上下杯结构设计。丁字裤结构从原型纸样上获得，前片连裆设计，腰部成品松紧带夹缝，裤子弹性缩放率为78%。侧拉片上下沿、后卡扣部位的缝边均为1cm，罩杯上沿缝边为1.2cm，罩杯表布缝边为0.6cm，罩杯里布、裆底里布各部位缝边均为0.4cm；丁字裤各片部位缝边为0.6cm。腰带为1cm的成品松紧带。

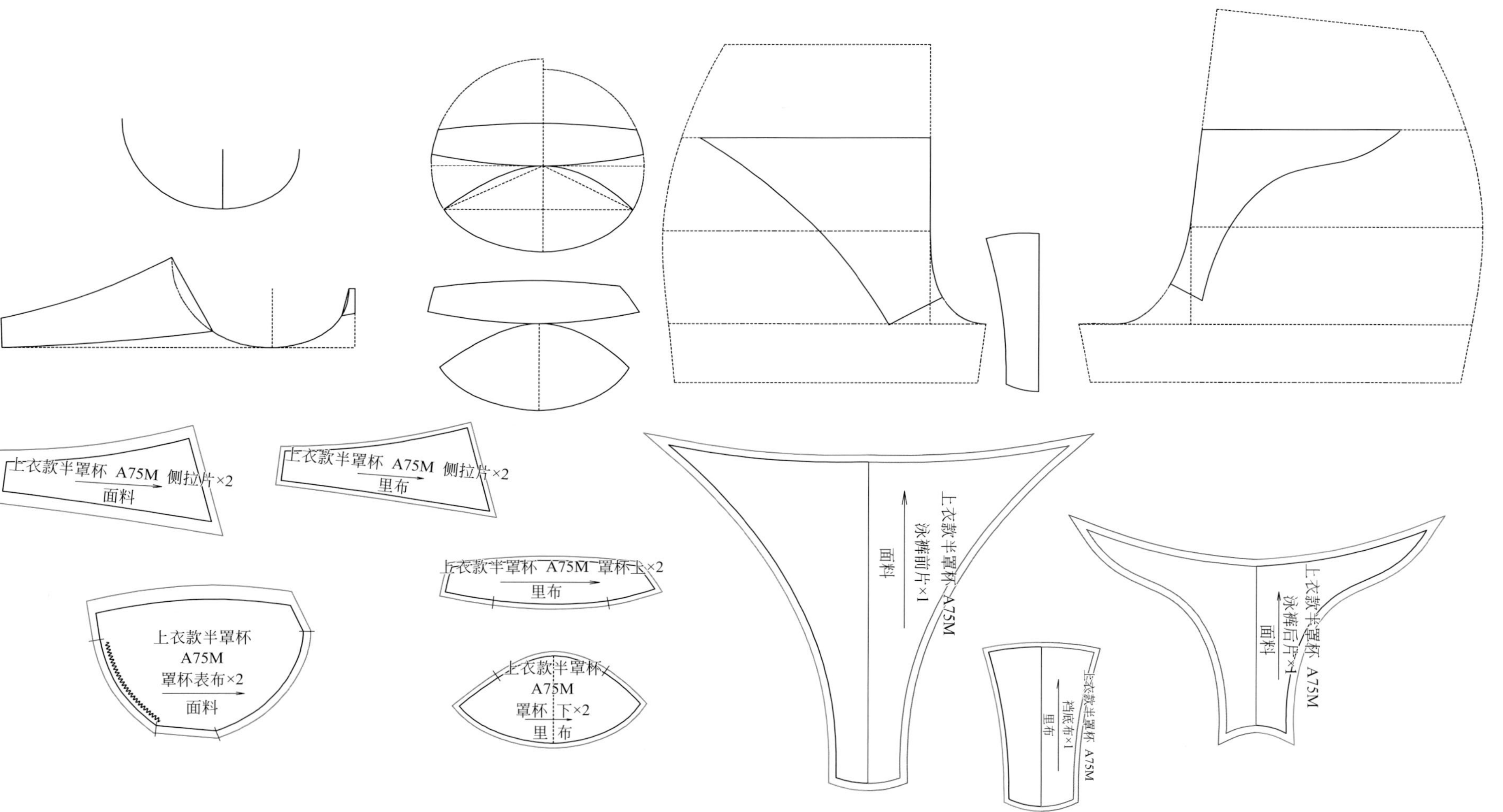

3. 放码图

该款罩杯用模杯，采用同型不同号规则设计放码。具体数值可参考表1-9罩杯同型不同号数据及档差表。丁字裤腰部松紧带设计可不推放。

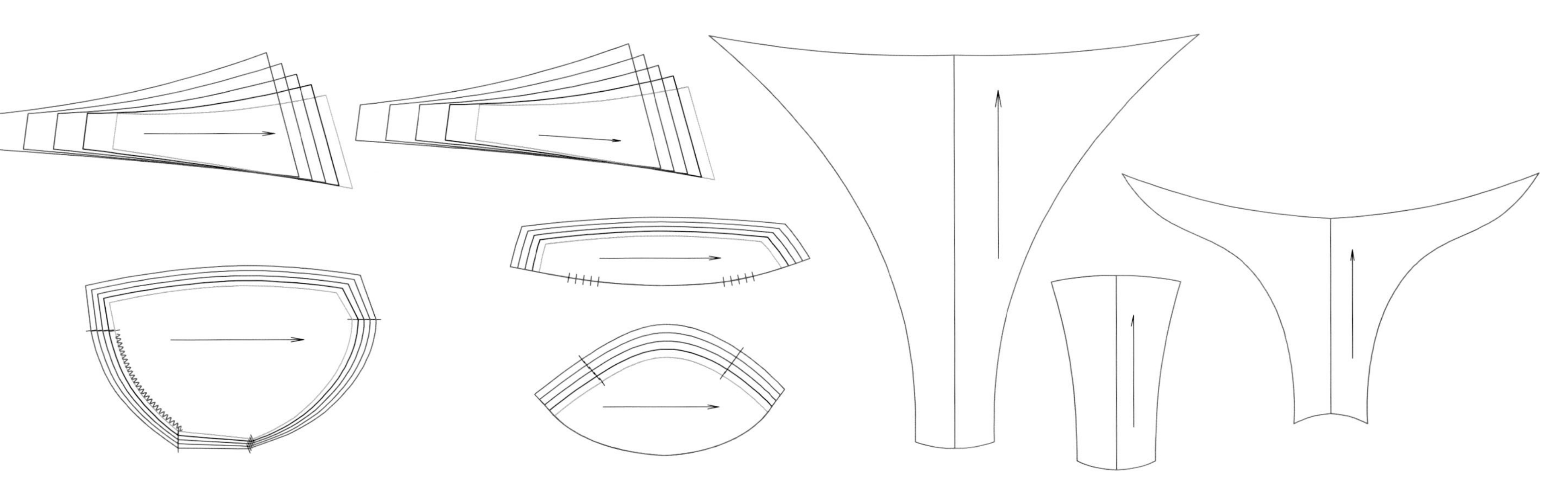

4. 生产工艺流程图

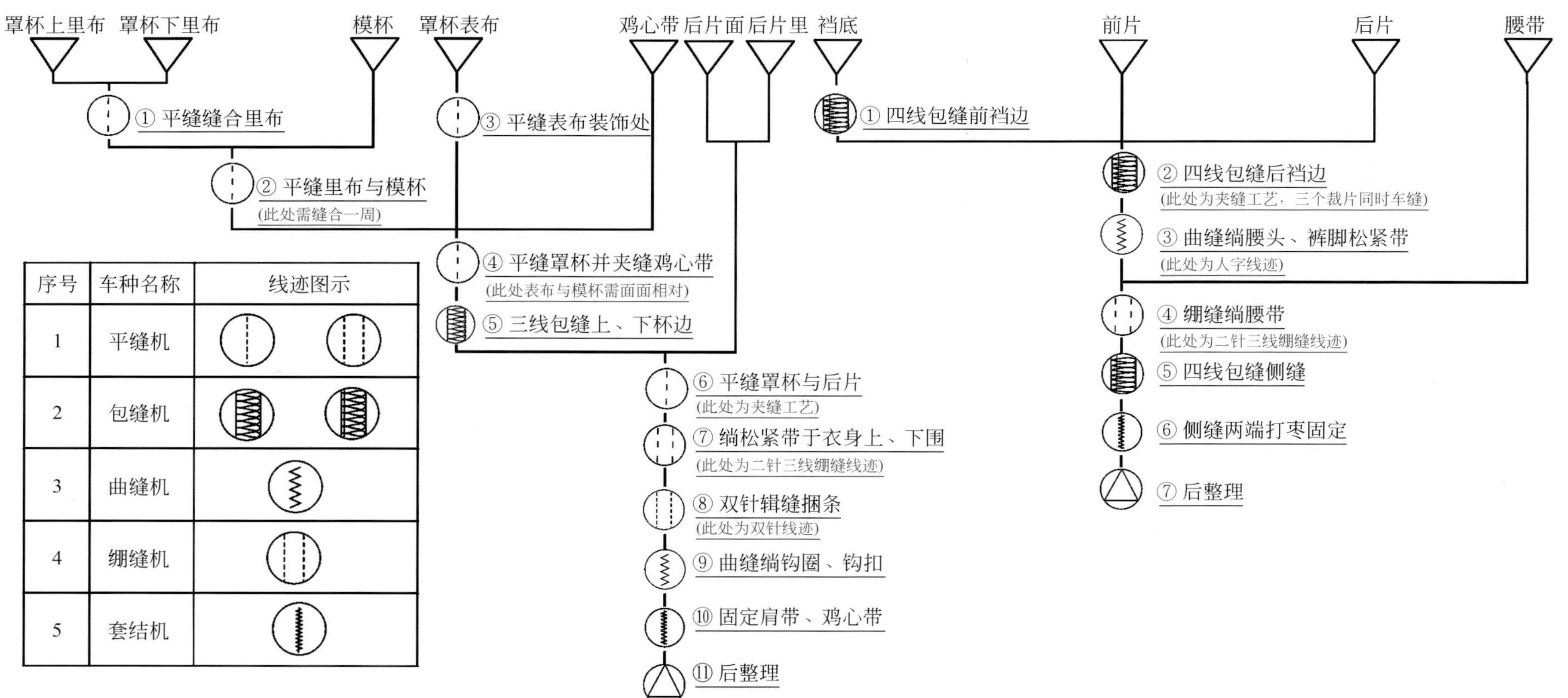
罩杯上里布
罩杯下里布
模杯
罩杯表布
鸡心带
后片面
后片里
裆底
前片
后片
腰带
① 平缝缝合里布
② 平缝里布与模杯
(此处需缝合一周)
③ 平缝表布装饰处
④ 平缝罩杯并夹缝鸡心带
(此处表布与模杯需面面相对)
⑤ 三线包缝上、下杯边
⑥ 平缝罩杯与后片
(此处为夹缝工艺)
⑦ 绱松紧带于衣身上、下围
(此处为二针三线绷缝线迹)
⑧ 双针辑缝捆条
(此处为双针线迹)
⑨ 曲缝绱钩圈、钩扣
⑩ 固定肩带、鸡心带
⑪ 后整理
① 四线包缝前裆边
② 四线包缝后裆边
(此处为夹缝工艺，三个裁片同时车缝)
③ 曲缝绱腰头、裤脚松紧带
(此处为人字线迹)
④ 绷缝绱腰带
(此处为二针三线绷缝线迹)
⑤ 四线包缝侧缝
⑥ 侧缝两端打枣固定
⑦ 后整理

序号	车种名称	线迹图示
1	平缝机	
2	包缝机	
3	曲缝机	
4	绷缝机	
5	套结机	

二、上衣三角杯款

1. 着装配色和款式图

该款是水滴形的三角杯，不对称裙子设计，突出活泼、性感、快乐的风格。配色采用二次色、分裂补色设计，如灰紫和灰黄二次色、蓝橙绿分裂补色搭配。灰色调的二次色使整款性感的三角杯显得沉稳含蓄，而分裂补色的运用既具有类比色的含蓄美，又具有补色的力量感，两者结合形成一种和谐且突出重点的效果。三角杯的杯面色彩在局部色彩的衬托下显得更加集中性感，配上下装的多样化设计凸显出异域风情。

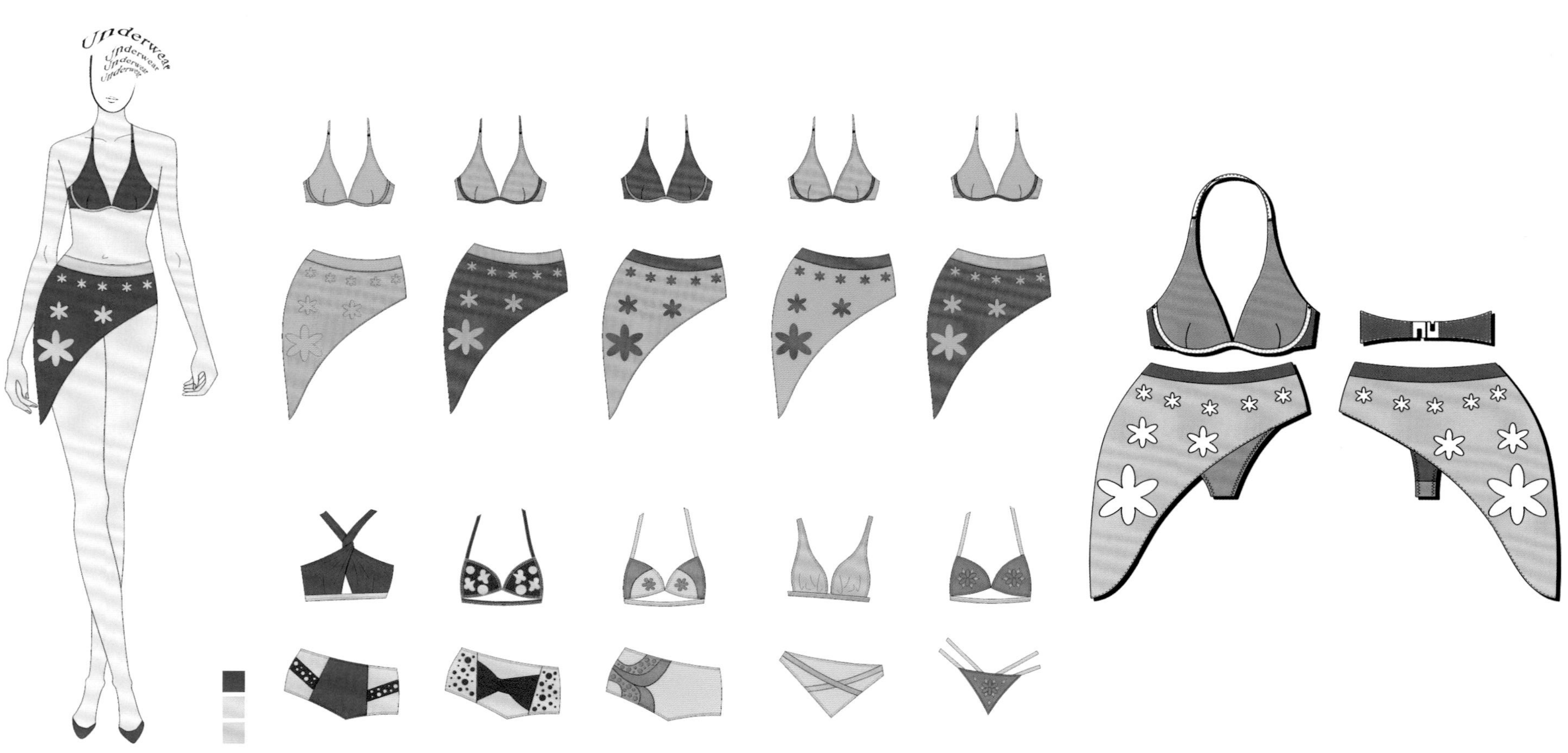

2. 纸样设计图

该款式为三角杯款，单褶罩杯、直比无下扒、绕颈肩带；裤子为丁字形，外层搭不对称裙饰。罩杯两层，内加泳装模杯垫。面里布都是单褶设计。丁字裤和不对称裙结构从原型纸样上获得，丁字裤前片连裆底，弹性缩放率78%。罩杯面布、侧拉片上下沿、后卡扣、丁字裤各片的缝边均为1cm，罩杯里布缝边为0.8cm；裆底分割部位缝边为0.6cm。

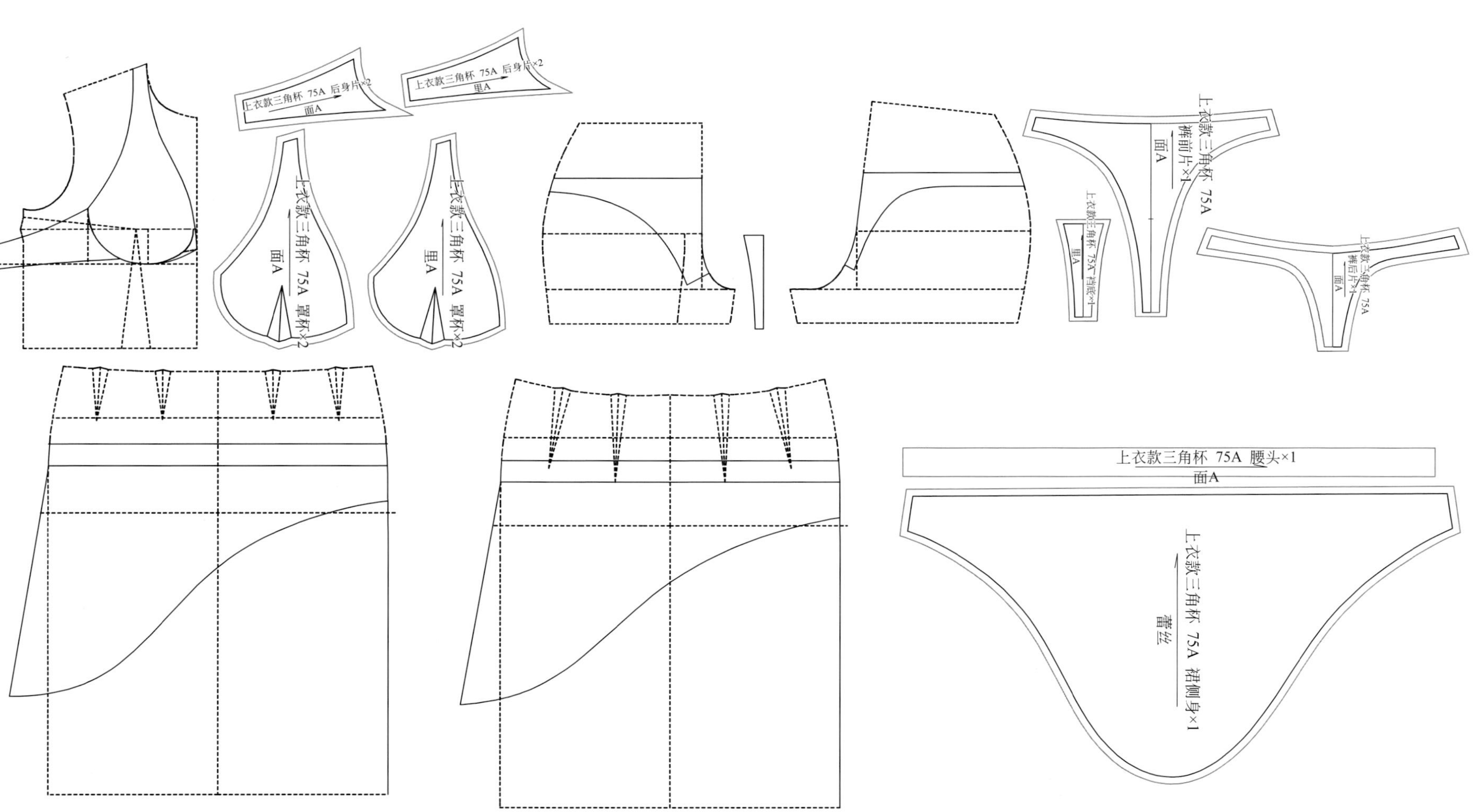

3. 放码图

该款罩杯用模杯，采用同型不同号规则设计放码。具体放码的数值可参考表1-9A罩杯同型不同号数据及档差表。丁字裤和外饰斜裙按照5·4系列进行推放，裆底部位按照与前裤片缝合部位适当进行调整推放。

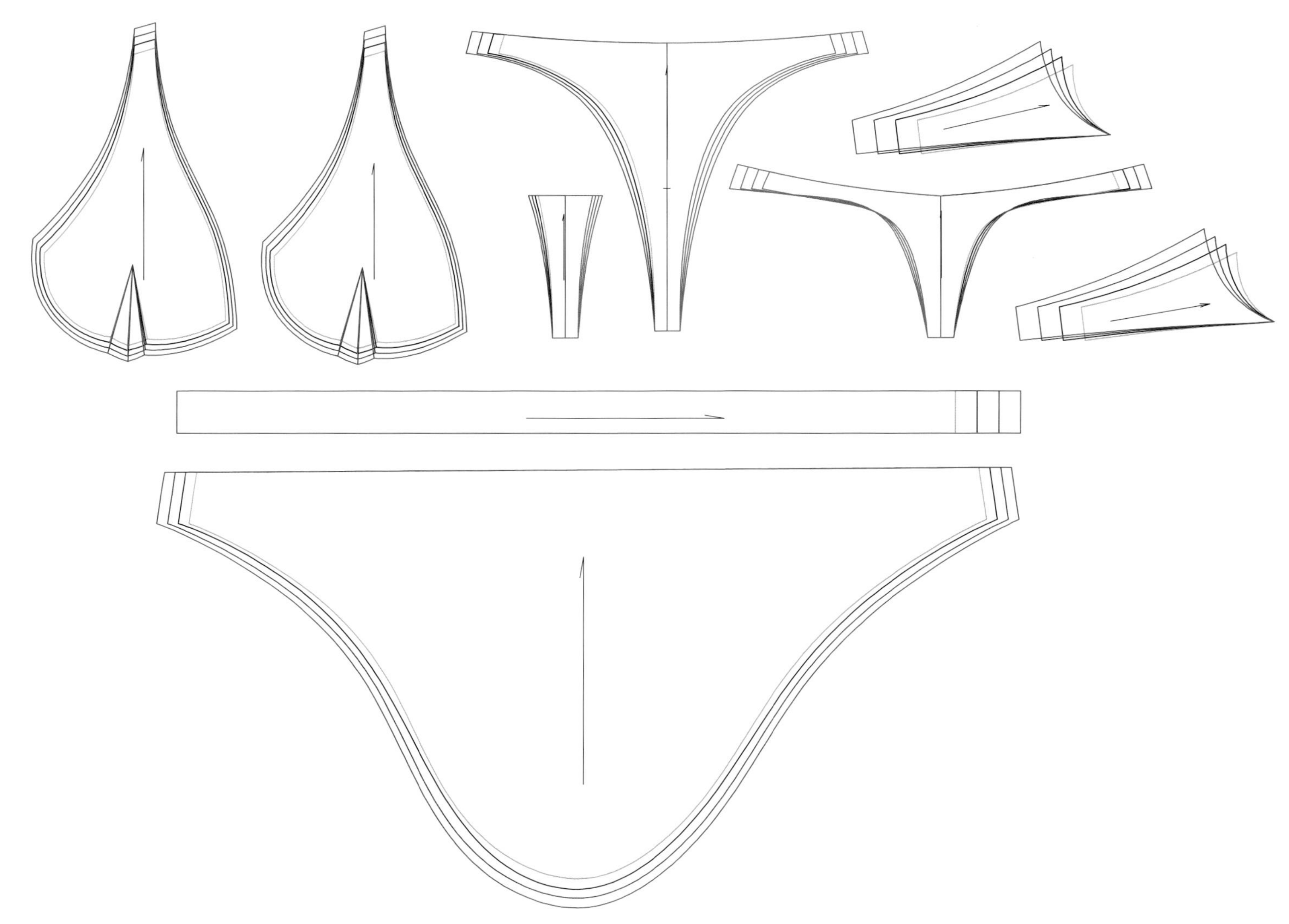

4. 生产工艺流程图

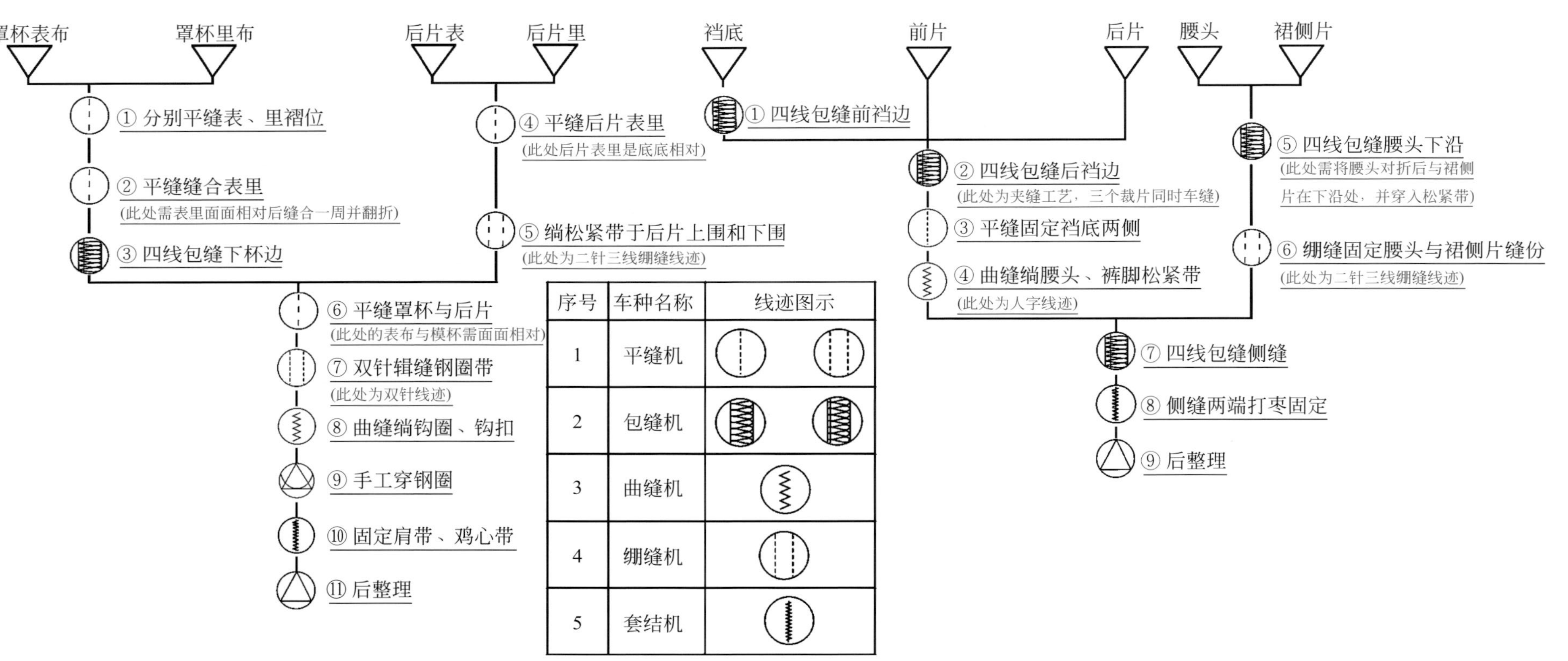

序号	车种名称	线迹图示
1	平缝机	
2	包缝机	
3	曲缝机	
4	绷缝机	
5	套结机	

三、上衣四分之三杯款

1. 着装配色和款式图

泳装为四分之三罩杯款，平角裤设计，蕾丝弧线分割设计。配色采用对比色、邻近色设计，如红蓝对比、中黄淡黄临近色搭配等。整款四分之三杯的泳衣加上邻近色的斑点，以豹纹的野性感打破原本显得成熟稳重的泳衣。尤其是对比色、细肩带的运用，两种反差较大的色彩组合在一起，使此款泳衣显得俏皮可爱。而不同色彩的分块化增加了泳衣的层次感与神秘性。

2. 纸样设计图

该款式为四分之三杯款，采用75A号型数据，罩杯左右分割，背心式衣身，罩杯两层，内加泳装模杯垫。面里布也是左右分割设计；平角裤外层为不对称蕾丝分割设计，分裆底设计，裤子腰头采用2cm成品松紧带，弹性缩放率78%；分割处缝边为0.6cm，泳装内层里布缝边为0.3cm，其他部位的缝边均为1cm。

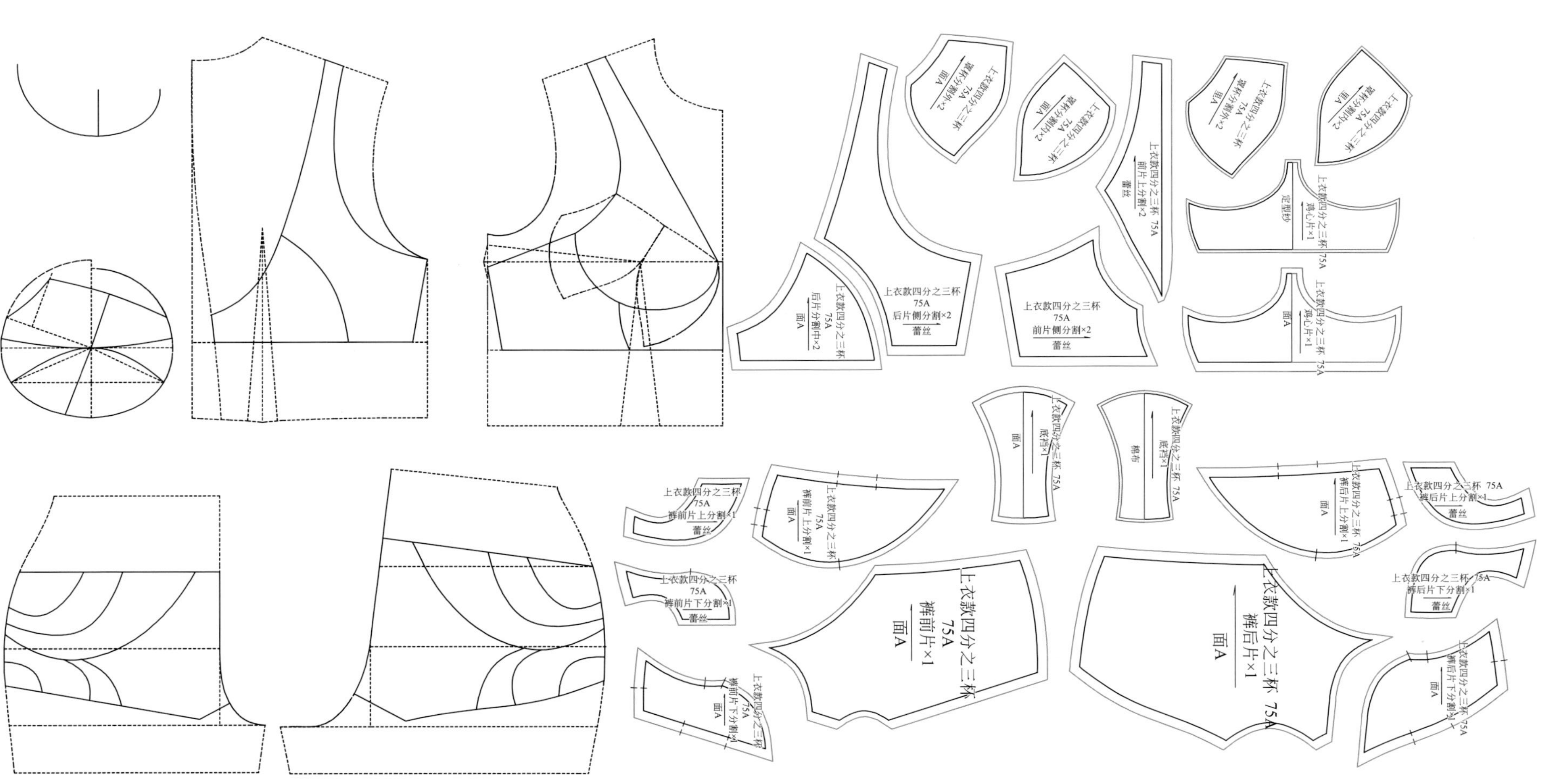

3. 放码图

该款式罩杯采用同型不同号进行推放，放码规则参考表1-11中的数据进行分配。衣身和泳裤的分割片比较多，因此，选择比值法规则设置整款各主要放码点的数值，以表1-17数据为基础，进行各个折线点的放码规则设计，然后选择分割拷贝复制到分割衣片上，确保各个分割衣片各放码点准确。上衣以下胸围线与前后中线为轴，衣长为30cm，衣长档差为0.8cm，半胸围长度为23cm，半胸围档差为2cm。上衣衣身各点档差规则如下：前中上两点（0，0.25）、前中底点（0，0）、前侧缝底点（−1，0）、前侧缝上点（−1，0.23）、肩部两点（−0.5，0.8）、后中两点（0，0）、后侧缝底点（1，0）、后侧缝上点（1，0.23）、肩部两点（0.5，0.8），其他线中点按照两点间比例点进行推放。泳裤以腰围线和前后中心线为轴，裤长17cm，其档差为0.5cm，四分之一臀围宽度为24cm，臀围档差为4cm。整款后片各点档差数值如下：后中上点（0，0）、后腰围外侧点（1，0）、后裤口外侧点（1，−0.31）、后裤裆底点（0.21，−0.5）、后中下点（0，−0.5）；前片各点档差规则如下：前中上点（0，0）、前腰围外侧点（−1，0）、前裤口外侧点（−1，−0.35）、前裤裆底点（0，−0.5），其他线中点按照两点间比例点进行推放，裆底不推放。

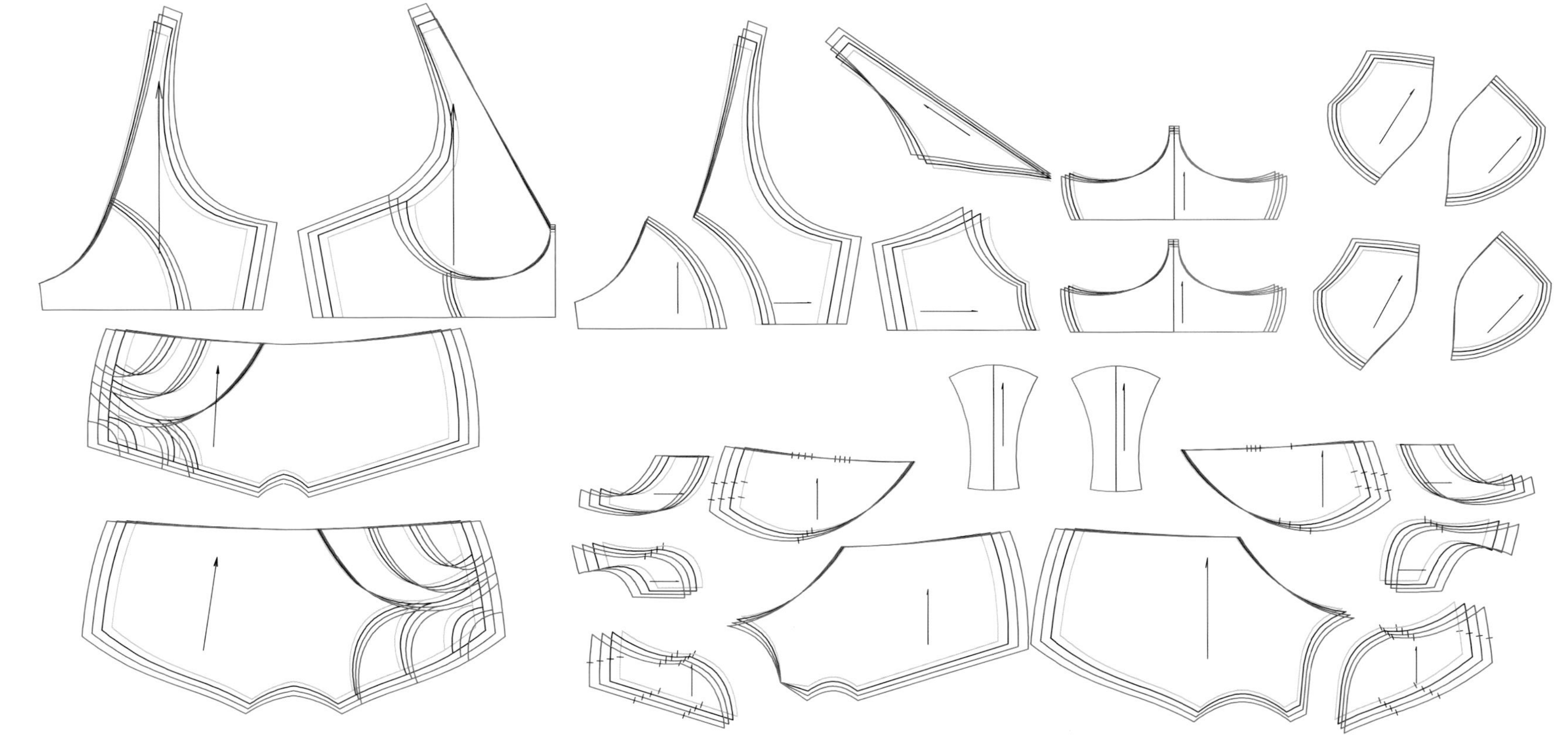

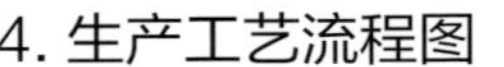

4. 生产工艺流程图

左表布 右表布 左里布 右里布 模杯 上分割 鸡心 鸡心定型纱 侧比 后比分割 后比分割中

① 平缝缝合表、里（此处缝份倒向两边）

② 在分割处压边线固定

③ 平缝表里与模杯

④ 绷缝缮松紧带（此处为二针三线线迹，只缮在领口处）

⑥ 平缝鸡心与定型纱

⑦ 平缝鸡心与侧比，并压边线固定

⑧ 平缝后比，并压边线固定

⑤ 三线包缝下杯边，并包缝上分割的上杯边处

⑨ 绷缝侧比与后比（此处为叠缝工艺，带网线二针三线线迹）

⑩ 平缝罩杯与衣身

⑪ 绷缝缮上沿松紧带（此处为二针三线线迹）

⑫ 曲缝缮下沿松紧带（此处为四点线迹）

⑬ 双针缮钢圈拉带

⑭ 手工穿入钢圈

⑮ 曲缝缮钩圈、钩扣（此处为人字线迹）

⑯ 固定肩带、封钢圈两端

⑰ 后整理

裤前分割上 裤前蕾丝（分割上） 裤前分割下 裤前蕾丝（分割下） 裤前片 裤后分割上 裤后蕾丝（分割上） 裤后分割下 裤口蕾丝（分割下） 裤后片 裆底面 裆底里

① 曲缝分别固定蕾丝于分割上、下处（此处为叠缝工艺，人字线迹）

② 平缝缝合裤前片

③ 绷缝固定前片分割处（此处为带网线的二针三线线迹）

④ 曲缝分别固定蕾丝于分割上、下处（此处为叠缝工艺，人字线迹）

⑤ 平缝缝合裤后片

⑥ 绷缝固定后片分割处（此处为带网线的二针三线线迹）

⑦ 四线包缝前、后裆边（此处为夹缝工艺）

⑧ 平缝固定裆底两侧

⑨ 绷缝缮裤脚、腰头松紧带（此处为二针三线绷缝线迹）

⑩ 四线包缝侧缝

⑪ 侧缝两端打枣固定

⑫ 后整理

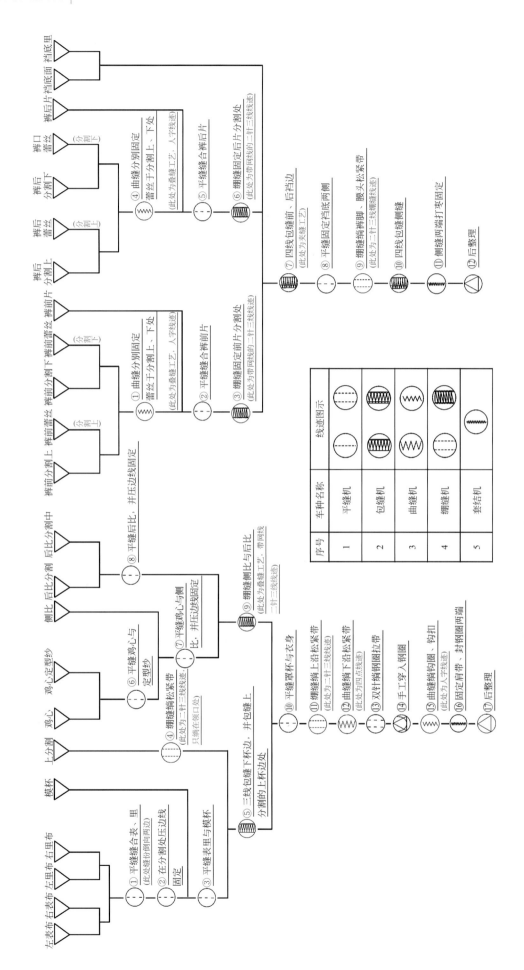

序号	车种名称	线迹图示
1	平缝机	
2	包缝机	
3	曲缝机	
4	绷缝机	
5	套结机	

四、下装三角裤款

1. 着装配色和款式图

该泳装的三角裤是高腰收腹款，有一定塑型调整作用，四分之三罩杯无下扒直比结构设计。配色采用相似色、无色设计，如相似色黄橙色系和黑白灰无色设计等。下装三角裤以色块拼接的形式进行色彩搭配，打破原本明艳度较高的色彩视觉冲击力，分块分布加上相似色的调和起到很好的缓冲效果，同时又增加了三角裤的层次感与质感。无色系列的设计通过局部的线条修饰、划块儿分割等形式打破无色的沉闷感，局部的细节装饰处理及上衣的技巧搭配，使这一系列显得年轻时尚，同时，三角款也能很好地修饰腿部线条。

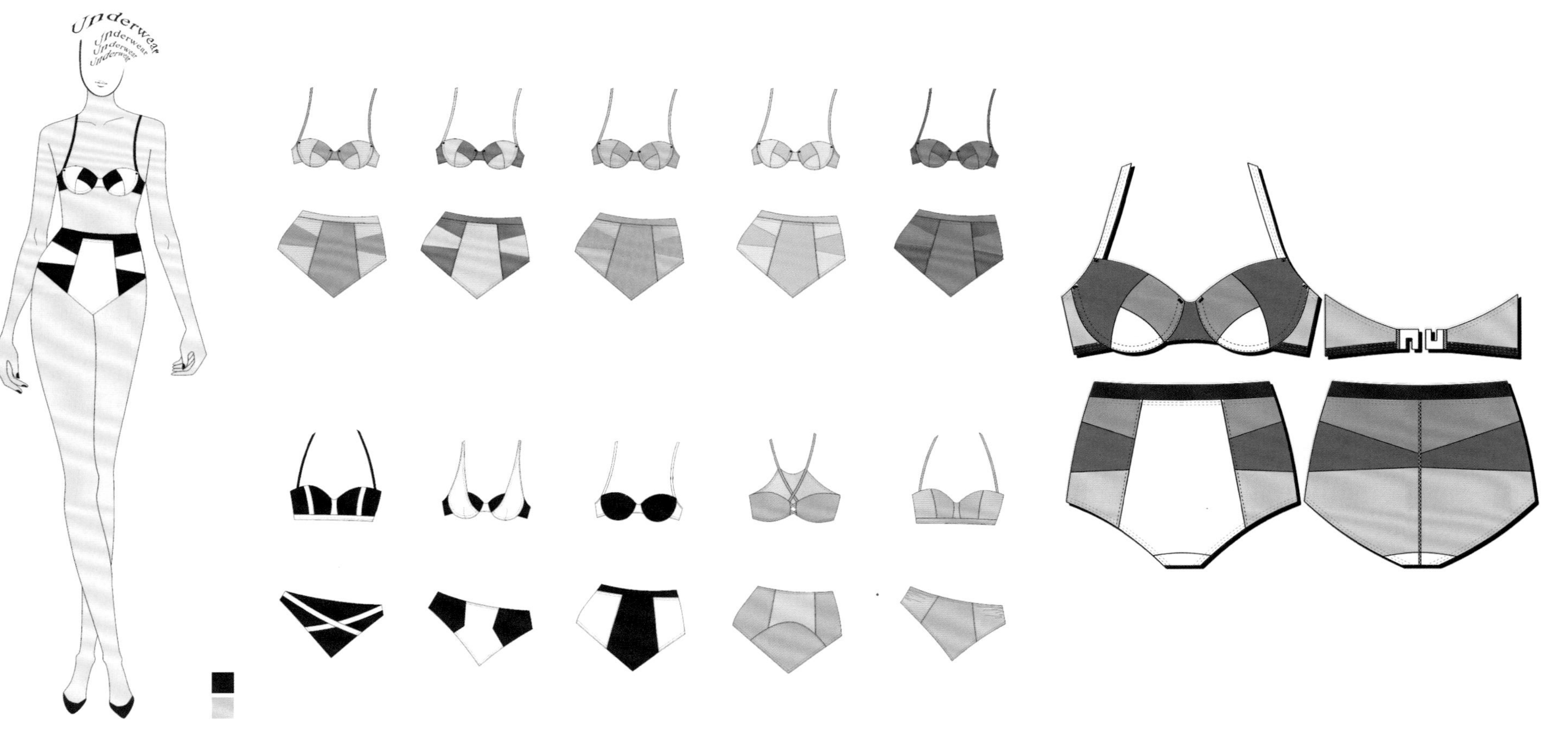

2. 纸样设计图

该款式为四分之三模杯无下扒直比结构设计，系颈肩带，面布水平形状T字杯结构设计。高腰三角裤款，分裆设计，结构从原型纸样上获得，腰部有成品松紧带夹缝，裤子弹性缩放率为78%。侧拉片上下沿缝边为1.2cm、罩杯分割部位的缝边为0.4cm，其他部位的缝边均为0.6cm；高腰三角裤各片部位缝边为0.6cm，腰带为1cm的成品松紧带。

3. 放码图

该款罩杯用模杯，采用同杯不同号型规则设计放码。确保都是C杯号的变化推放，胸围、下胸围跟着改变的，钩扣、肩带为均码，具体数据及档差见表1-9。该款高腰裤有一定的塑型效果，可选择目视法进行整款各主要放码点的设置，然后选择分割拷贝复制到分割衣片上。以腰围线和前后中心线为轴，裤长24cm，四分之臀围长度22cm；裤长档差为1cm，臀围档差为4cm。整款后片各点档差规则如下：后中上点（0,0）、后腰外侧点（0，1）、裤口外侧点（1，-0.3）、裆底两点（0、-1）。前片各点档差规则如下：前中上点（0，0）、前腰外侧点（0，-1）、裤口外侧点（-1，-0.5）、裆底两点（0、-1）。其他线中的点按照两点间的比例点进行推放；裆底不推放。

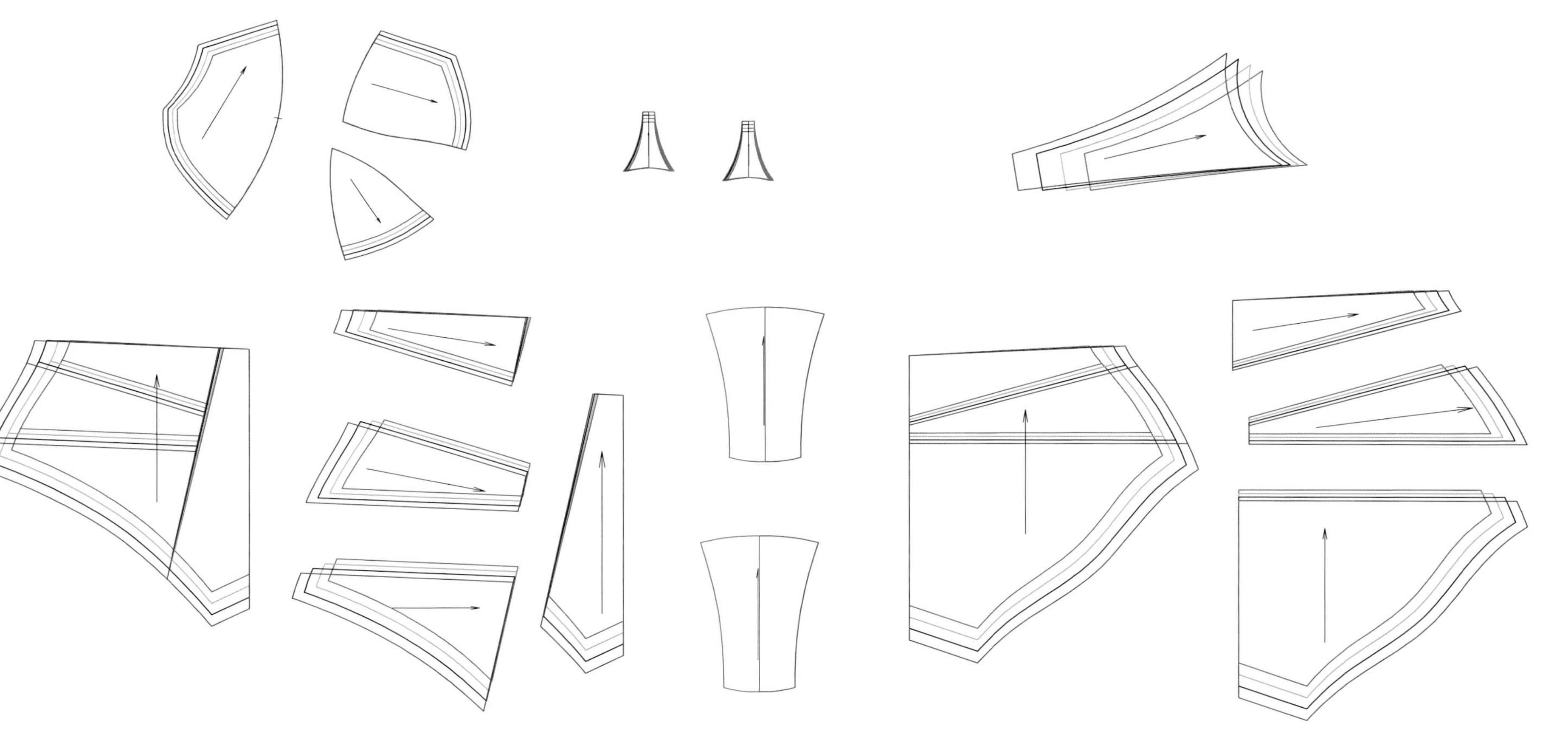

4. 生产工艺流程图

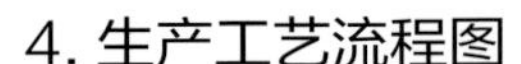

罩杯分割外、罩杯分割上、罩杯分割下、模杯、鸡心、定型纱、后片

① 平缝缝合罩杯与模杯
(此处需面面相对)

② 三线包缝罩杯上沿

③ 平缝缝合鸡心

④ 平缝缝合鸡心与罩杯

⑤ 绷缝绱松紧带于后片上、下沿
(此处为二针三线线迹)

⑥ 平缝缝合罩杯与衣身
(此处需面面相对)

⑦ 曲缝绱卡扣
(此处为人字线迹)

⑧ 固定肩带、钢圈两端

⑨ 手工穿入钢圈

⑩ 后整理

分割上（裤前）、分割中（裤前）、分割下（裤前）、前片（裤前）

① 平缝缝合裤前片
(此处缝份需向下倒)

② 绷缝固定前裤片短分割线
(此处为二针三线线迹)

③ 绷缝固定前裤片长分割线
(此处为带网线二针三线线迹)

分割上（裤后）、分割中（裤后）、分割下

④ 平缝缝合裤后片
(此处缝份需向下倒)

⑤ 绷缝固定后裤片短分割线
(此处为二针三线线迹)

⑥ 绷缝固定后裤片长分割线
(此处为带网线二针三线线迹)

裆底表、裆底里

⑦ 四线包缝前、后裆边
(此处为夹缝工艺，三个裁片同时车缝)

⑧ 平缝固定裆底两侧

⑨ 绷缝绱裤脚松紧带
(此处为二针三线线迹)

⑩ 四线包缝侧缝

⑪ 绱腰头松紧带
(此处为叠缝工艺，松紧带是成品)

⑫ 侧缝两端打枣固定

⑬ 后整理

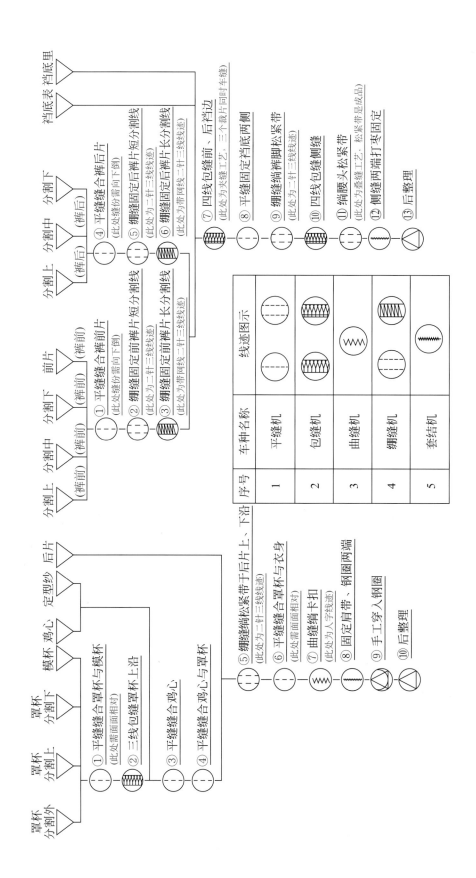

序号	车种名称	线迹图示
1	平缝机	
2	包缝机	
3	曲缝机	
4	绷缝机	
5	套结机	

五、下装平角裤款

1. 着装配色和款式图

该套泳装为平角裤款，装宽松紧带，交叉肩带，显得运动时尚。配色采用对比色设计，如黄紫、橙蓝等色彩应用，以几何化的大色块进行对称分割，中间竖向色块为中轴进行两侧对称划分。两侧采用上下两个色块划分，整体给人一种欧美风格。对比色的间隔分块设计使得整款平角裤色彩突出，给人一种年轻的时尚感，色彩的冲击性设计，与上衣设计呼应，显得统一稳定。

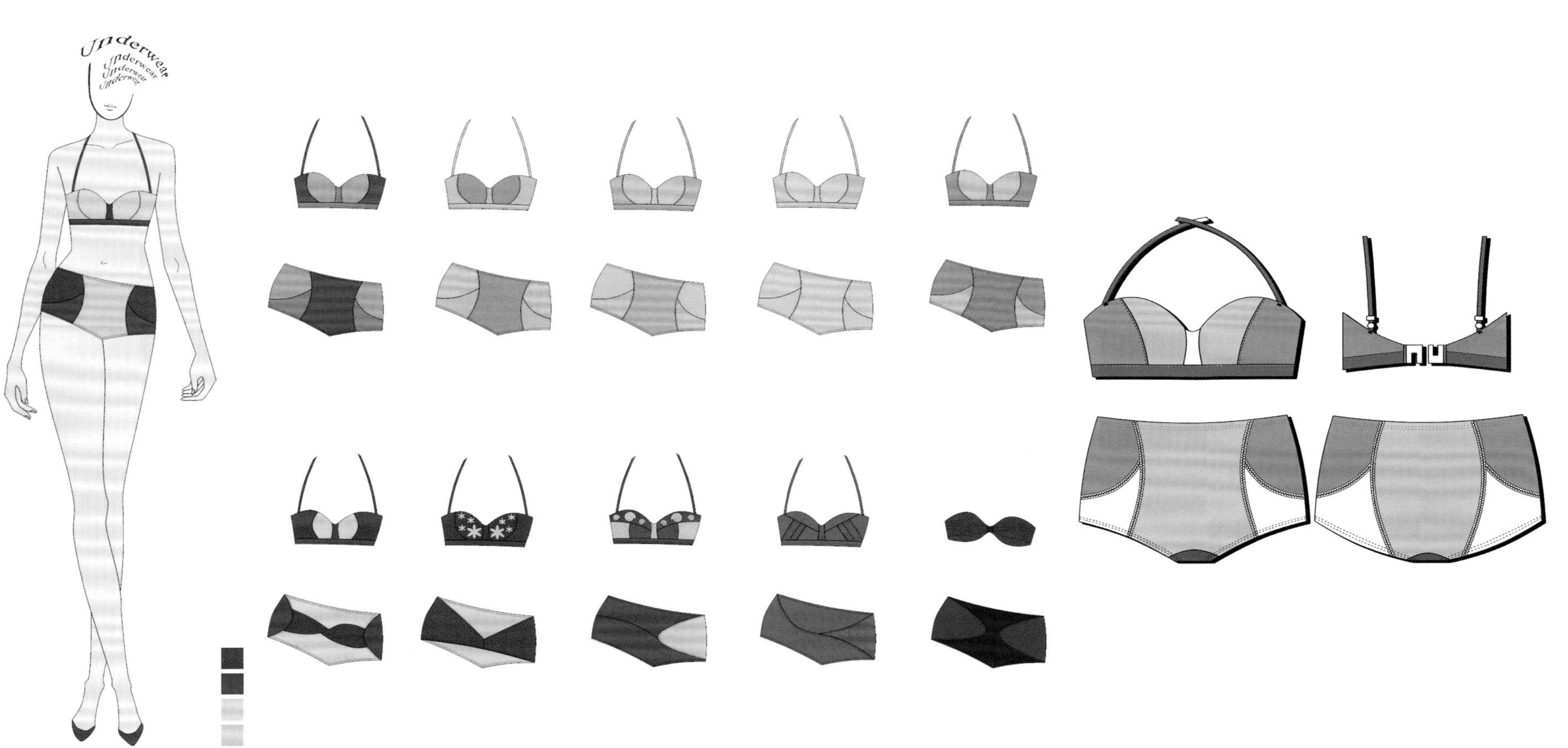

2. 纸样设计图

该款式为四分之三杯的变款，左右分割结构；平角裤，两侧分割设计呼应文胸分割。罩杯两层，内加泳装模杯垫。面布和里布都是左右杯结构。平角裤结构从原型纸样上获得，裆底两片。上衣面料弹性缩放率78%。上衣分割部位和鸡心片的缝边为0.6cm，其他部位的缝边均为1cm，罩杯里布和鸡心片定型纱的缝边为0.3cm。平角裤腰缝边为2cm，裤口、侧缝的缝边为1cm，其他部位0.6cm，底裆缝边为0.3cm。上衣下沿和裤腰采用2cm成品松紧带，不出纸样。

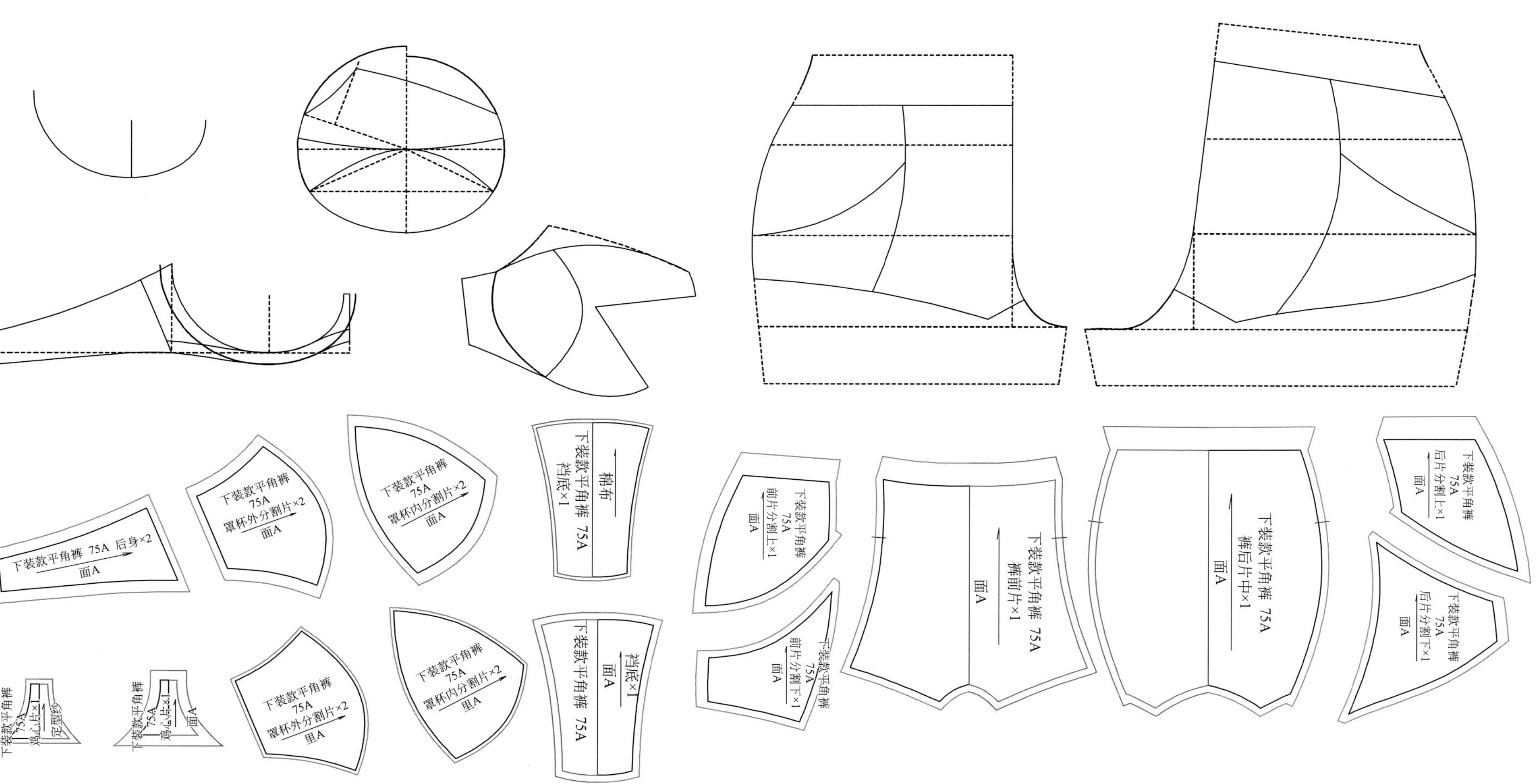

3. 放码图

该款上衣以BP点为不动点，用比值法分别设计各点放码，档差数据参考表1-9所示。顺时针设置上衣各点规则，BP点为不动点，鸡心片不推放，心位点（0.6，0）、罩杯分割两底点（沿分割线方向推放0.4）、侧身分割两底点（-0.8，-0.2）、钩扣处两点（-2，0）、侧身分割两上点（-0.8，-0.2）、罩杯分割两上点（沿分割线方向推放0.4）。泳裤多片分割，可采用比值法进行前后裤片的主要放码点的设计，然后再应用规则拷贝的方式进行分割裁片的各点放码设置。裤腰和前后中心线的交点为不动点，顺时针设置各点。四分之一臀围长度22cm，档差为1，裤身长度18cm，档差为0.5cm；前中腰点（0，0）、前片裆底两点（0，-0.5）、前片侧缝底点（-1，-0.45）、前片腰围侧点（-1，0）；后中腰点（0，0）、后片腰围侧点（1，0）、后片侧缝底点（1，-0.45）、后片裆底两点（0，-0.5），裆底不推放。

4. 生产工艺流程图

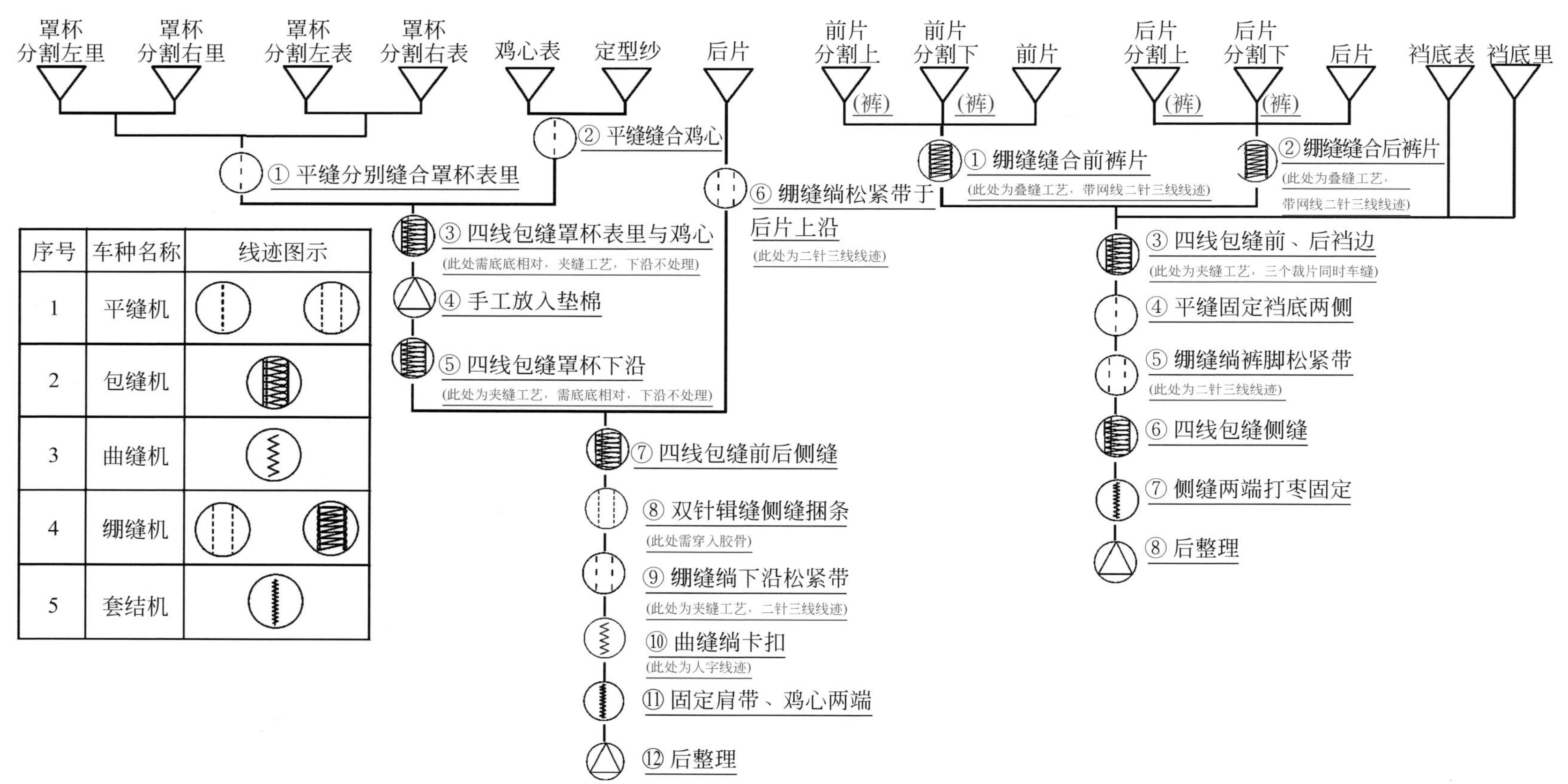
罩杯分割左里
罩杯分割右里
罩杯分割左表
罩杯分割右表
鸡心表
定型纱
后片
① 平缝分别缝合罩杯表里
② 平缝缝合鸡心
③ 四线包缝罩杯表里与鸡心
(此处需底底相对，夹缝工艺，下沿不处理)
④ 手工放入垫棉
⑤ 四线包缝罩杯下沿
(此处为夹缝工艺，需底底相对，下沿不处理)
⑥ 绷缝绱松紧带于后片上沿
(此处为二针三线线迹)
⑦ 四线包缝前后侧缝
⑧ 双针辑缝侧缝捆条
(此处需穿入胶骨)
⑨ 绷缝绱下沿松紧带
(此处为夹缝工艺，二针三线线迹)
⑩ 曲缝绱卡扣
(此处为人字线迹)
⑪ 固定肩带、鸡心两端
⑫ 后整理
前片分割上
(裤)
前片分割下
(裤)
前片
后片分割上
(裤)
后片分割下
(裤)
后片
裆底表
裆底里
① 绷缝缝合前裤片
(此处为叠缝工艺，带网线二针三线线迹)
② 绷缝缝合后裤片
(此处为叠缝工艺，
带网线二针三线线迹)
③ 四线包缝前、后裆边
(此处为夹缝工艺，三个裁片同时车缝)
④ 平缝固定裆底两侧
⑤ 绷缝绱裤脚松紧带
(此处为二针三线线迹)
⑥ 四线包缝侧缝
⑦ 侧缝两端打枣固定
⑧ 后整理

序号	车种名称	线迹图示
1	平缝机	
2	包缝机	
3	曲缝机	
4	绷缝机	
5	套结机	

六、下装裙装款

1. 着装配色和款式图

该套泳装裙装为内搭丁字裤，可分开穿。配色采用邻近色和分裂补色设计，如黄、绿临近，深紫、橙色等分裂补色的运用，邻近色的使用使整款裙装显得和谐自然，而分裂补色则给人一种明艳的视觉冲击力。两种色彩的运用都是以一种色彩为主要基底，另外一种做腰部的修饰或是花纹点缀，裙装采用V形分割、弧形分割等手法都是为了突出、修饰腰部的线条。百褶样的短裙显得轻柔多姿，同时也能很好地修饰腿形。

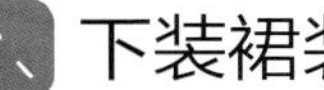

2. 纸样设计图

该款式为裙装款，半罩杯模杯款，单肩带；裙装内为丁字裤。丁字裤和裙子结构从原型纸样上获得，丁字裤前片为连裆设计，裙子下摆加褶变形处理。上衣面料弹性缩放率78%。泳装上下身分割部位缝边为0.6cm，其他部位的缝边均为1cm，罩杯里布缝边为0.3cm。平角裤腰缝边为2cm，裤口、侧缝的缝边为1cm，其他部位缝边为0.6cm。上衣下沿采用2cm成品松紧带，不出纸样。

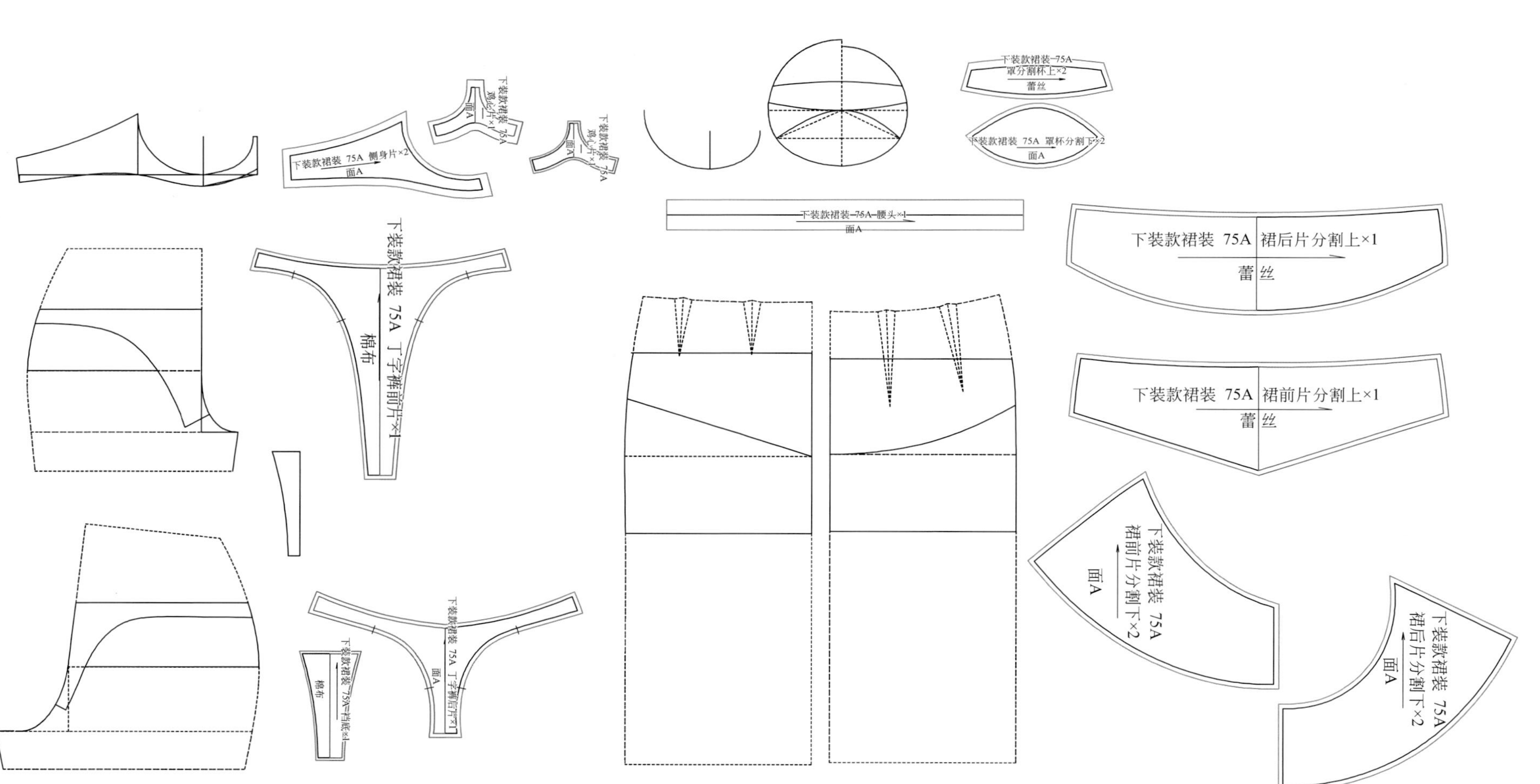

3. 放码图

该款式以75cm下胸围同号不同型的号型设置进行推放，侧拉片和后身长度不变化，与罩杯缝合的部位相应调整；鸡心片与罩杯缝合的部位进行调整；罩杯夹棉和内层里布放码规则同罩杯面布；钩扣、肩带为均码。文胸、丁字裤和裙子腰部的放码规则参考表1-11中的数据进行分配。

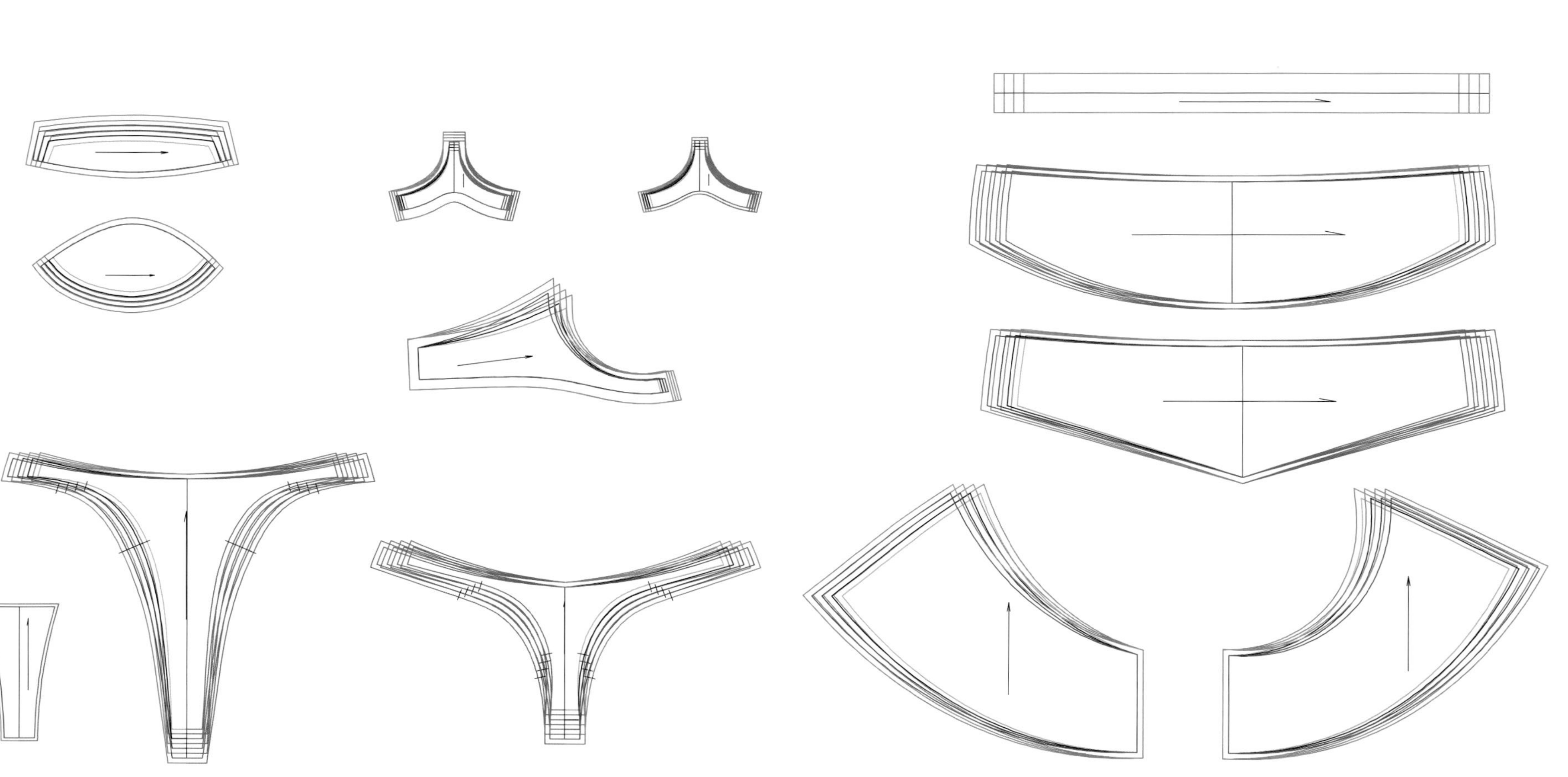

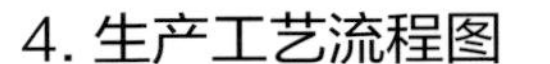

4. 生产工艺流程图

罩杯分割上
罩杯分割下
模杯
鸡心
定型纱
后片
① 平缝缝合罩杯与模杯
(此处需面面相对)
② 三线包缝罩杯上沿
③ 平缝缝合鸡心
④ 平缝缝合鸡心与罩杯
⑤ 绷缝绱松紧带于后片上、下沿
(此处为二针三线线迹)
⑥ 平缝缝合罩杯与衣身
(此处需面面相对)
⑦ 曲缝绱卡扣
(此处为人字线迹)
⑧ 固定肩带、钢圈两端
⑨ 手工穿钢圈
⑩ 后整理
裆底
前片
后片
(裤)
分割上
分割下
分割上
分割下
(裙前)
(裙前)
(裙后)
(裙后)
腰头
① 四线包缝前裆边
② 四线包缝后裆边
(此处为夹缝工艺，三个裁片同时车缝)
③ 平缝固定裆底两侧
④ 绷缝绱裤脚松紧带
(此处为二针三线绷缝线迹)
⑤ 四线分别包缝前、后裙片
⑥ 平缝固定缝份
(此处需压面线)
⑦ 平缝固定裙片与底裤
(此处只需固定腰头部分)
⑧ 四线包缝侧缝
⑨ 绷缝绱腰头
(此处需穿入松紧带，夹缝工艺，二针三线绷缝线迹)
⑩ 侧缝两端打枣固定
⑪ 后整理

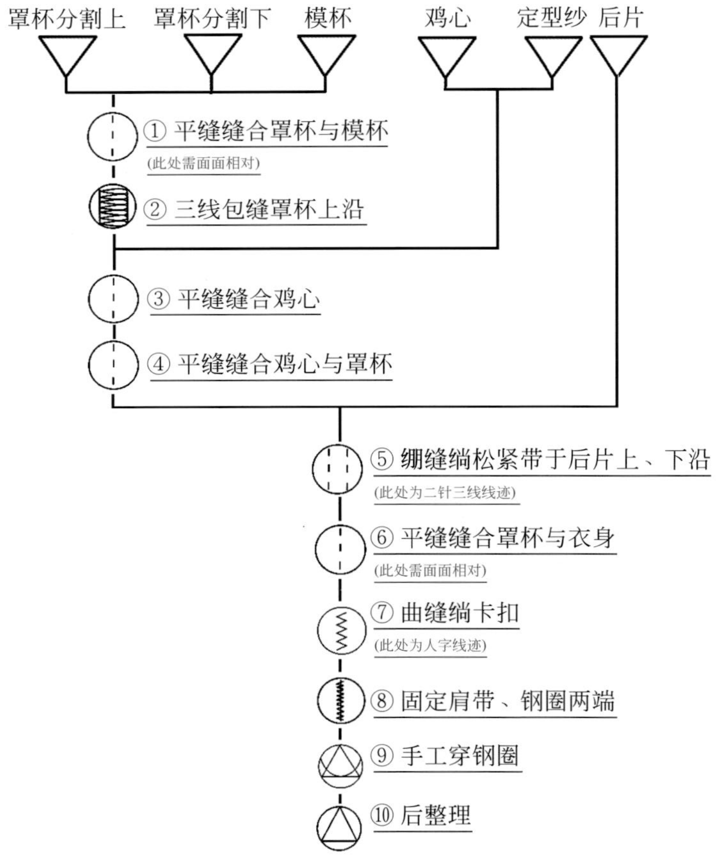

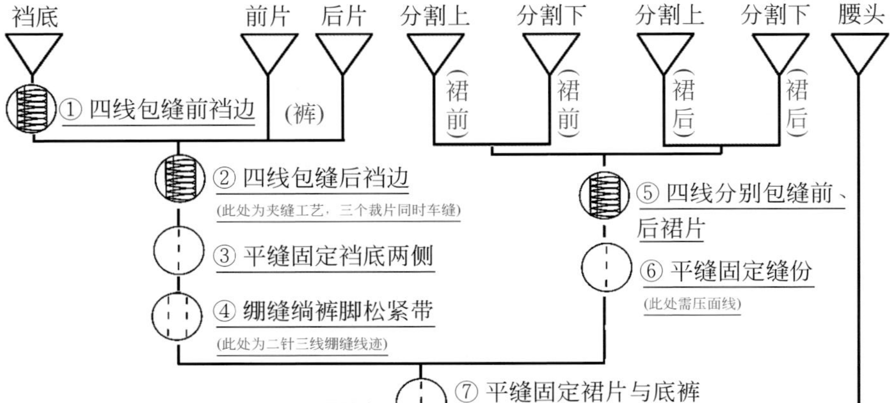

序号	车种名称	线迹图示
1	平缝机	
2	包缝机	
3	曲缝机	
4	绷缝机	
5	套结机	

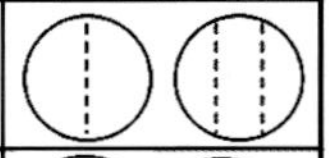

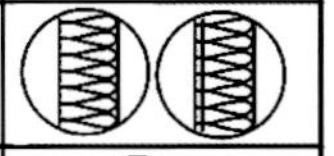

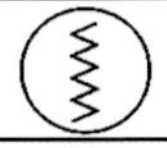

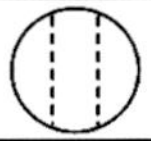

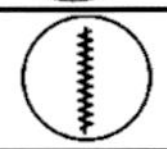

七、下装丁字裤款

1. 着装配色和款式图

该泳装为不对称单肩款，丁字裤款以宽松紧带配花型面料，显得魅惑时尚。配色采用互补色、对比色、相似色，如红绿互补、黄蓝对比、蓝色系相似色等色彩搭配。此款丁字裤以清新的水果样式为主，简单的腰部与裤身的撞色，将腰部色彩以点状花纹的形式应用于裤身，形成中间调和的效果，使看似明艳的色彩搭配显得自然和谐。而色彩的条状、块状、点状运用更增加了丁字裤的几何化水果样式，显得清新自然可爱调皮；交叉带状的添加又显得性感妖娆。

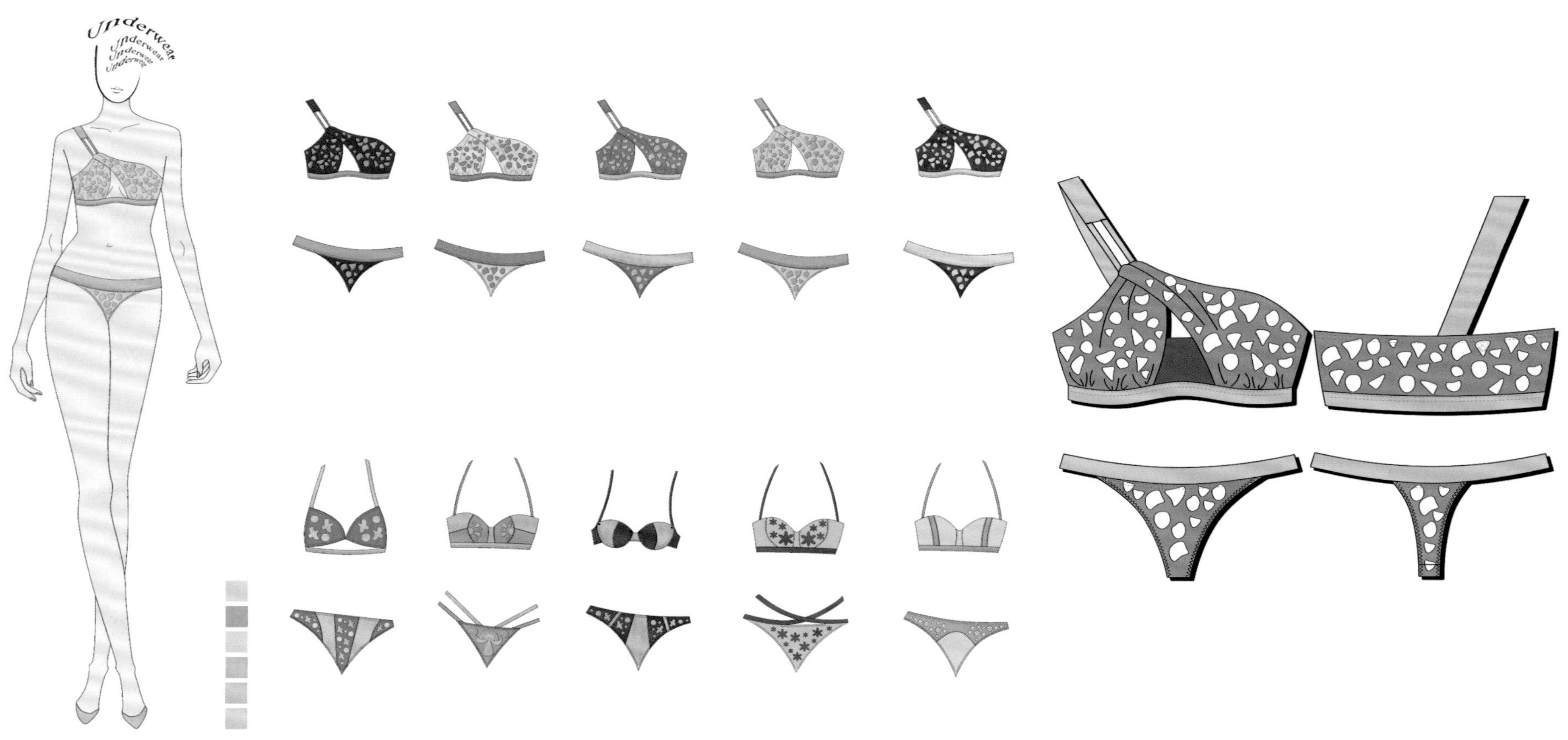

2. 纸样图

该款式为比基尼变款，三角杯、单肩带；丁字裤，腰部宽松紧带。罩杯两层，内加泳装模杯垫。面布肩带处打褶，罩杯下部抽褶，里布为单省结构设计。丁字裤结构从原型纸样上获得，裆底两片，上衣下沿和腰部用3cm成品松紧带夹缝，肩带与罩杯连接处1cm成品松紧带。上衣面料弹性缩放率为78%。肩带本色布和裆底分割部位缝边为0.6cm，其他各片的缝边均为1cm，罩杯里布缝边为0.8cm。

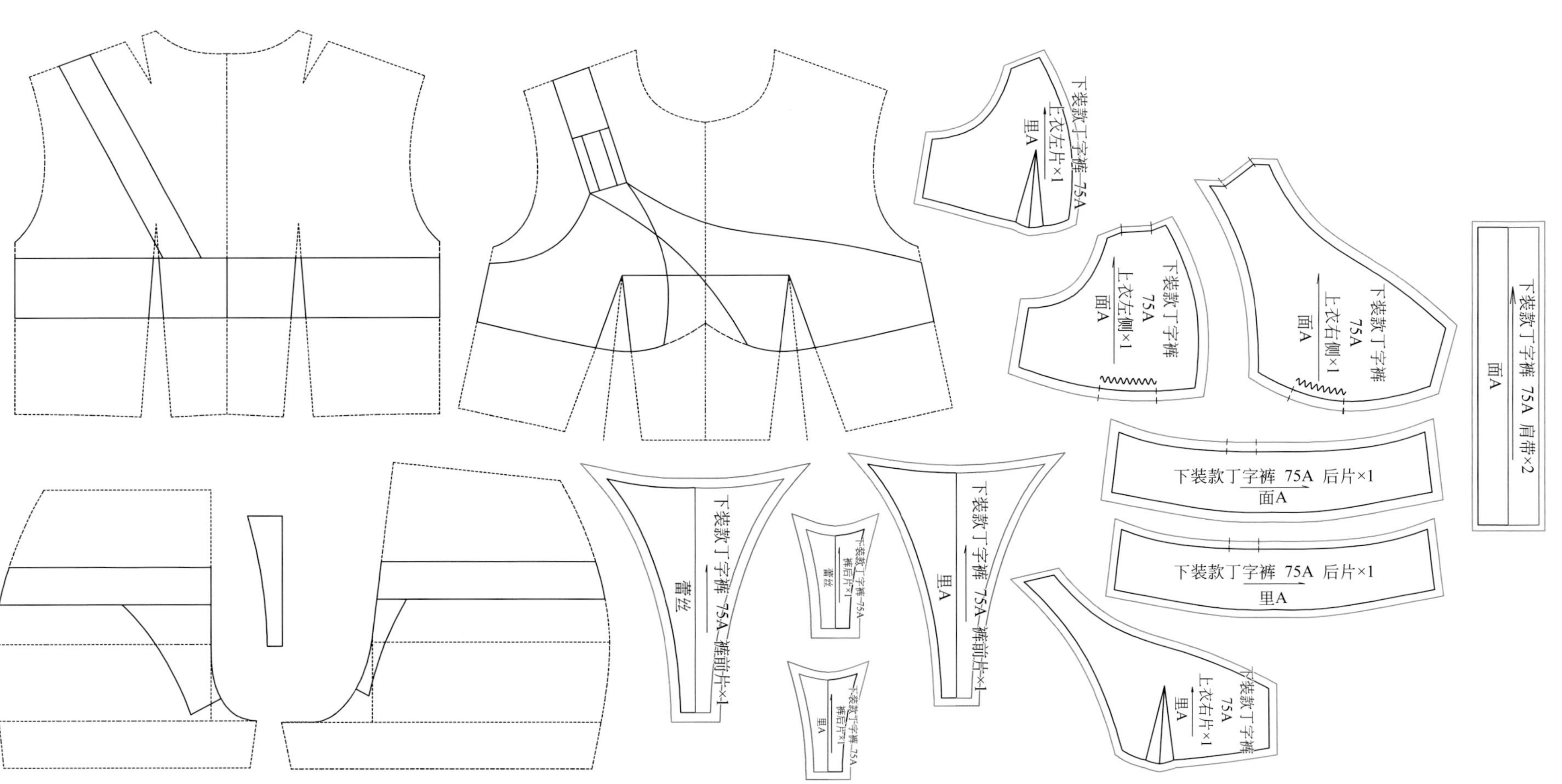

3. 放码图

该款以女装5·4系列进行号型设置即可，用比值法进行各衣片的主要放码点的放码设计。上衣各衣片以右下角点为不动点，顺时针设计各点的放码。上衣左侧表布衣片，四分之一胸围长度17cm，档差为1，衣身长度17cm，档差为0.5cm；前中底点（0，0）、侧缝底点（-1，0）、腋下点（-1，0）、肩点（-0.5，0.46）、侧颈点（-0.18，0.5），里布衣片各点同表布各点放码规则；上衣右侧表布衣片，四分之一胸围长度17cm，档差为1，衣身长度24cm，档差为0.8cm；侧缝底点（0，0）、前中底点（-1，0）、前中上左点（-1.32，0.7），前中上右点（-0.97，0.8）、腋下点（0.1，0），里布衣片各点同表布各点放码规则；后衣身横向推放不纵向推放。单肩带不推放，丁字裤腰部松紧带设计可不推放。

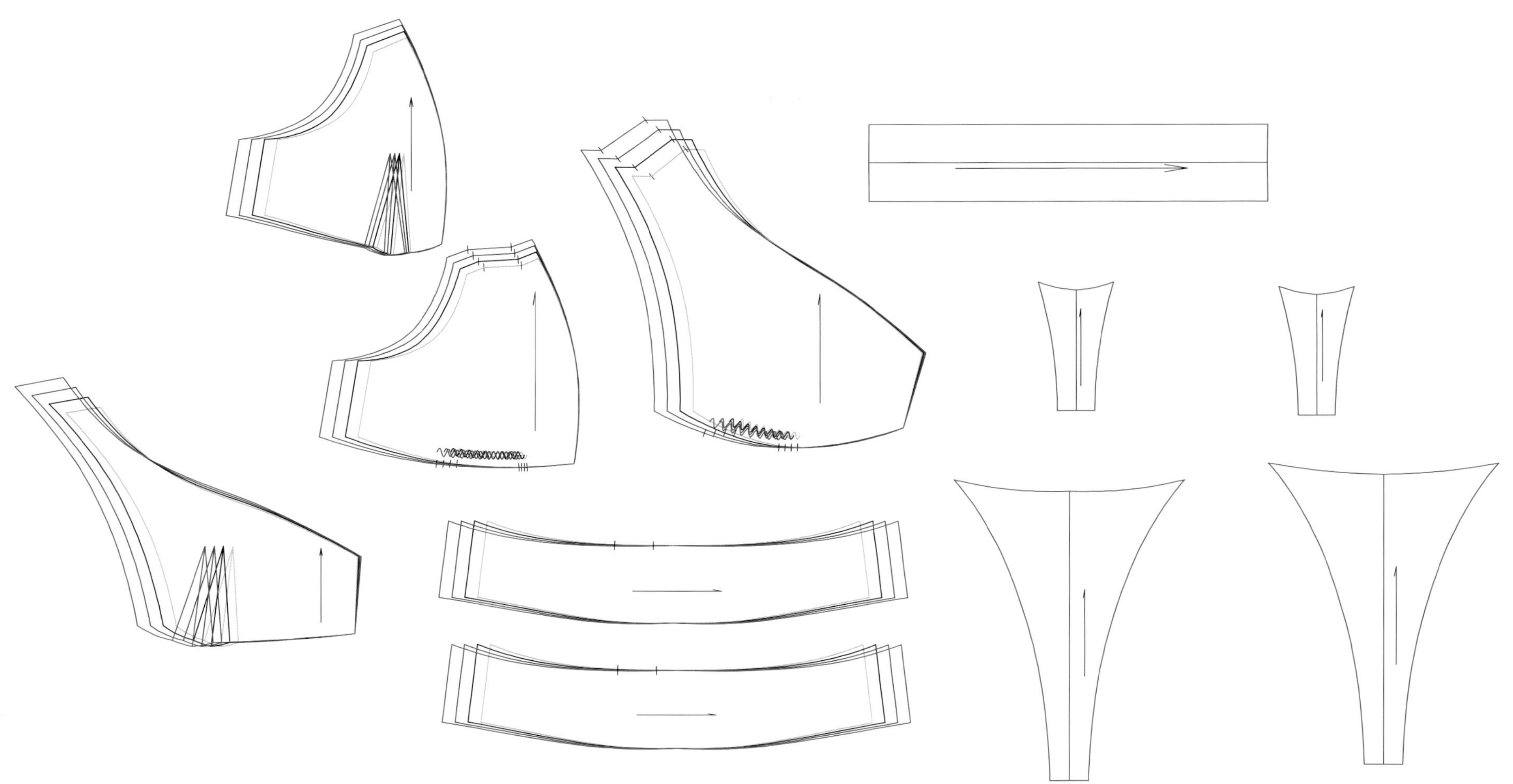

4. 生产工艺流程图

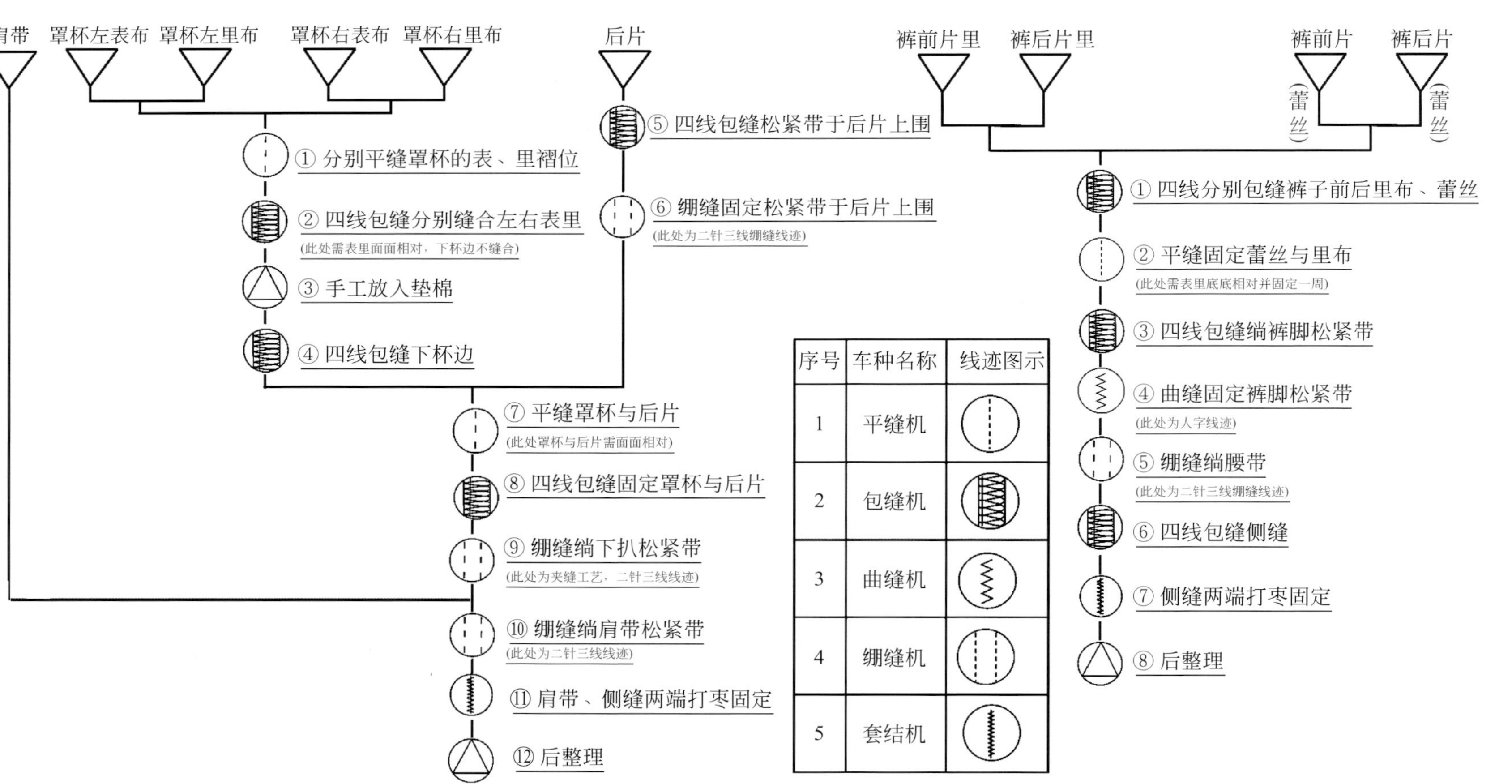
肩带
罩杯左表布
罩杯左里布
罩杯右表布
罩杯右里布
① 分别平缝罩杯的表、里褶位
② 四线包缝分别缝合左右表里
(此处需表里面面相对，下杯边不缝合)
③ 手工放入垫棉
④ 四线包缝下杯边
后片
⑤ 四线包缝松紧带于后片上围
⑥ 绷缝固定松紧带于后片上围
(此处为二针三线绷缝线迹)
⑦ 平缝罩杯与后片
(此处罩杯与后片需面面相对)
⑧ 四线包缝固定罩杯与后片
⑨ 绷缝绱下扒松紧带
(此处为夹缝工艺，二针三线线迹)
⑩ 绷缝绱肩带松紧带
(此处为二针三线线迹)
⑪ 肩带、侧缝两端打枣固定
⑫ 后整理
裤前片里
裤后片里
裤前片
(蕾丝)
裤后片
(蕾丝)
① 四线分别包缝裤子前后里布、蕾丝
② 平缝固定蕾丝与里布
(此处需表里底底相对并固定一周)
③ 四线包缝绱裤脚松紧带
④ 曲缝固定裤脚松紧带
(此处为人字线迹)
⑤ 绷缝绱腰带
(此处为二针三线绷缝线迹)
⑥ 四线包缝侧缝
⑦ 侧缝两端打枣固定
⑧ 后整理

序号	车种名称	线迹图示
1	平缝机	
2	包缝机	
3	曲缝机	
4	绷缝机	
5	套结机	

八、连体三角款

1. 着装配色和款式图

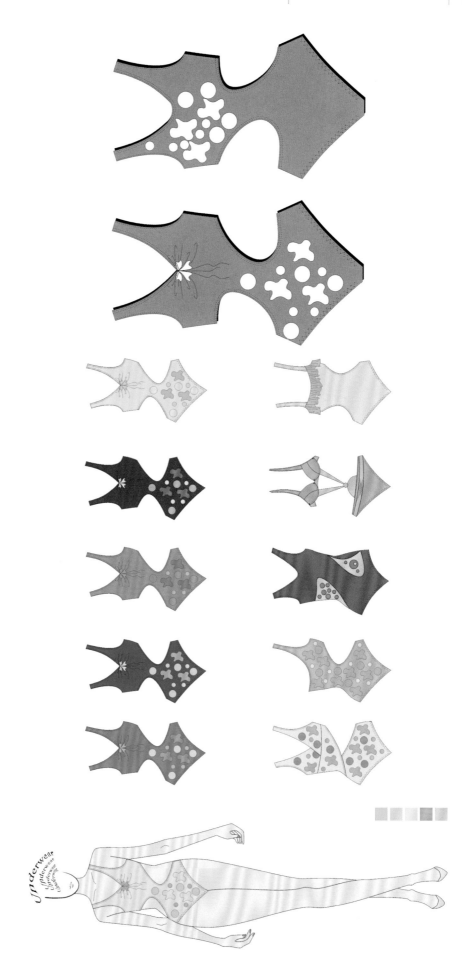

该款为连体泳装，外层罩杯心位处抽褶，无钢圈罩杯内部有可拆卸的内垫模杯；泳装裤腿口为三角裤设计，腰部两侧镂空，以突显性感长腿。该配色采用临近色、同类色设计，如黄绿搭配、深绿蓝绿搭配等。此款三角泳衣以大色块为主色进行二次设计，在整块黄色或者绿色等布料上做整体造型设计，腰部采用弧形挖空设计，整块色彩加上腰部挖空，很好地修饰腰身。尤其是加上临近或同类的花纹在腰部及以下做点缀，直接将观众的吸引力集中到色块造型上，从而给人以体形纤细的感觉。此款泳衣适合微胖的女性。

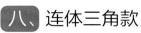

2. 纸样设计图

无钢圈的内垫棉结构，三角裤设计，腰部曲线镂空，泳装增加内层设计，弹性缩放率为78%。表布缝边均为0.6cm，里布各部位缝边均为0.4cm。

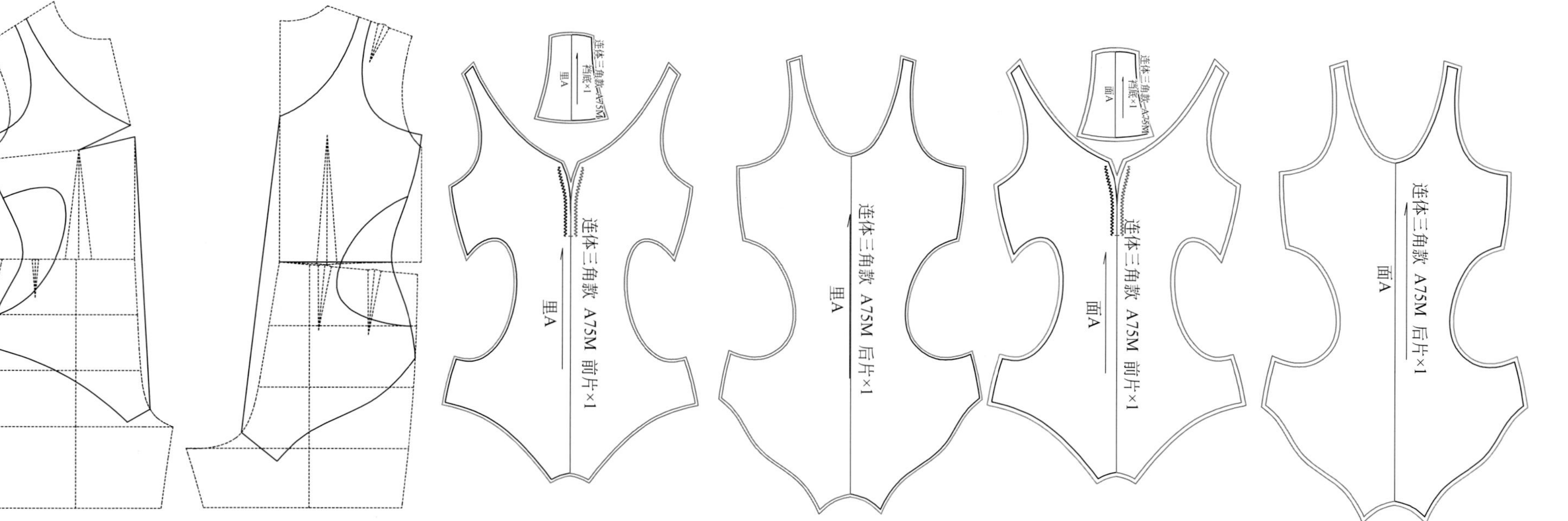

3. 放码图

无钢圈的内垫棉连体结构泳装的放码只要考虑胸部围度变化值即可满足着装要求，因此，用切割放码方式纵向切割一条线即可，放量为1cm，裆底片不推放。

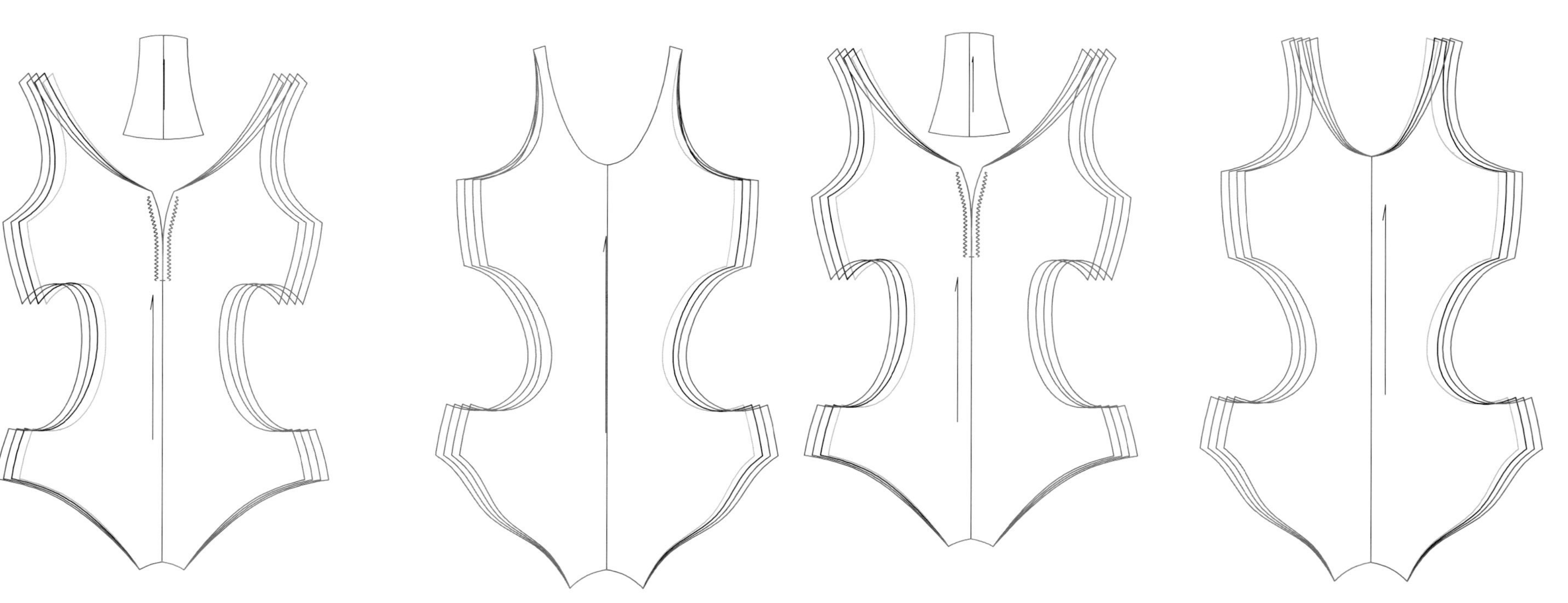

4. 生产工艺流程图

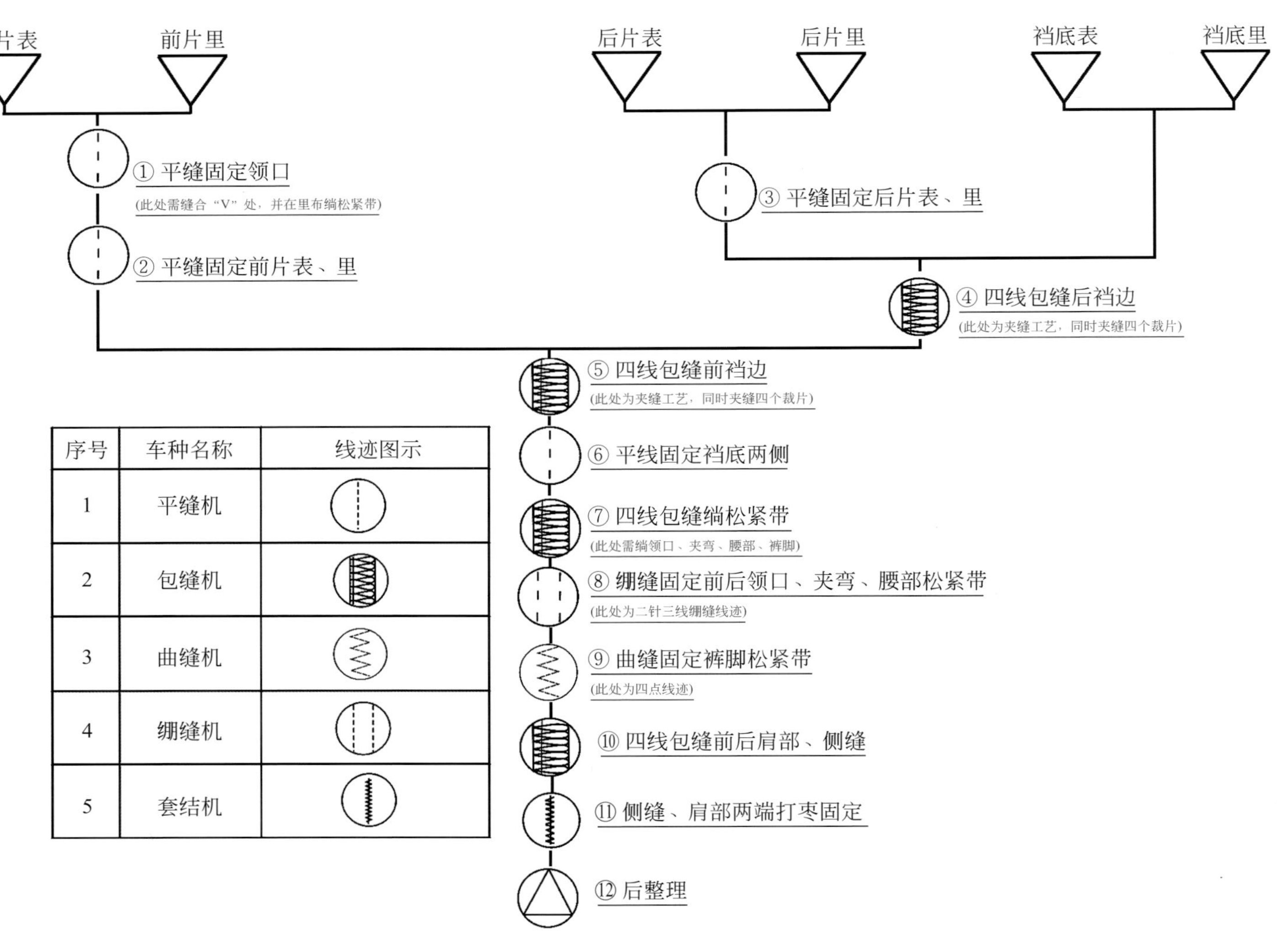
前片表
前片里
后片表
后片里
裆底表
裆底里
① 平缝固定领口
(此处需缝合“V”处，并在里布绱松紧带)
② 平缝固定前片表、里
③ 平缝固定后片表、里
④ 四线包缝后裆边
(此处为夹缝工艺，同时夹缝四个裁片)
⑤ 四线包缝前裆边
(此处为夹缝工艺，同时夹缝四个裁片)
⑥ 平线固定裆底两侧
⑦ 四线包缝绱松紧带
(此处需绱领口、夹弯、腰部、裤脚)
⑧ 绷缝固定前后领口、夹弯、腰部松紧带
(此处为二针三线绷缝线迹)
⑨ 曲缝固定裤脚松紧带
(此处为四点线迹)
⑩ 四线包缝前后肩部、侧缝
⑪ 侧缝、肩部两端打枣固定
⑫ 后整理

序号	车种名称	线迹图示
1	平缝机	
2	包缝机	
3	曲缝机	
4	绷缝机	
5	套结机	

九、连体平角款

1. 着装配色和款式图

该款连体泳装的外层罩杯部位设计了抽褶，系带通过胸前环饰在后脖颈系成蝴蝶结，罩杯内部有可拆卸的内垫模杯。泳装裤腿口为平角设计，中间与外饰抽褶部位是连体设计。该配色采用对比色、同类色、互补色设计，如蓝与黄对比色、紫与黄互补色、深蓝与浅灰蓝同类色等。两种不同的色块竖向划分形体结构，腰部的镂空设计更能修饰腰部线条，中间的条形色块能有效吸引注意力，给人以纤细腰围的视觉效果。竖向色块的同类色包边使得整套泳衣更加整体结实。平角设计的裤子也突显出腿部的修长。

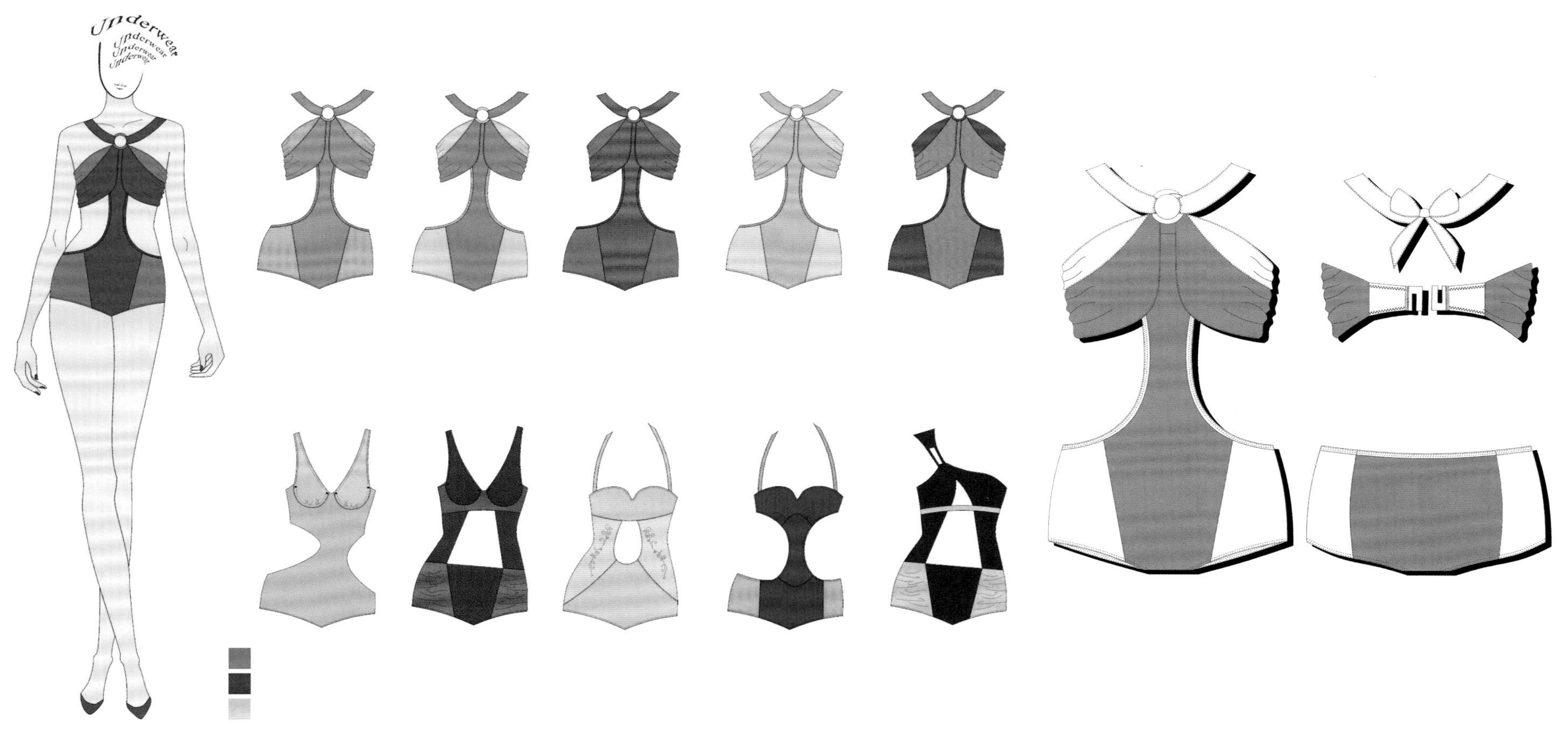

2. 纸样设计图

罩杯内部为单褶罩杯结构，增加里布设计便于拆卸模杯，外层增加抽褶装饰设计罩杯。平角裤的前后裤片设计剪开，形成一个侧位分割片，整个泳装增加内层里布设计；弹性缩放率为82%。罩杯面布上沿缝边为0.6cm；夹棉拼接缝合部位和上沿缝边为0，与钢圈形状缝合部位缝边为0.6cm；里布缝边为0.4cm；鸡心片上沿缝边为0.6cm，下沿缝边为1cm，钢圈形状缝合部位缝边为0.6cm；侧拉片上下沿缝边为1cm，其他部位缝边为0.6cm；后身片上下沿缝边为1cm，其他部位缝边为0.6cm。低腰三角裤各部位缝边为0.6cm。

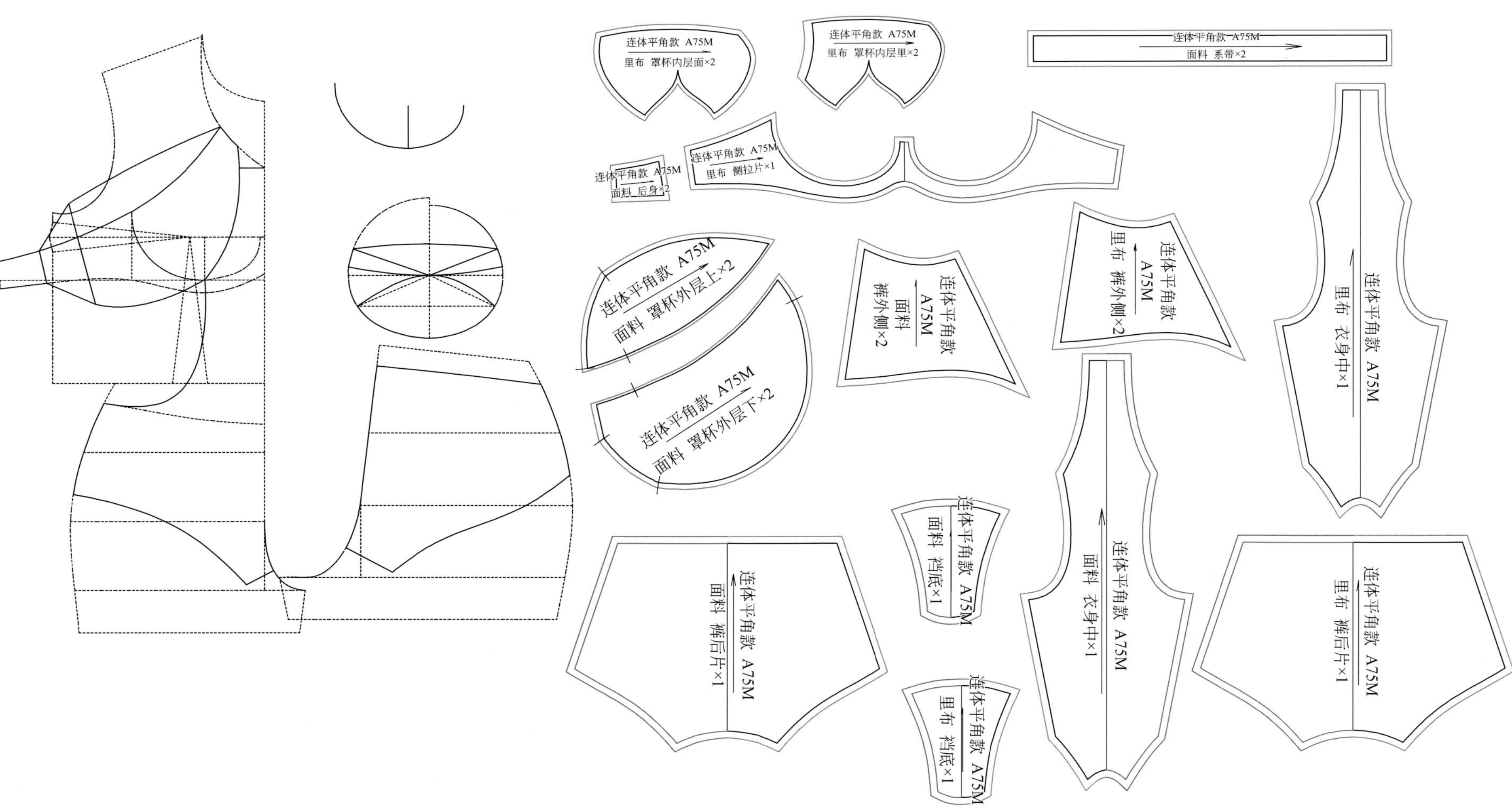

3. 放码图

钢圈款泳装的罩杯部位是依据同型不同号的号型设置进行推放的，号的变化推放主要是下胸围的尺寸发生变化，为确保都是A杯，胸围也是跟着号型改变的。平角裤的放码规则参考表1-17中的数据进行分配，底裆不推放。

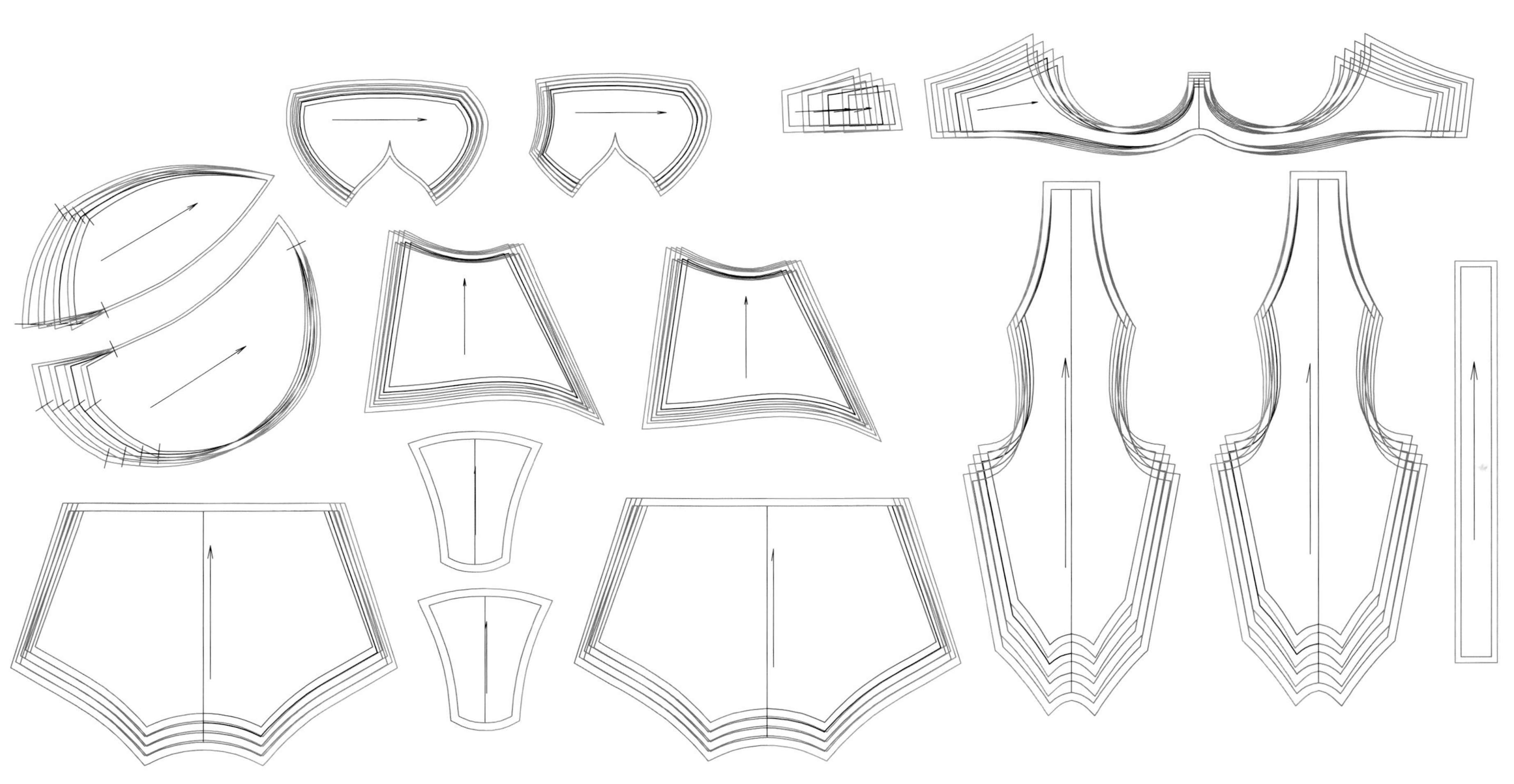

4. 生产工艺流程图

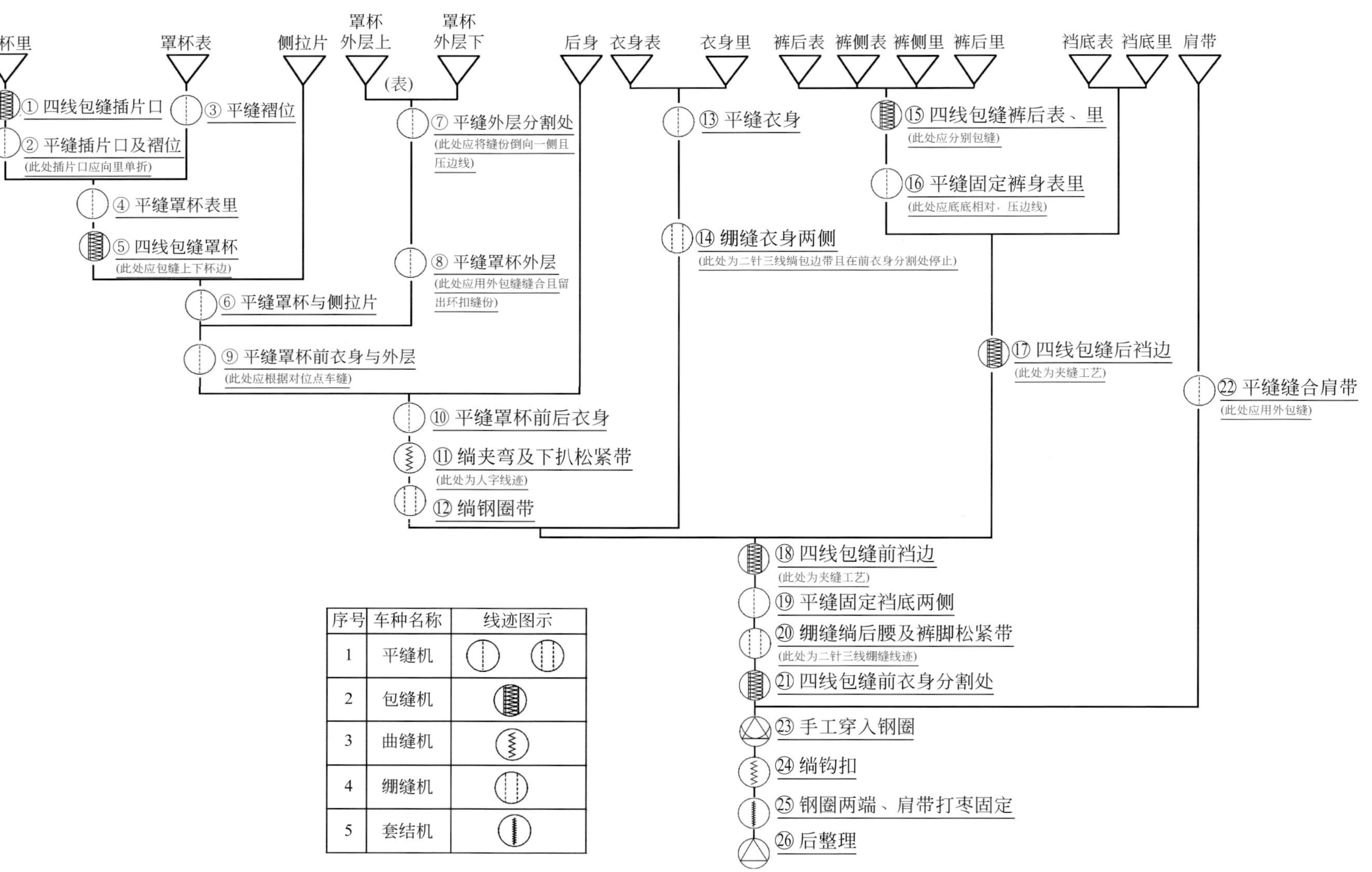

序号	车种名称	线迹图示
1	平缝机	
2	包缝机	
3	曲缝机	
4	绷缝机	
5	套结机	

十、连体裙装款

1. 着装配色和款式图

该款为连体裙泳装款，外层罩杯部位抽褶，细肩带抹胸款罩杯；罩杯内部有可拆卸的内垫模杯；裙装可遮盖臀部宽大同时增加活泼感。配色采用互补色、相似色设计，如红底绿叶互补、黄色系设计等。裙装以大面积的底色为主，加上些许互补色的叶子或者花瓣做简单的装饰。简洁大气的吊带裙装以贴近自然的色彩为主，融入自然元素做点缀，使略显单调的泳衣变得清新自然，极具少女气息。同时，抹胸设计突出了少女的青春妩媚。

2. 纸样设计图

该款泳装是内垫棉结构，增加内层设计，裙身从腰部加长40cm，弹性缩放率为78%，吊带选用成品松紧，各部位缝边为1cm。

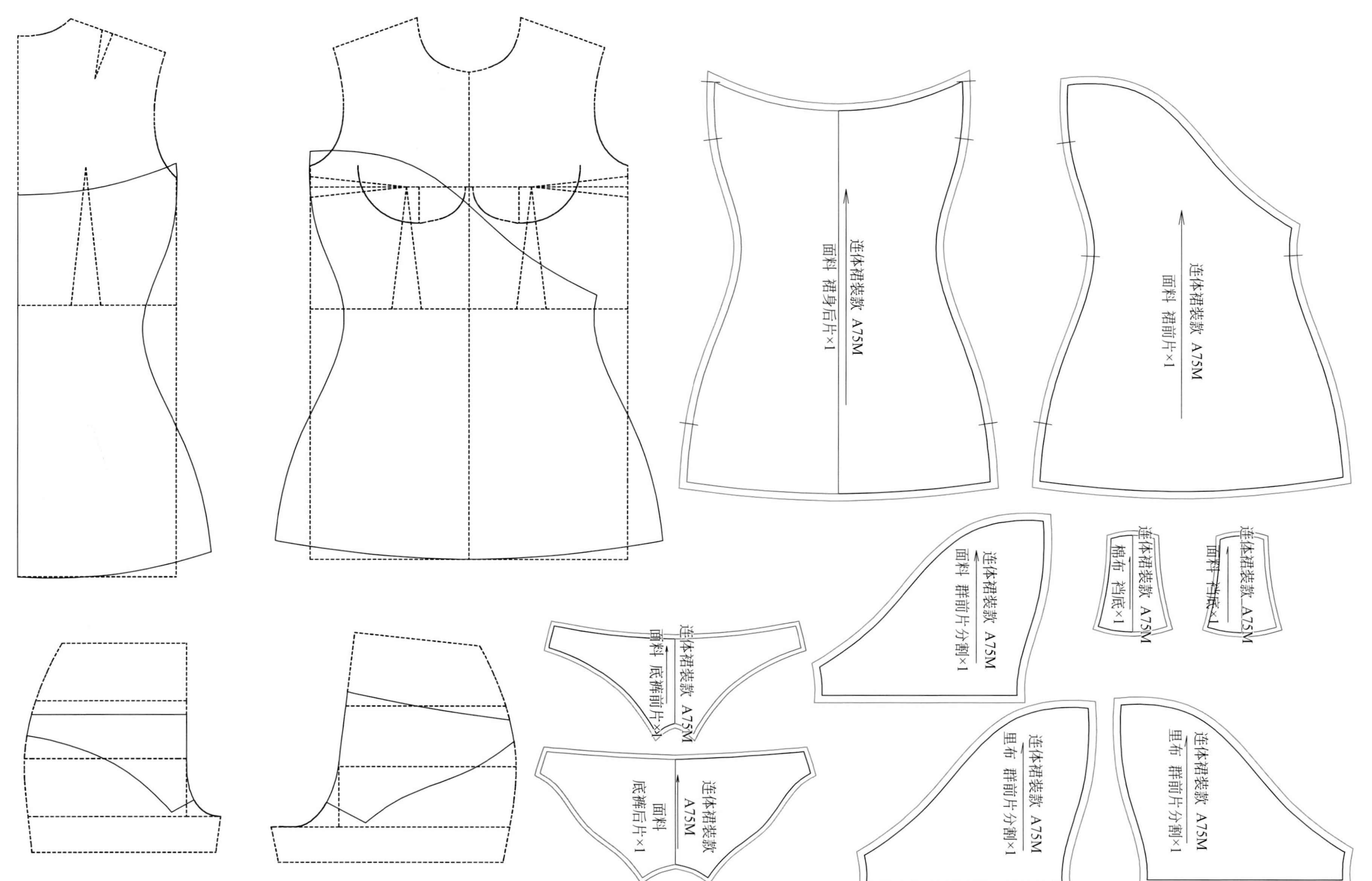

3. 放码图

该连体裙装款的放码规则参考表1-17中的数据进行分配，上身和三角裤的围度推放档差均为5cm，用切割放码方式进行推放，四分之一裁片切割量为1.25cm，底裆不推放。

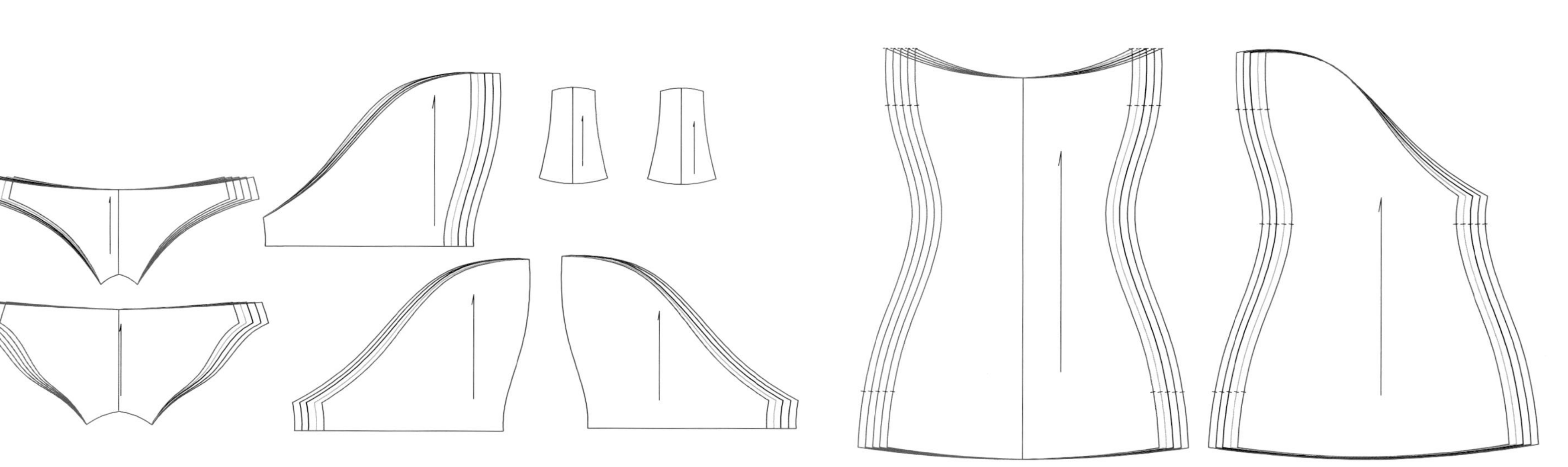

4. 生产工艺流程图

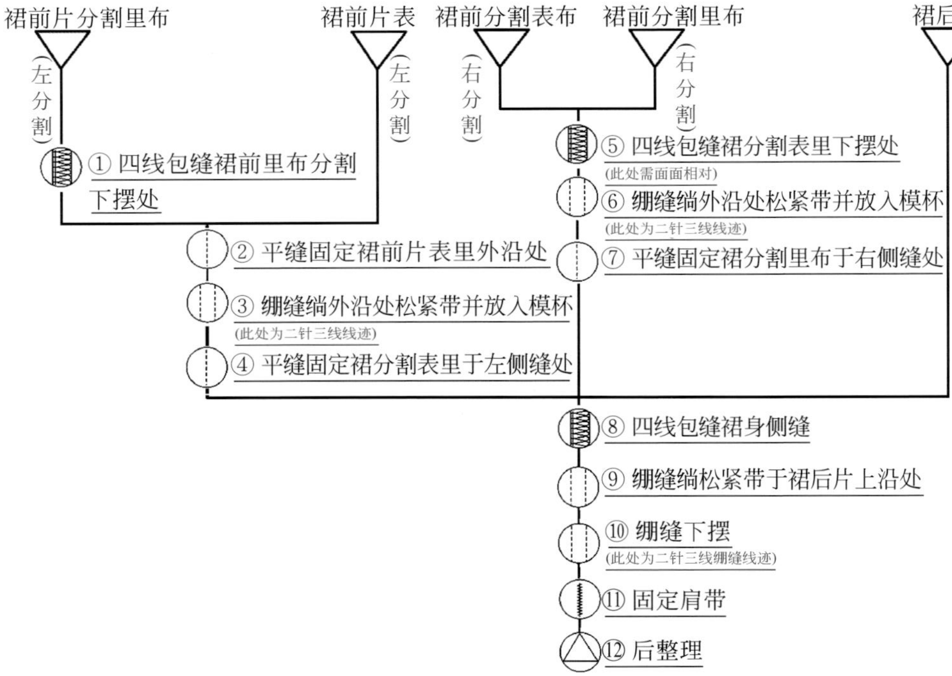

裙前片分割里布（左分割）
① 四线包缝裙前里布分割下摆处

裙前片表（左分割）

② 平缝固定裙前片表里外沿处
③ 绷缝绱外沿处松紧带并放入模杯（此处为二针三线线迹）
④ 平缝固定裙分割表里于左侧缝处

裙前分割表布（右分割）
裙前分割里布（右分割）
⑤ 四线包缝裙分割表里下摆处（此处需面面相对）
⑥ 绷缝绱外沿处松紧带并放入模杯（此处为二针三线线迹）
⑦ 平缝固定裙分割里布于右侧缝处

裙后片

⑧ 四线包缝裙身侧缝
⑨ 绷缝绱松紧带于裙后片上沿处
⑩ 绷缝下摆（此处为二针三线绷缝线迹）
⑪ 固定肩带
⑫ 后整理

前片、裆底表、裆底里、后片
① 四线包缝前裆边（此处为夹缝工艺，同时夹缝四个裁片）
② 四线包缝后裆边（此处为夹缝工艺，同时夹缝四个裁片）
③ 平缝固定裆底两侧
④ 绷缝绱腰头、裤脚松紧带（此处为二针三线绷缝线迹）
⑤ 四线包缝侧缝
⑥ 侧缝两端打枣固定
⑦ 后整理

序号	车种名称	线迹图示
1	平缝机	
2	包缝机	
3	绷缝机	
4	套结机	

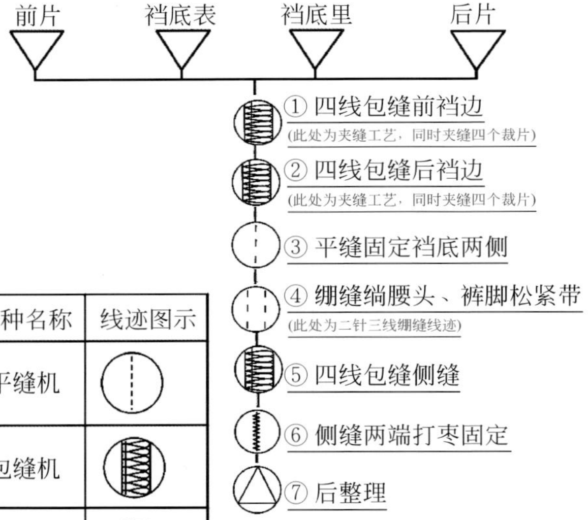

十一、配服短款

1. 着装配色和款式图

这款为泳装配服短款，前片腰带系成蝴蝶结，喇叭袖型。配色采用单色、邻近色设计，如红黄蓝绿单色、橘红黄邻近色等色彩搭配。短款配服采用简单的高明度色彩搭配，显得青春时尚、简洁大气，同时为了增加短款配服的飘逸感和柔和性，在系带与袖口进行独特的二次设计，宽松的喇叭袖和下摆蝴蝶结系带不仅清爽透气，而且能增加沙滩风情。简单的邻近色花纹作局部装饰起到点睛的效果，增加了短款配服的精致度。

2. 纸样设计图

在女装第三代女装原型上进行结构设计，用160/84A体型数据作原型板进行纸样设计。前片原型腰线延长24cm，侧缝底摆外翘，前片腰部系带设计；原型袖口增加褶量，形成喇叭效果。衣片的缝边均为0.6cm，蝴蝶细带的缝边为0。

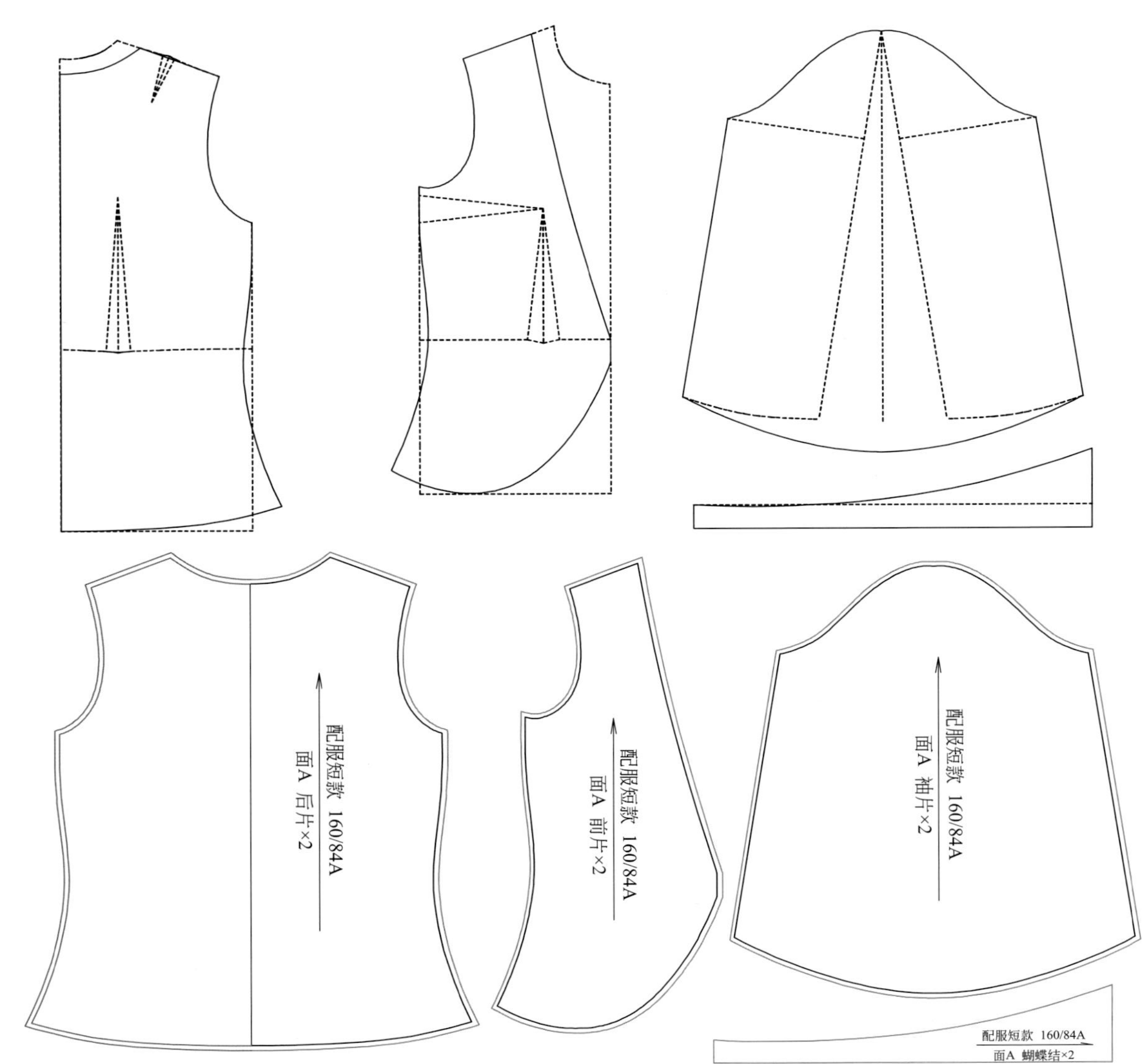

3. 放码图

该款女泳装短配服以5·4系列为号型数据基础，进行各主要折线点的放码设计。胸围线和前后中心线为不动轴，袖肥线和袖中线为不动轴；胸围档差为4cm，衣长档差为2cm，袖长档差为1.5cm。后片各点档差规则如下：后中上点（0，0.6）、后领侧点（0.2，0.6）、后肩点（0.5，0.5）、腋下点（1、0）、后片外侧点（1、-1.4）。前片各点档差规则如下：前领侧点（0.2，0.6）、前肩点（-0.5，0.5）、腋下点（-1、0）、前片外侧点（-1、-1.4）、前中系带两点（0、-0.4）。袖片各点档差规则如下：袖中上点（0，0.25）、后袖肥侧点（-0.67，0）、前袖肥侧点（0.67，0）、后袖外侧点（-0.67、-1.25）、前袖内侧点（0.67、-1.25）。蝴蝶系带不推放。

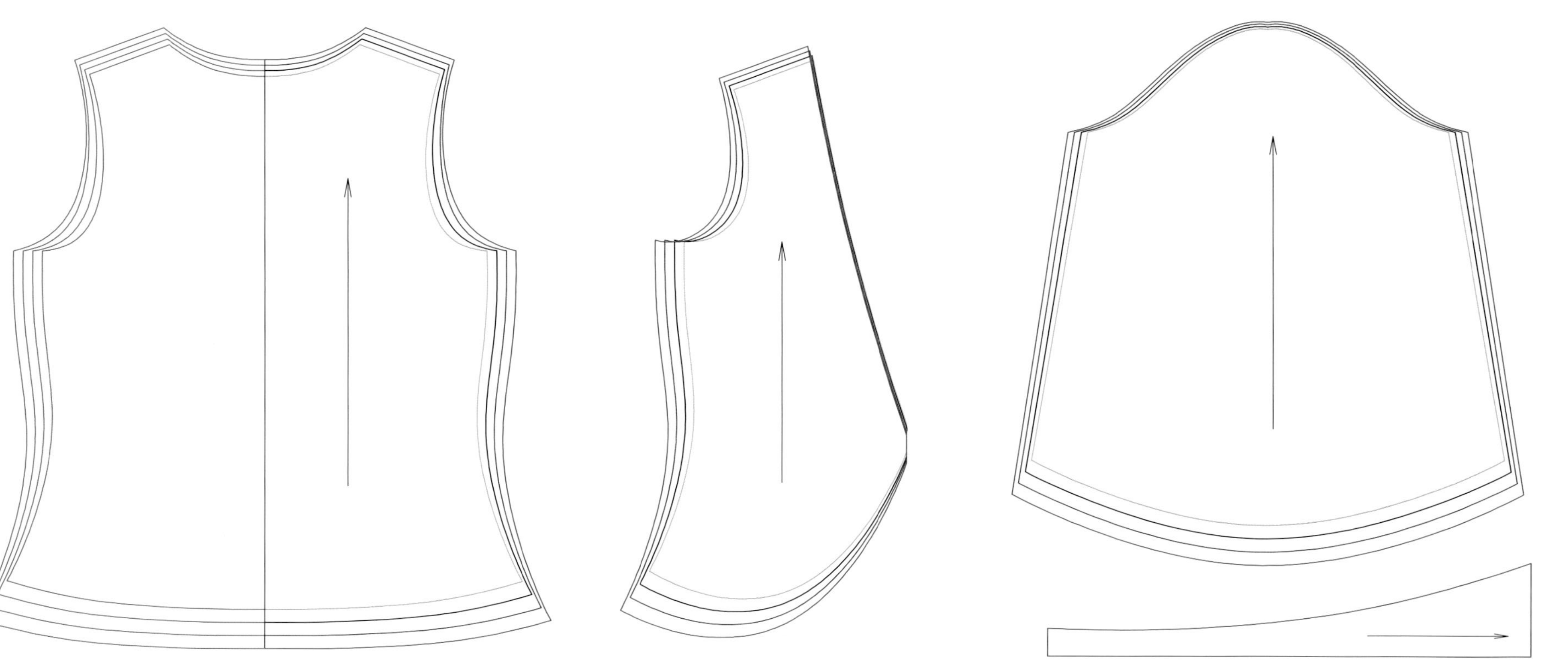

4. 生产工艺流程图

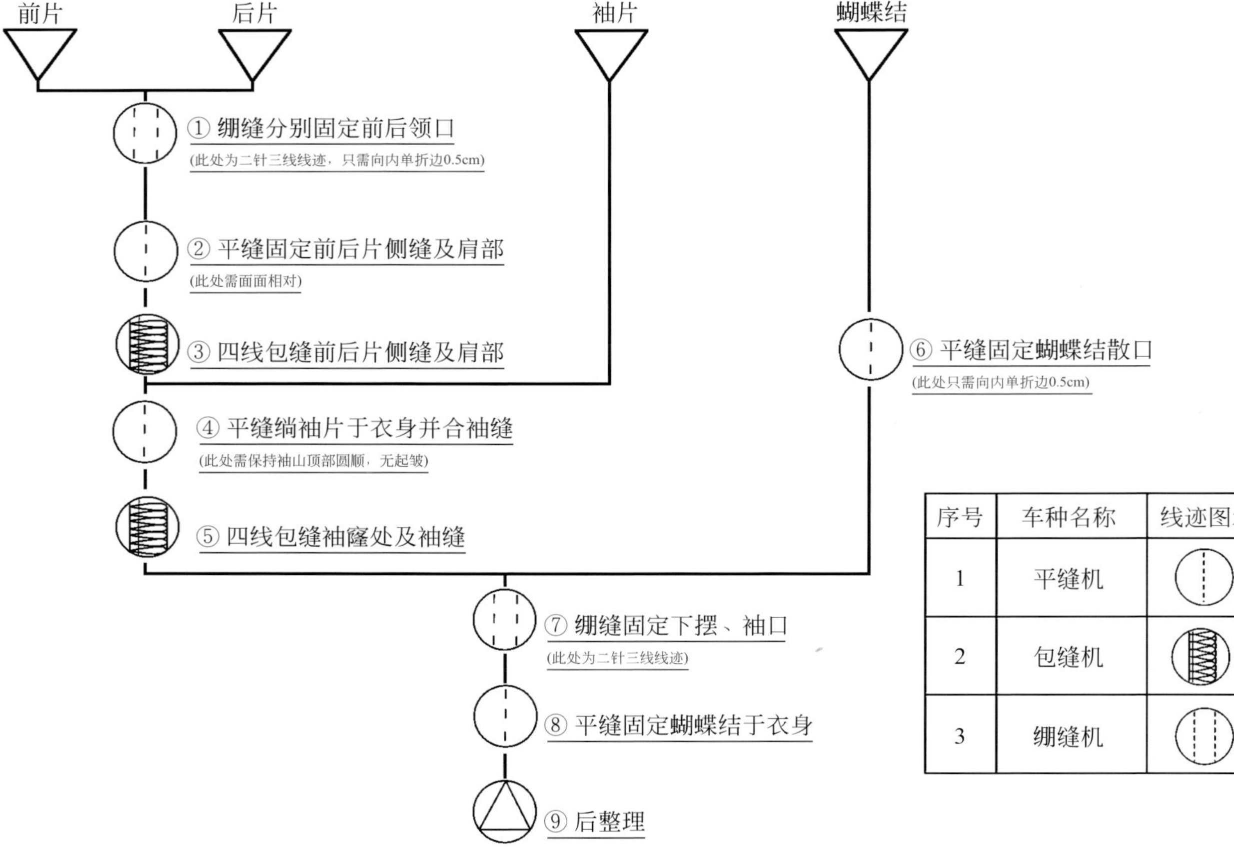
前片
后片
袖片
蝴蝶结
① 绷缝分别固定前后领口
(此处为二针三线线迹，只需向内单折边0.5cm)
② 平缝固定前后片侧缝及肩部
(此处需面面相对)
③ 四线包缝前后片侧缝及肩部
④ 平缝绱袖片于衣身并合袖缝
(此处需保持袖山顶部圆顺，无起皱)
⑤ 四线包缝袖窿处及袖缝
⑥ 平缝固定蝴蝶结散口
(此处只需向内单折边0.5cm)
⑦ 绷缝固定下摆、袖口
(此处为二针三线线迹)
⑧ 平缝固定蝴蝶结于衣身
⑨ 后整理

序号	车种名称	线迹图示
1	平缝机	
2	包缝机	
3	绷缝机	

十二、配服长款

1. 着装配色和款式图

该款为泳装配服长款，长宽对襟设计以及门襟的装饰显得富有中国风味。配色采用对比色、类似色设计，如黄蓝对比、淡紫色类似色系等色彩搭配。长款配服采用大面积的单色为底色，用对比色或类似色做花纹点缀，黄色的花瓣、蓝色的泡泡、菱形的纹饰以及珍珠扣子等元素都彰显出沙滩的气息和少女的情怀，也增加了整款配服的精致度和趣味性。同时长款的衣摆随风飘动，增加女性的飘逸妩媚。

2. 纸样设计图

在女装第三代女装原型上进行结构设计，用160/84A体型数据作原型板进行纸样设计，前短后长，前片不对称结构，腰部高开衩，单露肩袖型设计。衣片的缝边均为0.6cm。

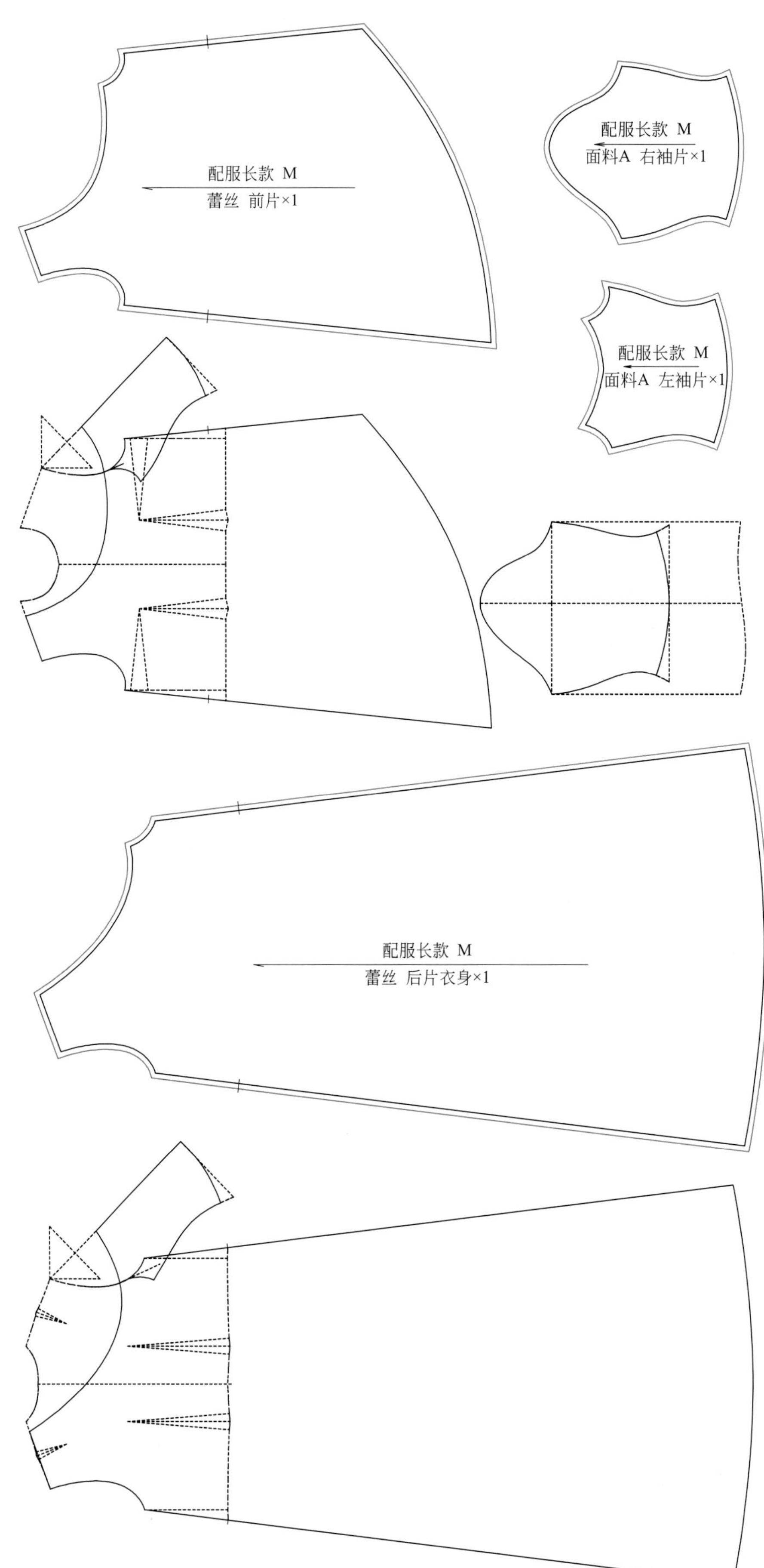

3. 放码图

该款女泳装长配服以5·4系列为号型数据基础，进行各主要折线点的放码设计。胸围线和前后中心线为不动轴，袖肥线和袖中线为不动轴；胸围档差为4cm，前衣长档差为2cm，后衣长档差为4cm，袖长档差为1cm。后片各点档差规则如下：后领侧点（-0.3，0.5）、后肩点（-0.5，0.45）、左腋下点（-1、0）、后片左侧点（-1、-3.5）、后片右侧点（1、-3.5）、右腋下点（1、0）、袖窿点（0.9、0.1）。前片各点档差规则如下：前领侧点（-0.3，0.5）、前肩点（-0.5，0.5）、左腋下点（-1、0）、前片左侧点（-1、-3.5）、前右侧点（1、-3.5）、右腋下点（1、0）、袖窿点（0.85、0.1）。右袖片各点档差规则如下：袖中上点（0，0.4）、后袖肥侧点（-0.52，0）、前袖肥侧点（0.52，0）、后袖外侧点（-0.52、-0.6）、前袖内侧点（0.52、-0.6）。左袖片各点档差规则如下：左袖窿点（-0.47，0）、后袖肥侧点（-0.52，0）、后袖外侧点（-0.52、-0.6）、前袖内侧点（0.52、-0.6）、前袖肥侧点（0.52，0）、右袖窿点（0.47，0）。

4. 生产工艺流程图

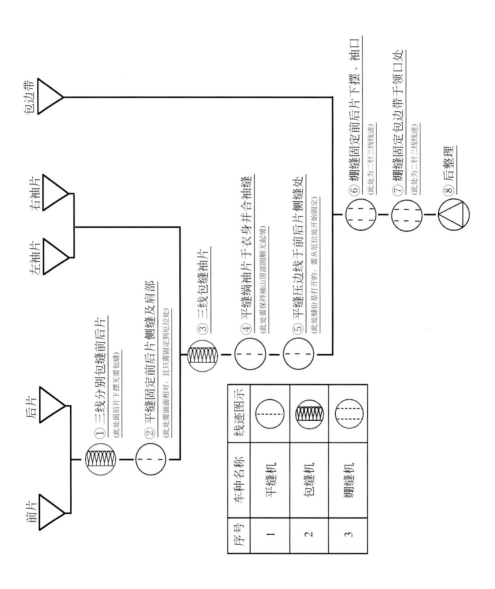

序号	车种名称	线迹图示
1	平缝机	
2	包缝机	
3	绷缝机	

十三、男装沙滩裤款

1. 着装配色和款式图

四角裤泳装造型比较适合年轻人。配色采用同类色、互补色、邻近色设计，如同类绿色系、紫黄互补、绿黄临近色等色彩搭配。此款沙滩裤以接近沙滩元素的色调为主要色彩，蓝、绿、黄等色彩能与海边环境很好地融合。大面积的主色调，配上迷彩纹饰做点缀，加上腰部抽绳设计，显得洒脱帅气，也使此款沙滩裤极具夏威夷风格。一些对比色块的使用为简单的裤装造型增添了生气，能起到点睛之笔的效果。

2. 纸样设计图

在第三代男装原型上进行结构设计，在前片臀围线和裆底之间设计象鼻结构；后片裆底沿后中线延长拉直处理并连底档；腰头单独出纸样，对折，缝边为1cm。表布腰头的缝边均为1cm，其他部位缝边均为1cm。

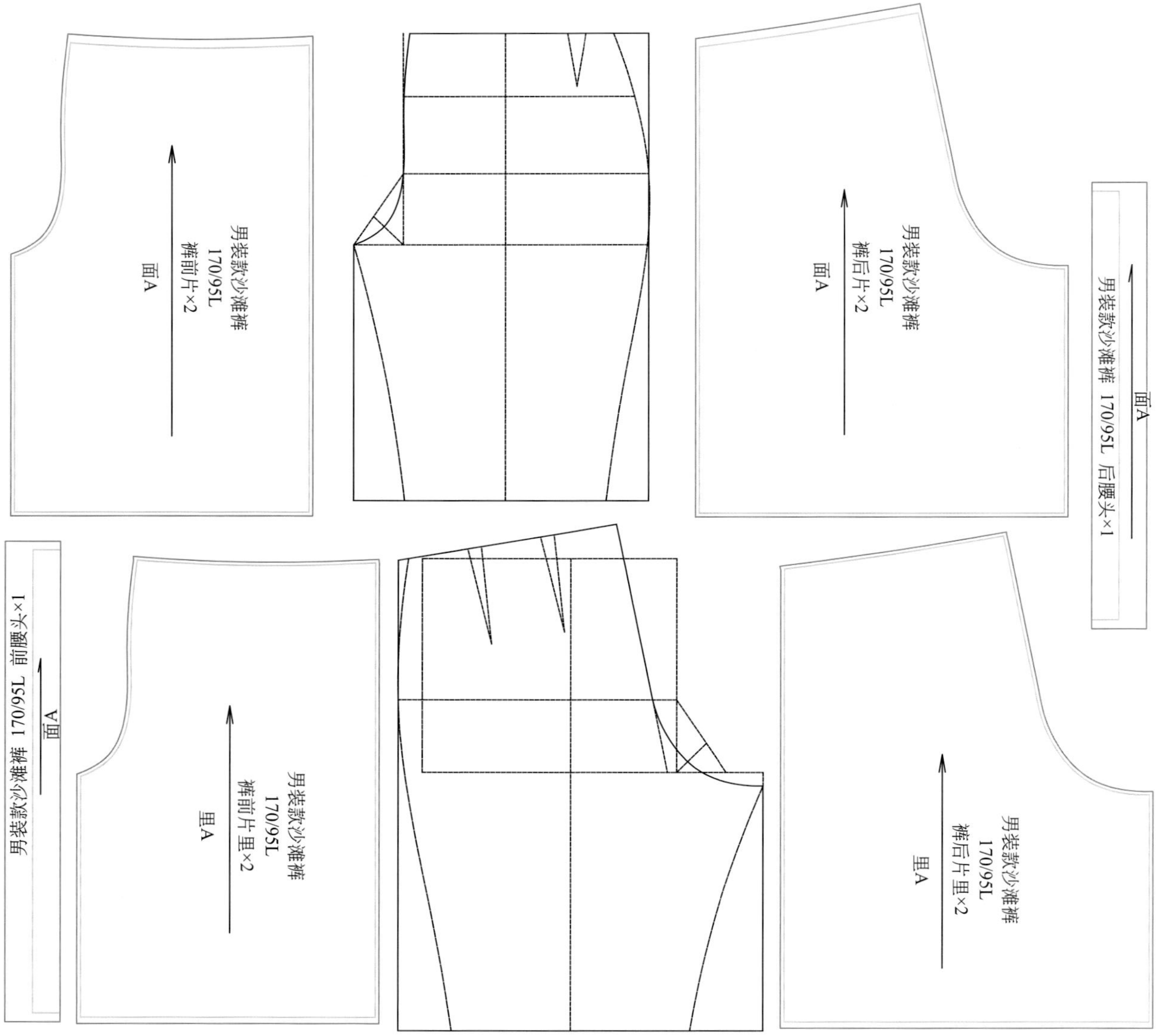

男装款沙滩裤 170/95L 后腰头×1 面A

男装款沙滩裤 170/95L 裤后片×2 面A

男装款沙滩裤 170/95L 裤后片里×2 里A

男装款沙滩裤 170/95L 裤前片×2 面A

男装款沙滩裤 170/95L 裤前片里×2 里A

男装款沙滩裤 170/95L 前腰头×1 面A

3. 放码图

该款男装平角裤以5·4系列为号型数据基础，将沙滩裤在原型纸样上进行各主要折线点的放码设计。在原型纸样上，裤中线和裆底线为不动轴，可选择点数法进行整款各主要放码点的设置，臀围档差为4cm，裤长档差为2cm。后片各点档差规则如下：后中上点（0.18，1）、后腰外侧点（-0.76，0.8）、裤口外侧点（-0.76，-1）、裤口中点（0、-1）、裤口内侧点（0.76、-1）、裆底点（0.76、0）。前片各点档差规则如下：前中上点（-0.2，0.9）、前腰外侧点（0.62，0.9）、裤口外侧点（0.62，-1.1）、裤口中点（0、-1）、裤口内侧点（-0.62、-1.1）、裆底点（0.62、0）。

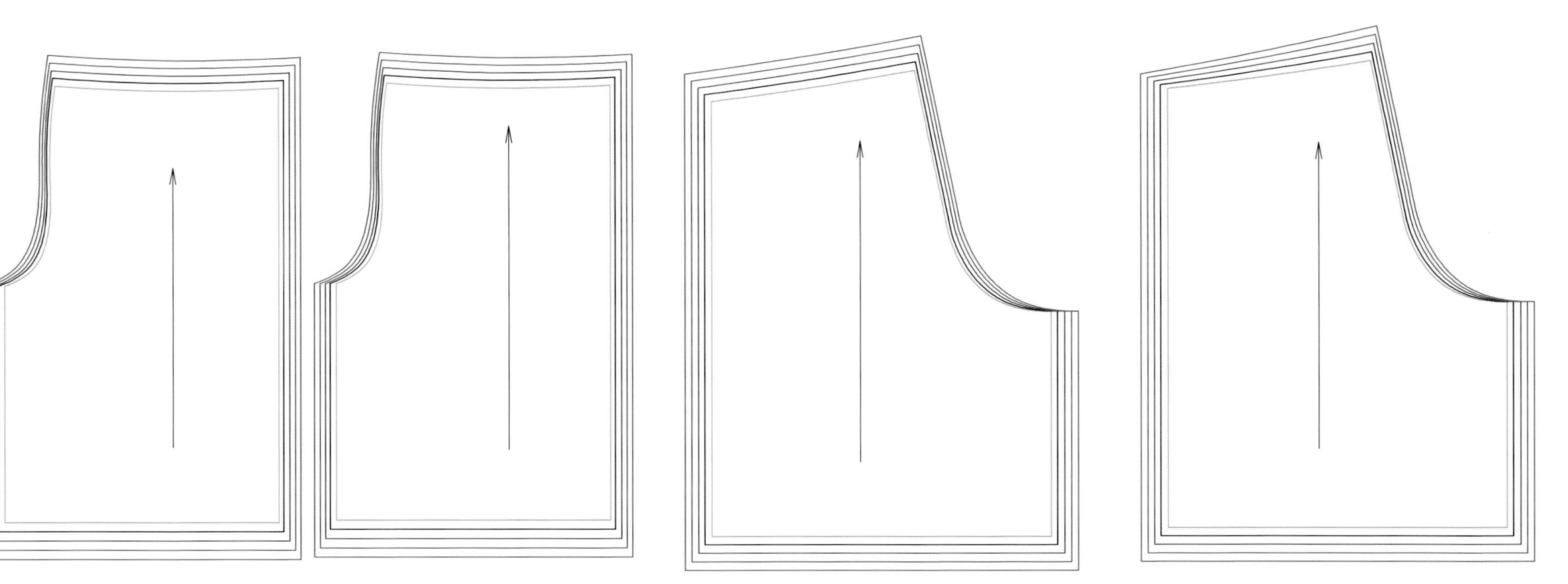

4. 生产工艺流程图

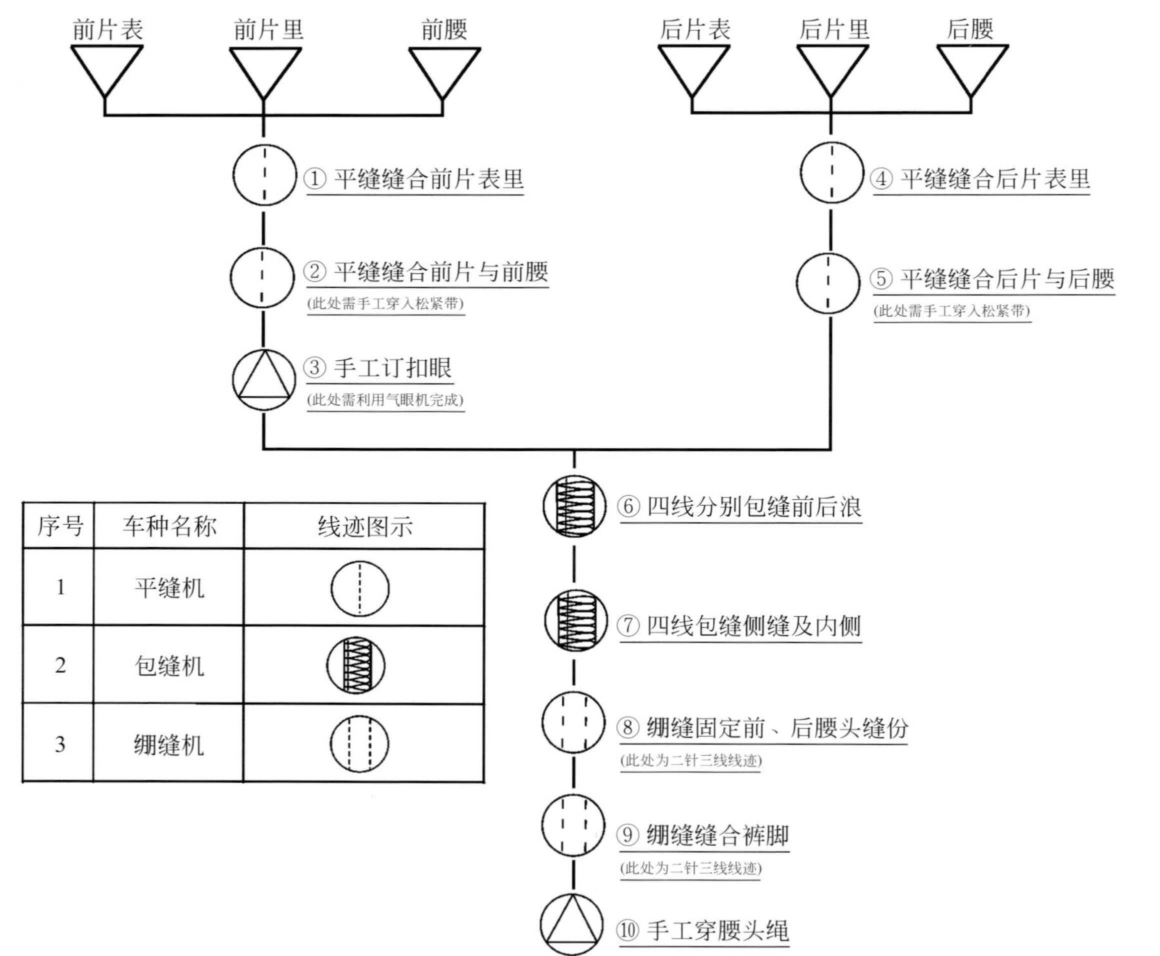
前片表
前片里
前腰
后片表
后片里
后腰
① 平缝缝合前片表里
② 平缝缝合前片与前腰
(此处需手工穿入松紧带)
③ 手工订扣眼
(此处需利用气眼机完成)
④ 平缝缝合后片表里
⑤ 平缝缝合后片与后腰
(此处需手工穿入松紧带)
⑥ 四线分别包缝前后浪
⑦ 四线包缝侧缝及内侧
⑧ 绷缝固定前、后腰头缝份
(此处为二针三线线迹)
⑨ 绷缝缝合裤脚
(此处为二针三线线迹)
⑩ 手工穿腰头绳

序号	车种名称	线迹图示
1	平缝机	
2	包缝机	
3	绷缝机	

十四、男装四角裤款

1. 着装配色和款式图

该款连体四角裤款泳装的前后片纵向结构分割。配色采用二次色、中性色设计，如蓝绿与深肤色、中性灰蓝色等。此款四角泳裤以稳重、含蓄的二次间色和无色系的中性色为主，采用色块拼接、竖向分割的裁剪方式以及局部拼接色块的形式，打造整款泳裤的运动时尚感，此款泳裤更适合成熟的男士人群。除此之外，小色块的点缀以及曲线条的装饰使此款泳裤显得大气而富有朝气，简单而又有层次感。

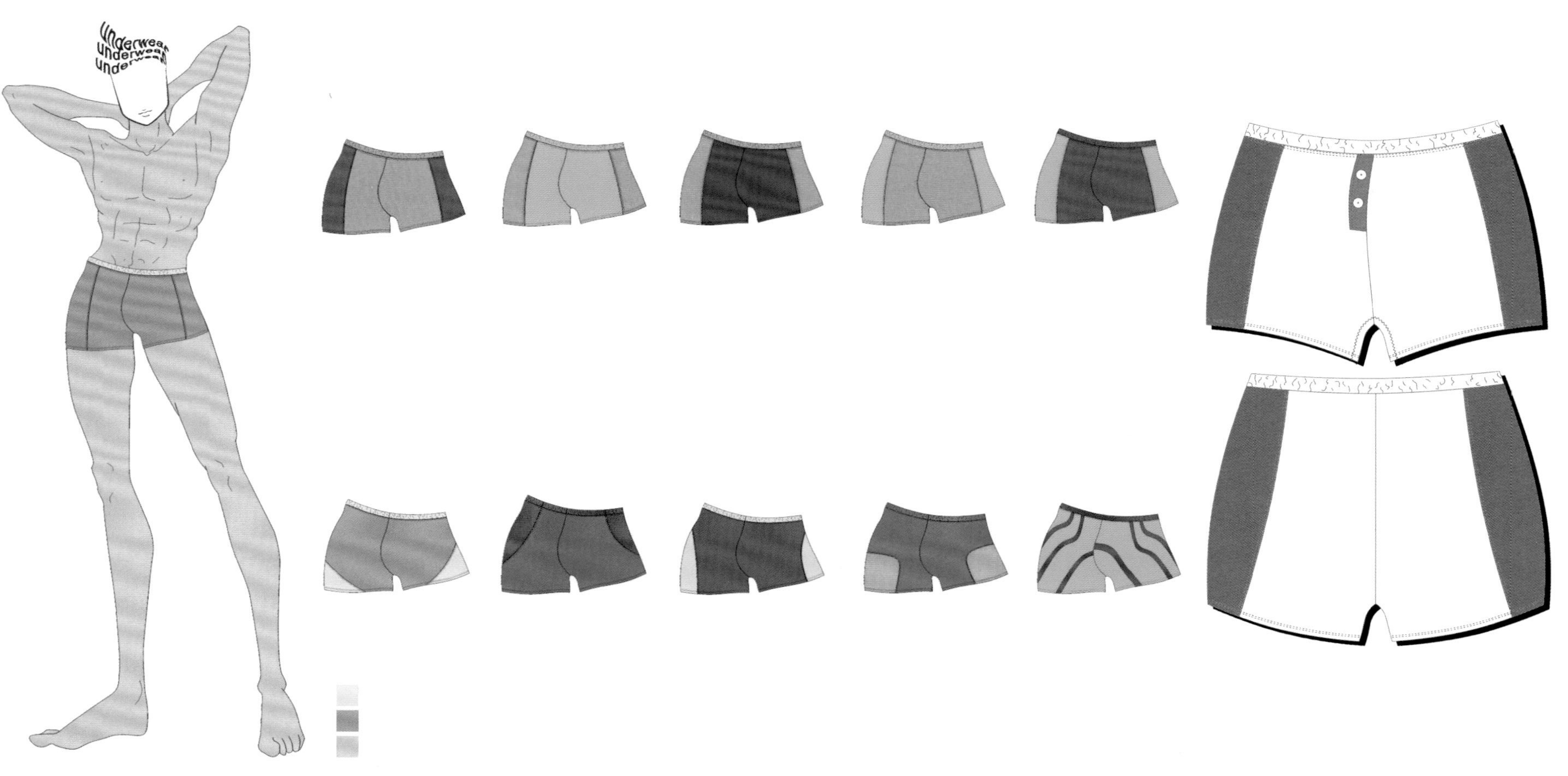

2. 纸样设计图

在第三代男装原型上进行结构设计，前片臀围线和裆底之间设计象鼻结构；后片裆底切割成连底档结构设计；象鼻头里布待面布弹性缩放后，从前片分割获得；腰头采用2cm宽成品松紧带；裤片弹性缩放率为85%。表布腰头的缝边均为2cm，象鼻头结构里布的缝边为0.4cm，其他部位缝边均为0.6cm。

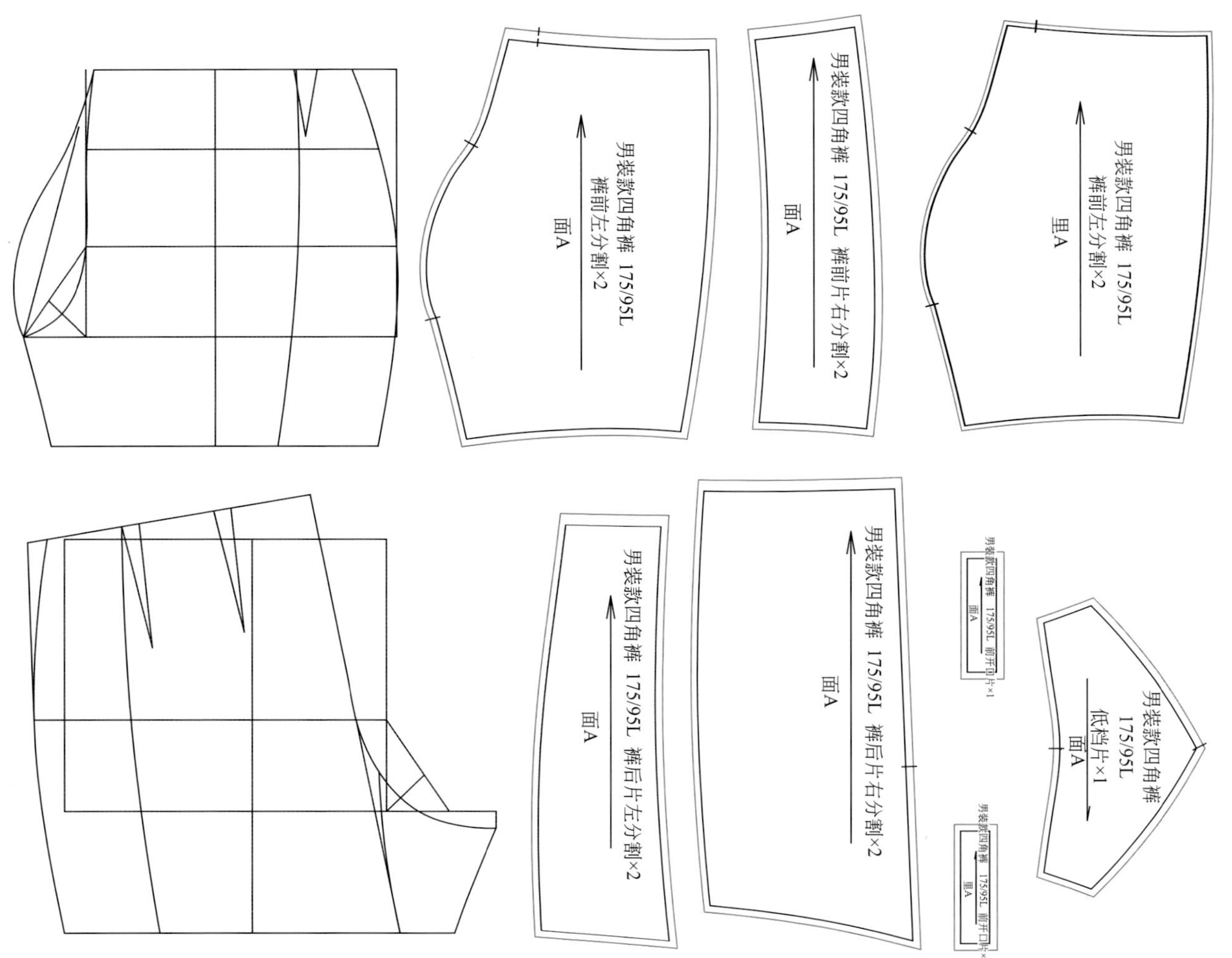

3. 放码图

该款男装平角裤以5·4系列为号型数据基础，将平角裤在原型纸样上进行各主要折线点的放码设计。在原型纸样上，裤中线和裆底线为不动轴，可选择点数法进行整款各主要放码点的设置，臀围裆差为4cm，裤长裆差为1cm。后片各点裆差规则如下：后中上点（0.18，0.73）、腰部分割上两点（-0.41，0.66）、后腰外侧点（-0.7，0.62）、裤口外侧点（-0.58，-0.29）、裤口下分割两点（-0.29、-0.29）、裆底分割点（0.46、-0.29）。前片各点裆差规则如下：前中上点（-0.32，0.71）、腰部分割上两点（0.21，0.71）、腰外侧点（0.48，0.71）、裤口外侧点（0.43，-0.29）、裤口下分割两点（0.17，-0.29）、裤口内侧点（-0.44，-0.29）、象鼻头底点（-0.51，0）。前开口片和底裆片不推放；前片分割片里布与面布推放一样。

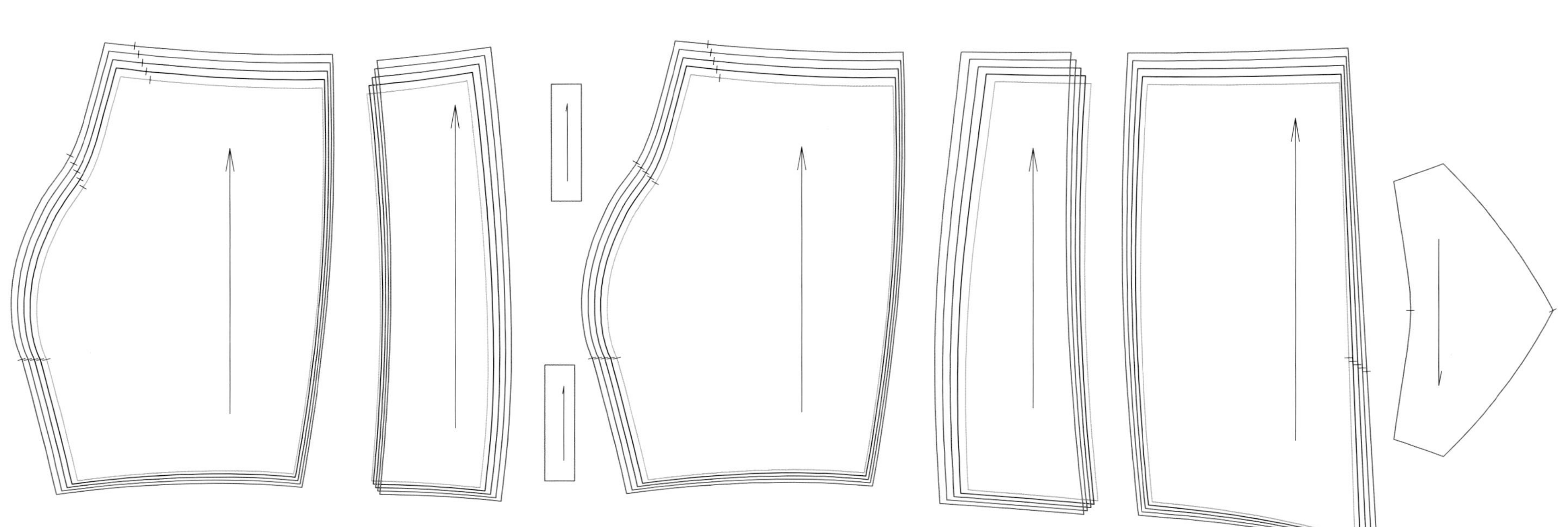

4. 生产工艺流程图

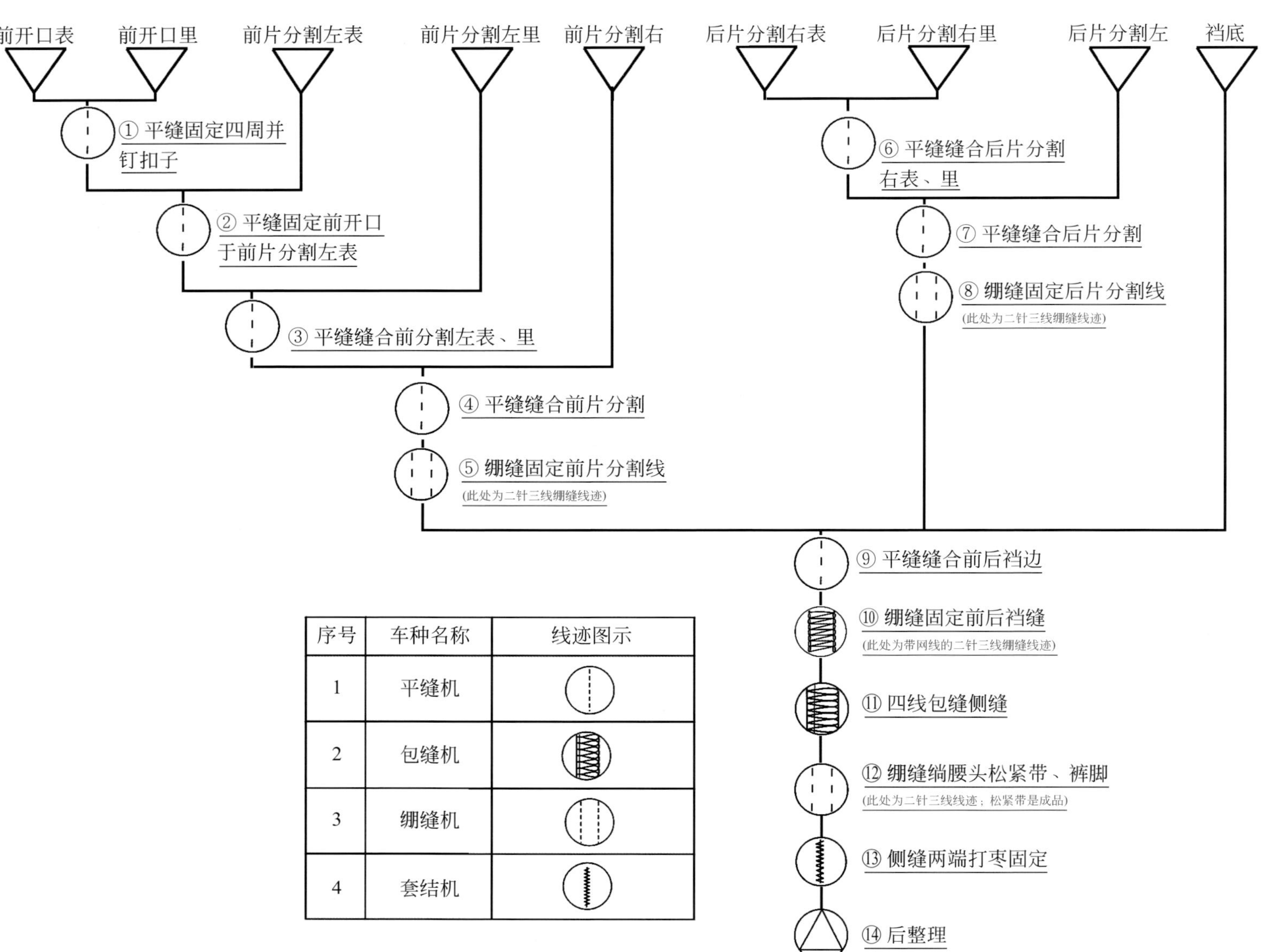
前开口表
前开口里
前片分割左表
前片分割左里
前片分割右
后片分割右表
后片分割右里
后片分割左
裆底
① 平缝固定四周并钉扣子
② 平缝固定前开口于前片分割左表
③ 平缝缝合前分割左表、里
④ 平缝缝合前片分割
⑤ 绷缝固定前片分割线
(此处为二针三线绷缝线迹)
⑥ 平缝缝合后片分割右表、里
⑦ 平缝缝合后片分割
⑧ 绷缝固定后片分割线
(此处为二针三线绷缝线迹)
⑨ 平缝缝合前后裆边
⑩ 绷缝固定前后裆缝
(此处为带网线的二针三线绷缝线迹)
⑪ 四线包缝侧缝
⑫ 绷缝绱腰头松紧带、裤脚
(此处为二针三线线迹；松紧带是成品)
⑬ 侧缝两端打枣固定
⑭ 后整理

序号	车种名称	线迹图示
1	平缝机	
2	包缝机	
3	绷缝机	
4	套结机	

十五、男装平角裤款

1. 着装配色和款式图

该款为男装平角基本款，前片两侧分割设计，增加结构韵律感。配色采用无色、对比色设计，如灰色、黄色与蓝色等。此款平角泳裤以灰色调为主，简单的无色设计以及灰调子的对比设计，都让整款泳裤显得含蓄内敛。沉稳的色彩加上局部的色块调节，如腰部、两侧的色块区分使含蓄的款式变得富有生气，显得大气庄重而又不失活力。除此之外，此款平角裤还尝试对比色，大面积的底色加上对比强烈的不规则色块，使整款造型显得富有朝气活力。

2. 纸样设计图

在第三代男装原型上进行结构设计，在前片前中5cm处做垂直腰线的直线，其长度与修改后的前挡弧线一致，形成象鼻结构设计；将前片、象鼻片和后片的裆底部位在弧线的位置切割，并形成裆底片。裤片弹性缩放率为80%。里布缝边0.4cm，表布缝边为0.6cm，腰头用2cm宽成品松紧带。

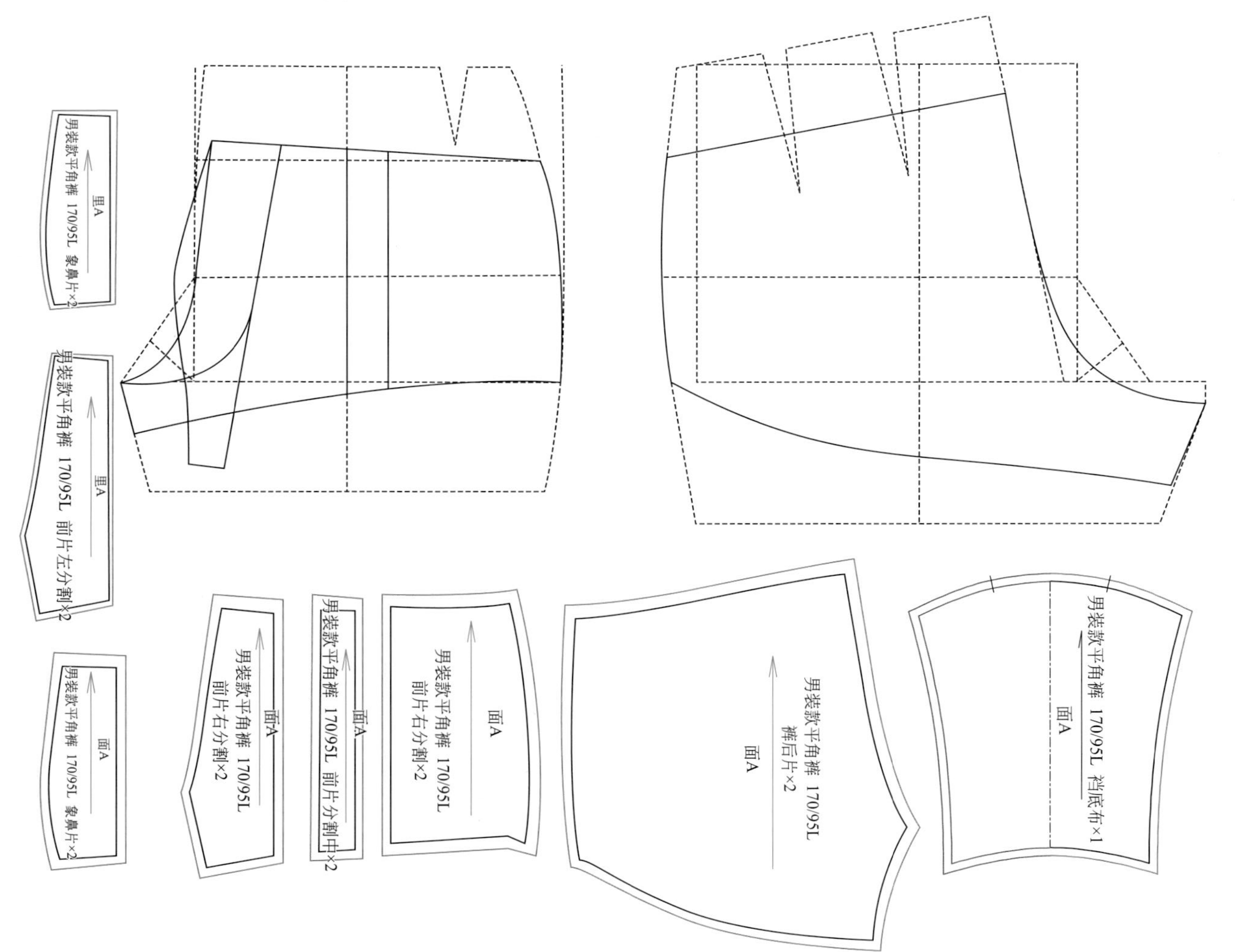

3. 放码图

该款男装平角裤以5·4系列为号型数据基础，将平角裤在原型纸样上进行各主要折线点的放码设计。在原型纸样上，裤中线和裆底线为不动轴，可选择点数法进行整款各主要放码点的设置，臀围裆差为4cm，裤长裆差为1cm。后片各点裆差规则如下：后中上点（0.22，0.83）、后腰外侧点（-0.67，0.65）、裤口外侧点（-0.67，0）、裆底分割外侧点（0.12、-0.22）、裆底分割中间点（0.43、0.12）。前片分割的左片各点裆差规则如下：前中上点（-0.18，1）、分割上点（-0.18，1）、分割下点（0，0）、裆底分割外侧点（-0.19、-0.1）、裆底分割中间点（-0.3、0.18）。前片分割的中片各点裆差规则如下：分割上两点（0，1）和（0.1，1）、分割下点（0.1，0）和（0、0）。前片分割的右片各点裆差规则如下：分割上点（0.1，1）、腰外侧点（0.53，0.93）、裤口外侧点（0.86，0）、分割下点（0.1，0）。象鼻头片的裆差规则如下：前中上点（-0.37，1）、分割上点（-0.18，1）、分割下点（-0.3，0.18）、前中下点（-0.47、0.22）。裆底布二点的裆差规则如下：右上点（0.46，0）、右下点（0.42，0）。象鼻头片和前中分割片的里布按照面布推放。

4. 生产工艺流程图

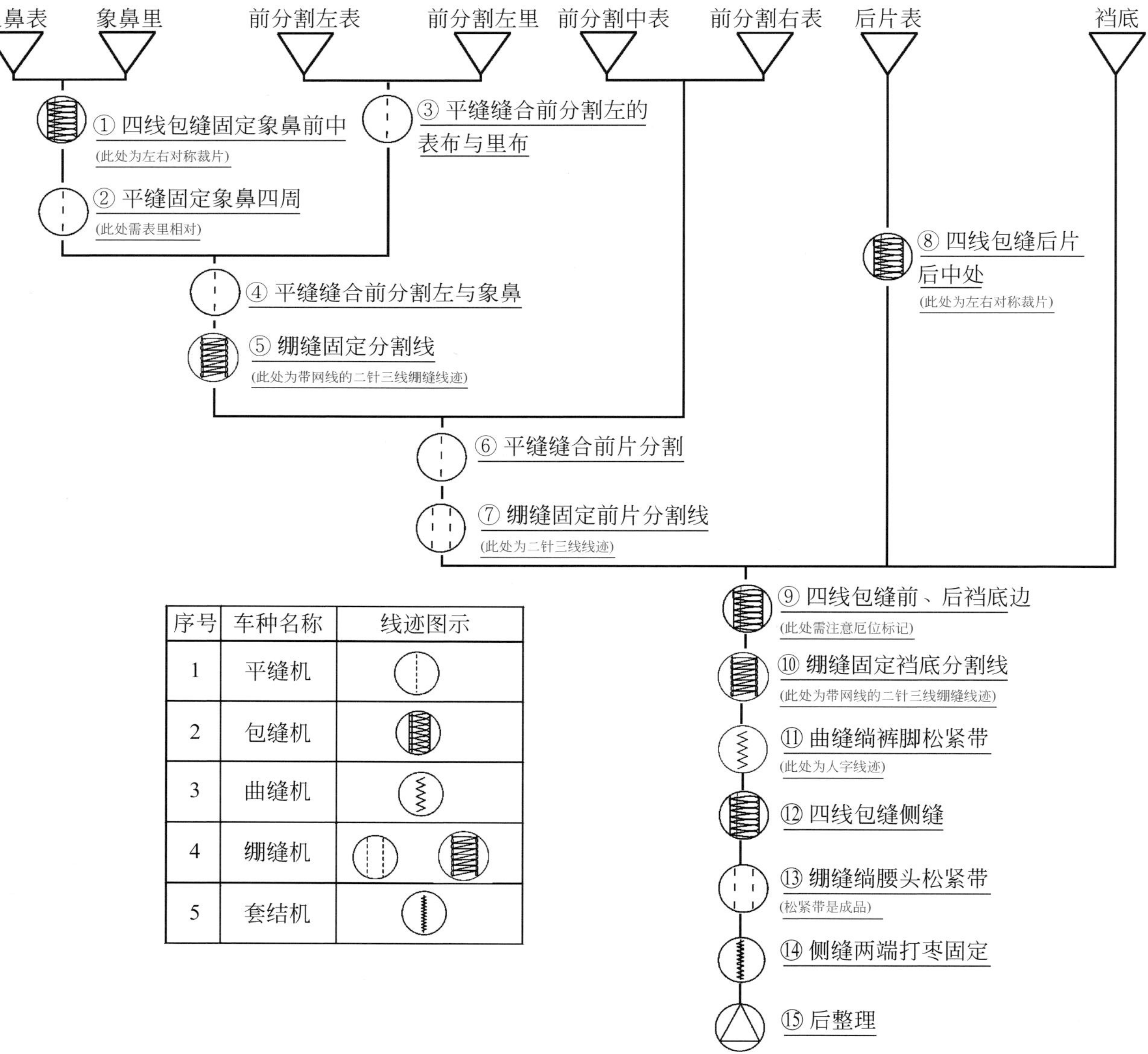

序号	车种名称	线迹图示
1	平缝机	
2	包缝机	
3	曲缝机	
4	绷缝机	
5	套结机	

十六、男装三角裤款

1. 着装配色和款式图

这款三角款的泳裤更适合身材高挑纤瘦的男士。配色采用互补色、同类色设计，如紫黄色搭配、蓝色系搭配等。此款三角泳裤以明度、纯度较高的亮色为主色，局部采用其他色块做装饰，形成层次感，丰富形体结构。同时，明亮的色彩也起到吸引眼球的效果，三角款加上高纯度的色彩很适合年轻男士，又能修饰腿部。除此之外，还采用条纹、斑点等色块的装饰使整款泳裤，增加款式的趣味性，显得夸张而有生气。

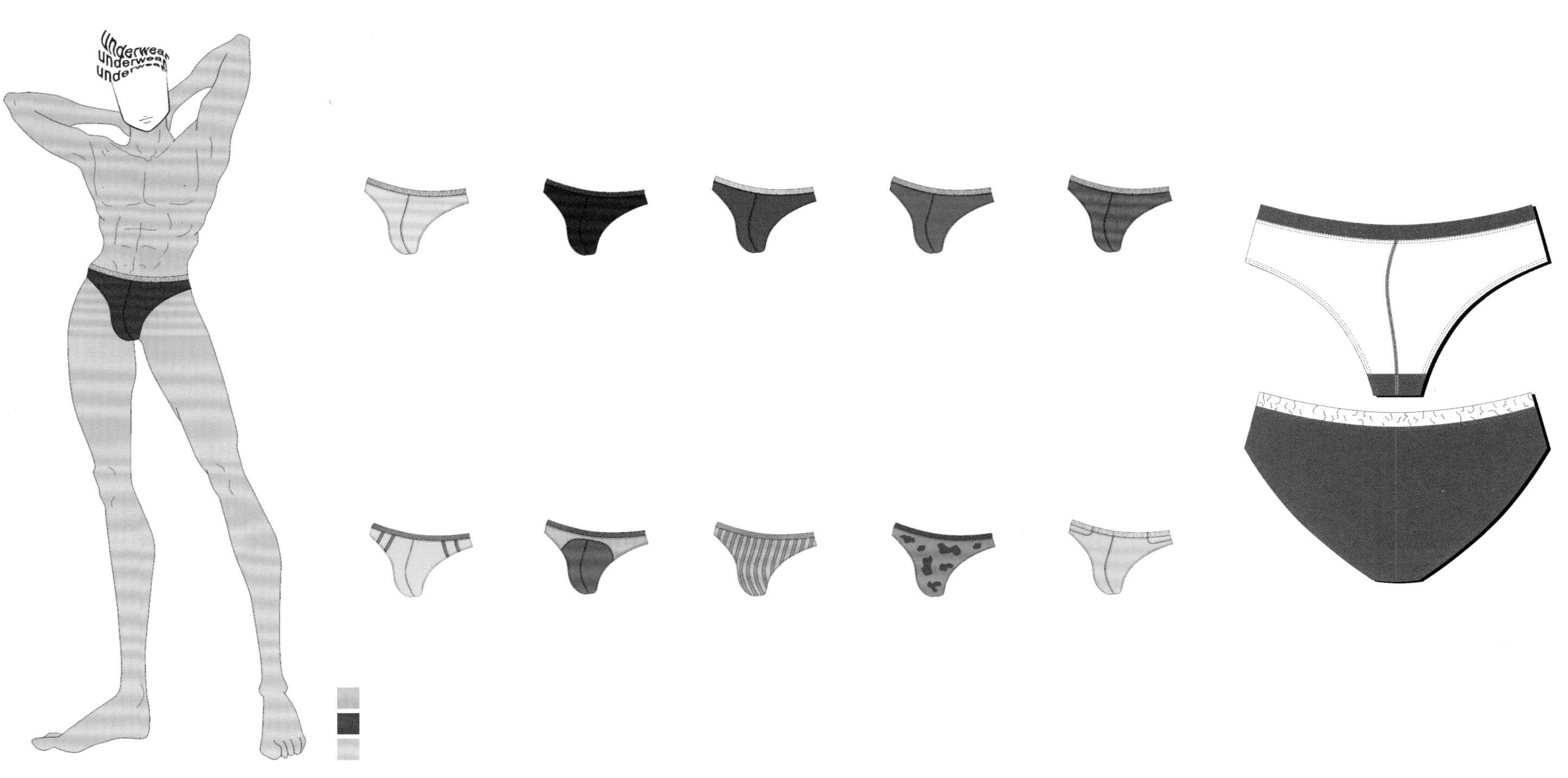

2. 纸样设计图

在第三代男装原型上进行结构设计，在前片臀围线和裆底之间设计象鼻结构；后片裆底延后中线延长拉直处理并连底档结构设计；象鼻头里布待面布弹性缩放后，从前片分割获得；腰头用2cm宽成品松紧带；裤片弹性缩放率为78%。表布腰头的缝边均为1cm，象鼻头结构里布的缝边为0.4cm，其他部位缝边均为0.6cm。

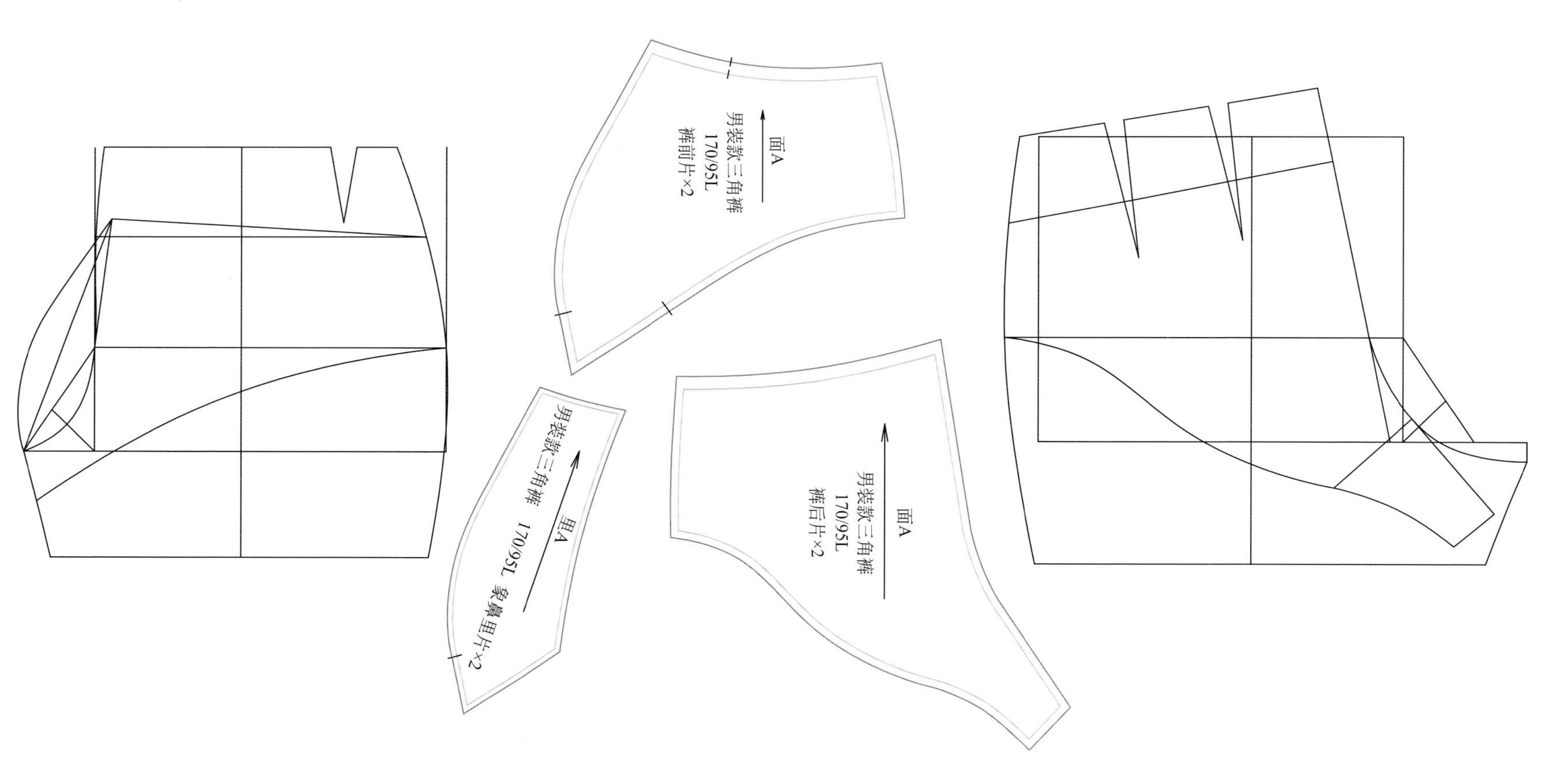

3. 放码图

该款男装三角短裤以5·4系列为号型数据基础，将三角裤在原型纸样上进行各主要折线点的放码设计。在原型纸样上，裤中线和裆底线为不动轴，可选择点数法进行整款各主要放码点的设置，臀围裆差为4cm，裤长裆差为0.7cm。整款后片各点裆差规则如下：后中上点（0.22，0.81）、后腰外侧点（-0.67，0.63）、裤口外侧点（-0.67，0.3）、大裆底两点（0、0.67）。前片各点裆差规则如下：前中上点（-0.37，0.76）、前腰外侧点（0.52，0.7）、裤口外侧点（0.58，0.3）、小裆底点（-0.62、0）。象鼻头片的外侧点在前片上按照两点间的比例点进行推放。

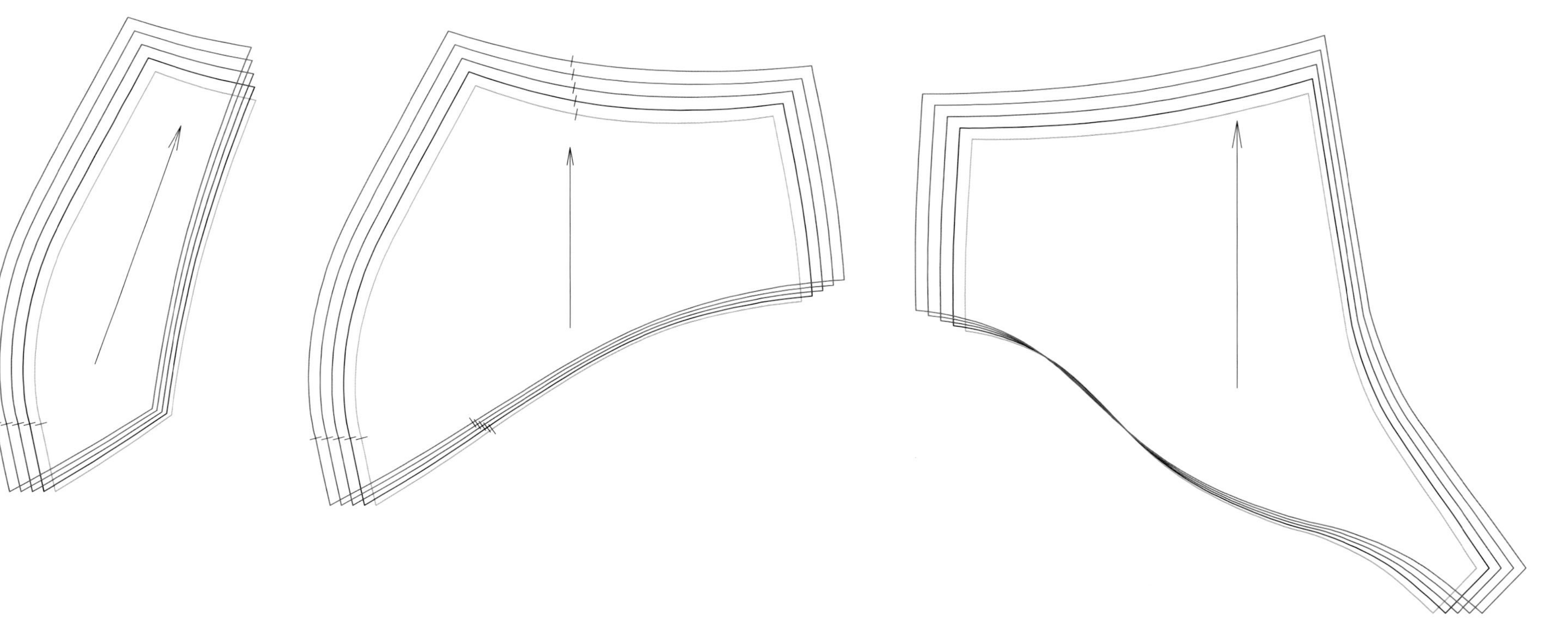

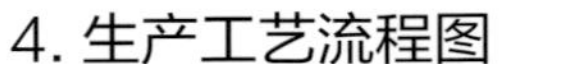

4. 生产工艺流程图

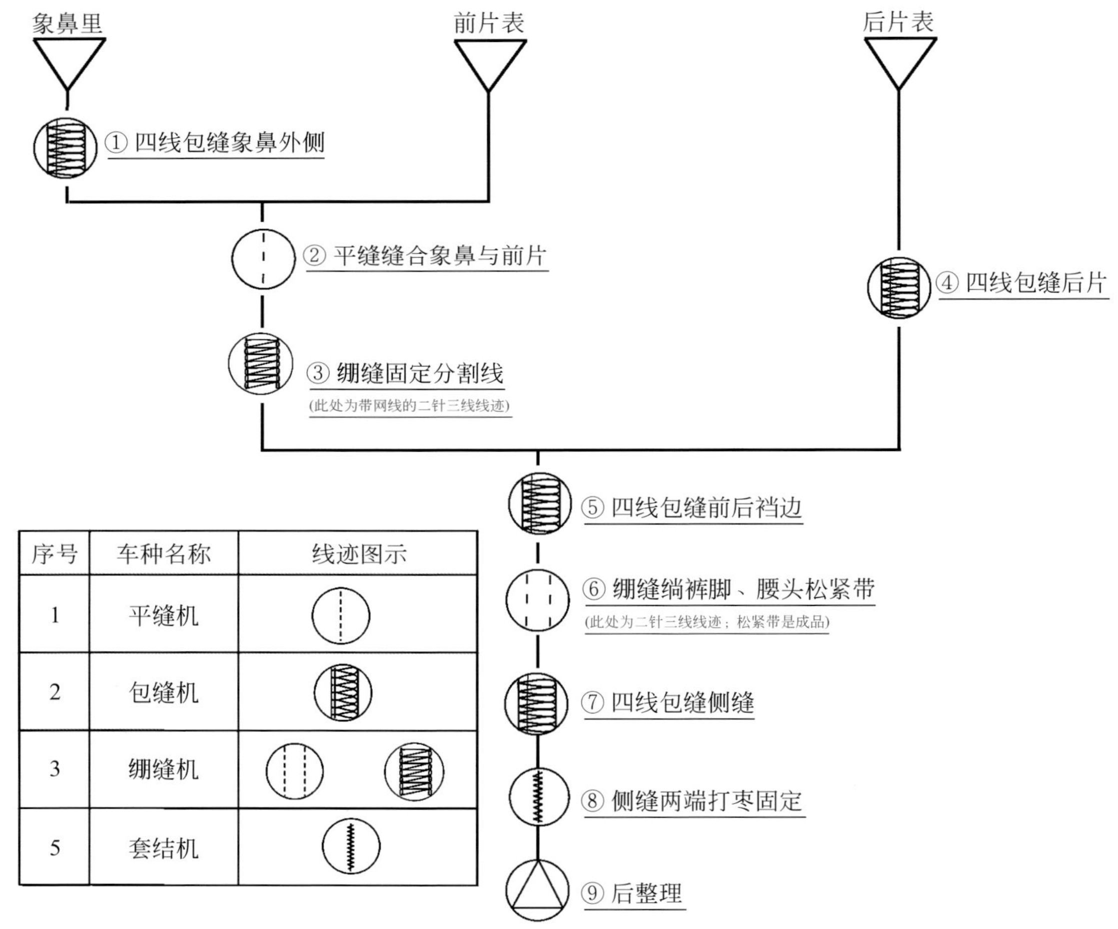
象鼻里
前片表
后片表
① 四线包缝象鼻外侧
② 平缝缝合象鼻与前片
③ 绷缝固定分割线
(此处为带网线的二针三线线迹)
④ 四线包缝后片
⑤ 四线包缝前后裆边
⑥ 绷缝绱裤脚、腰头松紧带
(此处为二针三线线迹；松紧带是成品)
⑦ 四线包缝侧缝
⑧ 侧缝两端打枣固定
⑨ 后整理

序号	车种名称	线迹图示
1	平缝机	
2	包缝机	
3	绷缝机	
5	套结机	

第五章

塑身衣设计与产品开发

一、半罩杯款

1. 着装配色和款式图

这款套装为半罩杯T字分割，上下分身款，高腰平角塑身裤。配色采用补色和同类色设计，上下整套塑身衣都采用中间相同的色块儿和三种对比强烈的颜色，以互补色的小碎花打破这种强烈的冲突效果，不仅增加此款罩杯色彩的和谐感，也使整款塑身衣散发着春天的气息。同时，竖向倒梯形划分起到修饰腰部衬托胸部饱满的效果。而另外一组同类色的设计显得时尚大气，半罩杯造型能更好地修饰出女性的形体美。

2. 纸样设计图

该款以75C罩杯的尺寸进行设计，是模杯款，塑身衣原型纸样缩减10cm的加放量后，再进行上衣纸样设计。塑裤在无放缩量的塑身裤原型纸样上分割获得；腰部3cm成品松紧带；面料缩放率85%。钩扣部位缝边为1cm，上衣后身上沿、罩杯上沿及下摆缝边均为1.2cm；裤子侧缝缝边为1cm，其他部位均为0.6cm；定型纱缝边均为0.3cm。

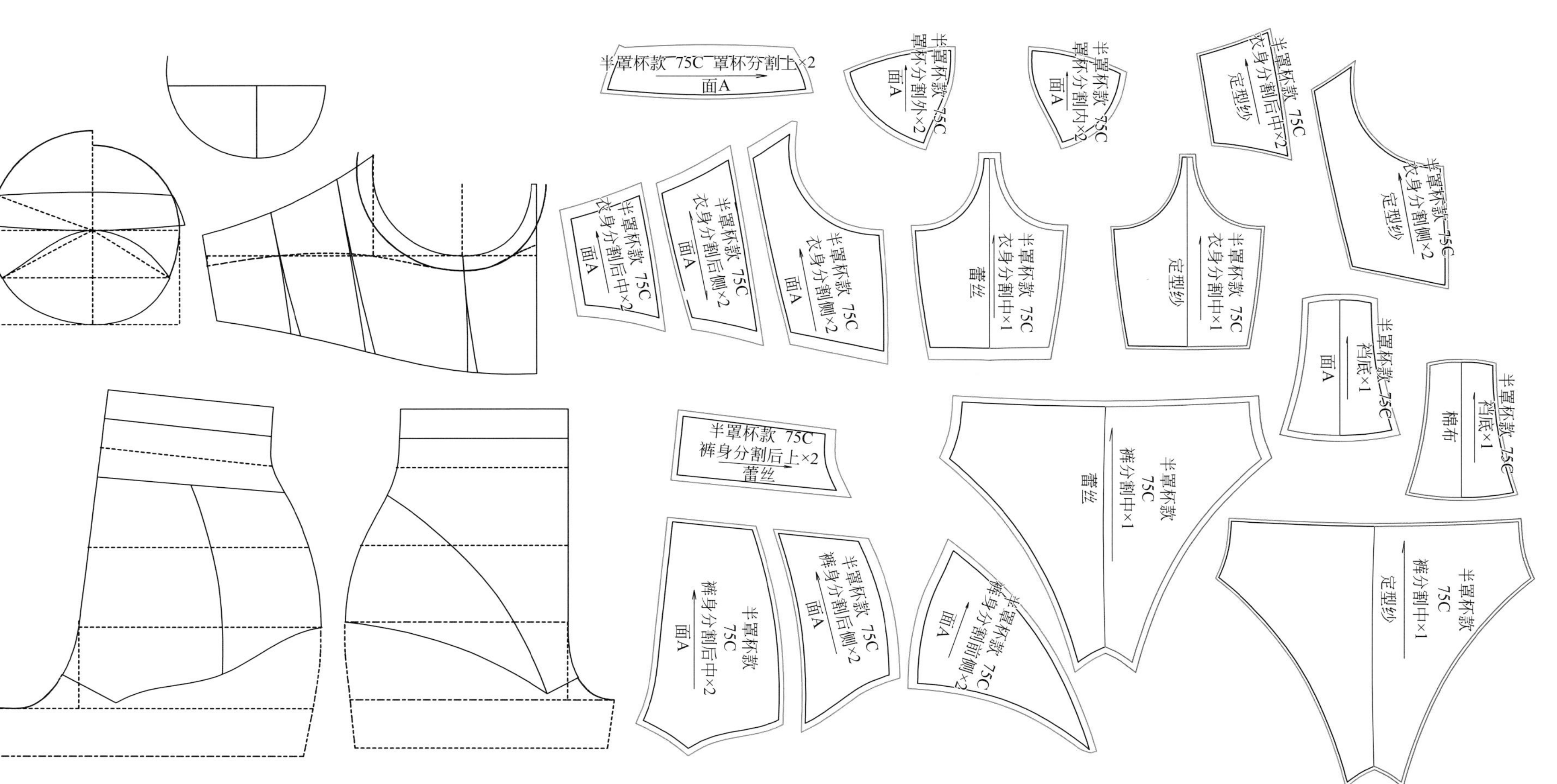

3. 放码图

该款式罩杯采用同型不同号进行推放，放码规则参考表1-11中的数据进行分配。塑身部分的衣片选择比值法进行整款各主要放码点的设置，然后选择分割拷贝复制到分割衣片上，确保其各个分割衣片各放码点准确，底裆不推放。上衣以下胸围线与前中线为轴，塑身衣长度20cm，衣长档差为0.8cm，半胸围长度33cm，半胸围档差为2.5cm。上衣衣身各点档差规则如下：前中两点（0，0.3）、前中底点（0，−0.5）、后中底点（−2.39，−0.27）、后中上点（−2.5，0）。其他线中点按照两点间比例点进行推放。塑裤以腰围线和前后中心线为轴，以表1-18数据为基础，进行各个折线点的放码设计。塑裤长度29cm，档差为1cm，四分之一臀围宽度为23cm，臀围档差为6cm。整款后片各点档差规则如下：后中上点（0，0）、后腰围外侧点（0.48,0）、后裤口外侧点（0.46,−0.74）、裆底两点（0、−1）。前片各点档差规则如下：前中上点（0,0）、前腰围外侧点（−0.48，0）、前裤口外侧点（−0.46，−0.74）、裆底两点（0、−1）。其他线中点按照两点间的比例点进行推放；裆底不推放。

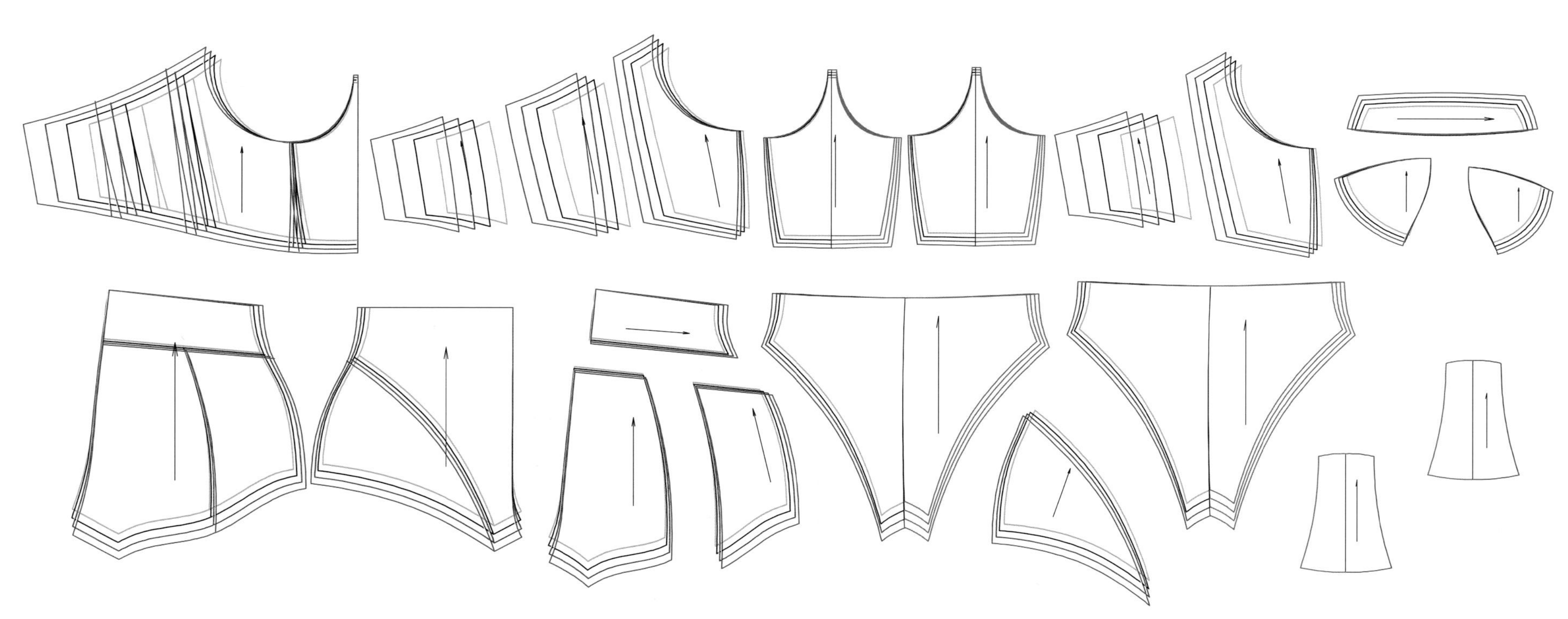

4. 生产工艺流程图

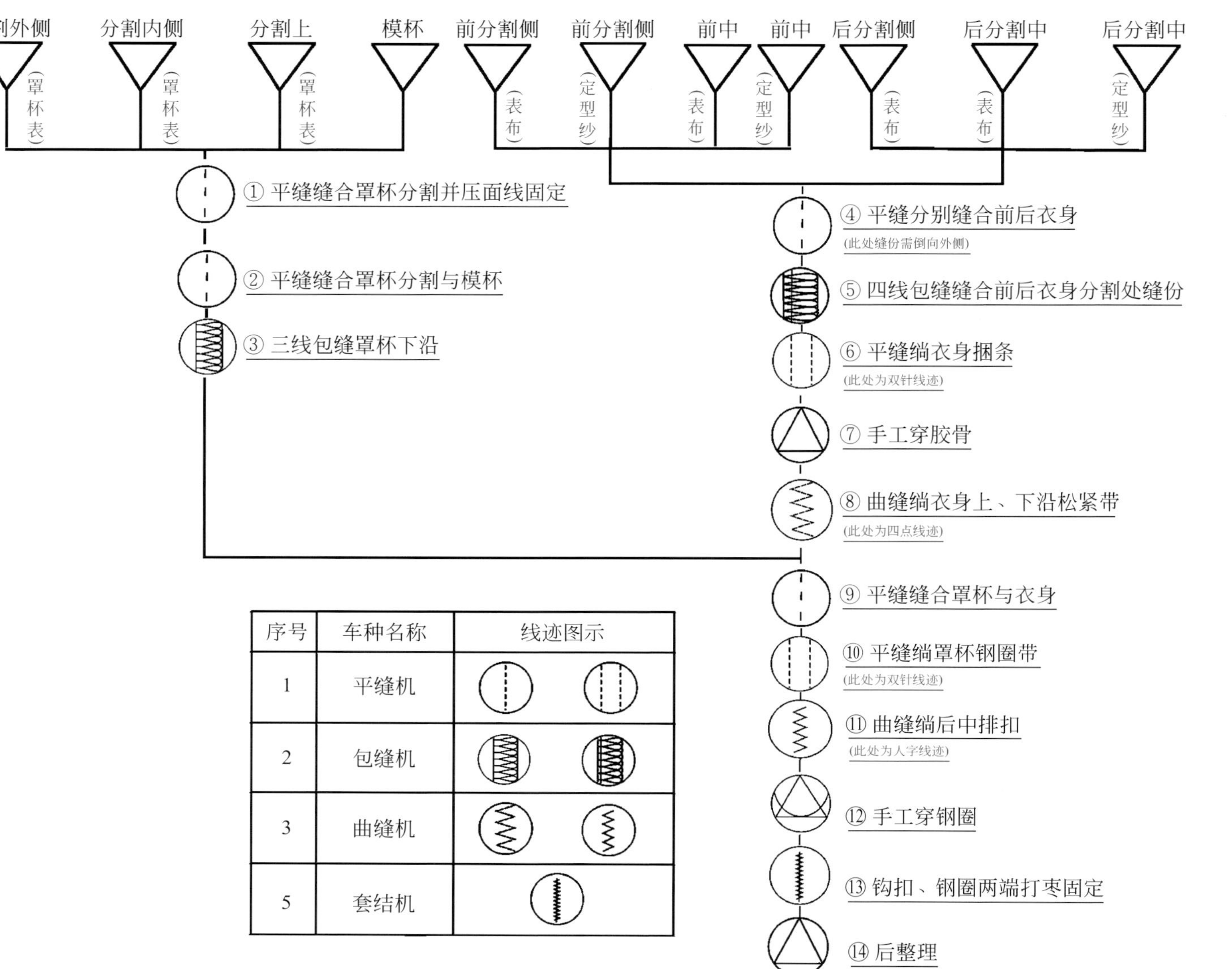
分割外侧（罩杯表）
分割内侧（罩杯表）
分割上（罩杯表）
模杯
前分割侧（表布）
前分割侧（定型纱）
前中（表布）
前中（定型纱）
后分割侧（表布）
后分割中（表布）
后分割中（定型纱）
① 平缝缝合罩杯分割并压面线固定
② 平缝缝合罩杯分割与模杯
③ 三线包缝罩杯下沿
④ 平缝分别缝合前后衣身
(此处缝份需倒向外侧)
⑤ 四线包缝缝合前后衣身分割处缝份
⑥ 平缝绱衣身捆条
(此处为双针线迹)
⑦ 手工穿胶骨
⑧ 曲缝绱衣身上、下沿松紧带
(此处为四点线迹)
⑨ 平缝缝合罩杯与衣身
⑩ 平缝绱罩杯钢圈带
(此处为双针线迹)
⑪ 曲缝绱后中排扣
(此处为人字线迹)
⑫ 手工穿钢圈
⑬ 钩扣、钢圈两端打枣固定
⑭ 后整理

序号	车种名称	线迹图示
1	平缝机	
2	包缝机	
3	曲缝机	
5	套结机	

二、四分之三罩杯款

1. 着装配色和款式图

长腰塑身衣，模杯款，罩杯表层下端有收褶设计，高腰四角裤结构，对腰、腹、大腿都有很好的塑型效果。配色采用邻近色、相似色设计，如黄色绿色、蓝色蓝绿等。简单的色彩通过分割、拼接设计，使整款塑身衣紧致且富有弹性，四分之三的罩杯配上交叉肩带，显得性感十足。高腰设计与文胸连在一起让人感觉腰部纤细，身材高挑。除此之外，灰色调设计给人温柔贴心的感觉。

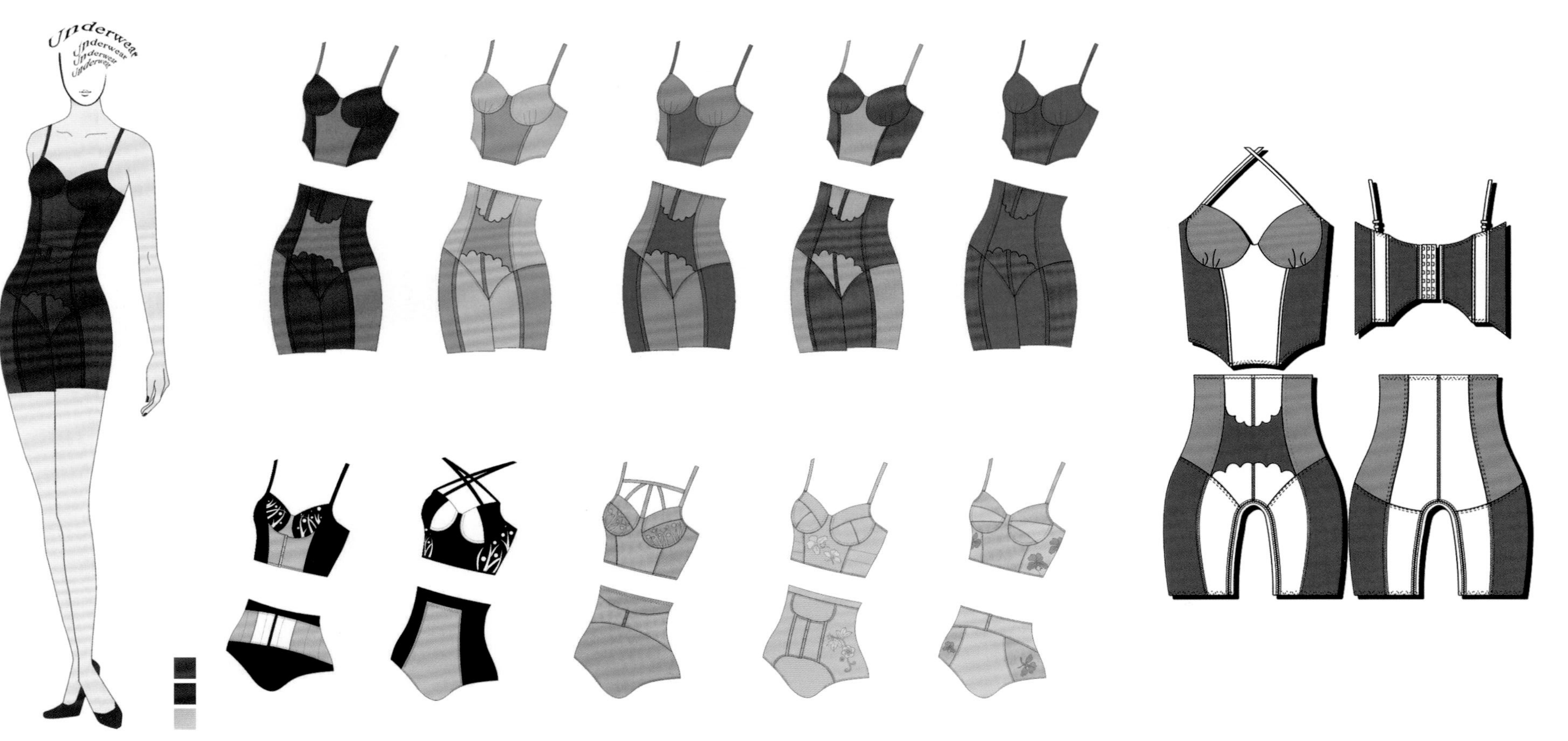

2. 纸样设计图

该款以75A罩杯的尺寸进行设计，钢圈形状放在塑身衣原型纸样上，进行上衣纸样设计。该面料缩放率为85%。高腰塑身裤腰部缝边2cm，衣身钩扣部位、后身上沿、衣身下摆、裤子侧缝的缝边均为1cm，其他部位缝边均为0.6cm，定型纱缝边均为0.3cm。

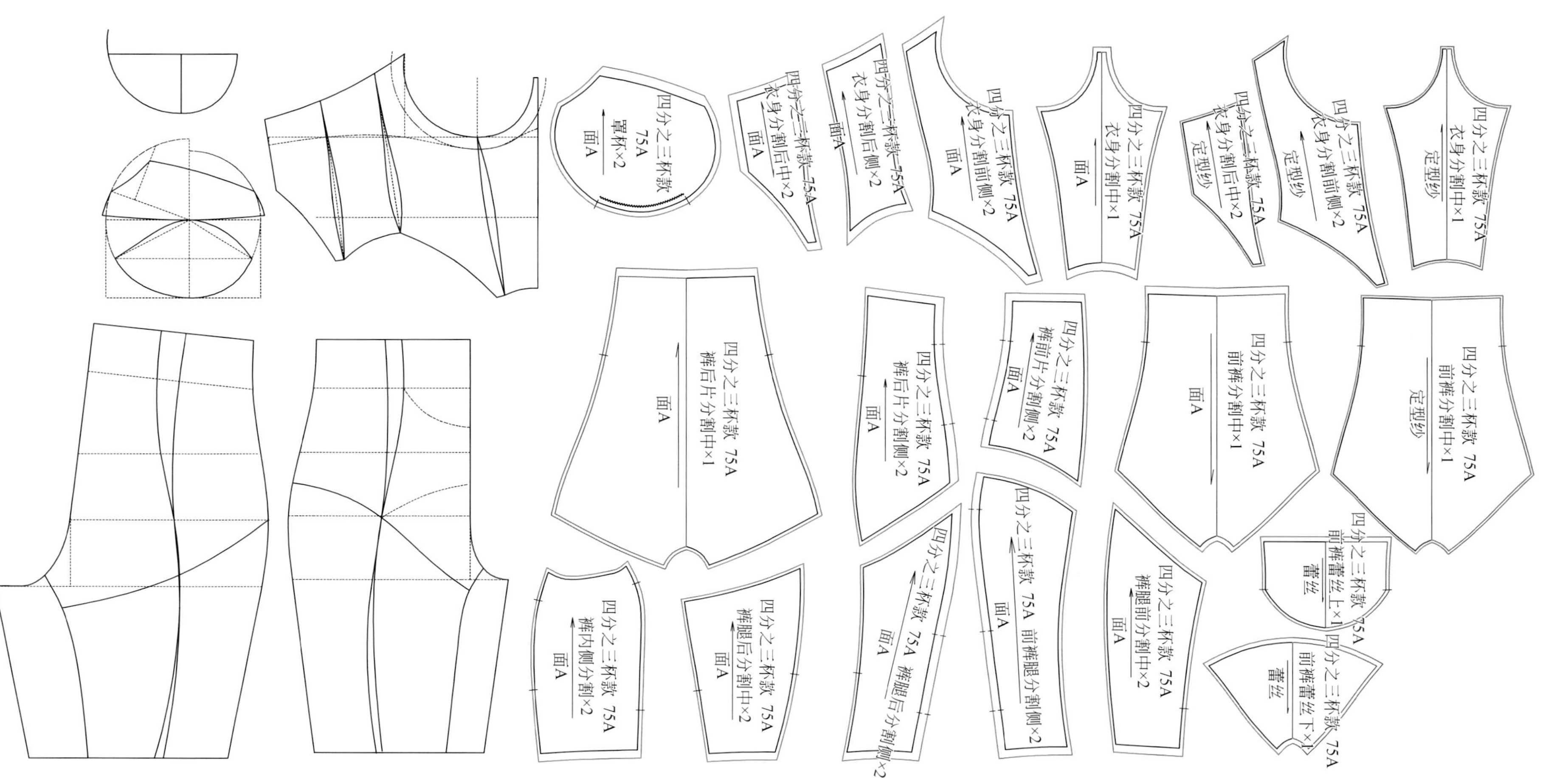

3. 放码图

该款式罩杯采用同型不同号进行推放，放码规则参考表1-11中的数据进行分配。塑身部分的衣片选择比值法进行整款各主要放码点的设置，然后选择分割拷贝复制到分割衣片上，确保其各个分割衣片各放码点准确。上衣以下胸围线与前中线为轴，塑身衣长度30cm，衣长档差为0.8cm，半胸围长度33cm，半胸围档差为2.5cm。上衣衣身各点档差规则如下：前中两点（0，0.3）、前中底点（0，-0.5）、前收腹底点（-0.38，-0.53）、侧缝点（-1.26，-0.32）、后收腰两点（-1.77，-0.41）、后勾底点（-2.4，-0.18）、后勾上点（-2.5，-0.06）、罩杯侧位点（-1.22，0.27）、罩杯底（-0.55，0）。其他线中点按照两点间比例点进行推放。塑裤以腰围线和前后中心线为轴，以表1-18数据为基础，进行各个折线点的放码设计。塑裤长度54cm，其档差为1.7cm，四分之一臀围宽度为24cm，臀围档差为6cm。整款后片各点档差规则如下：后中上点（0，0）、后腰围外侧点（0.54，0）、后裤口外侧点（0.45，-1.7）、后裤口内外侧点（-0.22，-1.7）、裆底点（-0.33，-1.04）。前片各点档差规则如下：前中上点（0，0）、前腰围外侧点（-0.56，0）、前裤口外侧点（-0.57，-1.7）、前裤口内外侧点（0.05，-1.7）、裆底点（0.14，-0.94）。其他线中点按照两点间比例点进行推放。

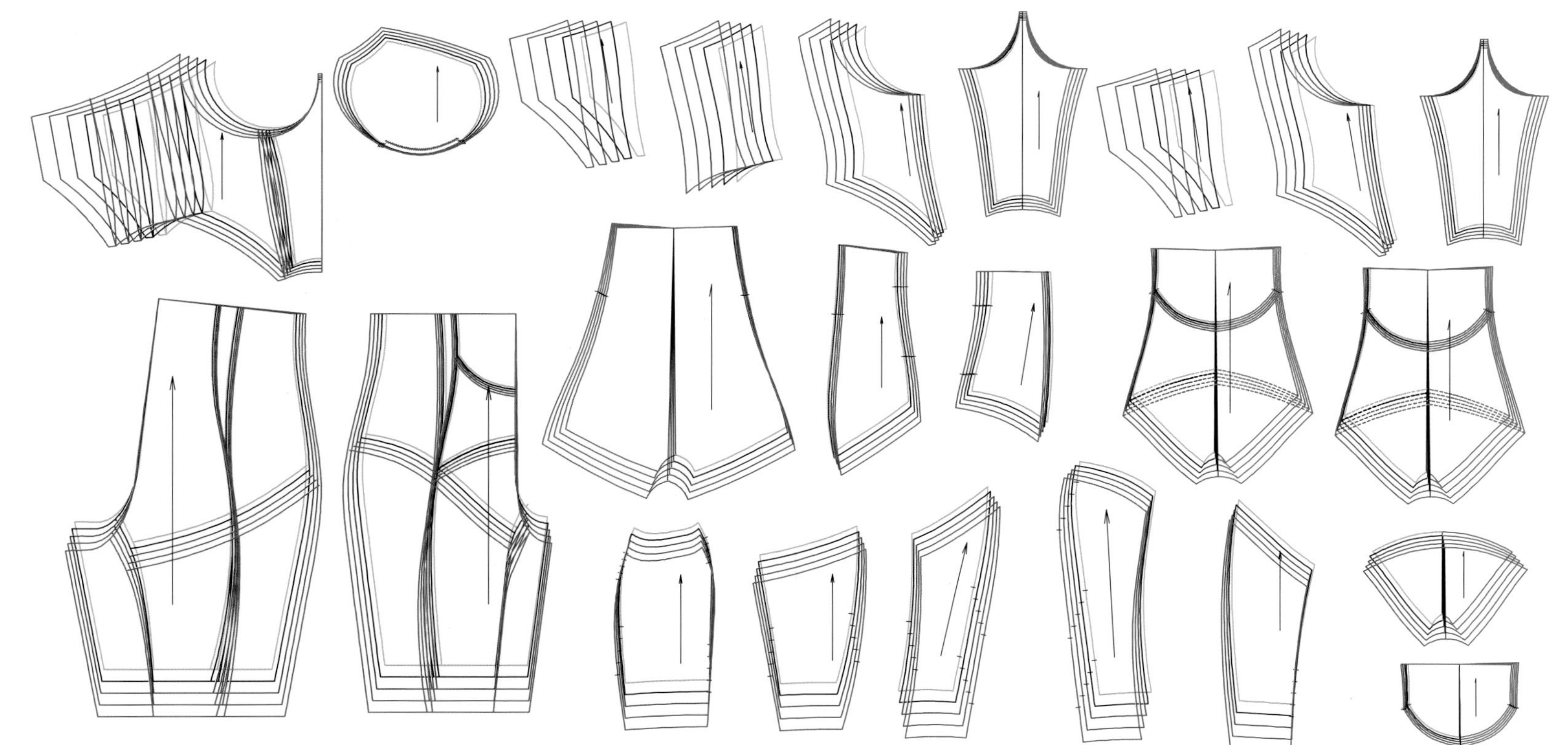

4. 生产工艺流程图

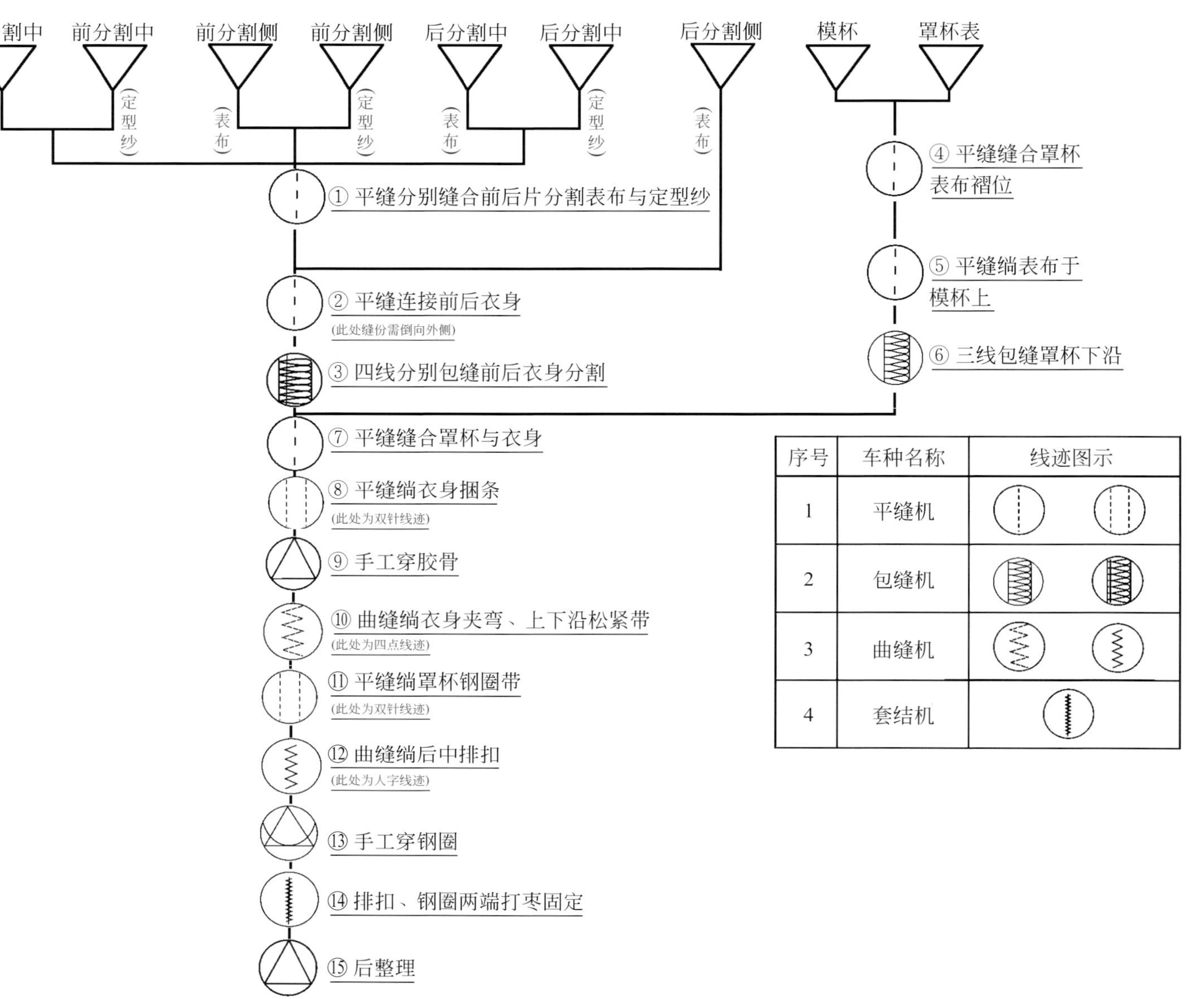
前分割中
前分割中
前分割侧
前分割侧
后分割中
后分割中
后分割侧
模杯
罩杯表
（表布）
（定型纱）
（表布）
（定型纱）
（表布）
（定型纱）
（表布）
① 平缝分别缝合前后片分割表布与定型纱
② 平缝连接前后衣身
（此处缝份需倒向外侧）
③ 四线分别包缝前后衣身分割
④ 平缝缝合罩杯表布褶位
⑤ 平缝缃表布于模杯上
⑥ 三线包缝罩杯下沿
⑦ 平缝缝合罩杯与衣身
⑧ 平缝缃衣身捆条
（此处为双针线迹）
⑨ 手工穿胶骨
⑩ 曲缝缃衣身夹弯、上下沿松紧带
（此处为四点线迹）
⑪ 平缝缃罩杯钢圈带
（此处为双针线迹）
⑫ 曲缝缃后中排扣
（此处为人字线迹）
⑬ 手工穿钢圈
⑭ 排扣、钢圈两端打枣固定
⑮ 后整理

序号	车种名称	线迹图示
1	平缝机	
2	包缝机	
3	曲缝机	
4	套结机	

三、全罩杯款

1. 着装配色和款式图

全罩杯长款塑身衣。配色采用简单的单色设计和对比色设计，如单黄和蓝色深红对比等。罩杯采用两种色彩进行分割，对比强烈增加吸引力，而腰身的双色倒三角型分割给人以收腰的视觉感，主色占比更多向身后延伸，增加立体感。此款亮丽的单色以及对比强烈的对比色设计，使略显传统的全罩杯塑身衣显得更加青春、性感，同时也具有很好的聚拢效果。

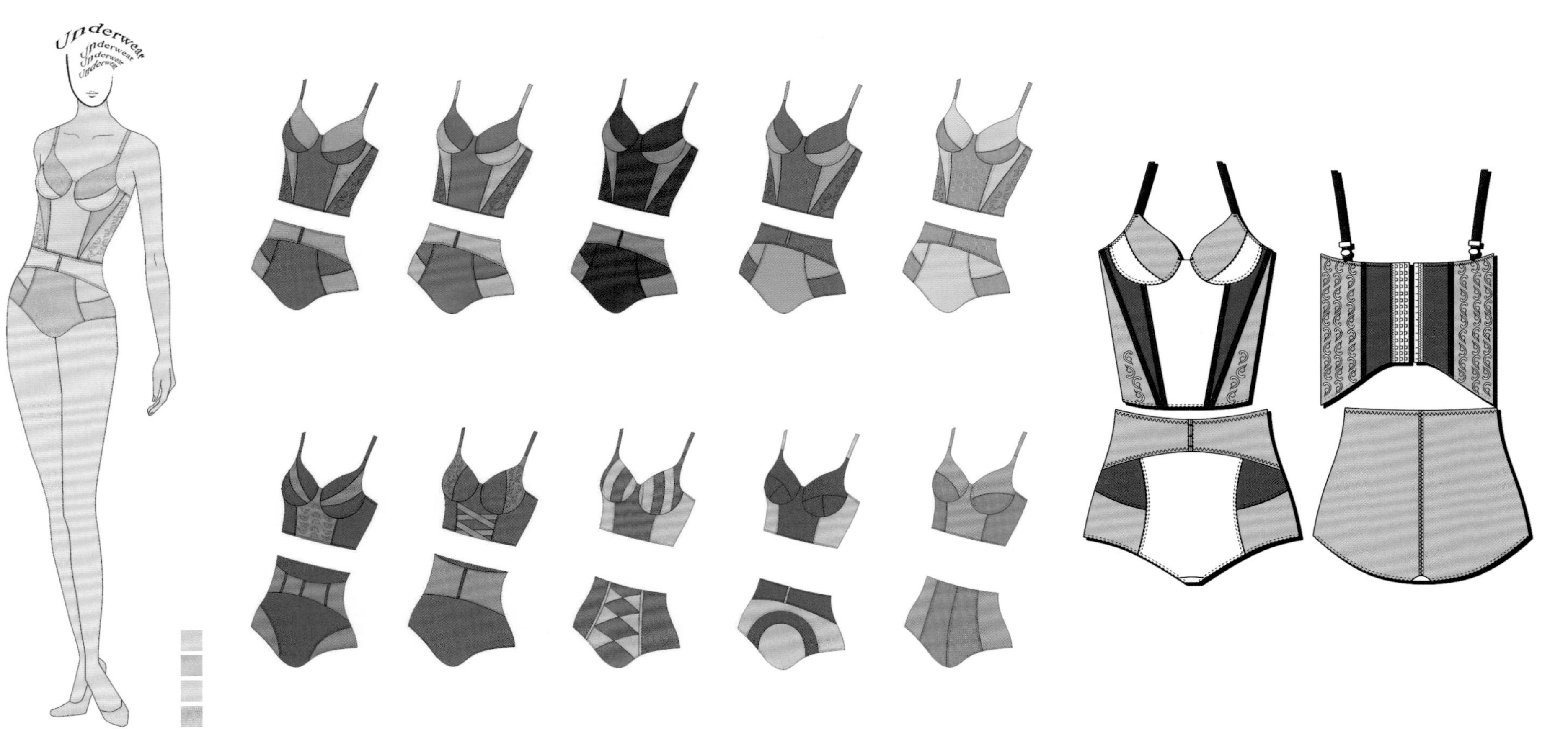

2. 纸样设计图

该款是模杯款，以75C号型数据设计版型，面料缩放率85%。罩杯缝边为1.2cm，上沿钩扣部位、后身上沿、衣身底摆的缝边均为1cm，其他部位缝边均为0.6cm，定型纱缝边均为0.3cm。

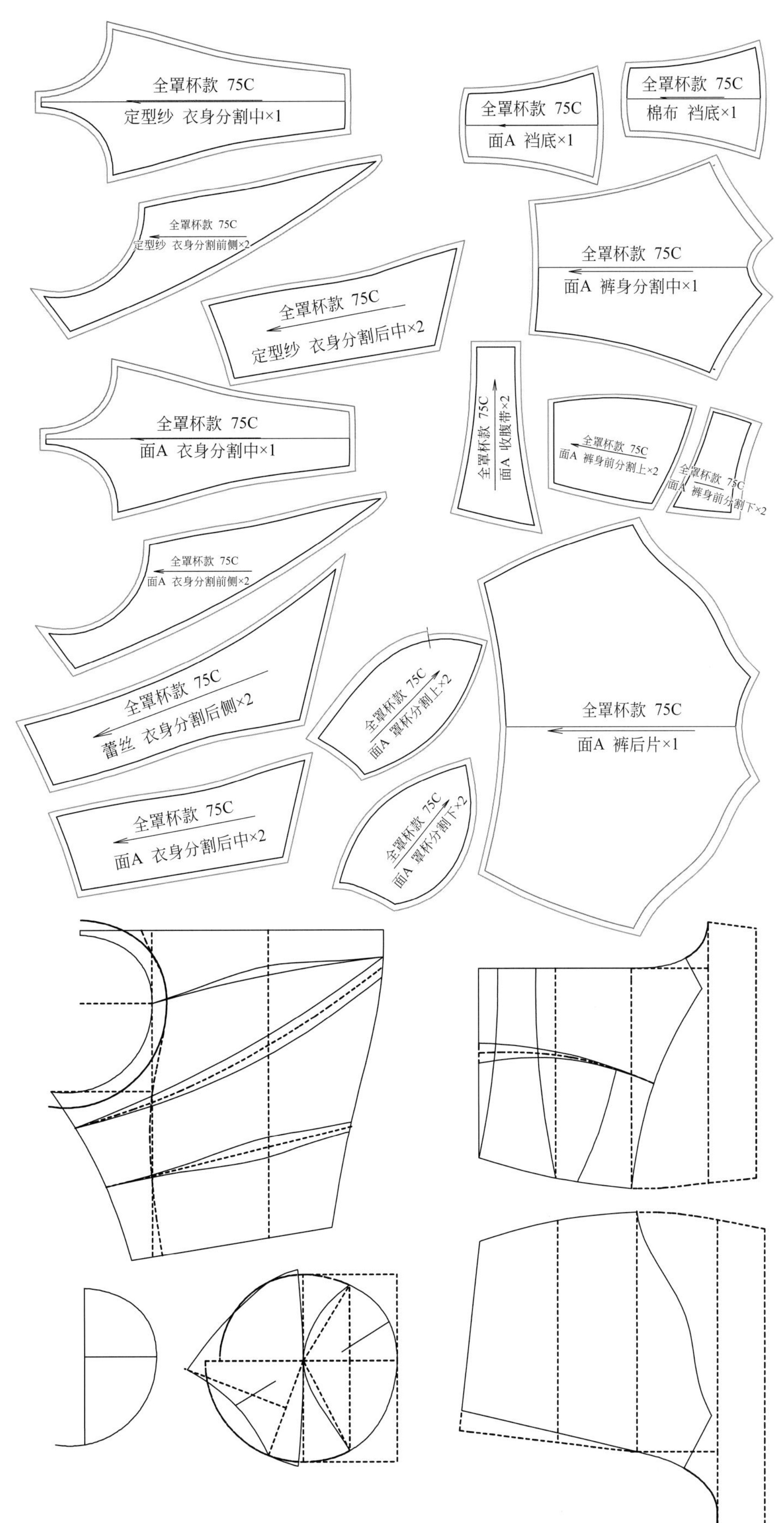

3. 放码图

该款罩杯用模杯，采用同杯不同号型规则设计放码，具体数据及档差见表1-9。塑身部分的衣片选择比值法进行整款各主要放码点的设置，然后选择分割拷贝复制到分割衣片上，确保其各个分割衣片各放码点准确。上衣以下胸围线与前中线为轴，塑身衣长度31cm，衣长档差为0.8cm，半胸围长度33cm，半胸围档差为2cm。上衣衣身各点档差规则如下：前中两点（0，0.3）、前中底点（0，-0.62）、前收腹两个底点（-0.16，-0.62）、侧缝点（-1.16，-0.53）、后勾底点（-1.76，-0.48）、后勾上点（-2，-0.1）、后侧分割点（-1.56，0.12）、侧位分割点（-1.2，0.2）、罩杯侧位点（-0.982，0.27）、罩杯底点（-0.4，0）。塑裤以腰围线和前后中心线为轴，以表1-18数据为基础，进行各个折线点的放码设计。塑裤长度22cm，其档差为0.75cm，四分之一臀围宽度为20cm，臀围档差为4cm。整款裤后片各点档差规则如下：后中上点（0，0）、后腰围外侧点（0.8，0）、后裤口外侧点（1，-0.63）、裆底两点（0，-0.75）。裤前片各点档差规则如下：前中上点（0，0）、前腰围外侧点（-0.95，0）、前裤口外侧点（-1，-0.55）、裆底两点（0，-0.75）。其他线中点按照两点间比例点进行推放，交叉点按照方向交点教学推放；裆底不推放。

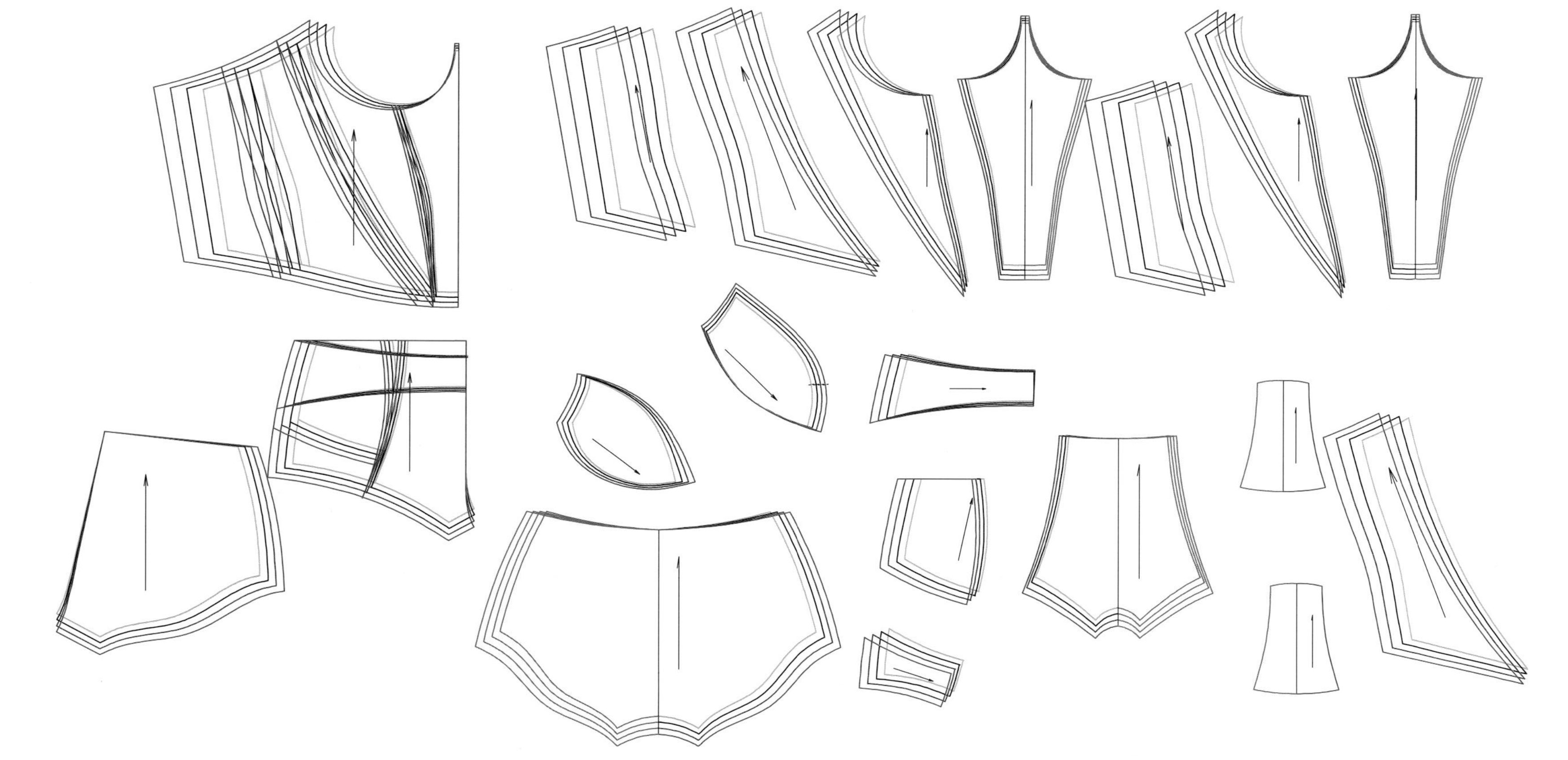

4. 生产工艺流程图

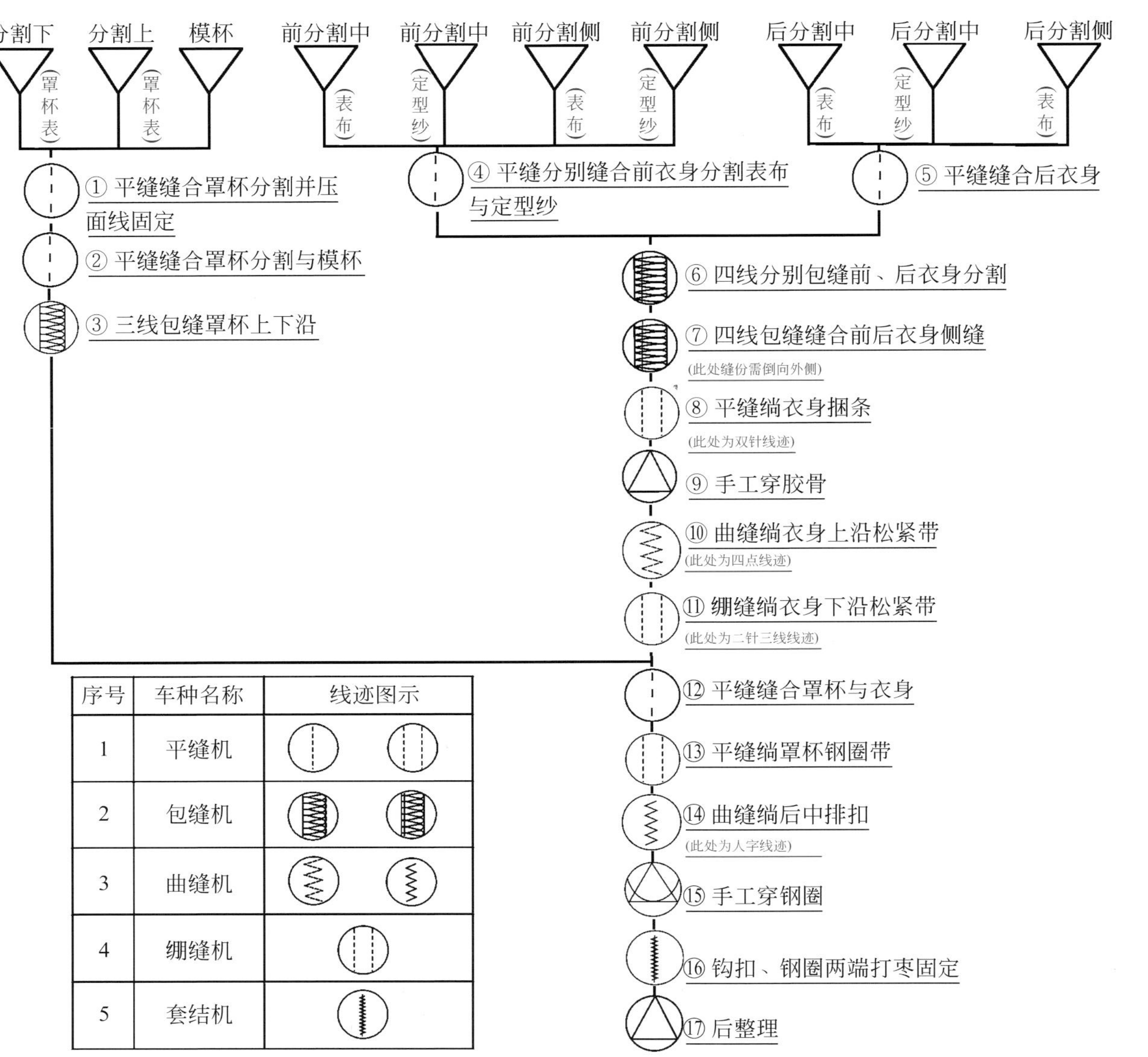

分割下
(罩杯表)
分割上
(罩杯表)
模杯
前分割中
(表布)
前分割中
(定型纱)
前分割侧
(表布)
前分割侧
(定型纱)
后分割中
(表布)
后分割中
(定型纱)
后分割侧
(表布)
① 平缝缝合罩杯分割并压面线固定
② 平缝缝合罩杯分割与模杯
③ 三线包缝罩杯上下沿
④ 平缝分别缝合前衣身分割表布与定型纱
⑤ 平缝缝合后衣身
⑥ 四线分别包缝前、后衣身分割
⑦ 四线包缝缝合前后衣身侧缝
(此处缝份需倒向外侧)
⑧ 平缝绱衣身捆条
(此处为双针线迹)
⑨ 手工穿胶骨
⑩ 曲缝绱衣身上沿松紧带
(此处为四点线迹)
⑪ 绷缝绱衣身下沿松紧带
(此处为二针三线线迹)
⑫ 平缝缝合罩杯与衣身
⑬ 平缝绱罩杯钢圈带
⑭ 曲缝绱后中排扣
(此处为人字线迹)
⑮ 手工穿钢圈
⑯ 钩扣、钢圈两端打枣固定
⑰ 后整理

序号	车种名称	线迹图示
1	平缝机	
2	包缝机	
3	曲缝机	
4	绷缝机	
5	套结机	

四、连体三角裤款

1. 着装配色和款式图

连体三角裤塑身衣，通过前片腰部和后片横向的分割加强对腹部的塑型效果。配色采用互补色及同类色设计，如红色与绿色、蓝色与灰蓝等。这款三角塑身衣以原色为主来进行整体造型，用互补色在关键的形体结构处进行沟边，V形领口、胸部、腰部的竖向内收弧线等沟边处理，使整套塑身衣显得纤瘦、利落、挺拔。同类色的运用显得谦虚、内敛。除此之外，还采用横向松紧带效果以及腹部荷叶边等，起到修饰腹部的作用。

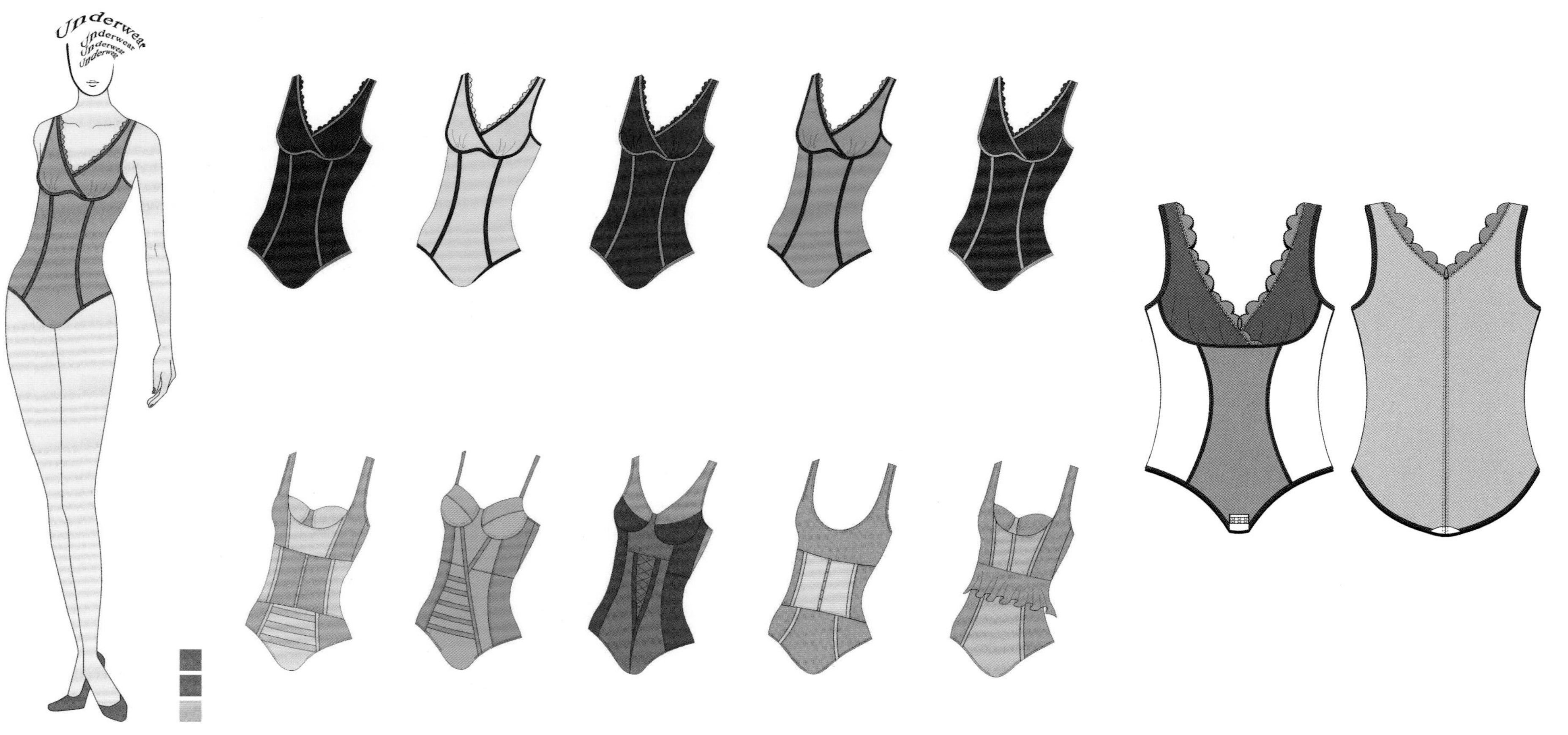

2. 纸样设计图

该款罩杯为三角装饰罩杯，塑身衣在原型纸样上缩减10cm的加放量后，再进行纸样设计。三角杯加褶设计，后片横向分割，后中合体设计，面料缩放率为90%。侧缝的缝边为1cm，其他部位的缝边均为0.6cm，定型纱裁片和里布缝边均为0.3cm。

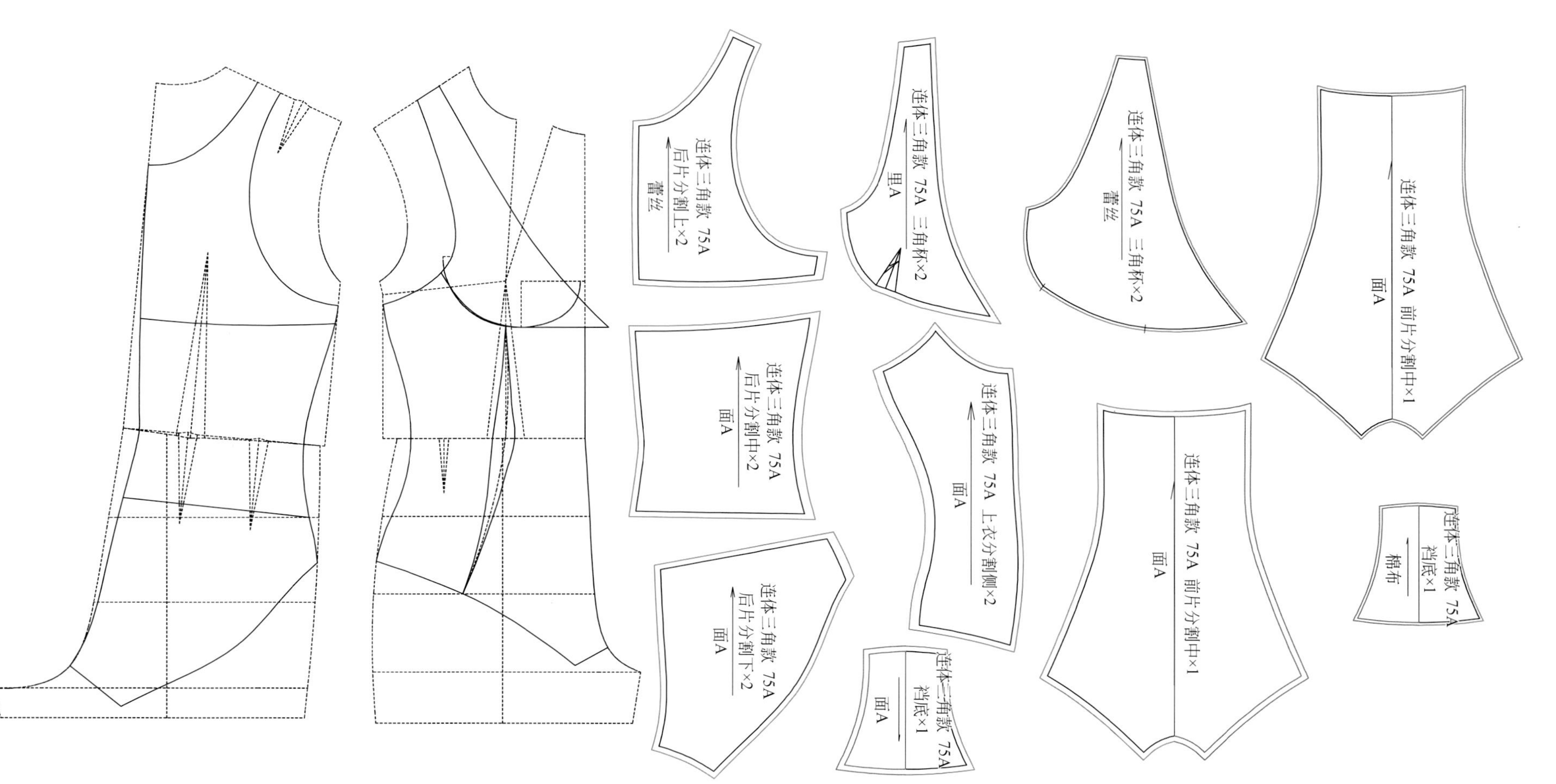

3. 放码图

该款先选择比值法进行整款各主要放码点的设置，然后选择分割拷贝复制到分割衣片上，确保各个分割衣片的各放码点准确。以胸围线和前后中心线为轴，以表1-18中的数据为基础，进行各个折线点的放码设计。塑身衣长为67cm，四分之胸围长为21cm，衣长档差为1.8cm，胸围档差为6cm。整款后片各点档差规则如下：后中上点（0，0.39）、两个肩点（0.2，0.64）、腋下点（1，0）、裤口外侧点（1，-0.75）、裆底两点（0、-1.22）。前片各点档差规则如下：前中点（0，0）、两个肩点（-0.2，0.66）、腋下点（-1，0）、裤口外侧点（-1，-0.78）、裆底两点（0、-1.11）。其他线中的点按照两点间比例点进行推放；裆底不推放。

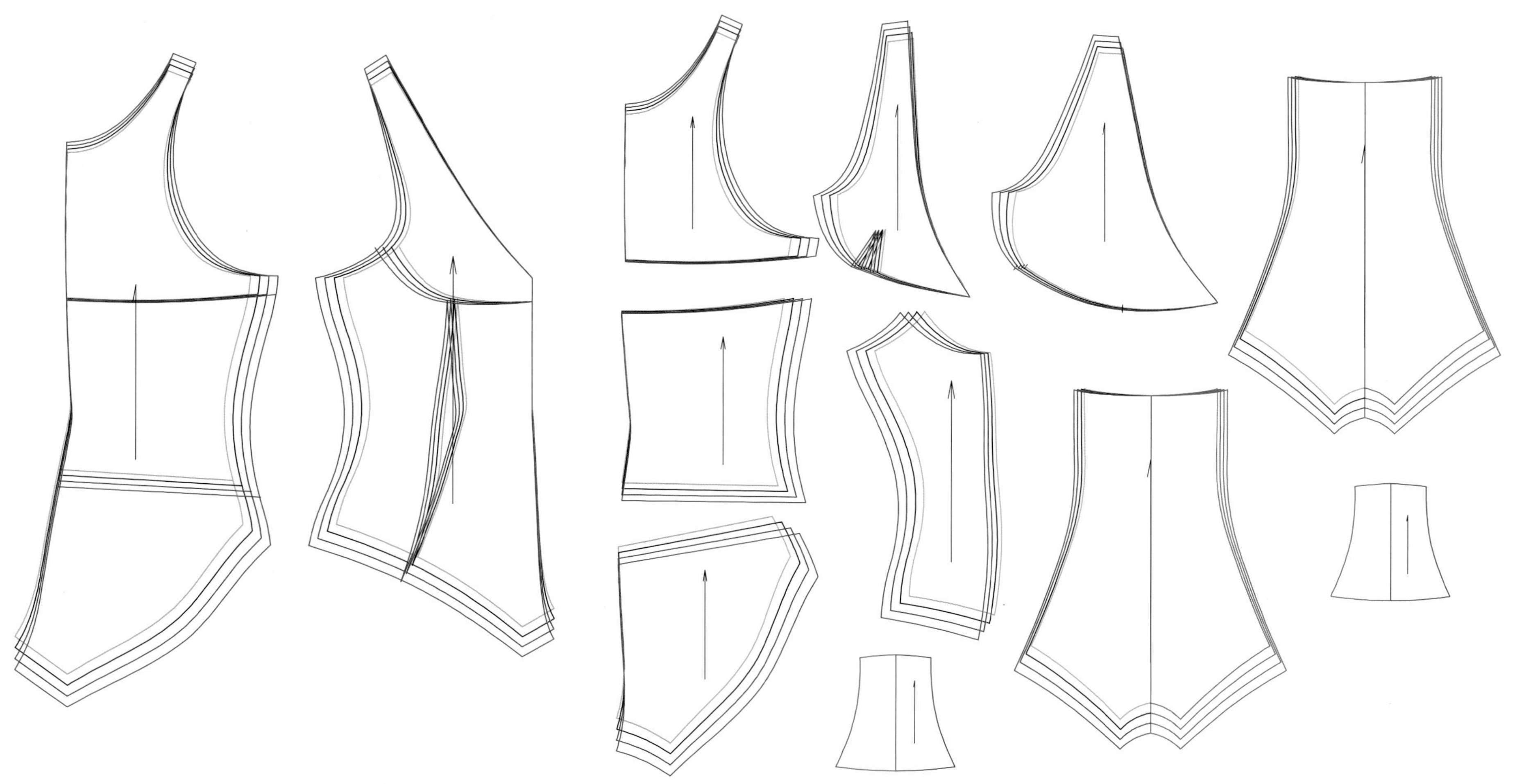

4. 生产工艺流程图

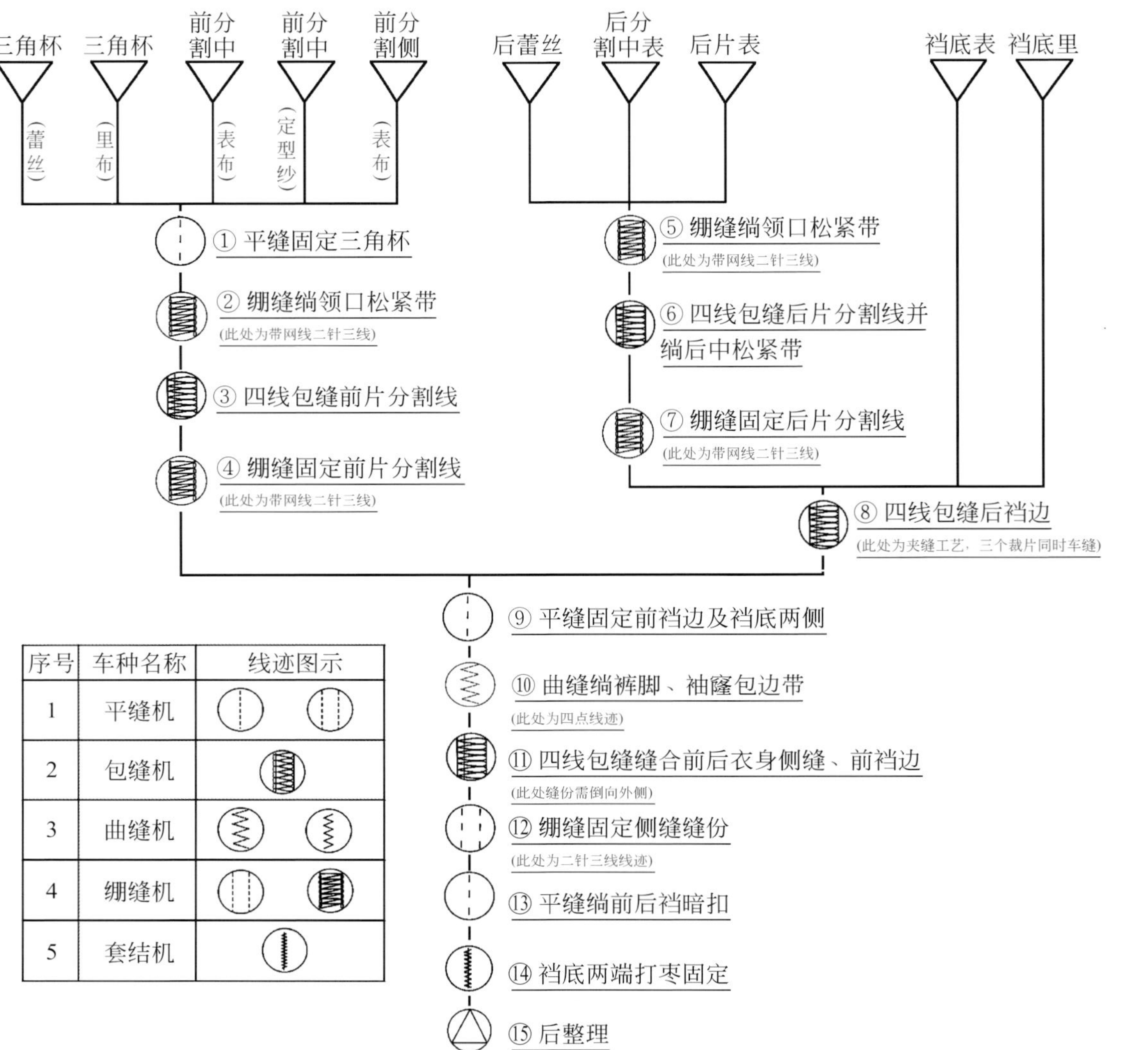

序号	车种名称	线迹图示
1	平缝机	
2	包缝机	
3	曲缝机	
4	绷缝机	
5	套结机	

五、连体平角裤款

1. 着装配色和款式图

该款式为平角裤、抹胸款套装，衣身后中有多排钩扣设计。配色采用互补色、对比色设计，如紫色与黄色、蓝色与橙色等。这款平角塑身衣腰部的互补色内向弧度分割产生了一种镂空的视觉效果，从而起到收身效果，而竖向分隔也起到拉伸整体身高的作用。以补色或对比色小花点缀、结构线勾勒修饰等使整款塑身衣显得细腻、富有层次感，给人春天的气息。除此之外，此款平角裤还以大面积单色为底，略加对比色条修饰等其他效果。

2. 纸样设计图

该款抹胸塑身衣的结构设计是在原型纸样缩减10cm后再进行纸样设计的。前片分割部位采用蕾丝图案，衣身前片胃腹部增加定型纱，侧片缝缉线与裤身分割相连。平角裤前后片分割，起到收腹提臀的作用，裤前中增加定型纱。面料缩率为90%。钩扣部位缝边为1cm，后衣身下摆、后裤腰头和裤前片四点辑线缝边均为1.2cm，侧缝为1cm，其他部位缝边均为0.6cm，定型纱缝边均为0.3cm。

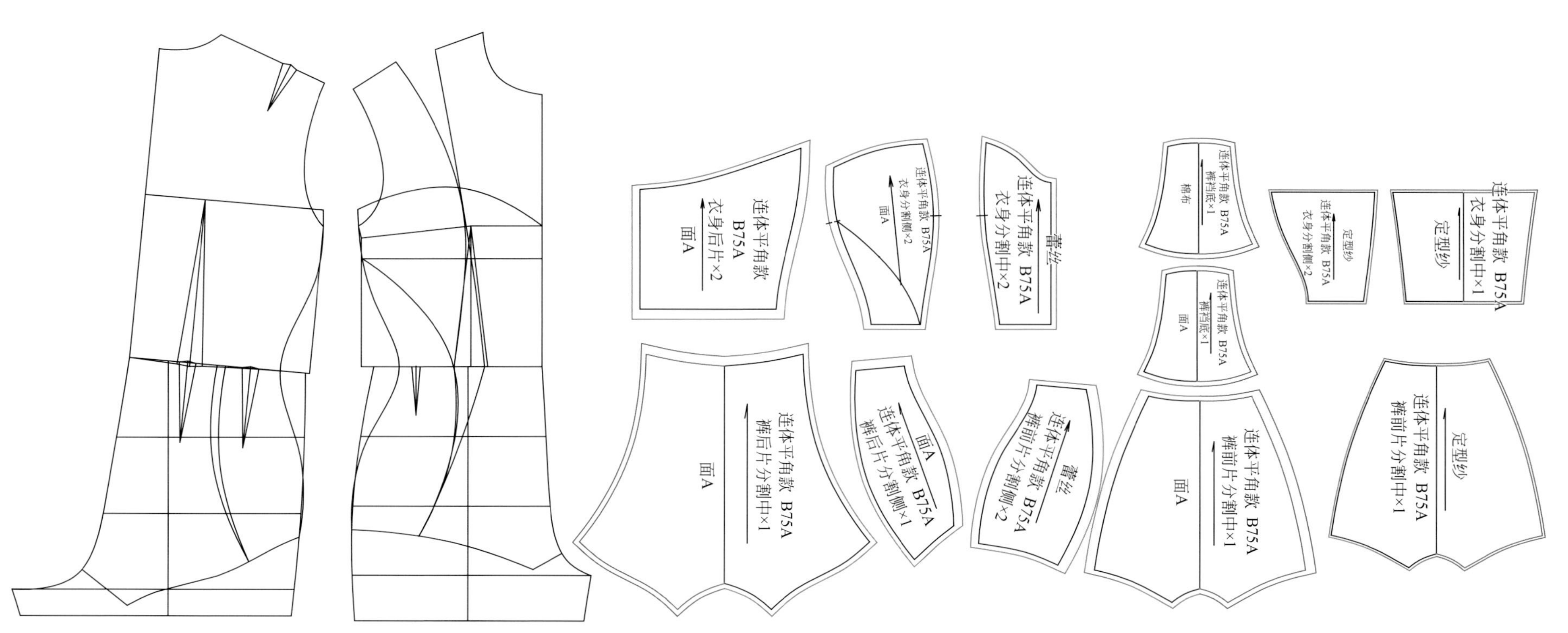

3. 放码图

该款先选择比值法进行整款各主要放码点的设置，然后选择分割拷贝复制到分割衣片上，确保各个分割衣片各放码点准确。以腰围线和前后中心线为轴，以表1-18数据为基础，进行各个折线点的放码设计。塑身衣长为44cm，四分之胸围长为22cm，衣长档差为1.2cm，胸围档差为6cm。整款后片各点档差规则如下：后中上点（0，0.43）、腋下点（1，0.54）、侧腰线点（1，0）、裤口外侧点（1，-0.56）、裆底两点（0、-0.84）。前片各点档差规则如下：前中上点（0，0.47）、上沿分割点（-0.45，0.6）、腋下点（-1，0.54）、侧腰线点（-1，0）、裤口外侧点（-1，-0.56）、裆底两点（0、-0.69）。其他线中的点按照两点间比例点进行推放；裆底不推放。

4. 生产工艺流程图

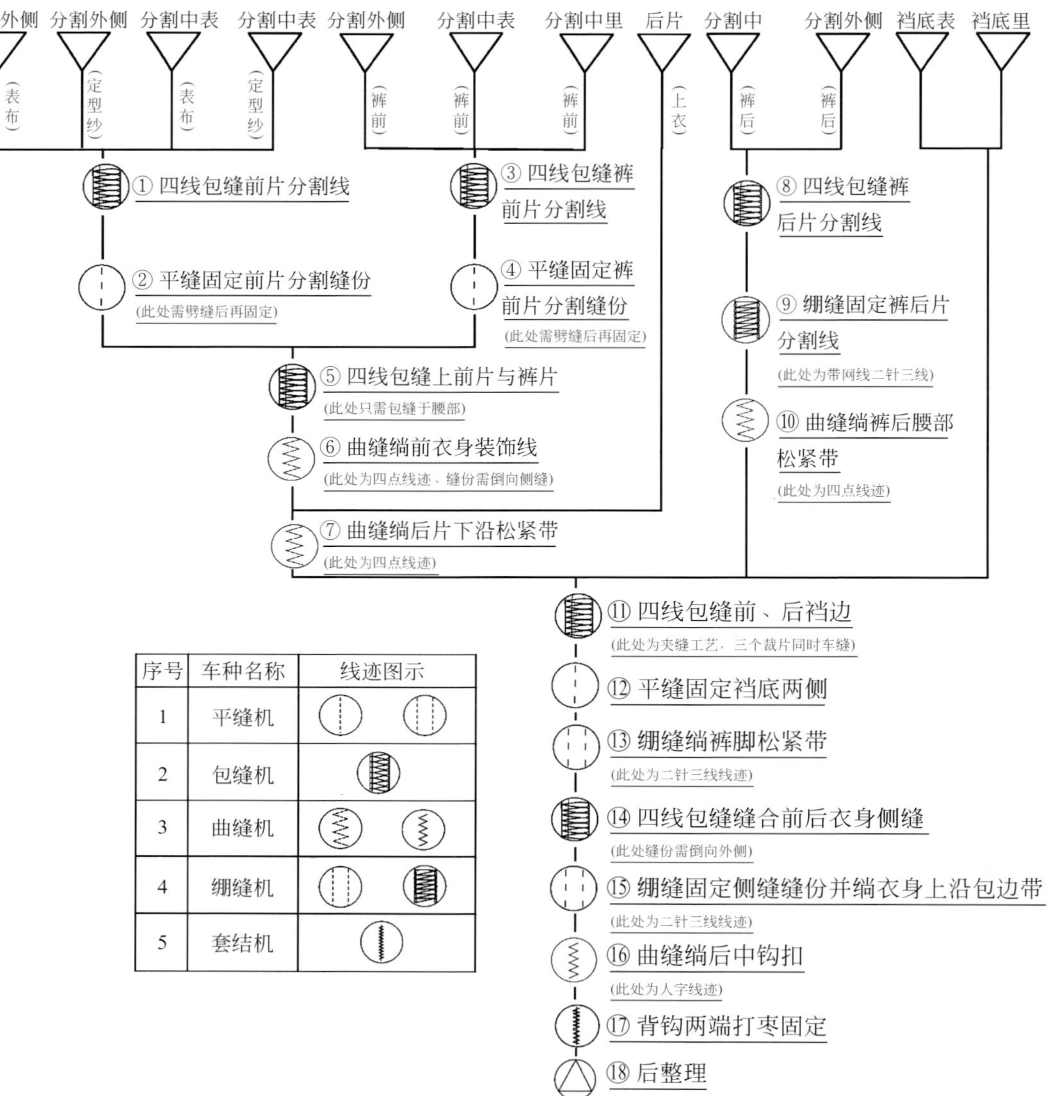
分割外侧
分割外侧
分割中表
分割中表
分割外侧
分割中表
分割中里
后片
分割中
分割外侧
裆底表
裆底里
（表布）
（定型纱）
（表布）
（定型纱）
（裤前）
（裤前）
（裤前）
（上衣）
（裤后）
（裤后）
① 四线包缝前片分割线
② 平缝固定前片分割缝份
（此处需劈缝后再固定）
③ 四线包缝裤前片分割线
④ 平缝固定裤前片分割缝份
（此处需劈缝后再固定）
⑤ 四线包缝上前片与裤片
（此处只需包缝于腰部）
⑥ 曲缝绱前衣身装饰线
（此处为四点线迹，缝份需倒向侧缝）
⑦ 曲缝绱后片下沿松紧带
（此处为四点线迹）
⑧ 四线包缝裤后片分割线
⑨ 绷缝固定裤后片分割线
（此处为带网线二针三线）
⑩ 曲缝绱裤后腰部松紧带
（此处为四点线迹）
⑪ 四线包缝前、后裆边
（此处为夹缝工艺，三个裁片同时车缝）
⑫ 平缝固定裆底两侧
⑬ 绷缝绱裤脚松紧带
（此处为二针三线线迹）
⑭ 四线包缝缝合前后衣身侧缝
（此处缝份需倒向外侧）
⑮ 绷缝固定侧缝缝份并绱衣身上沿包边带
（此处为二针三线线迹）
⑯ 曲缝绱后中钩扣
（此处为人字线迹）
⑰ 背钩两端打枣固定
⑱ 后整理

序号	车种名称	线迹图示
1	平缝机	
2	包缝机	
3	曲缝机	
4	绷缝机	
5	套结机	

六、连体四角裤款

1. 着装配色和款式图

四角连体塑身衣有利于塑造腰腹臀和大腿。配色采用同类色设计，整款四角塑身衣以纯度较低的灰色调为主，但采用不同明度的同类色进行腰部拼接，胸、腹部造型勾线让原本单调的衣服显得层次分明，做工细腻，更增加了整体的成熟、稳重效果。而其他相似色彩的搭配色块分割更加丰富，色彩反差较大，略显张扬、活力，更适合年轻人。

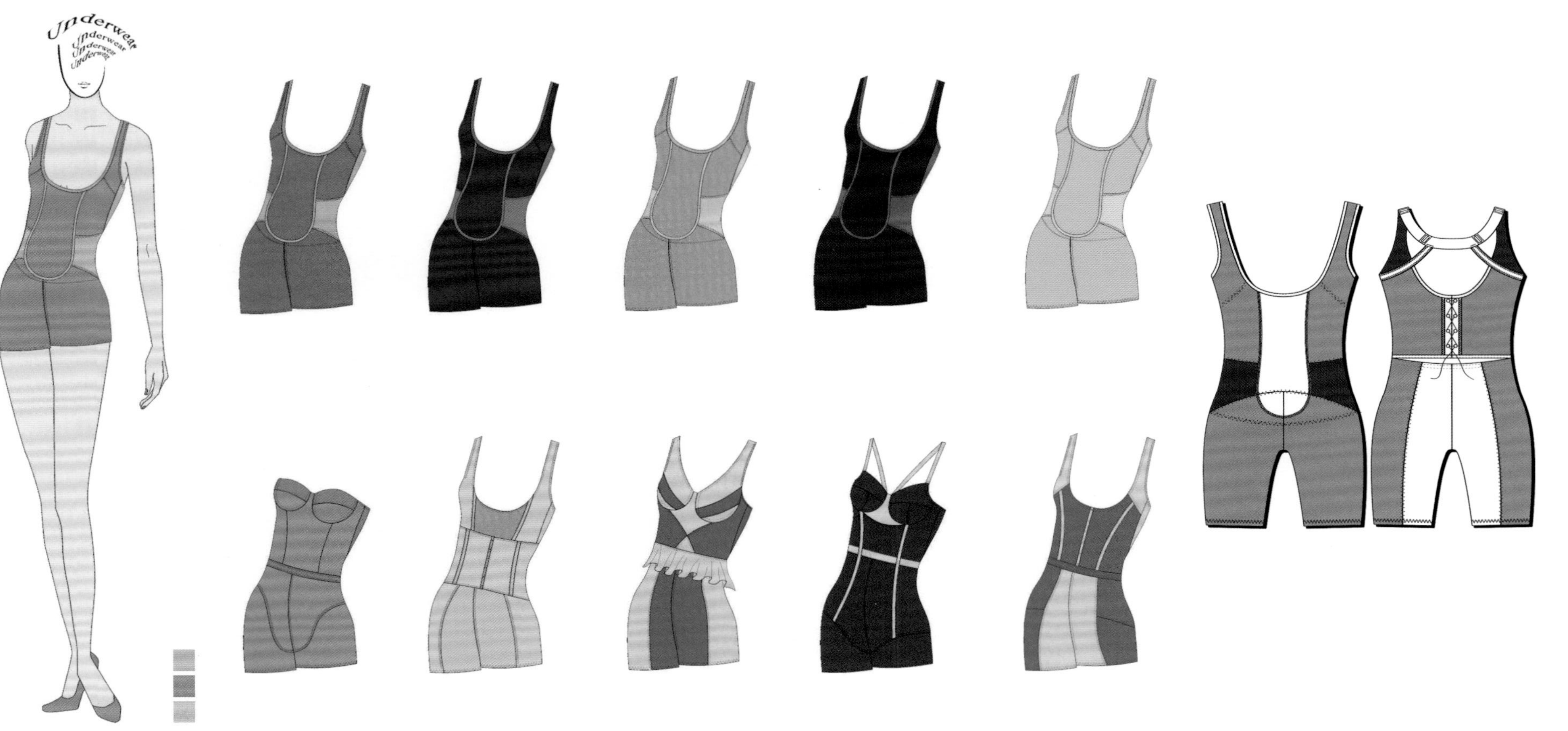

2. 纸样设计图

该款四角裤塑身衣在原型纸样缩减10cm的加放量后再进行纸样设计。腰部做分割设计起到收腹的作用，前片腰部有定型纱，后腰部位挂钩设计便于穿脱，裤身后片做分割设计，给臀部容量，后片夹弯处2cm的成品松紧带，无需设计纸样；前片的领口和袖窿、后片的领口和下摆用2cm宽的成品包边带。面料缩率为90%。钩扣部位缝边为1cm，后衣身下摆缝边为0.6cm，后裤腰头和裤前片四点缉线缝边均为1.2cm，裤脚缝边为0.6cm，侧缝为1cm，其他部位均为0.6cm，定型纱缝边均为0.3cm。

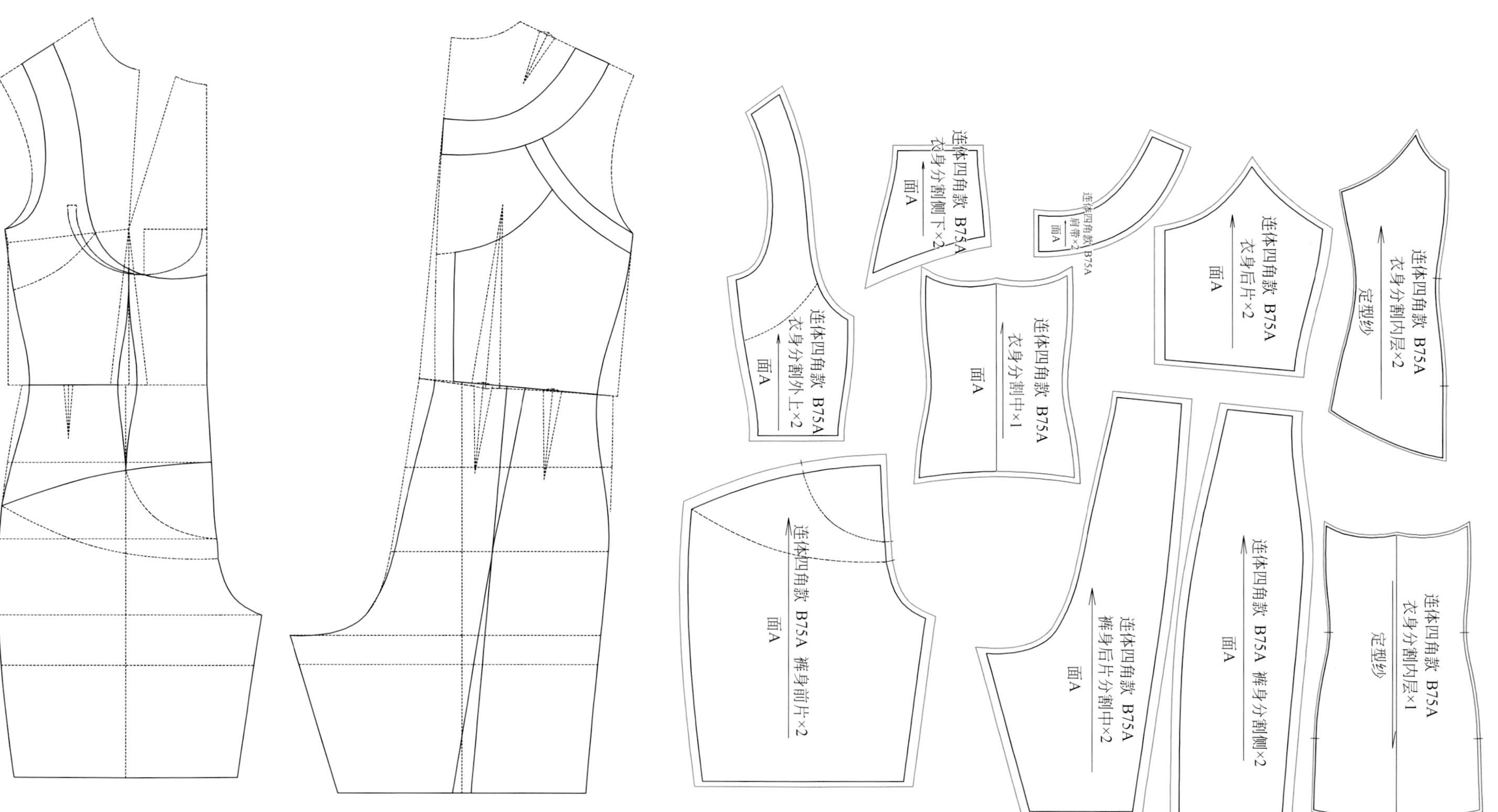

3. 放码图

该款先选择比值法进行整款各主要放码点的设置，然后选择分割拷贝复制到分割衣片上，确保各个分割衣片的各个放码点准确。以腰围线和前后中心线为轴，以表1-18数据为基础，进行各个折线点的放码设计。塑身衣长为84cm，衣长档差为3.5cm，胸围档差为6cm。整款前片各点放码规则如下：前中上点（0，0.5）、两个肩带点（-0.5，1.58）、腋下点（-1，0.72）、侧腰线点（1，0）、前裤口外侧点（-1，-1.84）、前裤口内侧点（-0.15，-1.84）、前裆底内侧点（0.27、-1.08）。后片各点放码规则如下：后中上点（0，1.21）、两个肩带点（0.5，1.55）、腋下点（1，0.7）、侧腰线点（1，0）、后裤口外侧点（0.88，-1.91）、后裤口内侧点（-0.44，-1.91）、后裆底内侧点（-0.72、-1.2）；其他线中点按照两点间比例点进行推放。

4. 生产工艺流程图

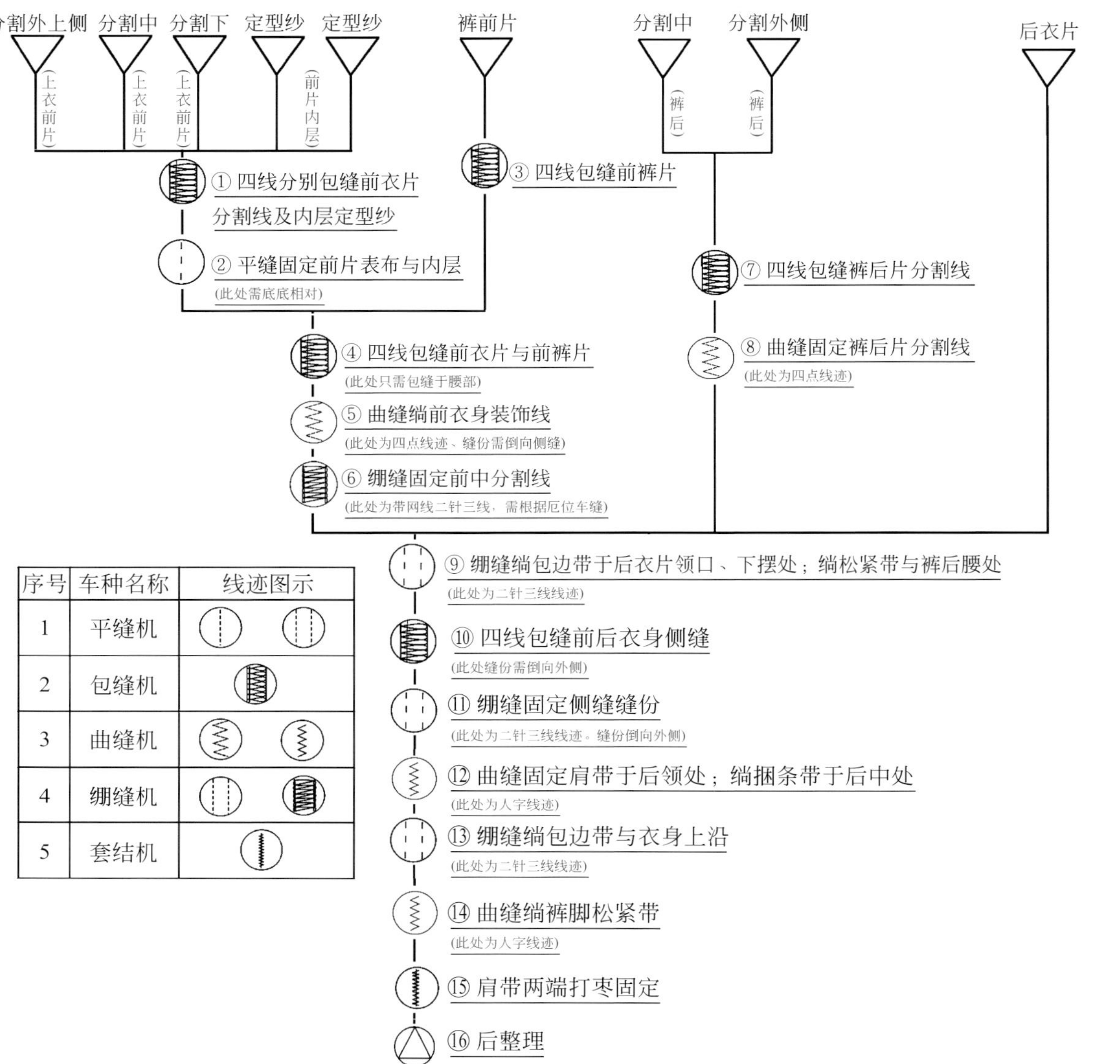

分割外上侧
分割中
分割下
定型纱
定型纱
（上衣前片）
（上衣前片）
（上衣前片）
（前片内层）
裤前片
分割中
分割外侧
（裤后）
（裤后）
后衣片
① 四线分别包缝前衣片分割线及内层定型纱
② 平缝固定前片表布与内层
(此处需底底相对)
③ 四线包缝前裤片
④ 四线包缝前衣片与前裤片
(此处只需包缝于腰部)
⑤ 曲缝绱前衣身装饰线
(此处为四点线迹、缝份需倒向侧缝)
⑥ 绷缝固定前中分割线
(此处为带网线二针三线，需根据厄位车缝)
⑦ 四线包缝裤后片分割线
⑧ 曲缝固定裤后片分割线
(此处为四点线迹)
⑨ 绷缝绱包边带于后衣片领口、下摆处；绱松紧带与裤后腰处
(此处为二针三线线迹)
⑩ 四线包缝前后衣身侧缝
(此处缝份需倒向外侧)
⑪ 绷缝固定侧缝缝份
(此处为二针三线线迹，缝份倒向外侧)
⑫ 曲缝固定肩带于后领处；绱捆条带于后中处
(此处为人字线迹)
⑬ 绷缝绱包边带与衣身上沿
(此处为二针三线线迹)
⑭ 曲缝绱裤脚松紧带
(此处为人字线迹)
⑮ 肩带两端打枣固定
⑯ 后整理

序号	车种名称	线迹图示
1	平缝机	
2	包缝机	
3	曲缝机	
4	绷缝机	
5	套结机	

七、束裤高腰款

1. 着装配色和款式图

该款为高腰束裤，腰部有塑腹带，臀部后片有臀垫。配色采用互补色、复色和无色设计，整款高腰束裤以复色为主，如碧绿色、靛青色、紫红色等，这些复色又叫“三次色”，是经过原色与其他色彩的三次调和而成。三次色色彩柔和、淡雅，给人一种温馨浪漫的小女人感觉。通过色彩的竖向内收分割，使此款束裤显得厚重有张力，而高腰设计又能起到收腹的效果，腰部的塑腹带色彩与上衣形成呼应，显得统一而稳定。

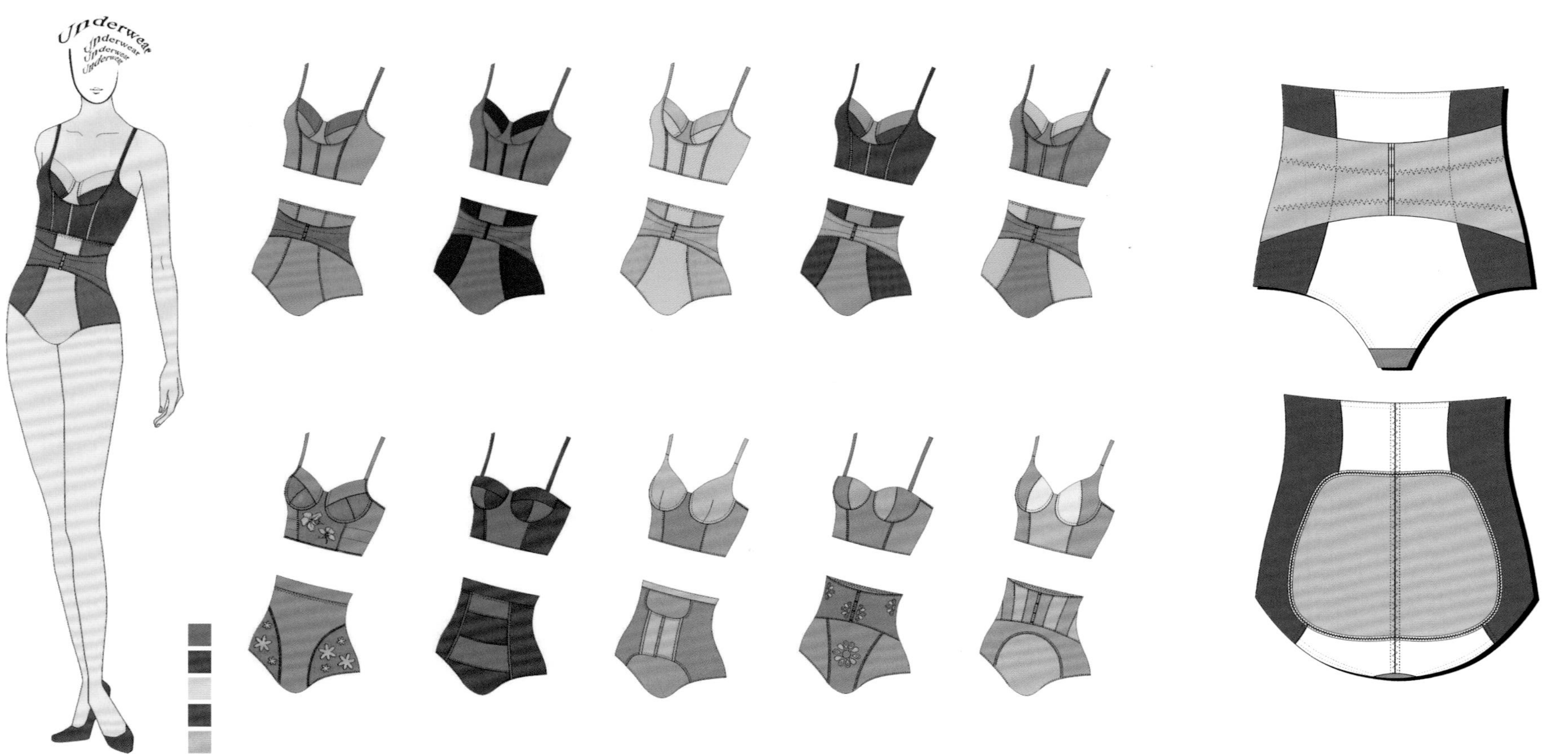

2. 纸样设计图

该款高腰塑身结构设计是在塑身裤原型上进行纸样设计。腰部增高5cm，塑裤前后片收省分割，起到收腹提臀的作用，裤前中增加定型纱。面料缩放率为85%。侧缝部位缝边为1cm，裤腰头缝边均为1.2cm，定型纱缝边均为0.3cm，其他部位缝边均为0.6cm。

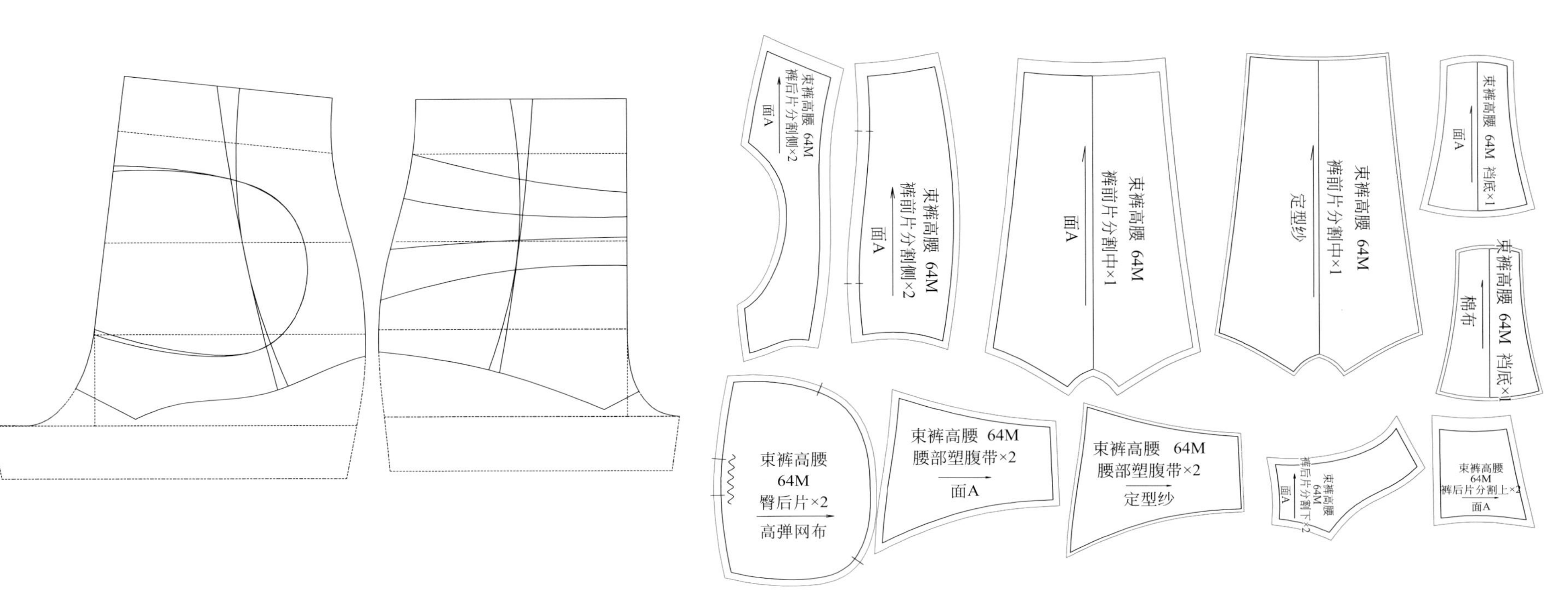

3. 放码图

该款先选择比值法进行整款各主要放码点的设置，然后选择分割拷贝复制到分割衣片上，确保各个分割衣片上的各个放码点准确。以腰围线和前后中心线为轴，以表1-18数据为基础，进行各个折线点的放码设计。塑裤长30cm，四分之臀围长22cm；裤长档差为1cm，臀围档差为6cm。整款后片各点档差规则如下：后中上点（0，0）、后腰外侧点（0，0.56）、裤口外侧点（0.72，-0.73）、裆底两点（0、-1）。前片各点档差规则如下：前中上点（0，0）、前腰外侧点（0，-0.56）、裤口外侧点（-0.72，-0.73）、裆底两点（0、-1）。其他线中的点按照两点间比例点进行推放；裆底不推放。

4. 生产工艺流程图

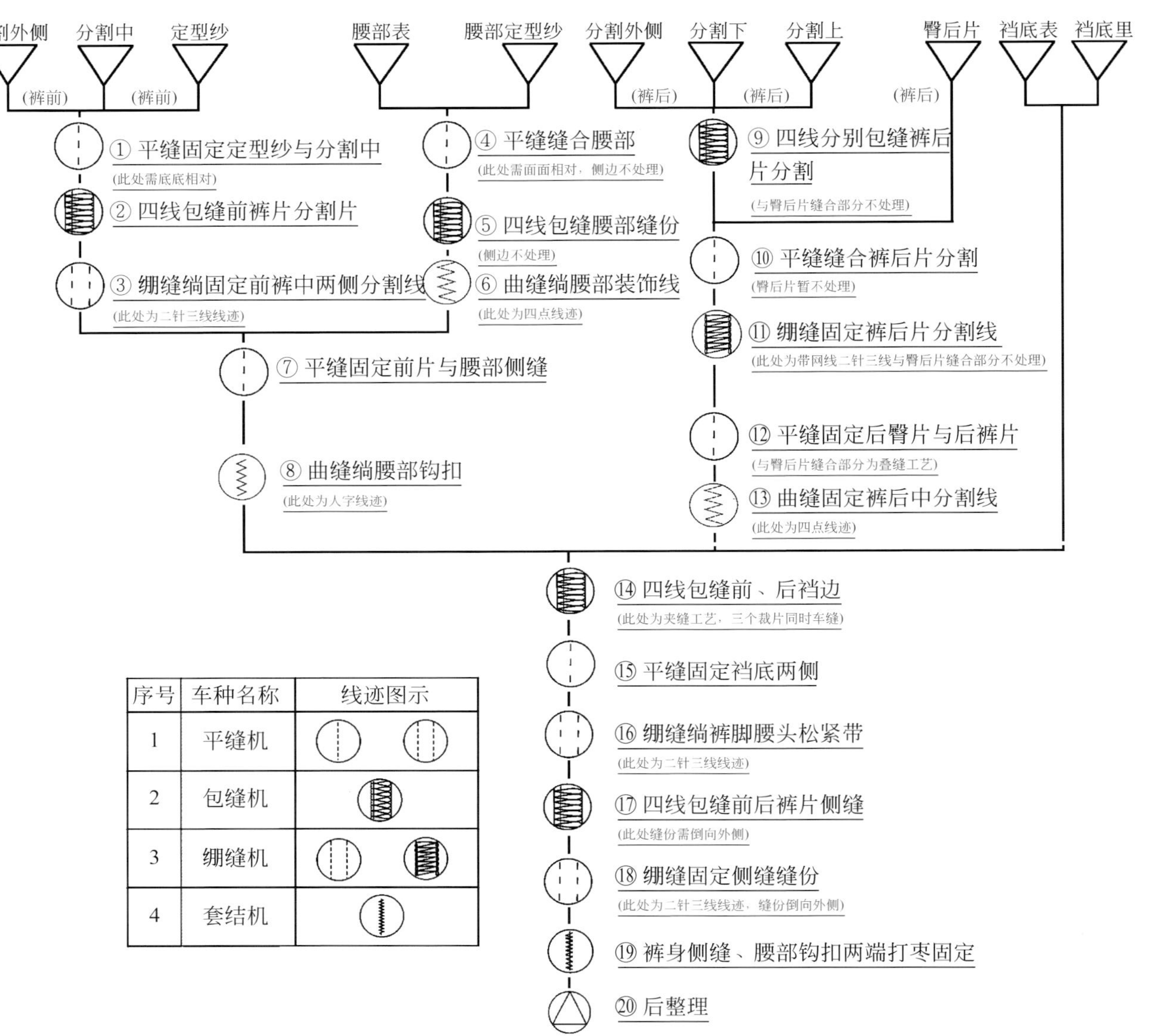
分割外侧
分割中
定型纱
(裤前)
(裤前)
腰部表
腰部定型纱
分割外侧
分割下
分割上
(裤后)
(裤后)
臀后片
(裤后)
裆底表
裆底里
① 平缝固定定型纱与分割中
(此处需底底相对)
② 四线包缝前裤片分割片
③ 绷缝绱固定前裤中两侧分割线
(此处为二针三线线迹)
④ 平缝缝合腰部
(此处需面面相对，侧边不处理)
⑤ 四线包缝腰部缝份
(侧边不处理)
⑥ 曲缝绱腰部装饰线
(此处为四点线迹)
⑦ 平缝固定前片与腰部侧缝
⑧ 曲缝绱腰部钩扣
(此处为人字线迹)
⑨ 四线分别包缝裤后片分割
(与臀后片缝合部分不处理)
⑩ 平缝缝合裤后片分割
(臀后片暂不处理)
⑪ 绷缝固定裤后片分割线
(此处为带网线二针三线与臀后片缝合部分不处理)
⑫ 平缝固定后臀片与后裤片
(与臀后片缝合部分为叠缝工艺)
⑬ 曲缝固定裤后中分割线
(此处为四点线迹)
⑭ 四线包缝前、后裆边
(此处为夹缝工艺，三个裁片同时车缝)
⑮ 平缝固定裆底两侧
⑯ 绷缝绱裤脚腰头松紧带
(此处为二针三线线迹)
⑰ 四线包缝前后裤片侧缝
(此处缝份需倒向外侧)
⑱ 绷缝固定侧缝缝份
(此处为二针三线线迹，缝份倒向外侧)
⑲ 裤身侧缝、腰部钩扣两端打枣固定
⑳ 后整理

序号	车种名称	线迹图示
1	平缝机	
2	包缝机	
3	绷缝机	
4	套结机	

八、束裤中腰款

1. 着装配色和款式图

中腰四角裤主要对腹部和大腿进行塑型。配色采用红黄蓝三原色以及邻近色设计，亮丽的原色配上简单的分割造型，同时略在腰部搭配不同原色作为装饰，让整款束裤显得大气而又赋予青春气息，腰头的对比色起到协调上衣的效果，这款中腰束裤适合腰身纤细的女士。而这组邻近色设计的束裤以自然物为纹饰进行点缀，采用纯度较低的灰色调，显得更为清新淡雅，适合个性含蓄内敛的小女生。

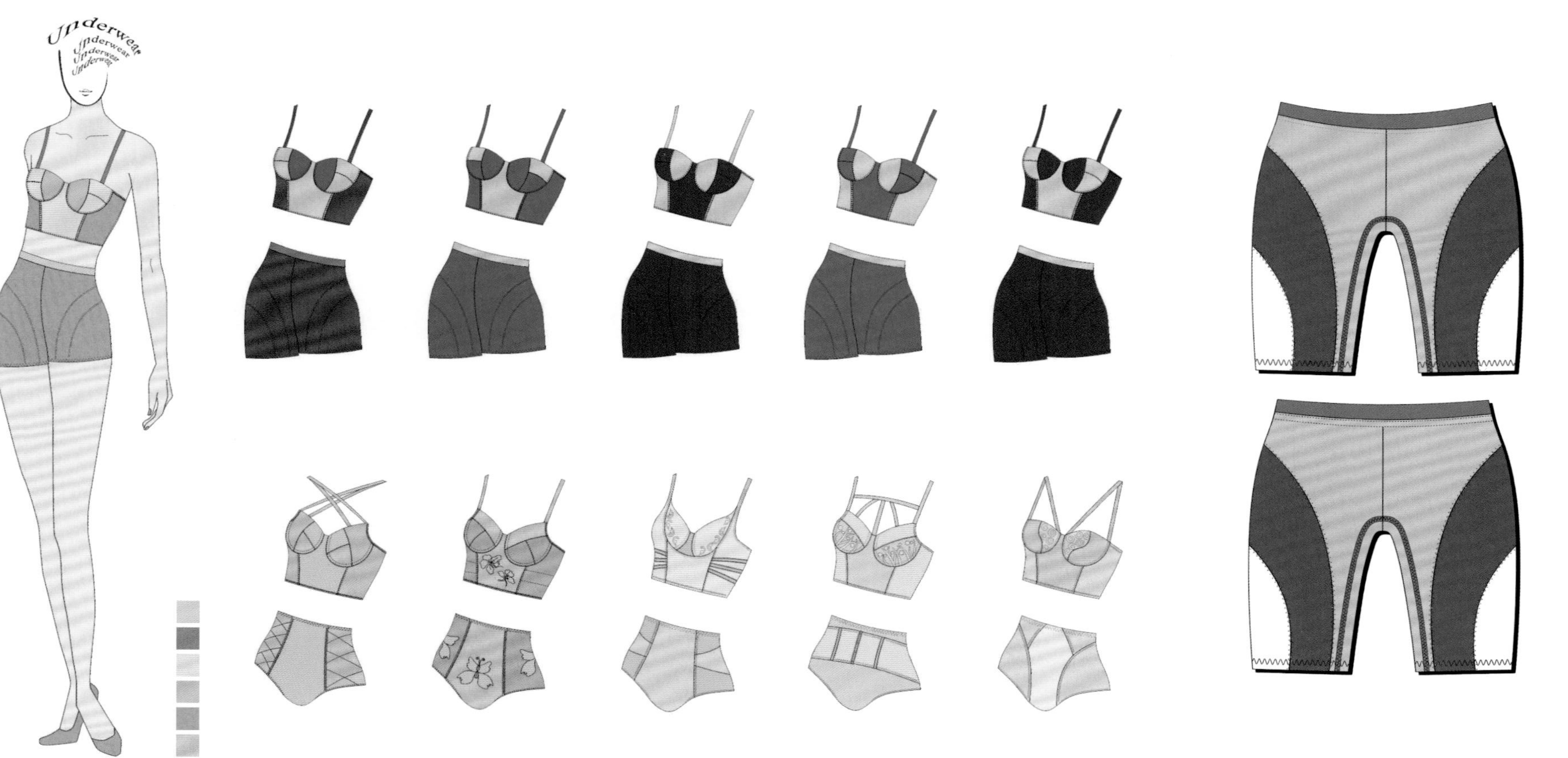

2. 纸样设计图

该款纸样是在无放缩量的塑身裤原型纸样上分割获得的，主要针对腰大腿塑型部位进行设计。大腿内侧和外侧单独形成裁片，并设计定型纱。面料放缩量为90%。裤腰头是成品松紧带。裤前片四点辑线缝边均为0.6cm，裤口缝边为1cm，其他部位缝边均为0.6cm；定型纱缝边均为0.3cm。

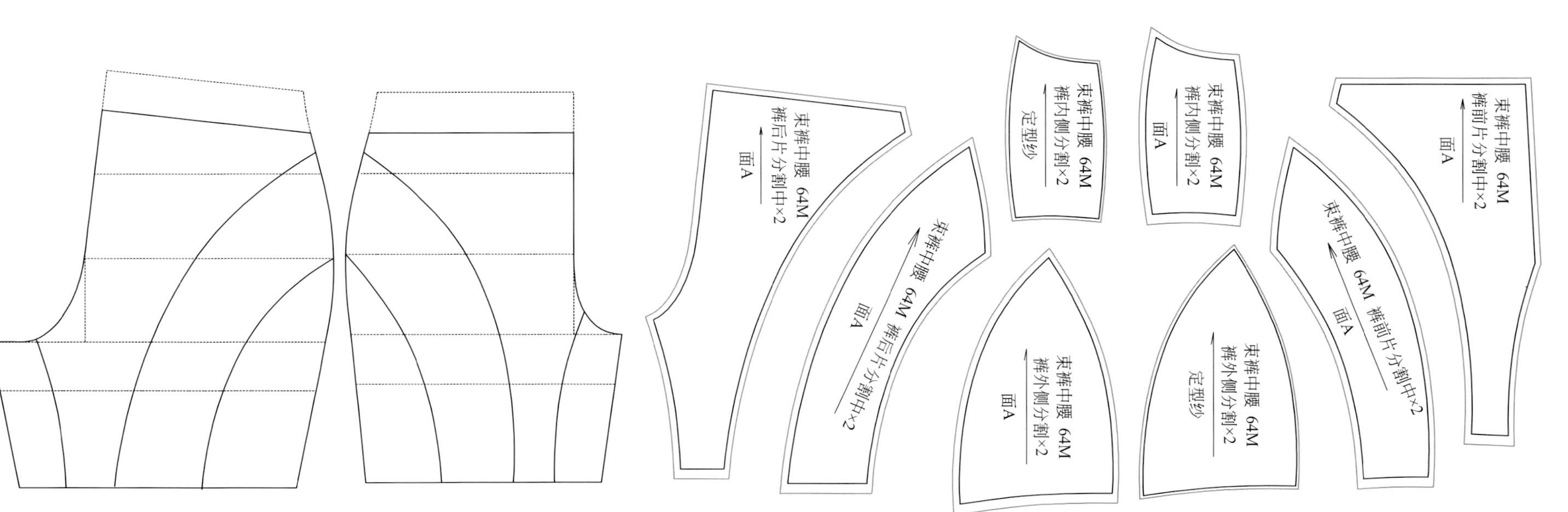

3. 放码图

该款先选择比值法进行整款各主要放码点的设置，然后选择分割拷贝复制到分割衣片上，确保各个分割衣片上的各个放码点准确。以腰围线和前后中心线为轴，以表1-18数据为基础，进行各个折线点的放码设计。塑裤长为35cm，四分之臀围长度是23cm；裤长档差为1.2cm，臀围档差为6cm。整款后片各点档差规则如下：后中上点（0，0）、后腰外侧点（0.58，0）、后裤口外侧点（0.54，-1.2）、后裤口内侧点（-0.23，-1.2）、大裆底点（-0.31，-0.66）。前片各点档差规则如下：前中上点（0，0）、前腰外侧点（0，-0.86）、前裤口外侧点（-0.58，-1.2）、前裤口内侧点（0.1，-1.2）、小裆底点（0.13，-0.57）。其他线中的点按照两点间比例点进行推放。

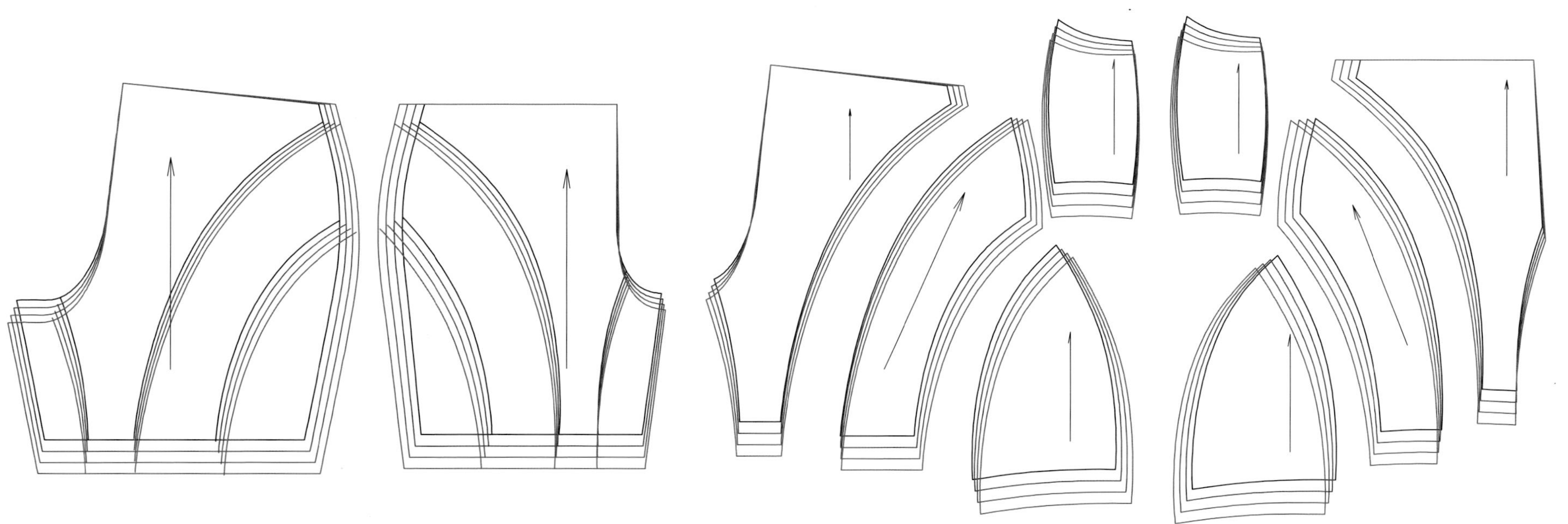

4. 生产工艺流程图

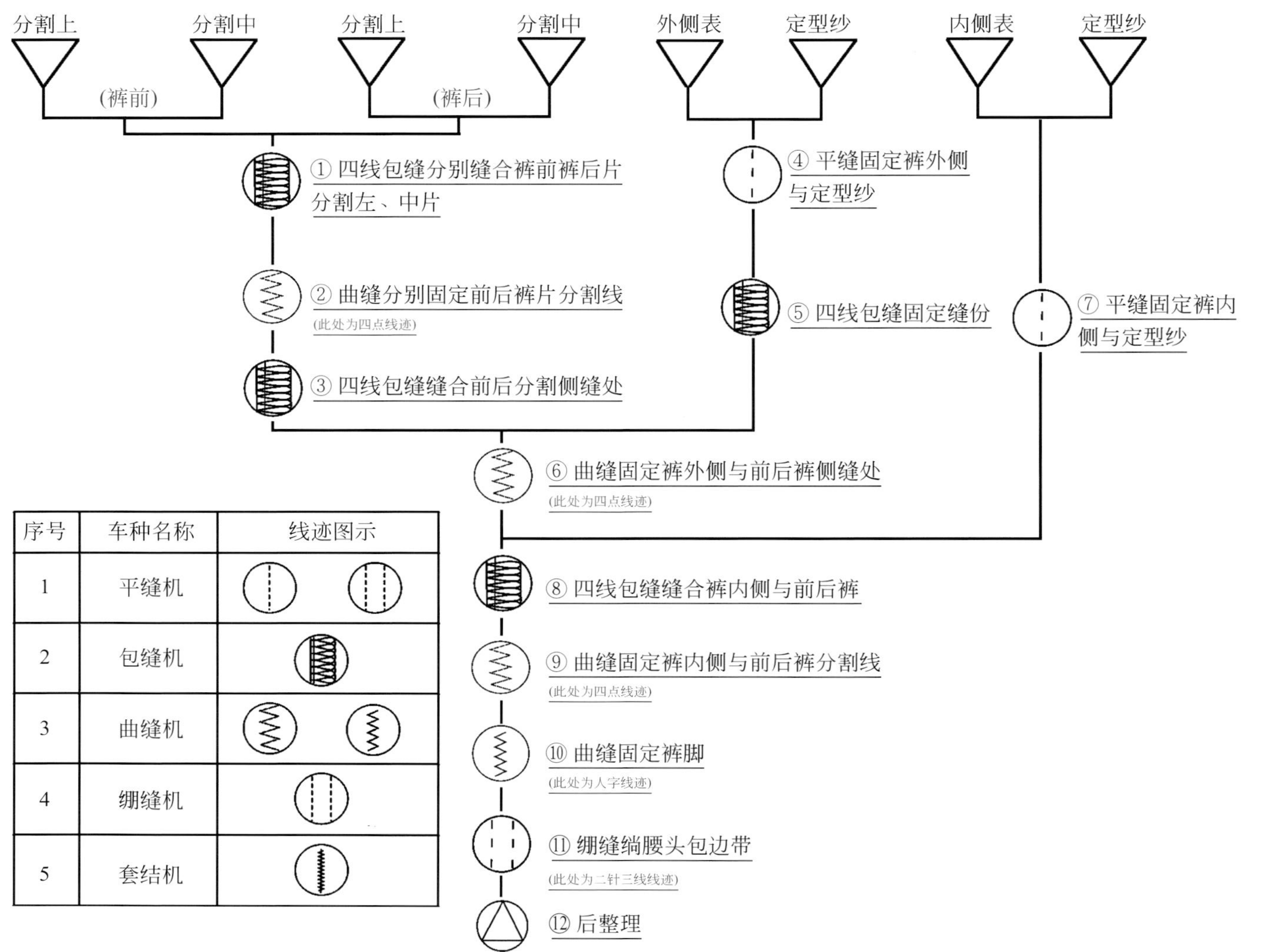
分割上
分割中
（裤前）
分割上
分割中
（裤后）
外侧表
定型纱
内侧表
定型纱
① 四线包缝分别缝合裤前裤后片分割左、中片
② 曲缝分别固定前后裤片分割线
（此处为四点线迹）
③ 四线包缝缝合前后分割侧缝处
④ 平缝固定裤外侧与定型纱
⑤ 四线包缝固定缝份
⑥ 曲缝固定裤外侧与前后裤侧缝处
（此处为四点线迹）
⑦ 平缝固定裤内侧与定型纱
⑧ 四线包缝缝合裤内侧与前后裤
⑨ 曲缝固定裤内侧与前后裤分割线
（此处为四点线迹）
⑩ 曲缝固定裤脚
（此处为人字线迹）
⑪ 绷缝绱腰头包边带
（此处为二针三线线迹）
⑫ 后整理

序号	车种名称	线迹图示
1	平缝机	
2	包缝机	
3	曲缝机	
4	绷缝机	
5	套结机	

九、背背佳

1. 着装配色和款式图

配色采用对比色及同类色设计，如黄和紫、橙黄和蓝紫等对比色，黄和橙等同类色。大面积的单色加上少许对比色或近似色包边，形成强烈的视觉冲击效果，同时又加强了此款背背佳的立体感和层次感。除此之外，还采用两种色彩的竖向拼接，锯齿形的拼接效果加上色彩的分割使整套塑身服显得张缩感十足。此款塑身衣以简单靓丽的色彩和独到精致的分割形式给人轻松健美的感觉。

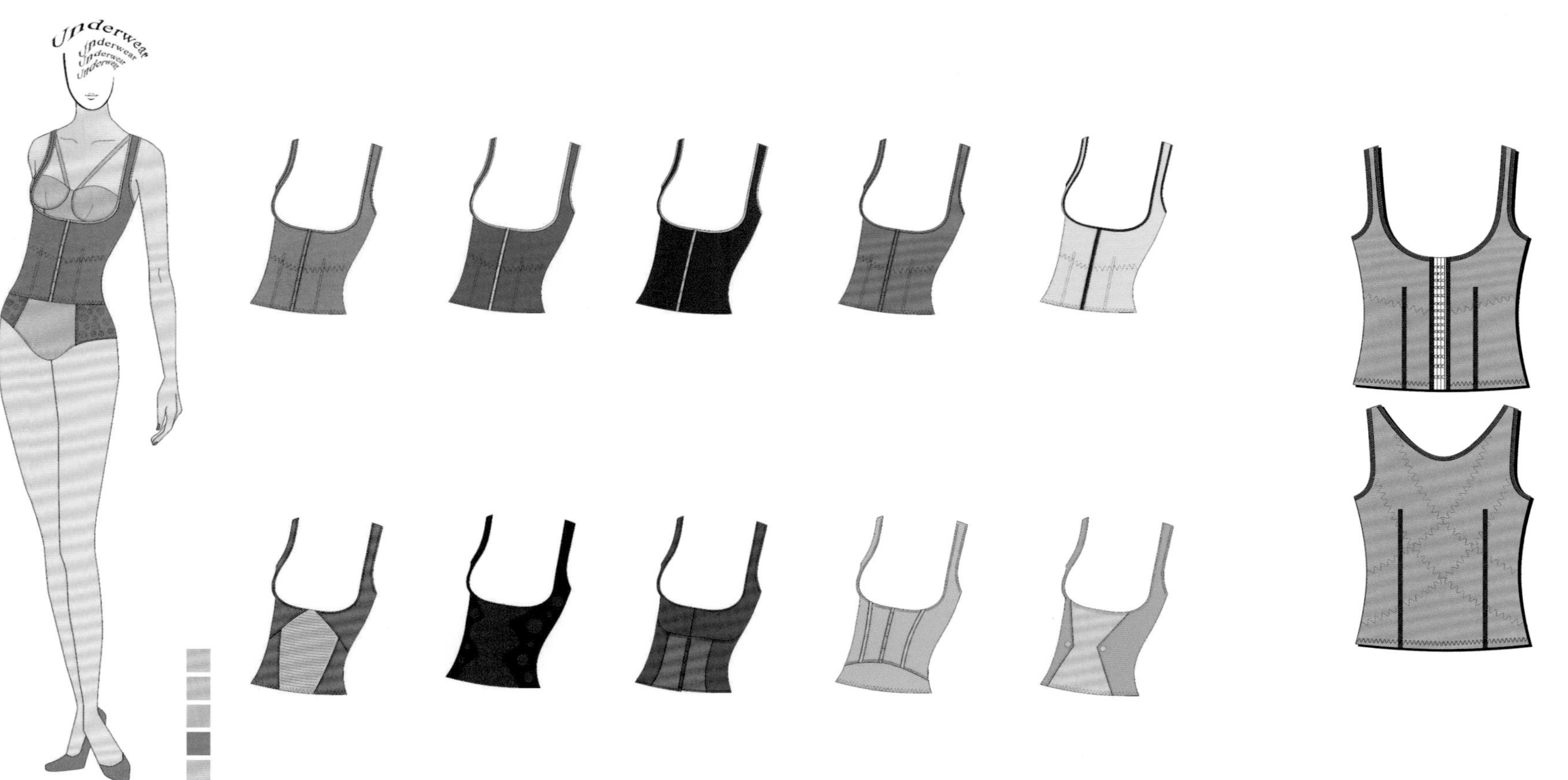

2. 纸样设计图

该款背背佳有收腹耸胸的功能，从原型纸样获得基础数据，腰线向下延伸10cm，以钢圈形状外形获得前胸归拢效果。前后衣片的腰部有龙骨嵌入，在纸样上打孔及对位标识；后片背部与前片的装饰线对位点及虚线标识；衣前中多排钩扣设计；前片面料缩率为80%，后片面料缩率为75%。底摆缝边为1.2cm，其他部位缝边均为0.6cm；前后片的面布侧缝缝边为1cm，前片里布缝边均为0.3cm。

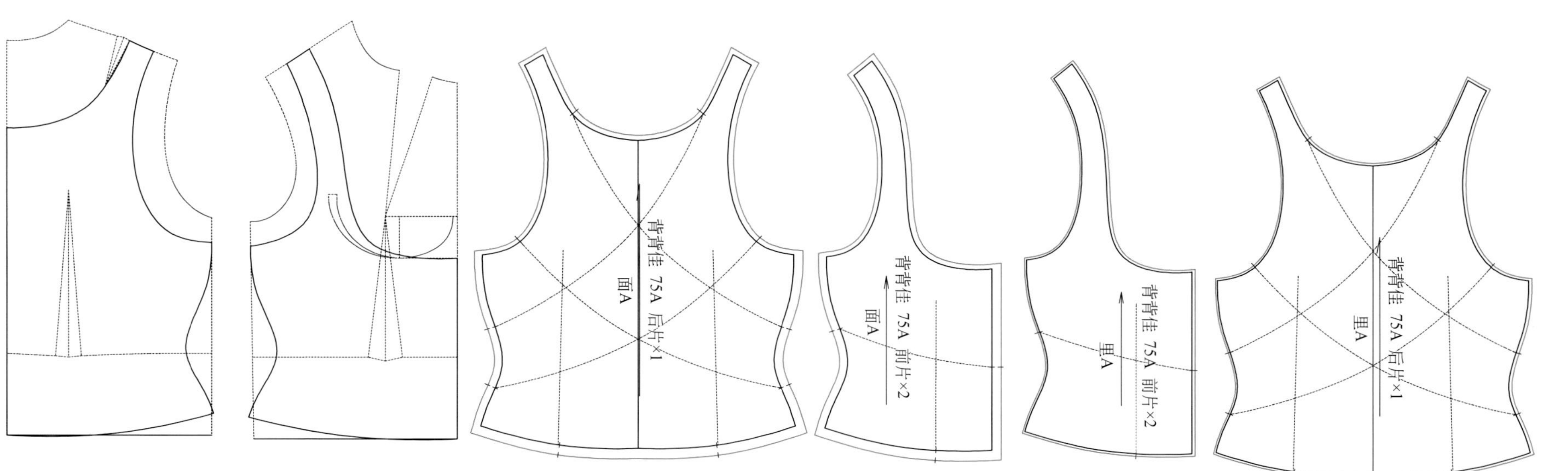

3. 放码图

该款放码方式选择比值方法，确保其收身合体性。以胸围线和前后中心线为轴，以表1-18数据为基础，进行各个折线点的放码设计。上身长49cm，衣长档差为1.2cm，胸围档差为4cm。胸围侧缝线水平档差放量为1cm；肩部两点档差水平档差放量为0.5cm，纵向档差放量为0.7cm；衣身底摆垂直档差放量为0.5cm。以两点间的比例点关系推放各个辑线的对位点。

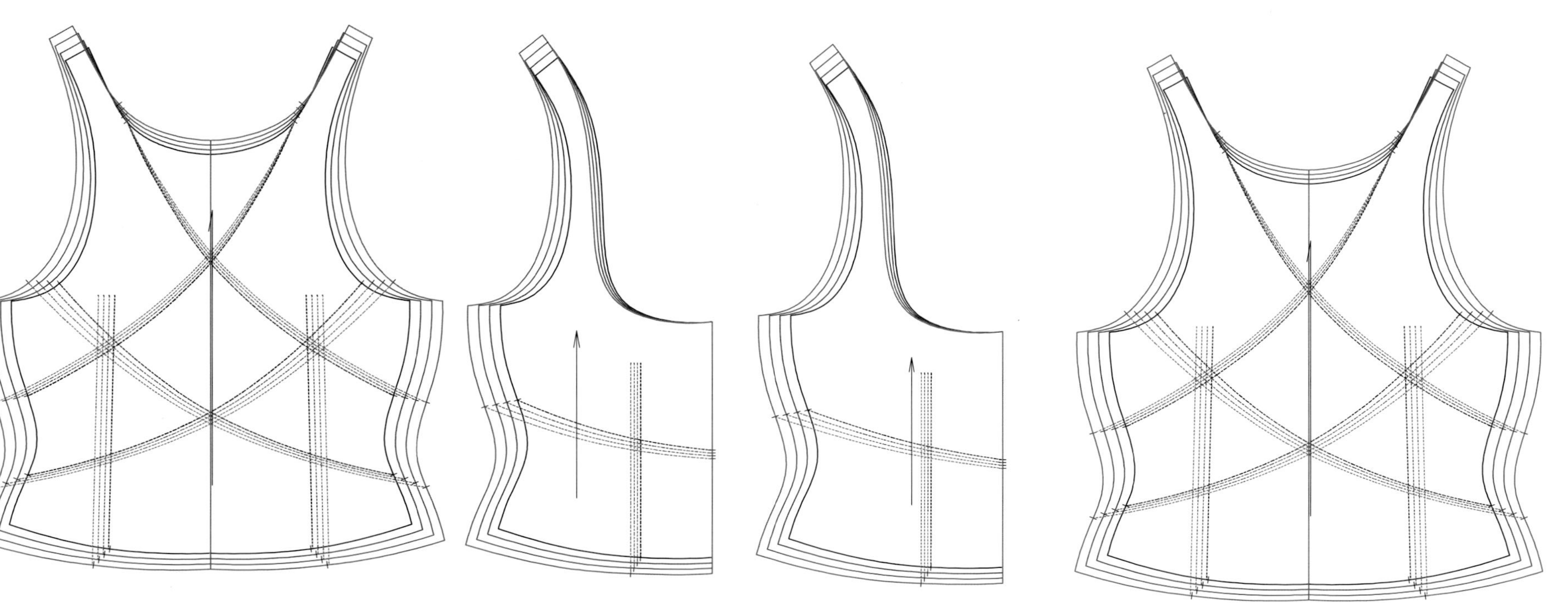

4. 生产工艺流程图

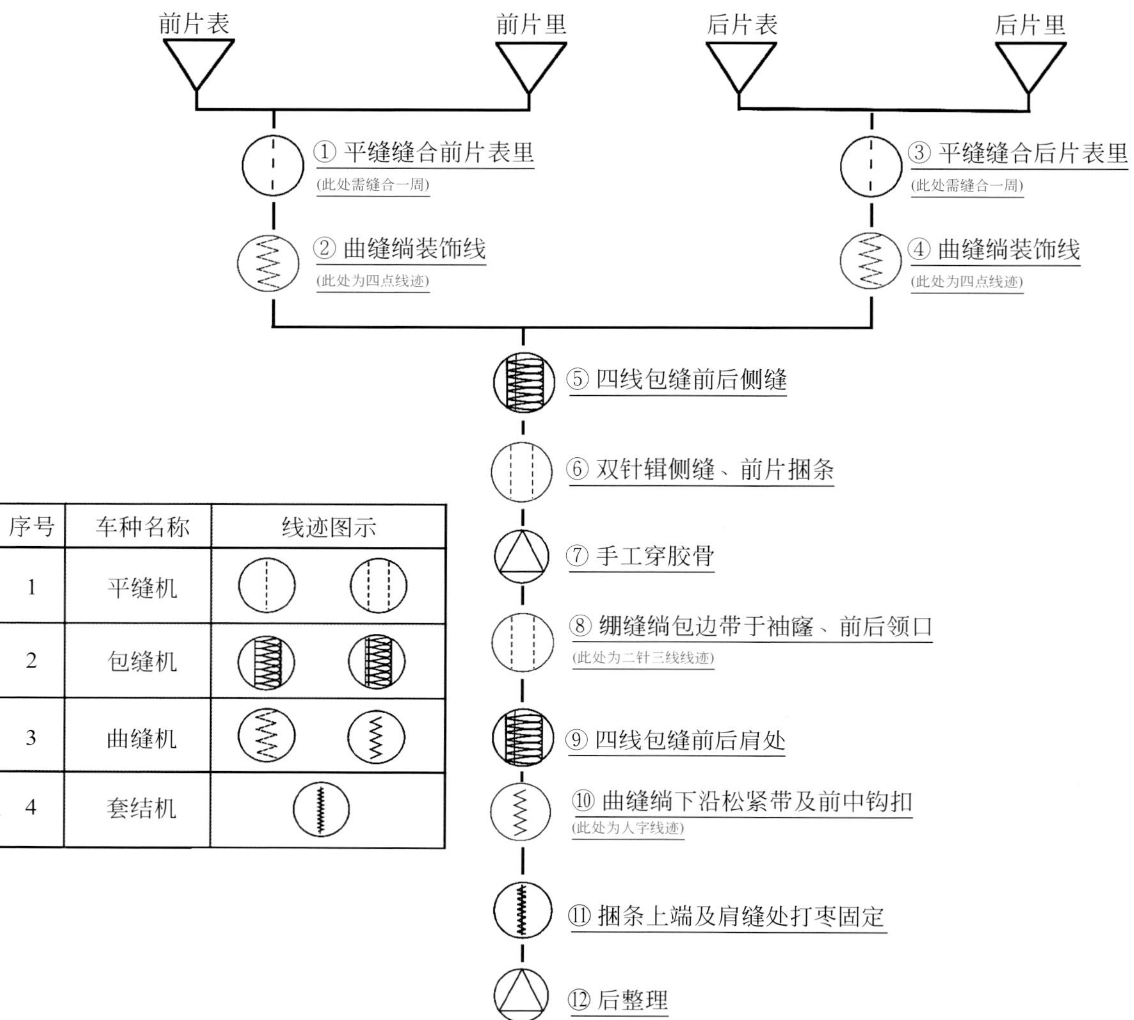

序号	车种名称	线迹图示
1	平缝机	
2	包缝机	
3	曲缝机	
4	套结机	

十、女装腰封

1. 着装配色和款式图

腰封主要是针对腰腹部进行塑型的服装。配色采用简单的纯度较低、明度较高的单色、互补色设计，而单色腰封依靠造型和局部的缝合线包边线以及腰中的弹力固定，增加腰封的丰富感。而简单的单色给人以高雅淡薄的感觉。除此之外，局部互补色花纹设计进行点缀，使整款腰封简洁、大气，给人透气性很强的感觉。

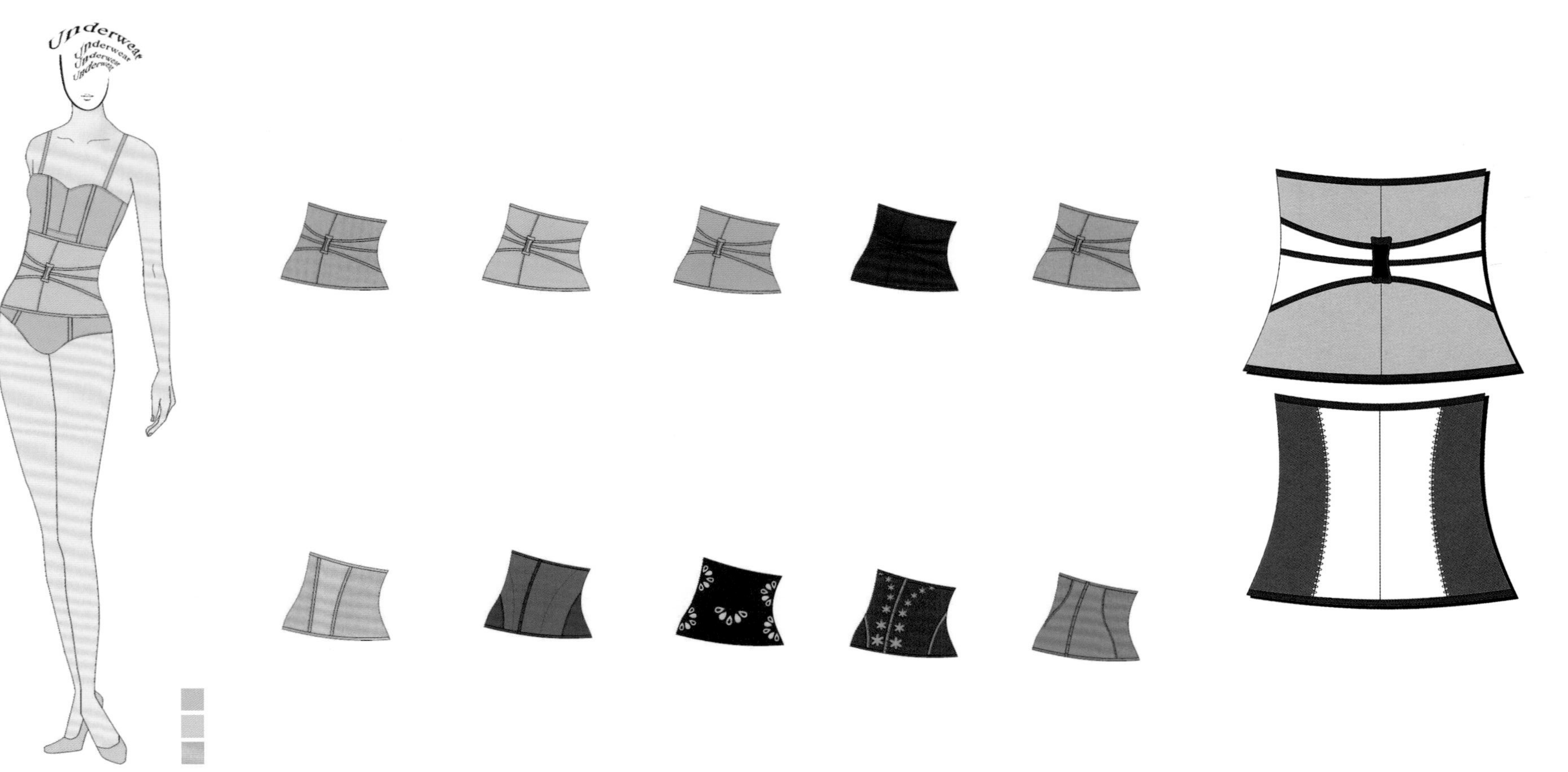

2. 纸样设计图

从连体原型上获得腰封的基础纸样，将两侧的弧线进行调整，在后片增加分割省量，在前片中线增加弧线收省，各个部位包边采用成品2cm松紧带。钩扣部位缝边为1cm，后衣身下摆、后裤腰头和裤前片四点辑线缝边均为1.2cm，其他部位缝边均为0.6cm；定型纱缝边均为0.3cm。

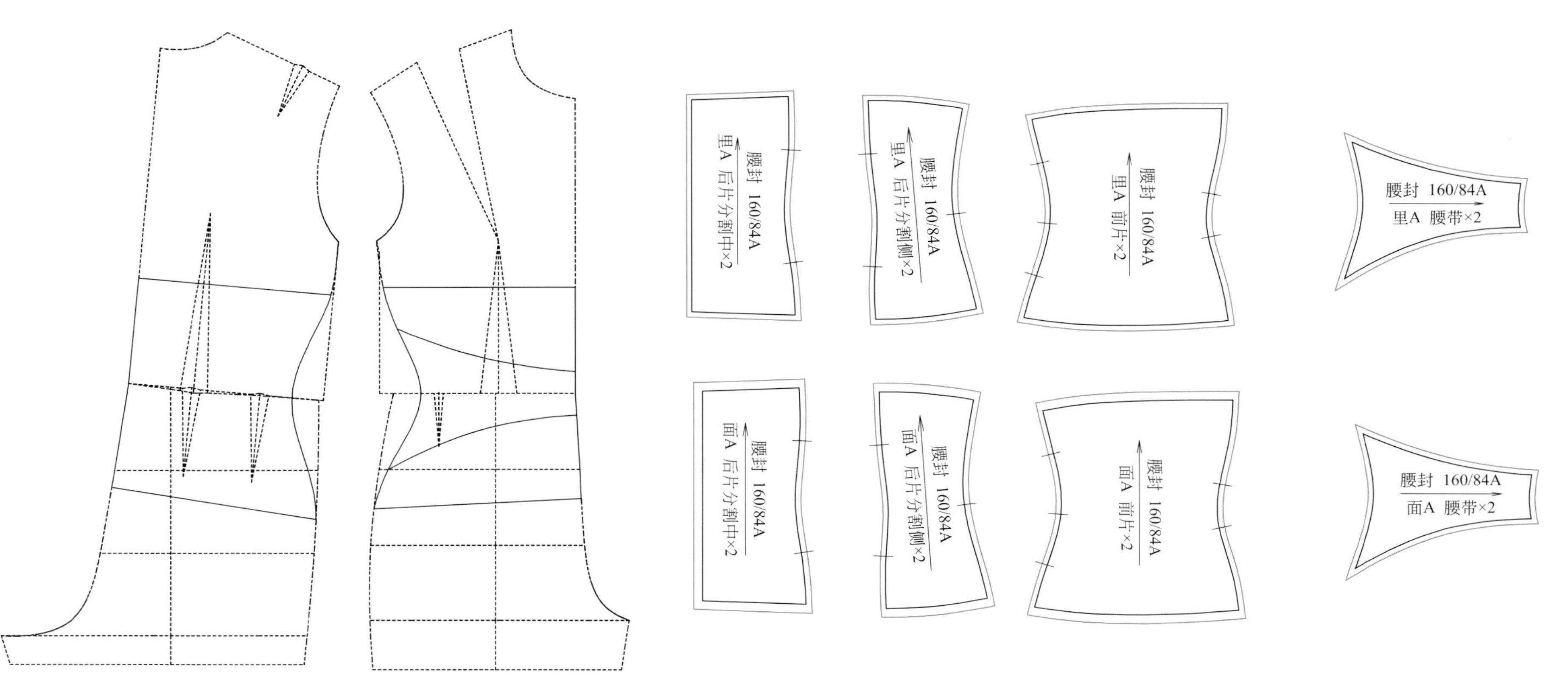

3. 放码图

该款先选择比值法进行整款各主要放码点的设置，然后选择分割拷贝复制到分割衣片上，确保各个分割衣片上的各个放码点准确。以腰封上沿线和前后中心线为轴，以表1-18数据为基础，进行各个折线点的放码设计。腰封衣长24cm，衣长档差为1cm，腰封围度最长23cm，腰围档差为6cm。整款后片各点档差规则如下：后中上点（0，0）、腋下点（0.61，0）、侧腰线点（0.65，-1）、后中下点（0，-1）。前片各点档差规则如下：前中上点（0，0）、腋下点（-0.61，0）、侧腰线点（-0.61，-1）、前中下点（0，-1）。其他线中点按照两点间的比例点进行推放。

4. 生产工艺流程图

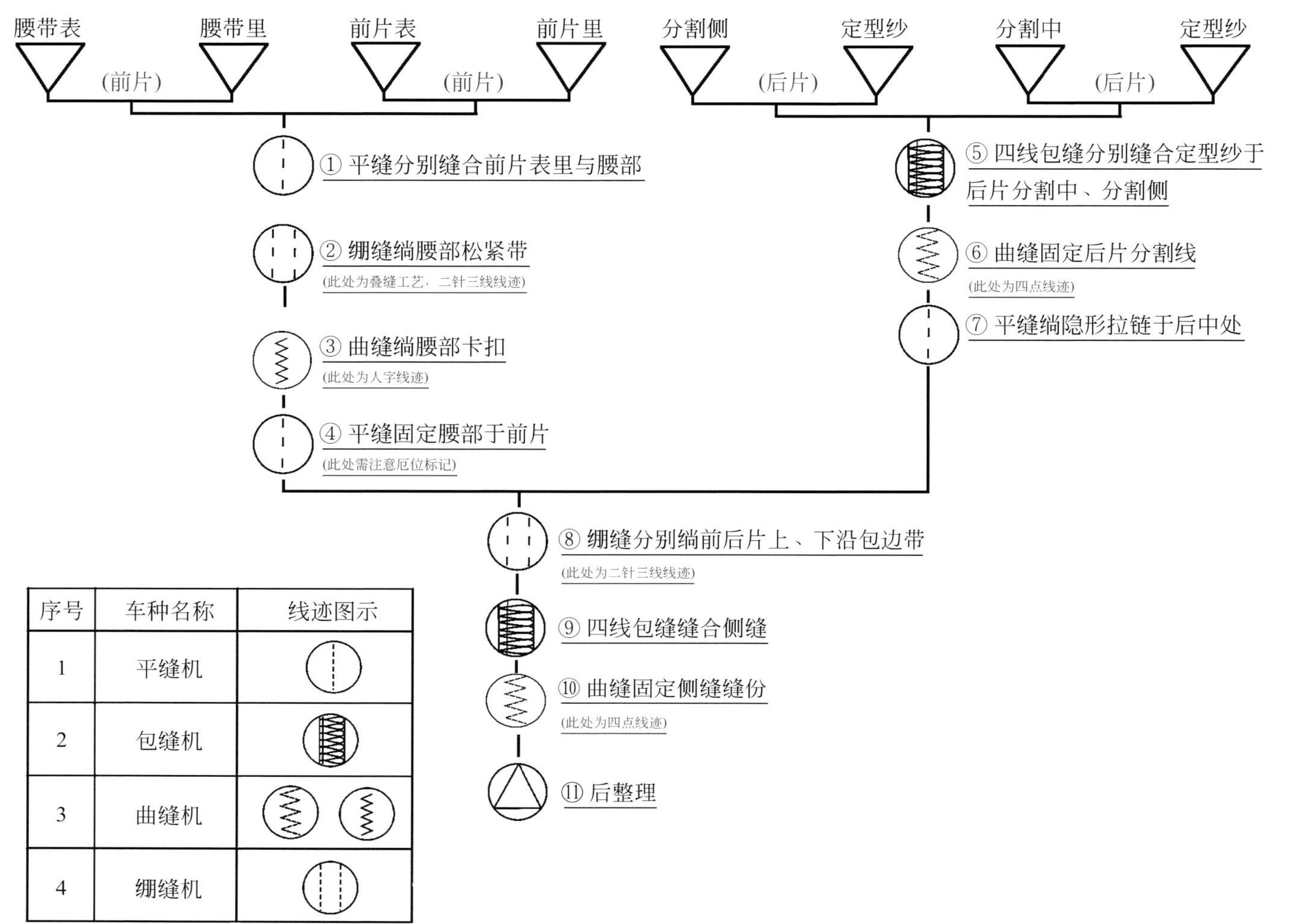

序号	车种名称	线迹图示
1	平缝机	
2	包缝机	
3	曲缝机	
4	绷缝机	

十一、男装束裤

1. 着装配色和款式图

采用多线条分割，对大腿和下腹部有很好的塑型效果。配色采用互补色、对比色以及无色设计，如黄色与紫色、橙色与绿色以及灰色调的运用。整款色彩都以纵向间隔拼接，不仅增加束裤的立体感，更使此款束裤显得极具视觉跳跃感。而竖向平行分割又具有伸缩性较强的视觉效果，此款色块的划分极具夏威夷风格，适合具有活力的学生。

2. 纸样设计图

在第三代男装原型上进行结构设计，后片裆底和大腿部进行分割结构设计，可增加对腿部的塑型，注意分割线的圆顺调整及分割线数据的一致性。弹性缩放率为82%。腰头不加放缝边，侧缝、裤脚的缝边均为1cm，其他部位缝边均为0.6cm。

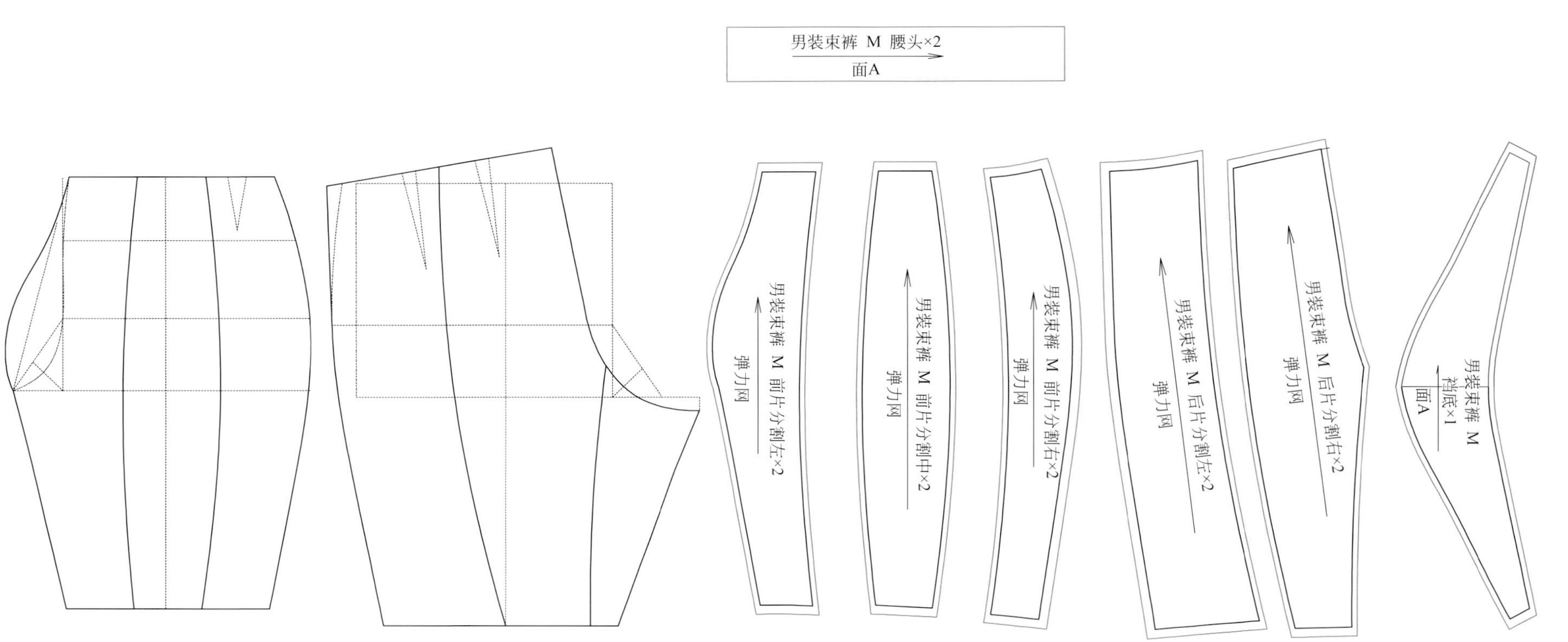

3. 放码图

该款先选择比值法进行整款各主要放码点的设置，然后选择分割拷贝复制到分割衣片上，确保各个分割衣片上的各个放码点准确。前裤片以前中上点为不动点，后片以后中上点为不动点；男装以5·4系列为号型数据基础，进行各个折线点的放码设计。塑裤长49cm，裤长档差为1.5cm，四分之一臀围宽29cm，臀围档差为4cm。整款后片各点档差规则如下：后中上点（0，0）、后腰外侧点（-0.84，0）、裤口外侧点（-0.63，-1.5）、裤口内侧点（-0.25，-1.5）、大裆底点（0.55、-0.91）。前片各点档差规则如下：前中上点（0，0）、前腰外侧点（0，0.77）、裤口外侧点（0.75，-1.5）、裤口内侧点（0，-1.5）、小裆底点（-0.21、-0.73）。其他线中的点按照两点间的比例点进行推放。

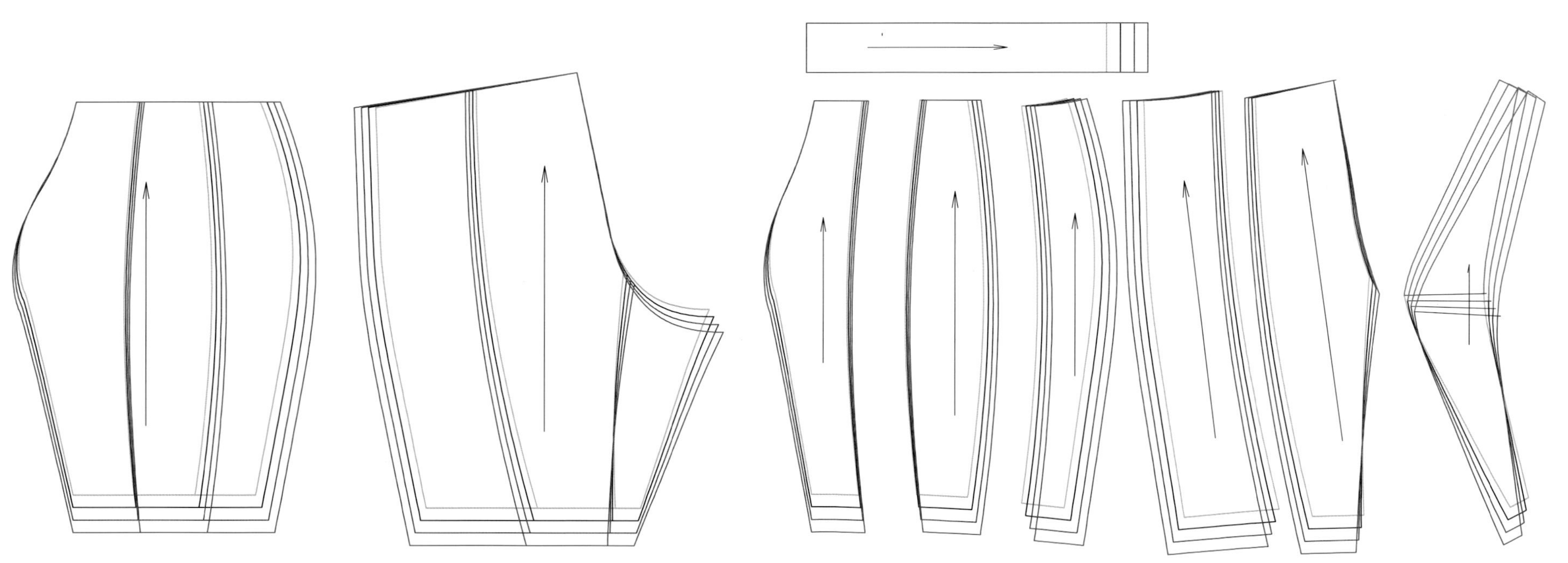

4. 生产工艺流程图

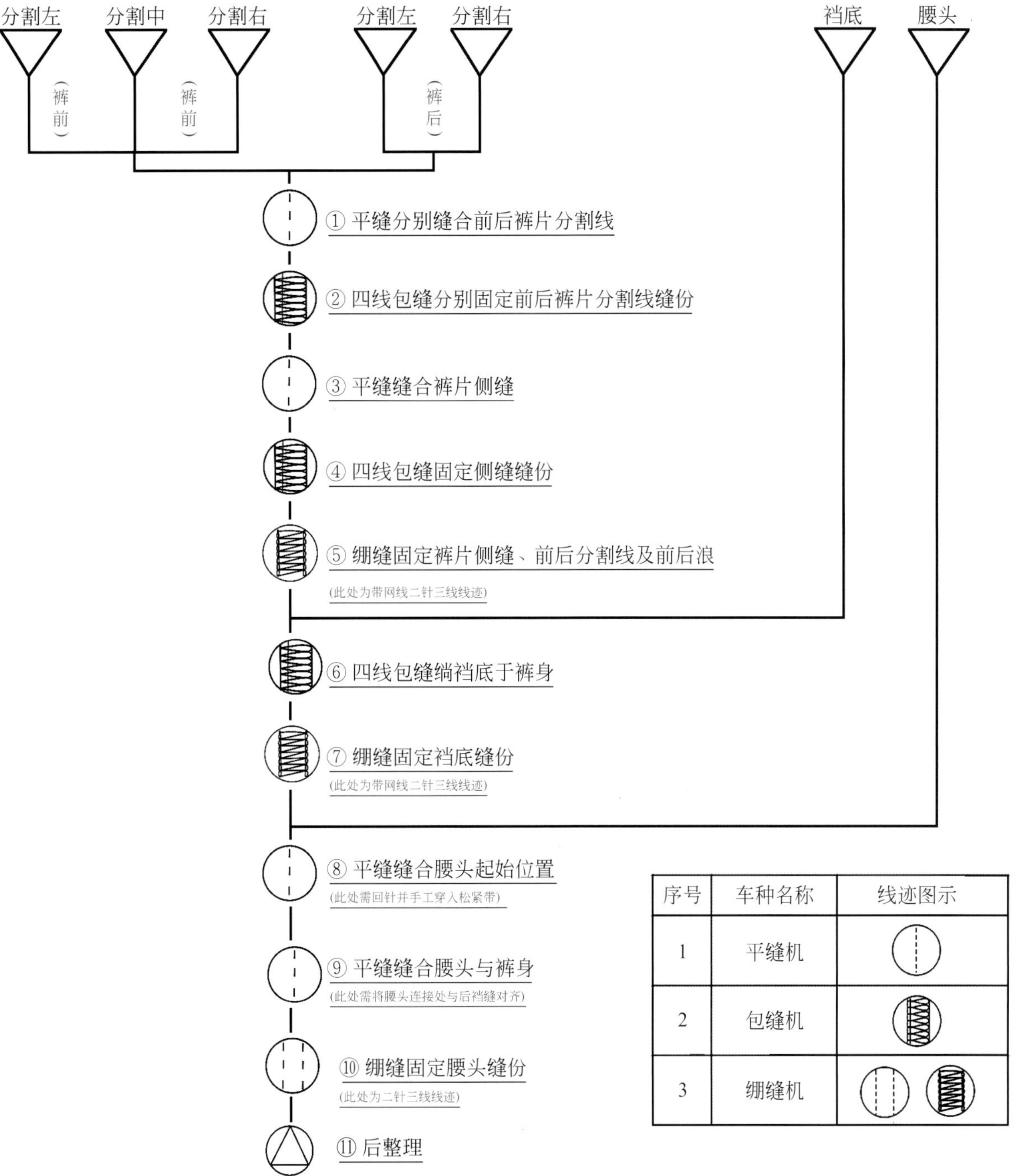
分割左
分割中
分割右
分割左
分割右
裆底
腰头
(裤前)
(裤前)
(裤后)
① 平缝分别缝合前后裤片分割线
② 四线包缝分别固定前后裤片分割线缝份
③ 平缝缝合裤片侧缝
④ 四线包缝固定侧缝缝份
⑤ 绷缝固定裤片侧缝、前后分割线及前后浪
(此处为带网线二针三线线迹)
⑥ 四线包缝绱裆底于裤身
⑦ 绷缝固定裆底缝份
(此处为带网线二针三线线迹)
⑧ 平缝缝合腰头起始位置
(此处需回针并手工穿入松紧带)
⑨ 平缝缝合腰头与裤身
(此处需将腰头连接处与后裆缝对齐)
⑩ 绷缝固定腰头缝份
(此处为二针三线线迹)
⑪ 后整理

序号	车种名称	线迹图示
1	平缝机	
2	包缝机	
3	绷缝机	

十二、男装背背佳

1. 着装配色和款式图

配色采用同类色、对比色、无色设计，如蓝色系同类、黄蓝对比以及黑白灰等无色设计。整款塑身衣以和谐、低调的灰色调为主，在腰身处采取纵向内收分割的同时采用同类明度较高的色彩做结构区分，增加衣服的可塑性以及起到修饰形体的效果。中缝也采用明度较高的同类色进行勾边，使整款背背佳更加协调含蓄，整个色彩很适合成熟稳重的男士。除此之外，此款背背佳还采用横向分割，采用对比较强的色块进行腰部条纹式划分，起到腰封一样的修身效果，同时又比腰封更加轻薄。

2. 纸样设计图

在第三代男装原型基础上设计，前后片为分割收腰设计，后背增加弹力网拉背结构，注意底摆圆顺和分割线数据的调整。弹性缩放率为88%。领口、袖窿、下摆、侧缝的缝边均为1cm，衣身分割部位的缝边为0.6cm，定型纱缝边为0.3cm。领口、袖口及拉背边缘采用1cm成品包边带。

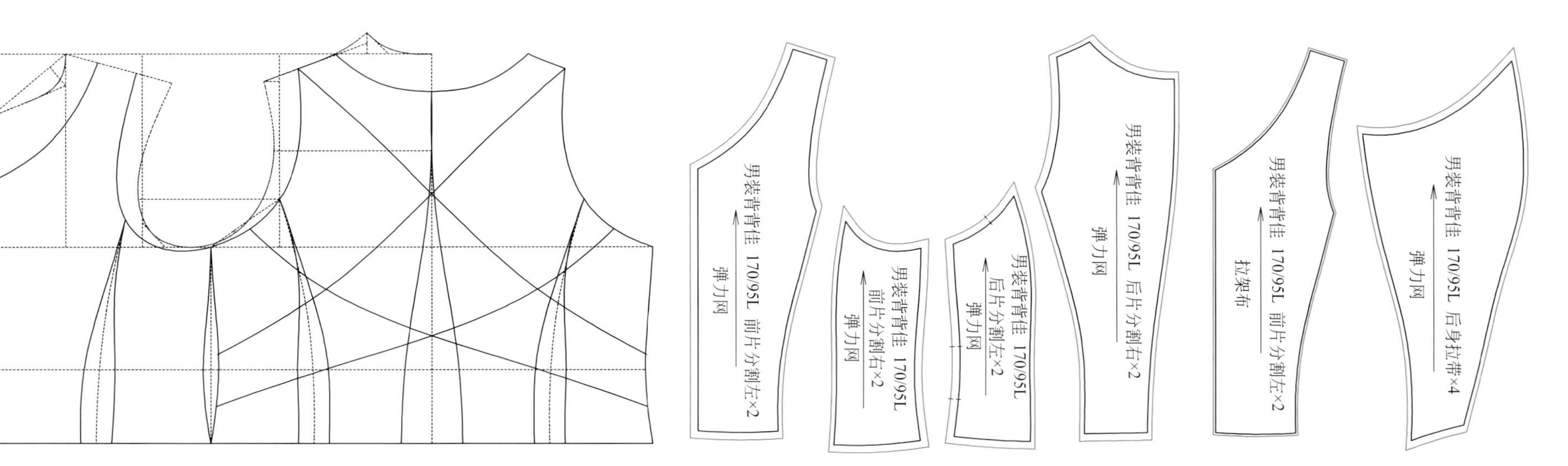

3. 放码图

该款先选择比值法进行整款各主要放码点的设置，然后选择分割拷贝复制到分割衣片上，确保各个分割衣片上的各个放码点准确。以胸围线和前后中心线为轴，男装以5・4系列进行号型设计，进行各个折线点的放码设计。塑身衣长52cm，衣长档差为1.2cm；四分之一胸围为24cm，胸围档差为4cm。整款后片各点档差规则如下：后中上点（0，0.49）、右侧颈点（0.26，0.60）、右肩点（0.36，0.60）、右腋下点（1，0）、右侧底摆点（1，-0.60）、左侧底摆点（-1，-0.60）、左腋下点（-1，0）、左肩点（-0.36，0.55）、左侧颈点（-0.26，0.60）。前片各点档差规则如下：前中上点（0，0.2）、侧颈点（0.58，0.60）、肩点（0.79，0.60）、腋下点（1，0）、侧底摆点（-1，-0.62）、前中底点（0，-0.62）。其他线中点按照两点间的比例点进行推放。

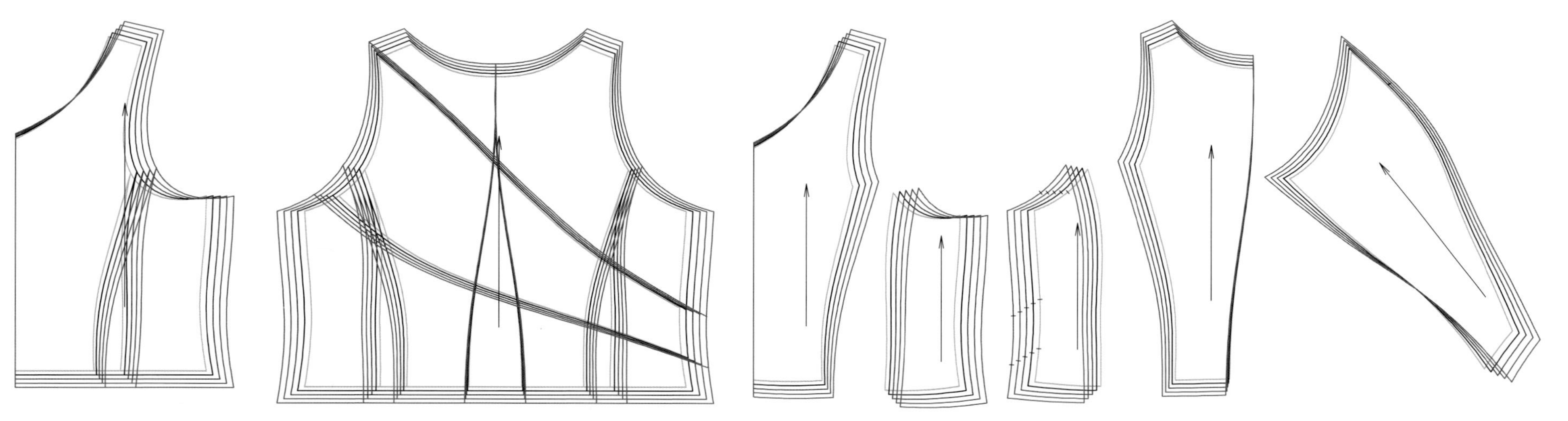

4. 生产工艺流程图

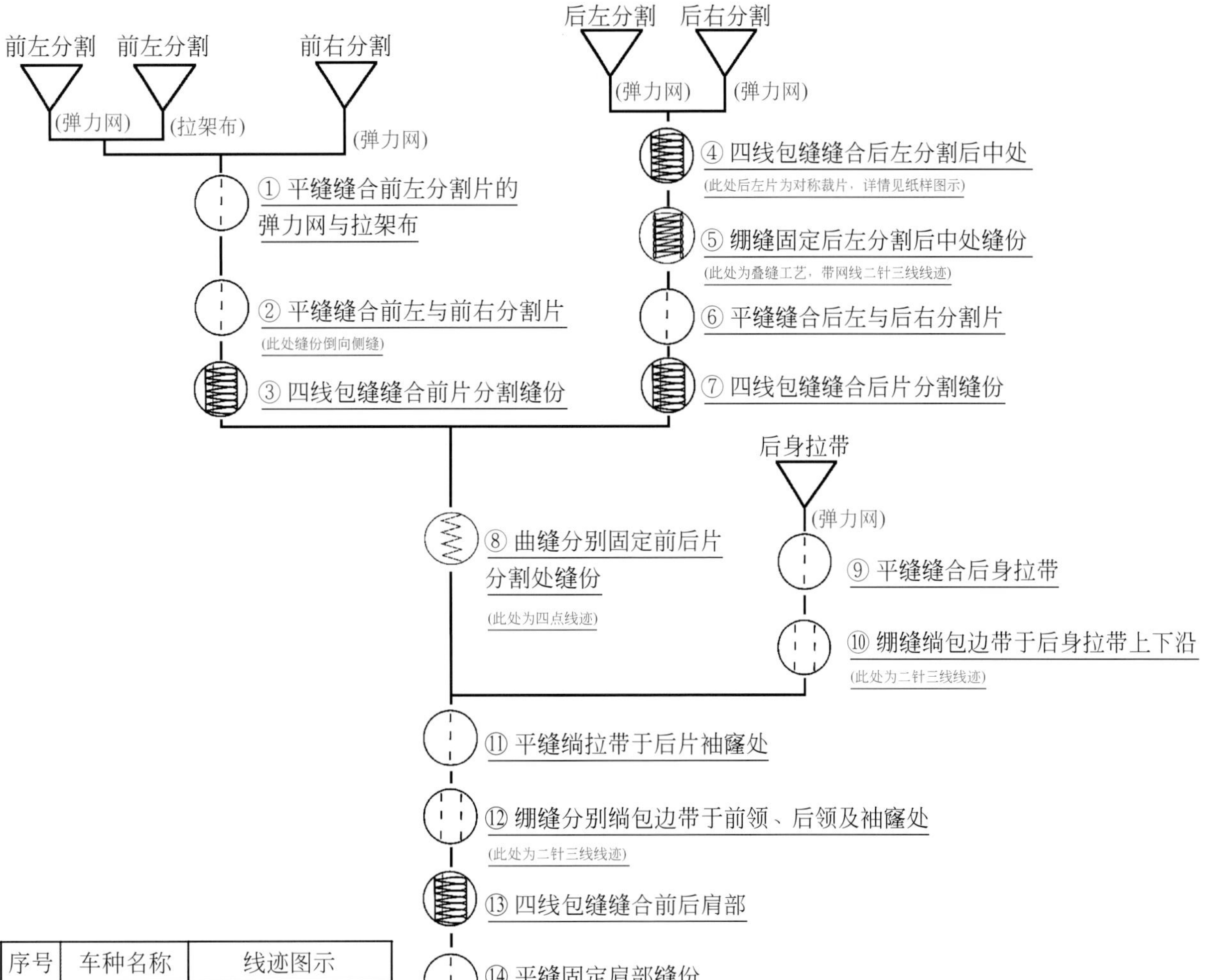
前左分割
前左分割
前右分割
(弹力网)
(拉架布)
(弹力网)
后左分割
后右分割
(弹力网)
(弹力网)
① 平缝缝合前左分割片的弹力网与拉架布
② 平缝缝合前左与前右分割片
(此处缝份倒向侧缝)
③ 四线包缝缝合前片分割缝份
④ 四线包缝缝合后左分割后中处
(此处后左片为对称裁片，详情见纸样图示)
⑤ 绷缝固定后左分割后中处缝份
(此处为叠缝工艺，带网线二针三线线迹)
⑥ 平缝缝合后左与后右分割片
⑦ 四线包缝缝合后片分割缝份
后身拉带
(弹力网)
⑧ 曲缝分别固定前后片分割处缝份
(此处为四点线迹)
⑨ 平缝缝合后身拉带
⑩ 绷缝绱包边带于后身拉带上下沿
(此处为二针三线线迹)
⑪ 平缝绱拉带于后片袖窿处
⑫ 绷缝分别绱包边带于前领、后领及袖窿处
(此处为二针三线线迹)
⑬ 四线包缝缝合前后肩部
⑭ 平缝固定肩部缝份
(此处缝份倒向一侧，压面线固定)
⑮ 四线包缝缝合前后片侧缝同时夹缝拉带
⑯ 曲缝固定侧缝缝份的同时绱松紧带于衣身下摆
(此处为四点线迹)
⑰ 曲缝绱前中排扣
(此处为人字线迹)
⑱ 排扣两端、侧缝两端分别打枣固定
⑲ 后整理

序号	车种名称	线迹图示
1	平缝机	
2	包缝机	
3	曲缝机	
4	绷缝机	
5	套结机	

十三、男装腰封

1. 着装配色和款式图

通过腰部弹力网的结构设计和前中定型纱的设计，加强腰封的收腰效果。配色采用相似色和原色设计，如红色和橙色、蓝色系等。整款腰封以红黄蓝原色为主调，同时还采用相似色进行竖向的腰部结构分割和横向的收缩设计，不仅让原本冲击力较强的色彩得到缓和，还起到固定和收腰效果。但色彩的年轻感、活力感、夸张化仍然很受年轻人喜欢。除此之外，还采用其他简单的平行、交叉色块划分。

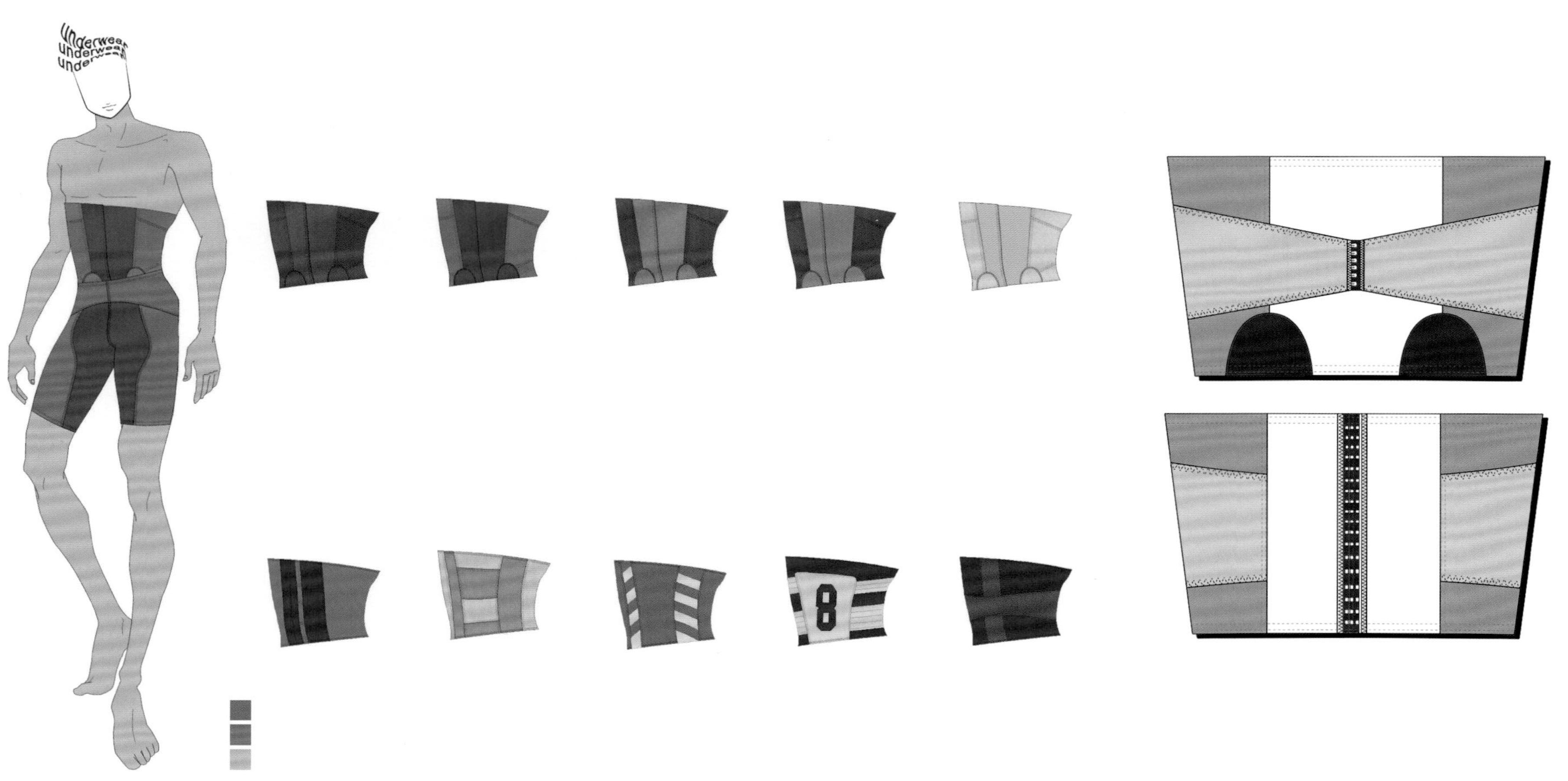

2. 纸样设计图

在第三代男装原型上进行结构设计，原腰线延长18cm，前腰部增加弧线弹力网分割，可增加腰部塑性度和效果设计感。注意分割线的圆顺。弹性缩放率为79%。后钩扣部位、腰封上下沿、塑带的四边的缝边均为1cm，其他部位缝边均为0.6cm；定型纱缝边均为0.3cm。

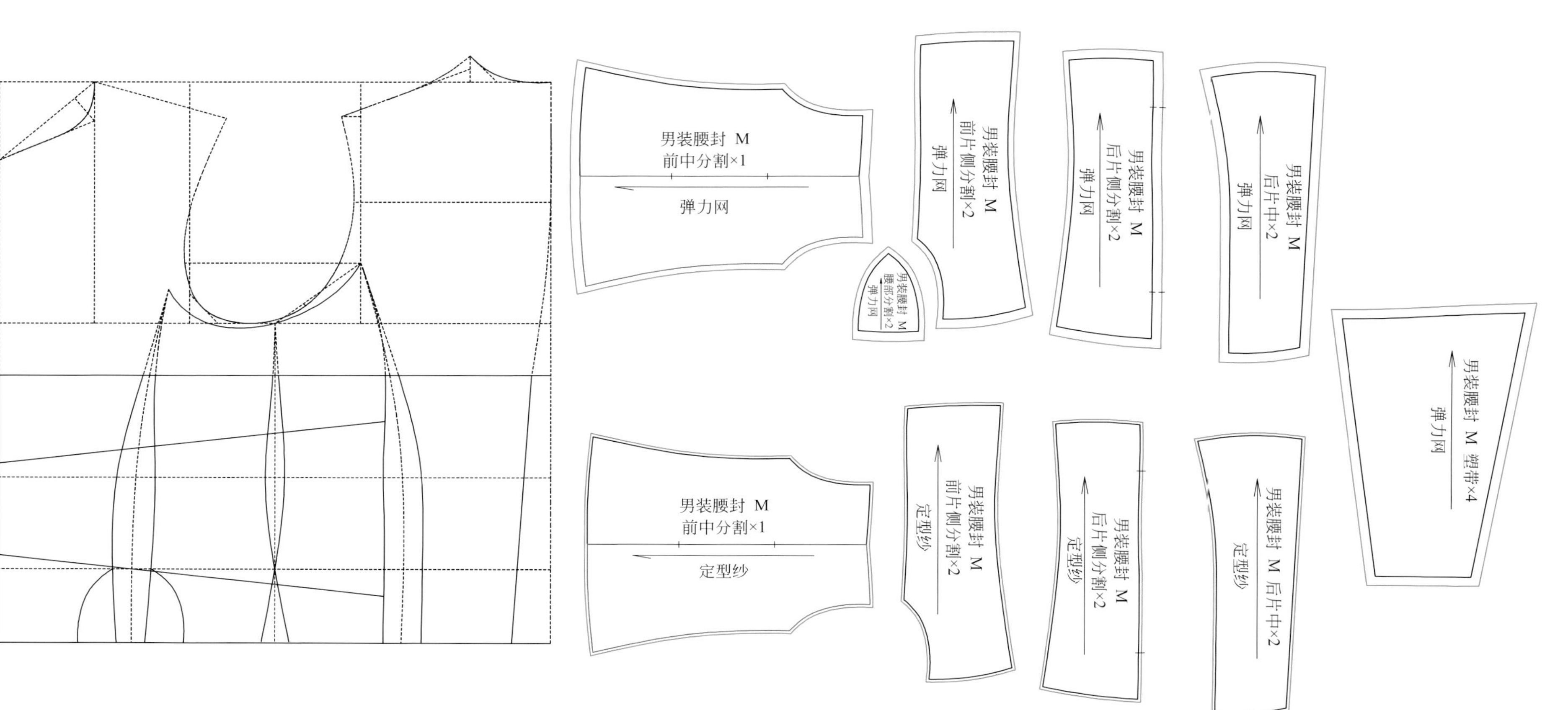

3. 放码图

该款先选择比值法进行整款各主要放码点的设置，然后选择分割拷贝复制到分割衣片上，确保各个分割衣片上的各个放码点准确。以腰封上沿线和前中心线为轴，男装以5·4系列为号型数据基础，进行各个折线点的放码设计。腰封衣长29cm，衣长档差为1cm，腰封半围度最长52cm，腰围档差为4cm。整款各点档差规则如下：前中上点（0，0）、后中上点（2，0）、后中下点（2，-1）、前中下点（0，-1）。其他线中点按照两点间的比例点进行推放。

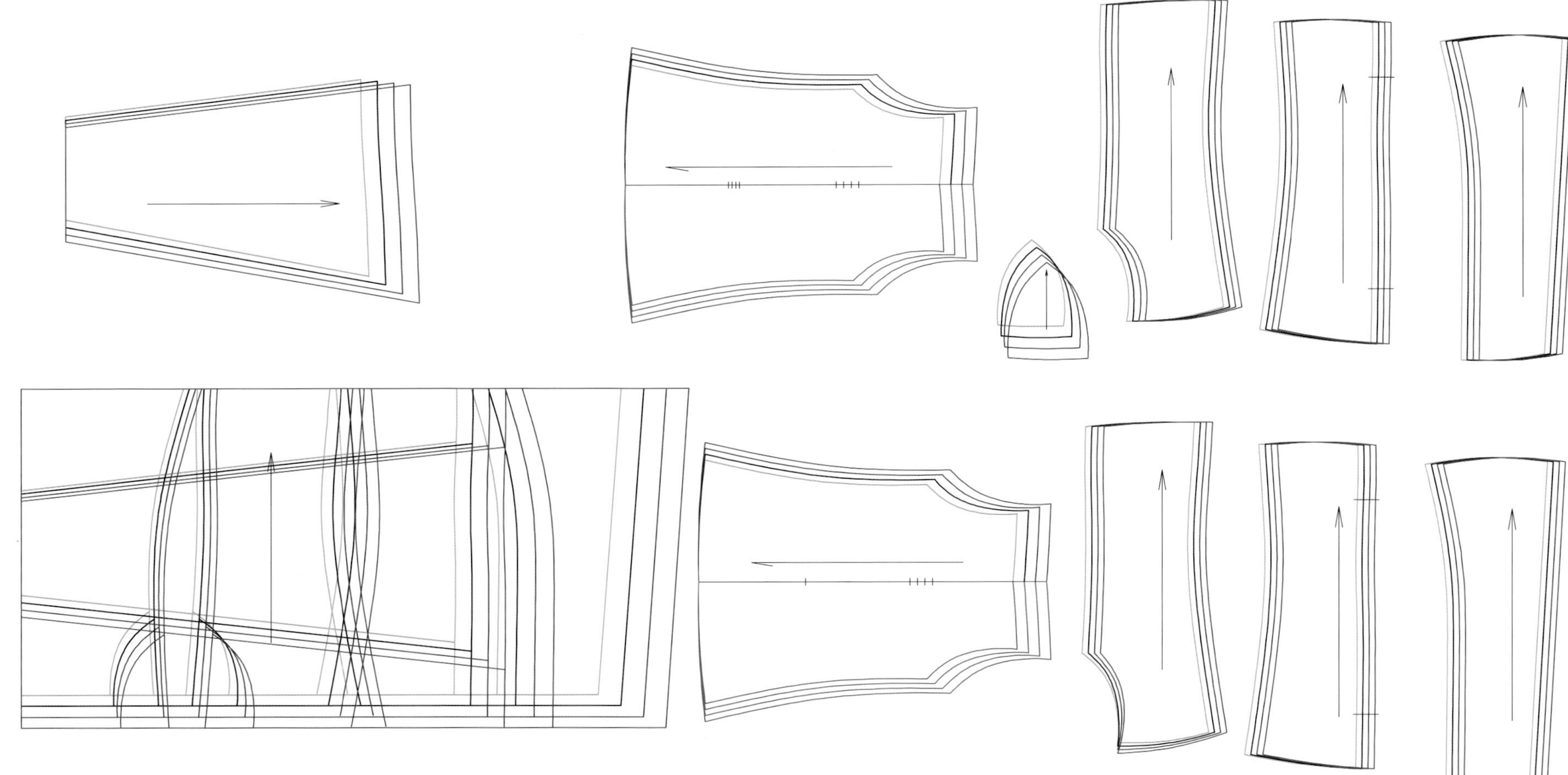

4. 生产工艺流程图

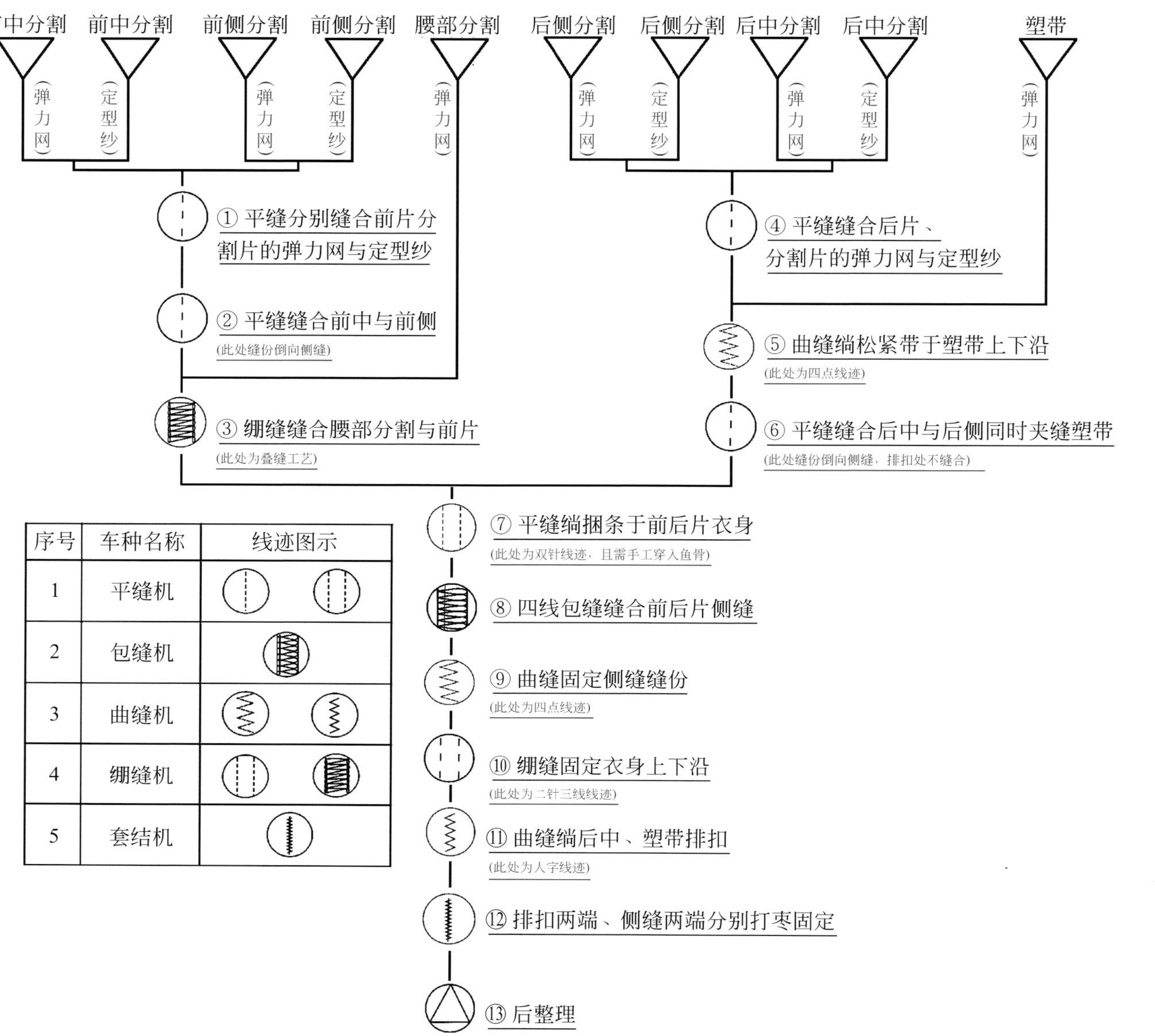
前中分割
（弹力网）
前中分割
（定型纱）
前侧分割
（弹力网）
前侧分割
（定型纱）
腰部分割
（弹力网）
后侧分割
（弹力网）
后侧分割
（定型纱）
后中分割
（弹力网）
后中分割
（定型纱）
塑带
（弹力网）
① 平缝分别缝合前片分割片的弹力网与定型纱
② 平缝缝合前中与前侧
(此处缝份倒向侧缝)
③ 绷缝缝合腰部分割与前片
(此处为叠缝工艺)
④ 平缝缝合后片、分割片的弹力网与定型纱
⑤ 曲缝绱松紧带于塑带上下沿
(此处为四点线迹)
⑥ 平缝缝合后中与后侧同时夹缝塑带
(此处缝份倒向侧缝，排扣处不缝合)
⑦ 平缝绱捆条于前后片衣身
(此处为双针线迹，且需手工穿入鱼骨)
⑧ 四线包缝缝合前后片侧缝
⑨ 曲缝固定侧缝缝份
(此处为四点线迹)
⑩ 绷缝固定衣身上下沿
(此处为二针三线线迹)
⑪ 曲缝绱后中、塑带排扣
(此处为人字线迹)
⑫ 排扣两端、侧缝两端分别打枣固定
⑬ 后整理

序号	车种名称	线迹图示
1	平缝机	
2	包缝机	
3	曲缝机	
4	绷缝机	
5	套结机	

参考文献

[1] 刘瑞璞，王俊霞. TPO品牌化女装系列设计与制版训练［M］. 上海：上海科技技术出版社，2010.

[2] 刘瑞璞，王俊霞. 女装款式和纸样系列设计与训练手册［M］. 北京：中国纺织出版社，2010.

[3] 印建荣. 内衣结构设计教程［M］. 北京：中国纺织出版社，2006.

[4] 徐朝晖. 数据分析在文胸生产上的运用［J］. 国际纺织导报，2001.

[5]《服装号型》标准课题组. 国家标准《服装号型》的说明与应用［M］. 北京：中国标准出版社，1992.

[6] 印建荣，常建亮. 内衣纸样设计原理与技巧［M］. 上海：上海科技技术出版社，2006.

[7] 戴鸿. 服装号型标准及其应用［M］. 北京：中国纺织出版社，2001.

[8] 刘驰，王玉娟. 内衣材料设计与应用［M］. 北京：中国纺织出版社，2015.

[9] 柴丽芳，钟柳花，许春梅. 内衣结构设计与纸样江洁［M］. 上海：东华大学出版社，2018.

[10] 徐芳. 内衣制版实用技法［M］. 北京：中国纺织出版社，2017.

[11] 宁国芳. 服装色彩搭配［M］. 北京：中国纺织出版社，2018.

[12] 徐丽. 服装色彩搭配设计师必备宝典［M］. 北京：清华大学出版社，2016.

[13] 利百加・佩尔斯-弗里德曼. 智能纺织品与服装面料创新设计［M］. 赵阳，郭平建译. 北京：中国纺织出版社，2018.

[14] 朱远胜. 面料与服装设计［M］. 北京：中国纺织出版社，2010.

[15]［英］约瑟芬・斯蒂德. 纺织品服装面料印花设计：灵感与创意［M］. 常卫民译. 北京：中国纺织出版社，2018.

[16] 张文斌等. 服装工艺学：结构设计分册［M］. 3版. 北京：中国纺织出版社，2006.

[17] 鲍卫君，张芬芬. 服装裁剪实用手册袖型篇［M］. 上海：东华大学出版社，2005.

[18] 向东. 服装创意结构设计与制板［M］. 北京：中国纺织出版社，2005.

[19] 陈义华，陆红接. 服装CAD制版基础［M］. 北京：中国纺织出版社，2016.

[20] 朱松文，刘静伟. 服装材料学［M］. 北京：中国纺织出版社，2010.

[21] 杨雪梅，索理，陈学军，陆璐. 品牌文胸产品运营流程［M］. 北京：化学工业出版社，2014.

[22] 孙恩乐. 内衣设计［M］. 北京：中国纺织出版社，2006.

[23] 魏雪晶，魏丽. 服装结构原理与制板推板技术［M］. 北京：中国纺织出版社，2004.

[24] 百目鬼尚子，牧野志保子. 服装缝纫专业技法［M］. 北京：煤炭工业出版社，2018.

[25] 周捷，田伟. 女装缝制工艺［M］. 上海：东华大学出版社，2015.

[26] 周捷. 服装部件缝制工艺［M］. 上海：东华大学出版社，2015.